先進車輛電控

柯盛泰 編著

教育若沒了理念就是一份工作、
教育若秉持初衷就是一份責任、

推薦序一

國立臺灣師範大學工業教育系車輛技術組教授 呂有豐 謹序

　　永盛車電股份有限公司 柯盛泰總經理係秉持「基於減少車輛工程系畢業新鮮人之學用落差」出發，提供最新車輛電子控制工程技術之資訊，以汽車電路實務佈局方式及契合汽車產業應用之技術內容呈現與解說。

　　教材內容包涵汽車電機及汽車電子實務經驗，蒐集車用半導體、車用控制器及汽車製造各大業者提供相關先進電子控制技術資料；搭配電路仿真軟體進行電路分析操作與學習，導入車輛工程技術服務作業安全及衛生，強化技術工作範圍中運用檢驗儀器、設備及相關技術資料從事車輛電子控制工程技術之維修、檢驗、修護品質鑑定工作技能，建立車輛電子控制工程技術知能及建全職場倫理與工作態度之精神進行本書編撰。

　　各單元輔以內容資料新穎，繪圖、編輯與排版清晰之呈現，以深化學習效果。教材內容之新穎性在國內係屬首創，是本書一大特色！另外 柯總經理亦已著手規劃本書未來能依科技進展持續更新之永續作法，以期本書內容能與時俱進同步提供最新車輛電子控制工程技術之資訊，該永續想法與實踐亦是本書一大創舉！

　　綜上所見，柯總經理從事汽車電機電子工作經歷 30 年有餘，專業領域涵蓋汽車電機電路設計與汽車控制器電路設計；有鑑於車用電子於 2021 年後將會超越行動裝置之趨勢，以最新技術為導向，並根據國際汽車產業發展現況，設計符合科技大學車輛工程與技術高中動力機械群科學生學習的《先進車輛電控概論》專業教材供教學應用，藉以建立並提升符合科技發展潮流與時代新趨勢之車輛工程技術人員專業知識與技能，此外亦極適合從事車輛電子控制工程技術服務相關人員參考運用。

　　另 柯總經理基於對技職教育的關心、服務社會的企業責任與提攜後進的熱忱，致力教學研究，充實教材內容，提高教學品質與效率，以期對國家技職教育發展與車輛工程技術人才培育有所回饋與貢獻之初衷進行本書編撰。為表達敬佩之意，特以為序。

中華民國 110 年 2 月

推薦序二

國立台灣師範大學車輛與能源學士學位學程主任與特聘教授 洪翊軒 謹序

　　永盛車電股份有限公司,為國內具指標性之汽車電子技術與開發公司之一;是本書作者 柯盛泰總經理一步一腳印,透過前瞻與人性化的經營哲學,提供國內車界電子相當研發與工程能量之公司,敝人深感佩服!

　　柯總經理曾與敝人分享畢生之志業,除分享經營企業治理之道外,期人生最重要之使命為培育國內汽車電子研發人才。因此身體力行,除了至各大專院校與技職高校端進行一場場的演講與示教台操作外,同時亦成立永盛車電學院,提供人才培訓。另於車輛相關大型線上群組,提供解惑與資訊分享。再再顯示出柯總經理對於國內汽車電子人才培育之赤誠與宏大目標。

　　拜讀本書,實為累積柯總經理多年之車輛電控實作精華。本書主要呈現一條龍式的教法。先由基本原理與電子元件打底,後進行系統應用。使讀者可清楚先見樹,再見林。首先,由第一章電之基本觀念闡述電與能的原理,之後第二與第三章延伸說明主被動元件與電路。第四章開始說明先進電控系統,透過感測元件發展前瞻智慧車輛輔助功能。第五章融入目前逐步成為主流之電動車、油電車、插電式混合動力車之電力系統架構,並說明相關電源分配與管理技術等。電力系統說明後,第六至第八章開始針對小電系統,即車輛通訊及控制器輸入輸出進行完整的教學,包含各類匯流排通訊協定及各類感測器與致動器之原理與應用。最後第九章則以實務經驗說明如何進行訊號量測診斷。

　　綜觀而言,本書深入淺出,將抽象之電子電控概念,透過一件件之案例具象化,宛如一位多年具備深厚功力之工程師,手把手帶領新手進入先進車輛電控領域。本大作排版清晰,透過完整圖面輔以文字解說,讓讀者學習事半功倍。因此,敝人毫無保留推薦本書,期讀者可研讀本書後,可於車電相關領域大展鴻圖!

中華民國 112 年 8 月

推薦序三

臺灣大學名譽教授（前機械系先進動力研發中心教授） 鄭榮和 謹序

　　近年來，隨著電子技術的突飛猛進，車輛控制的發展變得越來越複雜且強而有力，但對於想一窺相關技術領域，特別是實務操作的人士，常面臨過於深奧而望之卻步的困境。

　　認識永盛車電股份有限公司 柯盛泰總經理是多年前本人的研發中心實驗室為了設計製作電動車的控制器與電路而接觸，柯總經理除了熱心提供專業的協助之外並獲邀來校指導研究生們。柯總經理實務經驗豐富，曾於民間及原廠汽車修護廠從事 8 年汽車電機電路查修與汽車電路佈線設計的工作後，自創個人工作室，經歷 6 年的汽車電機電路查修與汽車控制器測試及維修的事業後，於 2004 年創立永盛車電股份有限公司迄今，主要的業務為汽車控制器測試與維修以及汽車控制器硬體電路設計與除錯。

　　永盛車電公司在汽車業界相當有名，曾與各大汽車廠或民間愛好汽車的改裝廠合作，解決各種車輛機電方面的疑難雜症。多年的密切交流發現柯總經理除了有深厚的實務經驗，也非常熱情地希望能將其所知的知識與技術透過教育傳承給學子，因而將其 30 多年的工作經驗撰寫出版《先進車輛電控概論》這樣的一本深入淺出、非常實用、且充滿經驗智慧的書。

　　本書從電的基本概念出發，探討各種電子元件的磁場與電氣迴路，接著介紹先進車輛的各種電子控制系統、電源特性與架構、匯流排通訊、控制器的輸入介面與輸出介面、以及訊號量測實務等，除了循序漸進地鋪陳電路與電子學的基礎知識，以圖文並茂的說明提供先進的車輛控制技術以及豐富的實務經驗內容之外，並佐以有趣的歷史。對於先進車輛電控系統，特別是實務操作與設計感興趣的人士，本書是難得一見的好書。書內詳盡且逐步引導的說明，相信能讓讀者的功力大增，有更深一層之體會，也必定能幫助所有的讀者解決相關的工程與研究方面的問題。欣見本書發行第三版，可見其受歡迎的程度，本人很榮幸推薦此書。

中華民國 112 年 8 月

作者序

永盛車電股份有限公司總經理 柯盛泰 謹序

生活中汽車儼然成為日常所需之交通工具，然而隨著科技日新月異，人們對於汽車的性能、舒適、安全以及環保需求不斷提升，汽車技術不再是過往傳統機械與電機產品所構成，是一個集多學科於一體的工業產品。所涉及的學術領域涵蓋：材料、化工、物理、光電、機械、電子、電機、資訊、車輛工程等。所需之專業知識更是遍及：熱力學、動力學、電磁學、材料力學、流體機械、機構設計、程式設計、工程數學、電子學、電路學、機電整合等。

一部汽車需要上千個零組件所構成，其中不乏電子元素存在。德國權威汽車資訊策略分析公司 Berylls Strategy Advisor（2023），在 2022 世界前一百大汽車零組件供應商報告中資料顯示，臺灣未能擠進全球前一百大汽車零組件供應商名單，反映臺灣在汽車產業上落後國際有頗大的差距。值得關注的是，其中前五大企業，Bosch、Denso、ZF Friedrichshafen、Continental 與 Hyundai Mobis 都是電子控制系統供應大廠。意味著汽車零組件製造、技術或研發人員將會需要更多的電控知識，才能提升開發核心能力以及產品競爭力。如今，汽車電子控制系統占整車成本比重已接近四成（邱昰芳，2019），直接帶動汽車電子相關軟硬體技術人才之需求。

臺灣在高等教育車輛工程與車輛組大專校院學制涵蓋二專、五專以及學士班，其中九成學校是技職體系（教育部統計處，2022）。車輛工程在校教學目標是使學生具備動力與能源知識、設計與分析能力、機電與控制以及維修與管理等專長。並配合汽車產業未來發展趨勢，研究先進車輛的相關技術。在學生就業方面，根據 104 人力銀行（2022）針對各校車輛工程系大學部距今十年內畢業生的首次就業經歷統計資料結果顯示，「汽機車維修」是車輛工程系大學生畢業後主要的第一份工作，其次是「零件製造或配件用品」與汽車「代工」相關。

由於本人公司業務是相當貼近於汽車產業市場，加上自己也在教育職場進行教育工作。對於當前臺灣車輛工程教育環境與發展，並不能符合汽車產業現在與未來之挑戰而感到憂心。畢竟許多研究報告與企業先進指出，未來 10 年，全球汽車產業將隨著電動車趨勢發展，面臨前所未有的重大變革，預期每年產值都會達兩位數的複合年成長率。

聯電榮譽副董事長 宣明智（2022）認為：電動車將會是下一個兆美元產業，會是晶圓代工產業的 20 倍；鴻海董事長 劉揚偉（2022）也說：電動車是一個百年難得一遇的契機，面對即將要發生的爆炸性成長，現在只是剛剛開始而已。然而，臺灣企業雖懷有電動車夢想，但相關技術人才不足，已嚴重影響臺灣在汽車產業的發展。要解決這樣的困境，需從根本的教育開始。

因此，本人藉由在產業 30 多年的實務工作與教學經驗。先行在 2021 年 4 月完成《先進車輛電控概論》初版，日後更在百忙之中抽出時間再到學校進修電機工程相關知識，以補足自身在學理基礎上的缺乏，並於 2023 年 10 月發行第三版，希望能為臺灣在車輛工程教育上盡一份心力。

本書是根據學生畢業後的「就業前景」與臺灣「汽車產業現況與發展趨勢」進行規劃及編寫。有鑒於車輛工程的實務性較強，特別是較為先進的車輛電控技術之形象思維與抽象思維的巨大落差，學習者被迫接受大量與生活脫節的知識，導致學習動機低落的負面效應，甚至有所顧慮及恐懼。為改善上述情況，本書從基本電學開始，由淺入深，內容著重在原理與實務並重，但原理不求深入，將複雜的電控系統分類，再將各類別逐一拆解成小單元。

在校「汽車科」或「車輛工程」學生能透過本書做為學習汽車電子相關控制技術之入門，補足市場上現有書籍較為缺乏的電控知識。現場「工程人員」也可藉由此書增加相關知識與實力，提升臺灣汽車工業的技術水平。期盼能得到大家的支持與認同，讓我在教育路上不孤單。

最後感謝吾師，師範大學工業教育系車輛技術組 呂有豐教授（工科賽召集人）、師範大學車輛與能源工程學士學位學程 洪翊軒主任、臺灣大學前機械系先進動力研發中心 鄭榮和教授（臺灣電動車教父）為此書做推薦以及全華圖書的協助，才能順利完成此大作。

中華民國 112 年 10 月

目錄

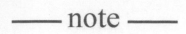

電的基本概念 1

1-1 導論

很古老前，就有許多人致力於研究電（electricity）的現象，但所得到的結果總是乏善可陳。直到十七和十八世紀，才出現一些在科學方面重大的發現，不過在那時，電的實際用途並不多。十九世紀（西元 1801～1990）開始，許多學術科學研究陸續出現關鍵性的突破，同時在數學、化學、冶金、電力、電磁、物理以及生物等領域都有重大的發展與成就。

由於以電力、電磁及物理為基礎的電機工程學之進步，電才進入了工業和家庭。從電荷到電子一系列的發展，日新月異、突飛猛進的快速發展帶給了工業和社會巨大的改變。電作為能源的一種供給方式有許多優點，這意味著電的用途幾乎是無可限量。例如：交通、空調、照明、電訊以及計算等，都必須以電為主要能源。如今，二十一世紀，現代工業社會的骨幹仍是電力。

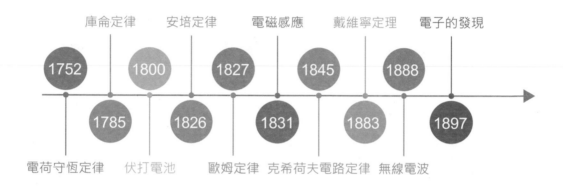

圖 1- 1 電的歷史

1-1-1 物質

物質（substance）在科學上並沒有明確的定義，一般來說物質泛指一切元素（element）及其相互組成的化合物，都是物質。常見的物質存在型態有 6 種：固態、液體、氣態、等離子態、超固態以及中子態等。宏觀而言，物質種類雖多，但它們有其特性，那就是客觀存在，並能夠被觀測，以及都具有質量和能量（energy）。

西元 1905 年，愛因斯坦在發表的相對論中，提出所有物質（質量）都可以轉換成能量的可能性，彼此之間的關係式即為著名的質能方程式 $E = mc^2$，能量和質量是等價，並且可以被互換的。其中 E 為能量，單位焦耳；m 為質量，單位公斤；c 為光速（299,792,458 m／s）。

質能方程式的質量並不是真正的實體，它只是能量的另一種形態。因為，該公式表明物體於靜止時仍有能量，但這是違反牛頓運動定律中所闡述靜止物體是沒有能量的。質能方程式在原子彈的研發中得到了關鍵性的理論支持，一個物體的質量再小，也能釋放巨大的能量。

1-1-2 原子

　　所有元素都是透過一種或多種原子（atom）所構成，原子由原子核以及環繞在外部的電子（electron）所組成，且原子是元素能保持其化學性質的最小單位。原子核內有中子與質子，其中質子帶正電，中子不帶電，電子帶負電。

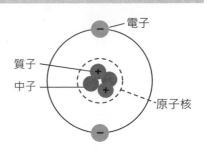

圖 1-2　氦原子結構

　　原子序是指原子核內質子的數量，若原子核內的質子與環繞在外的電子數量相同，則該原子為電中性。因此，原子序大小也是電子的數量。如果電子數大於或小於質子數時，該原子就會被稱為負或正離子。原子結構如圖 1-2 所示。

　　電子環繞在原子核外面的軌道上，由內而外分別是 K、L、M、N、O、P、Q 層，各層所能容納的電子數，如表 1-1 所示。

表 1-1　各層軌道與電子數量

能階（週期）	各層軌道	容納電子數量	階層圖
1	K	2	
2	L	8	
3	M	18	
4	N	32	
5	O	50	
6	P	18	
7	Q	8	

1-1-3 電洞與載流子

　　一個呈現電中性的原子，是指帶有正電的質子與帶負電的電子數量相同。若因為外力因素導致失去電子，在原電子的區域會呈現一個吸引電子的空位，這個位子就稱為電洞，而流失掉或流入電洞的電子稱為載流子，簡稱載子，如圖 1-3 所示。

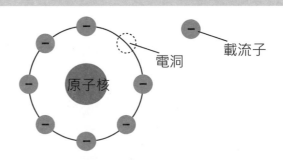

圖 1-3　電洞與載流子

1-1-4 帶電粒子

帶電粒子是指質子與電子數量不相同的非電中性原子，它也可以是分子（一種以上原子化合物或元素，譬如由 2 個氫原子所組成的氫氣 H_2）或原子透由電離過程後的離子，整體而言就是質子與電子之間的聯繫，如圖 1- 4 所示。

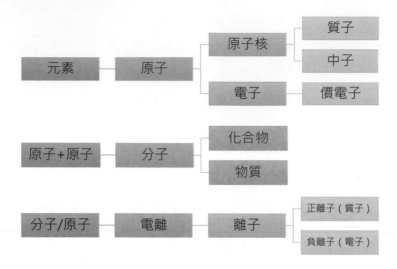

圖 1- 4 帶電粒子

1-1-5 物質的導電性

如圖 1- 5 為例，矽原子的原子序為 14，表示軌道中有 14 個電子，故 K 層 2 個、L 層 8 個、M 層 4 個。最外層的電子又稱為「價電子」，價電子決定兩個原子間（物質）如何彼此間進行化學反應作用。一般而言，原子的價電子愈少，原子就愈不穩定，即愈容易起反應。因此，透過價電子數量便能知道該原子的導電性。在週期表中，通常具有相同價電子的原子被歸為同一類，稱為同族元素。

當原子的價電子數等於 8 時，原子呈穩定狀態，此時稱之為八隅體規則。自然界中的原子為了趨向穩定，會透過得到、失去或分享電子以達成八偶體。例如水（H_2O）與二氧化碳（CO_2）等化合物。根據物質的價電子數量可以分為：價電子小於 4 的導體、價電子等於 4 的半導體以及價電子大於 4 的絕緣體等三種。

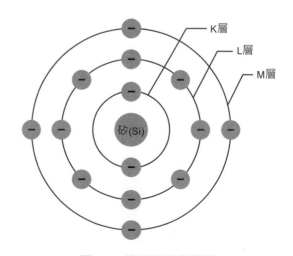

圖 1- 5 矽原子軌道模型

1-1-6 半導體

半導體透過電子傳導或電洞傳導方式傳輸電流，其導電性介於導體與絕緣體之間，導電性容易受到控制。在電子元件材料中，不摻雜任何雜質的純矽或純鍺半導體通稱為純半導體或本質半導體，其價電子數為 4，簡稱 4 價。若將純半導體中混入一些其它原子則稱為摻雜（doping），摻雜後的半導體分為 N（negative）型與 P（positive）型半導體。

1. N 型半導體

如圖 1-6 所示，在八隅體規則中，使純半導體加入 5 價原子（磷 P、砷 As、銻 Sb），會多出 1 個電子作為載子，該載子幾乎不受束縛，較易成為自由電子。因此，N 型半導體是含電子濃度較高的半導體，其導電性主要是靠自由電子導電。

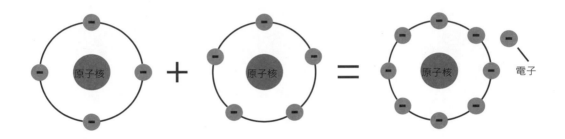

圖 1-6　N 型半導體

2. P 型半導體

如圖 1-7 所示，在八隅體規則中，使純半導體加入 3 價原子（硼 B、鋁 Al、鎵 Ga、銦 In），會多出 1 個電洞來吸引載子流入，其它的電子被束縛在原子內，這些電子就稱之為束縛電子。因此，P 型半導體是含電洞濃度較高的半導體，具有導電性的物質。

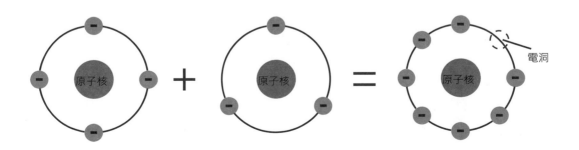

圖 1-7　P 型半導體

1-1-7 電荷

電荷（electric charge）是物質「帶電量」的一種物理性質，是帶電粒子靜止或移動所產生的物理現象。在大自然裡，電的機制給出很多眾所熟知的效應。例如：閃電、摩擦起電、靜電感應以及電磁感應等。帶有電荷的物質為「帶電物質」，兩個帶電物質之間會互相施加作用力於對方，彼此會感受到對方施加的作用力。電荷也決定了帶電粒子在電磁方面的物理行為。

電荷守恆定律表明，在一個孤立系統裡，不論發生什麼變化，電荷不會獨自生成或消失，只能從一個物質移轉到另一個物質，轉移過程中，總電荷必定保持不變，所有物理程序都必須遵守這定律。如果帶正電（+1）粒子接觸到帶負電（-1）粒子，兩粒子因接觸而作用，使帶電量將變成相同，且都會成為中性，如圖 1- 8 所示。

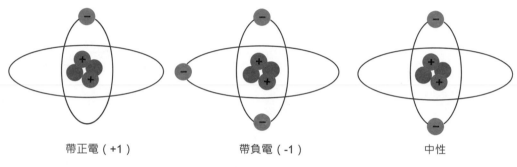

帶正電（+1）　　　　　帶負電（-1）　　　　　中性

圖 1- 8 電荷守恆

1. 庫倫定律

西元 1785 年，法國物理學家查爾斯・庫倫，將電學的研究從定性進入定量（量化）階段，因而命名的一條物理學定律。庫倫定律（Coulomb's law）也是電學發展史上第一個定量規律，成就電學史中的一塊重要的里程碑。庫倫定律表明，在真空中兩個靜止點電荷之間的交互作用力與距離（a）平方成反比，與電荷量乘積成正比，如圖 1- 9 所示。

圖 1- 9 庫倫定律

2. 基本電荷

電子或質子是物質最小帶電粒子，這些稱為「基本電荷」，符號 e。任何帶電物體內所含的基本電荷數量，就稱為「電荷量」，簡稱電量。

在國際單位制裡，電荷量的符號以 q 表示，單位是庫倫（C）。一個基本電荷的電量相當為 1.6×10^{-19} 庫倫，此數值是 2019 年 5 月 20 正式開始使用。

每一庫倫所含基本電荷數（e）：

$$C = \frac{1}{1.6 \times 10^{-19}} = 6.25 \times 10^{18}$$

（1-1）

3. 電荷的作用力

電荷的作用力遵守庫倫定律，故也可稱為庫倫力。電荷分為正電荷（e）的質子與負電荷（-e）的電子。也可說帶有正電荷的物質稱為帶正電，帶有負電荷的物質稱為帶負電。若兩物質都帶有正電或負電，稱這兩物質為同電性，若一個正電另一個負電，則稱這兩物質為異電性。作用力於同電性電荷時相斥，異電性電荷則相吸。電荷量愈大，作用力也愈大，如圖 1- 10 所示。

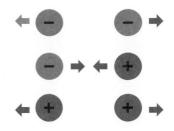

圖 1- 10　電荷的作用力

電荷的作用力：

$$F = k\frac{q_1 q_2}{a^2}$$

（1-2）

F：作用力（N, 牛頓）　$q_1 q_2$：兩帶電體的電荷量（C）

a：兩帶電體間的距離（m）　k：靜電常數（9×10^9）

1-1-8 靜電

靜電（electrostatic）是電荷在物質系統中的不平衡分布所產生的現象。兩個物體之間接觸或摩擦導致電荷移動均能使物體帶電。物體帶電後，電荷會保持在物體上。當兩不相等電荷量的物體相互接觸在一起時，就會產生靜電放電（electrostatic discharge, ESD）現象，使得一個物體的電荷流動至另一個物體，從而促成電位相等。靜電的作用力遵守庫倫定律，描述靜電力分別與兩個帶電物體的電荷量成正比，而與兩個帶電物體之間的距離平方成反比。不同材質物質產生靜電的程度，如圖 1- 11 所示。

圖 1- 11　產生靜電材質的程度

1-1-9 電場

電場（electric field）是存在於電荷周圍能傳遞電荷與電荷之間交互作用的物理場。在不被孤立環境下，電荷周圍總有電場存在，同時電場對場中其它電荷發生作用力。點電荷所產生的電場強度會是與距離成反比，而與作用力成正比。電場可以用一組虛擬的線條來想像，在任意位置線條的方向跟電場的方向相同，這組線條被稱為電場線，如圖 1- 12 所示。

正電荷產生方向朝外的電場　　　　負電荷產生方向朝內的電場

圖 1- 12　電場線

電場強度：

$$E = \frac{F}{q} = \frac{kq}{a^2}$$　　　　　　　　（1- 3）

E：電場強度（V, 伏特）　 F：作用力（N）　 q：點電荷量（C）

α：電荷與點的距離（m）　 k：靜電常數（9 × 10⁹）

1-1-10 電弧

兩導體彼此存在一個大氣間隙，正電荷在 A 導體一端、負電荷在 B 導體一端，所有的電荷全都分布於導體殼表面。導體殼會將內部的電荷孤立起來，使其不會受到外部的電場影響。任何介質（例如大氣）都有一個能夠承受最大電場的極限，一旦超過這極限，就會發生電擊穿。當大氣間電場強度達到 3×10^6 V/公尺，使得電荷通過了絕緣介質，大氣發生電擊穿而持續

3000 V = 1mm
3 kV 可在 1 mm 距離產生電弧

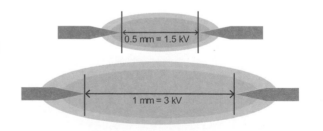

圖 1- 13　電弧的產生

形成電漿體，兩導體端在空氣中就會出現眼睛看的見的電弧（electric arc）。

在 1 大氣壓（bar）環境，3 kV 約可在 1 mm 間隙產生電弧。燃油引擎點火系統的火星塞就是利用此原理，在接地電極與中央電極間的間隙產生電弧點燃混合汽。若在電場（電壓）強度不變下，將電極末端面積做小，使得面電荷量密度（C/m^2）增加，q 值變大，作用力也隨之變強。這也是為什麼尖端物體愈容易產生電弧現象，如圖 1- 13 所示。

另一情況是當觸點開關 on / off 時，電器負載電流接通或斷開瞬間，開關觸點會有無窮小的間隙。因此，觸點兩端即便電場再小，都有可能產生電弧現象。由於電弧中心點溫度極高，如果電荷作用力夠大，還是可能造成開關觸點燒熔，縮短其開關壽命。觸點開關，如圖 1- 14 所示。

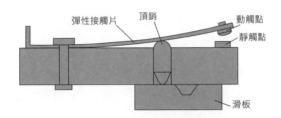

圖 1- 14 觸點開關

1-2 電壓

電壓（voltage；electric tension）也稱作電位差或電壓差，是衡量「電路」兩點之間電位不同所產生能量差的物理量。電壓的國際單位是伏特，符號與單位都是 V。其定義是：施予 1 焦耳的電能（W），才能將 1 庫倫的電荷（q）移動，此時兩點的電壓即為 1 伏特。電壓愈高所能產生的電場愈強，此概念與水位高低所造成的水壓相似，如圖 1- 15 所示。

電壓：

$$V = \frac{W}{q} \qquad\qquad (1-4)$$

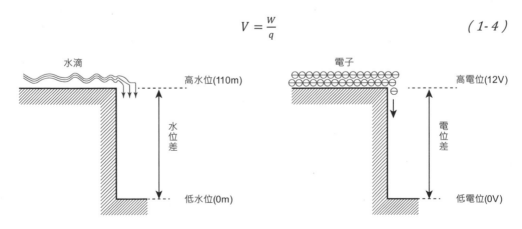

圖 1- 15 電位差與水位差

1-2-1 電動勢

可供應電能元件特性的電壓即為電動勢（electromotive force, EMF）。電動勢可以對電荷提供能量，驅使電荷移動而形成電流。在電路學裡，電動勢符號是 ε，單位跟電壓一樣是伏特。這些供應電能的元件稱為電動勢源。如電化學電池、電磁感應、太陽能電池、燃料電池、熱電裝置、發電機以及電源供應器等，都是電動勢源。

理想電動勢源不具有任何內阻，放電與充電過程不會浪費任何能量，所給出的電動勢與其路端電壓相等。但在實際應用中，電動勢源不可避免地有一定的內阻。

1-2-2 電池

電池(battery)一般狹義上的定義是將本身儲存的化學能轉成電能的裝置，廣義的定義為將預先儲存起的能量轉化為可供外用電能的裝置。其它名稱有電瓶或電芯，而中文「池」及「瓶」也有儲存作用之意。電池不只可提供電力給電器，亦可對穩定汽車電源品質提供若干幫助。在電路圖中常以二條直線或多條直線符號代表，較長的那端為正極，如圖 1- 16 所示。

圖 1- 16 電池符號

1. 電量狀態

汽車動力系統能源大致分為：燃油車的燃油與電動車的電池。燃油是藉由燃油箱內的油位高低，使燃油位置感測器的浮筒改變其位置，進而取得燃油量。而電動車的電池電量，主要是透過精確計算出電池充電與放電過程中，電池當前電量狀態的庫倫計量法來取得電量。

庫倫計量：

$$SOC = RM + \frac{q_{act}}{q_{max}} \qquad\qquad (1\text{-}5)$$

SOC：當前電量狀態（%） RM：計算前剩餘電量
q_{act}：計算週期所增減的電量 q_{max}：電池完全充電量

2. 電池充放電率

充放電率（C-rate）是充放電時電流強度與電池額定電容量之比率，符號以 C 表示。充放電率愈大，代表電池的充電或放電電流愈大。譬如：100 Ah 的電池，1C 放電，代表用 100 A 的電流放電，2C 代表電池用 200 A 電流放電，0.5 C 代表電池用 50 A 電流放電。

充放電速率：

$$C_{rate} = \frac{I_{act}}{Ah_{max}}$$　　　　　　　　(1-6)

I_{act}：充放電電流強度（A）　　　Ah_{max}：電池額定電容量（Ah）

1-2-3 電池的聯接

1. 電池的串聯

　　庫倫定律說明，同電性電荷相斥，異電性電荷相吸，所以電池採異電極性串聯方式聯接，兩電池相同或不同電壓的電荷彼此相吸，因此，不同電壓的電池，可以進行串聯，總電壓（電動勢）就會是彼此電壓的總和，如圖 1- 17 所示。

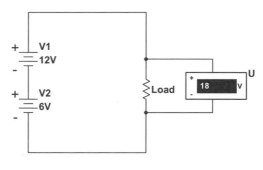

$$U = V1 + V2$$

圖 1- 17　電池的串聯

2. 電池的並聯

　　若以並聯的方式連接，將造成同電性電荷相斥。「相斥電流」可由歐姆定律帶入兩電池電壓差與並聯迴路電阻比計算，過大相斥電流嚴重時會造成兩電池的損壞。因此，在實務上是不行將不同電壓的電池並聯；但在電子電路上，不同的電壓來源，是可以被設計應用於電路上。

　　假設兩電池內阻都一樣，並聯後的總電壓會是兩電池電壓和的平均值。高電壓電池會產生過放電流，低電壓電池則會產生過充電流，如圖 1- 18 所示。

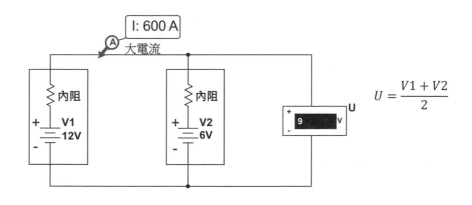

$$U = \frac{V1 + V2}{2}$$

圖 1- 18　電池的並聯

3. 電池的複聯

當電池的串聯和並聯方式同時存在時，稱之為電池的複聯。總電壓是電池電壓串聯之和；總電流則是各串聯電池組電流之和。若相同規格電池以矩陣的方式聯接，總電壓亦等於電池電壓與串聯數 y 的乘積；總電池容量則等於電池容量與並聯數 x 之乘積，如圖 1- 19 所示。

總電池每小時容量轉換每小時功率為：

$$P = IV = 238 \times 396 = 94 \ kWh$$

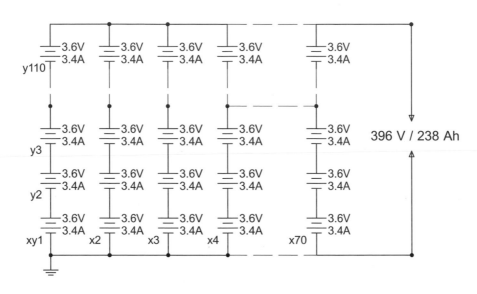

圖 1- 19　電池組的矩陣電路

1-3 電流

一群電子在空間中移動產生靜電力，而在導體間的定向移動則形成電流（ electric current ）。電子是一種帶有負電的次原子粒子（ -1 庫倫有 6.25×10^{18} 個電子的電量 ），屬於輕子類。輕子是構成物質的基本粒子之一，無法被分解為更小的粒子。其所產生的電場，會吸引像質子一類的帶正電粒子，也會排斥像電子一類的帶負電粒子，這些現象所涉及的作用力遵守庫倫定律。

1-3-1 電流方向

電子流是電子（負電荷）在電路中移動現象。早期科學家假定電流行進的方向是由電源的正極流向負極，後來才發現真正的電子流是由負電荷流向正電荷。然而，因為原來假定的電流方向由高到低，已成為很多定律所採用，如安培右手定則與佛來銘左右手定則，並且已沿用了近百年，故涉及範圍太過廣泛，所以無法順利更改。

電流由電動勢所流出端，稱為正極，反之為負極；而從負載（R_L）所流入端，則為正極，流出端為負極，兩者恰好相反。目前只有在研究半導體電子學的領域內，才有「電子流」的稱謂。電流的方向與電子流的方向相反，以電路學來說電流的方向是由電源的正極經由外部導線流向負極，其流動速度約如同光速（$3 \times 10^8 \, m/s$），如圖 1- 20 所示。

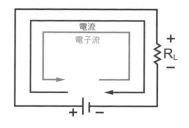

圖 1- 20 電流與電子流方向

1-3-2 安培

西元 1948 年，第九屆國際度量衡大會決定，定義電流強度符號（I），單位是安培（A）。安培（Ampere, Amp）是以法國數學家和物理學家安德烈－馬里・安培命名，為了紀念他在古典電磁學方面的貢獻。實際情況中，安培是對單位時間內通過導體橫截面的電荷量的度量。在 1 秒(s)內通過橫截面的電荷量（q）為 1 庫倫（C）時，電流強度大小則為 1 安培。因此，對於庫倫的另一表示法稱之為安秒（As），也就是 1 庫倫等於 1 安秒。

安培公式：

$$I = \frac{Q}{t} \qquad\qquad (1-7)$$

1-4 電阻

在一個閉合迴路裡，電阻（resistance）是一個物體對於電流通過的阻礙能力。假設導電體具有均勻截面積，則其電阻值大小與長度成正比，而與截面積成反比，如圖 1- 21 所示。

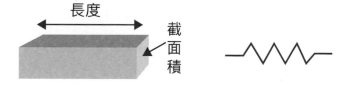

圖 1- 21 導體截面積與電阻圖示

電阻的國際單位為歐姆（Ω；Ohm），符號是 R；電阻的倒數則為電導（G），單位為西門子，符號是 S。以金屬而言，大多數都是良好的導電體，但其電阻係數均有差異。若以相同的電壓加於不同的金屬上，傳導電流的大小並不會相等，其大小依序為銀、銅、金、鋁、鎢、鋅、黃銅、鉑、鐵、鎳、錫、鋼、鉛、水銀、鉻等。譬如以銀、銅、金等具有良好導電性質金屬，或者次等導電性質的鋁材料一類所製造的導線，其具有低電阻特質，可以很有效率的傳輸電流。

1-4-1 歐姆定律

西元 1827 年，德國物理學家格奧爾格·歐姆。在他發表的一本通論《直流電路的數學研究》，他詳細的論述簡單電路兩端的電壓（V）與流動於電路的電流（I）以及電阻（R）三方的關係。為了紀念他在物理學方面的貢獻，電阻的阻抗以歐姆為單位。歐姆定律（Ohm's law）的法則是：1 V 的電壓，在通過導體兩端而產生 1A 的電流，則該導體的阻抗即為 1Ω，如圖 1- 22 所示。

歐姆定律：

$$V = IR \qquad\qquad (1\text{-}8)$$

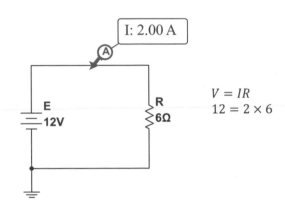

$V = IR$
$12 = 2 \times 6$

圖 1- 22 歐姆定律

【範例 1- 1】

24 V 貨車要加裝一組加熱器，其電阻值為 2Ω，則消耗電流為：

$$V = IR \rightarrow I = \frac{V}{R} = \frac{24}{2} = 12\ A$$

【範例 1- 2】

如下圖量測值所示，20 A 插片式保險絲，其常溫電阻值約為 3.7 mΩ，則通過電流為：

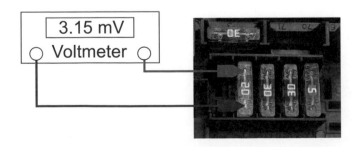

$$I = \frac{V}{R} = \frac{3.15 \times 10^{-3}}{3.7 \times 10^{-3}} = 0.85\ A$$

1-4-2 導線電阻的計算

　　導線材料的電阻愈小，亦即電導愈大，導電效果愈好。電導（electrical conductance），是指容許電流的流動能力，與電阻的定義相反。以汽車電線為例，普遍是以銅作為導線材料。銅的電阻係數溫度在 20℃ 時約為 1.72×10^{-8}，依該導線的長度與截面積之比與電阻係數的乘積，就可計算出導線電阻（R, Ω）。若導線拉長 n 倍，因為體積不變，會造成截面積變小，使電阻變大。

導線電阻：

$$R = \rho \frac{\ell}{A} \qquad (1\text{-}9)$$

$$G = \frac{\rho A}{\ell} = \frac{1}{R} \qquad (1\text{-}10)$$

R：電阻（Ω；Ohm）　G：電導（S, Siemens）　ρ：電阻係數（Ω m）

ℓ：導線長度（m）　A：導線截面積（m²）

導線拉長 n 倍後電阻：

$$R2 = R1 \times n^2 \qquad (1\text{-}11)$$

R1：拉長前電阻　R2：拉長後電阻

【範例 1- 3】

如圖 1-23 所示，銅導線直徑為 2 公釐（mm），ρ 為 1.72×10^{-8}，長度為 10 公尺，則導線電阻為：

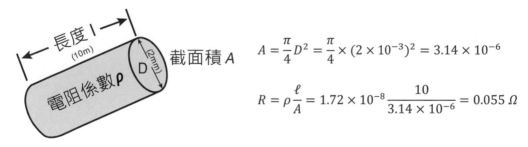

$$A = \frac{\pi}{4}D^2 = \frac{\pi}{4} \times (2 \times 10^{-3})^2 = 3.14 \times 10^{-6}$$

$$R = \rho \frac{\ell}{A} = 1.72 \times 10^{-8} \frac{10}{3.14 \times 10^{-6}} = 0.055 \ \Omega$$

圖 1- 23 導線電阻的計算

【範例 1- 4】

銅導線 2 m 長，電阻值為 3Ω，若將其長度拉長至 2.02 m，其拉長後的電阻值為：

$$n = \frac{2.02}{2} = 1.01$$

$$R2 = R1 \times n^2 = 3 \times 1.01^2 = 3.06 \ \Omega$$

1-4-3 溫度對電阻的影響

溫度的變化會導致物質電阻的改變，而改變的程度依材料的不同而有所差異。一般而言，「非金屬」物質，如絕緣體、半導體、碳和電解液等，其電阻隨溫度的升高而變小，此類材料稱為負溫度係數特性；而「一般金屬」的電阻隨溫度的升高而變大，此類材料則稱為正溫度係數特性。

金屬導線因溫度上升而導致電阻變大，因此汽車在配置線路時，必須考量到工作環境對電路的影響。譬如：引擎室的工作溫度經常處於 60℃ 以上，銅導線的溫度變化率就會增加 15％ 以上。常用的正電組溫度係數，如表 1-2 所示。

表 1-2 正電阻溫度係數

金屬材料	0 Ω 時的絕對溫度（T_0）	0℃	
		$\alpha_0 = 1/\lvert T_0 \rvert$	ρ_0 (Ωm)
金	-270℃	0.00370	2.259×10^{-8}
銀	-243℃	0.00411	1.505×10^{-8}
鋁	-236℃	0.00423	2.590×10^{-8}
軟銅（銅）	-234.5℃	0.00426	1.588×10^{-8}
鎢	-202℃	0.00495	5.045×10^{-8}
鐵	-180℃	0.00555	9.000×10^{-8}
鎳	-147℃	0.00680	5.909×10^{-8}

電阻溫度係數：

$$\alpha_{t1} = \frac{1}{\lvert T_0 \rvert + t_1}$$

電阻溫度變化率：

$$\alpha_{t1}(t_2 - t_1) \times 100\% \qquad\qquad (1\text{-}12)$$

電阻溫度變化值：

$$R_{t2} = R_{t1}[1 + \alpha_{t1}(t_2 - t_1)] \qquad\qquad (1\text{-}13)$$

α_{t1}：參考點電組溫度係數　t_1：參考點溫度（℃）　T_0：金屬絕對溫度（℃）

t_2：比較點溫度（℃）　R_{t1}：參考點之電阻（Ω）　R_{t2}：比較點之電阻（Ω）

【範例 1-5】

銅導線 20℃ 電阻為 0.2Ω，當溫度達到 60℃ 時，變化率與電阻為：

$$\alpha_{t1} = \frac{1}{\lvert T_0 \rvert + t_1} = \frac{1}{234.5 + 20} = 0.00393$$

$$變化率 = \alpha_{t1}(t_2 - t_1) \times 100\% = 0.00393(60 - 20) \times 100\% = 15.72\%$$

$$R_{t2} = R_{t1}[1 + \alpha_{t1}(t_2 - t_1)] = 0.2[1 + 0.1572] = 0.23\ \Omega$$

【範例 1-6】

對照表 1-2 所示，某汽車導線在 0℃ 電阻值為 1.476 mΩ，當溫度來到 100℃ 時，其電阻值為 2.1 mΩ。則該導線的材質為：

$$R_{t2} = R_{t1}[1 + \alpha_{t1}(t_2 - t_1)] \rightarrow \alpha_{t1} = \left(\frac{R_{t2}}{R_{t1}} - 1\right) \times \frac{1}{t2 - t1}$$

$$\alpha_{t1} = \left(\frac{R_{t2}}{R_{t1}} - 1\right) \times \frac{1}{t2 - t1} = \left(\frac{2.1}{1.476} - 1\right) \times \frac{1}{100 - 0} \cong 0.00423\ (鋁)$$

1-4-4 車用導線規範

汽車所使用的導線規範是根據美國線規（American wire gauge, AWG），亦稱為布朗沙普（Brown and Sharpe）線規。AWG 是一種區分導線直徑的標準，線規數字大小代表相同面積下，能塞進 AWG 的線數目。線規數字越小，表示線材直徑越粗，所能承載的電流就越大；反之，線規數字越大，表示線材直徑越細，所能承載的電流就越小。該標準化線規系統於 1857 年起在美國開始使用。

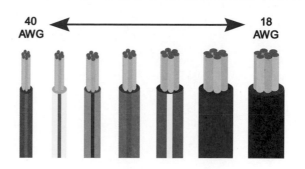

圖 1-24 AWG 線規

1. 導線顏色

隨著汽車電器的增加，導線數量也不斷增加。通常截面積 4 mm^2 以上導線絕緣層顏色為單色，以下的則常會採用雙色。電路圖（circuit diagram）主要使用顏色代號，來做為表示該電線的顏色，譬如 W 為白色；Y/Br 為黃棕色（表 1-3）。

表 1-3 典型車用導線顏色代號

顏色	黑	白	紅	綠	黃	棕	藍	灰	紫	橙
英文	black	white	red	green	yellow	brown	blue	grey	violet	orange
代號	B	W	R	G	Y	Br	Bl	Gr	V	O

表 1- 4　AWG 標準線徑規範對照表

AWG	直徑		截面積		銅阻抗（20 ℃）		最大電流
	(in)	(mm)	(kcmil)	(mm²)	(m Ω/ft)	(m Ω/m)	(A)
0000 (4/0)	0.460	11.68	212	107	0.04901	0.1608	481.5
000 (3/0)	0.4096	10.405	168	85.0	0.06180	0.2028	382
00 (2/0)	0.3648	9.266	133	67.4	0.07793	0.2557	303.3
0 (1/0)	0.3249	8.251	106	53.5	0.09827	0.3224	240.8
1	0.2893	7.348	83.7	42.4	0.1239	0.4066	190.8
2	0.2576	6.544	66.4	33.6	0.1563	0.5127	151.2
3	0.2294	5.827	52.6	26.7	0.1970	0.6465	120.2
4	0.2043	5.189	41.7	21.2	0.2485	0.8152	95.4
5	0.1819	4.621	33.1	16.8	0.3133	1.028	75.6
6	0.1620	4.115	26.3	13.3	0.3951	1.296	59.85
7	0.1443	3.665	20.8	10.5	0.4982	1.634	47.25
8	0.1285	3.264	16.5	8.37	0.6282	2.061	37.67
9	0.1144	2.906	13.1	6.63	0.7921	2.599	29.84
10	0.1019	2.588	10.4	5.26	0.9989	3.277	23.67
11	0.0907	2.305	8.23	4.17	1.260	4.132	18.77
12	0.0808	2.053	6.53	3.31	1.588	5.211	14.90
13	0.0720	1.828	5.18	2.62	2.003	6.571	11.79
14	0.0641	1.628	4.11	2.08	2.525	8.286	9.36
15	0.0571	1.450	3.26	1.65	3.184	10.45	7.43
16	0.0508	1.291	2.58	1.31	4.016	13.17	5.90
17	0.0453	1.150	2.05	1.04	5.064	16.61	4.68
18	0.0403	1.024	1.62	0.823	6.385	20.95	3.70
19	0.0359	0.912	1.29	0.653	8.051	26.42	2.94
20	0.0320	0.812	1.02	0.518	10.15	33.31	2.33
21	0.0285	0.723	0.810	0.410	12.80	42.00	1.85
22	0.0253	0.644	0.642	0.326	16.14	52.96	1.47
23	0.0226	0.573	0.509	0.258	20.36	66.79	1.16
24	0.0201	0.511	0.404	0.205	25.67	84.22	0.92
25	0.0179	0.455	0.320	0.162	32.37	106.2	0.73
26	0.0159	0.405	0.254	0.129	40.81	133.9	0.58
27	0.0142	0.361	0.202	0.102	51.47	168.9	0.46
28	0.0126	0.321	0.160	0.0810	64.90	212.9	0.36
29	0.0113	0.286	0.127	0.0642	81.84	268.5	0.29
30	0.0100	0.255	0.101	0.0509	103.2	338.6	0.23
31	0.00893	0.227	0.0797	0.0404	130.1	426.9	0.18
32	0.00795	0.202	0.0632	0.0320	164.1	538.3	0.14
33	0.00708	0.180	0.0501	0.0254	206.9	678.8	0.11
34	0.00630	0.160	0.0398	0.0201	260.9	856.0	0.09
35	0.00561	0.143	0.0315	0.0160	329.0	1079	0.072
36	0.00500	0.127	0.0250	0.0127	414.8	1361	0.057
37	0.00445	0.113	0.0198	0.0100	523.1	1716	0.045
38	0.00397	0.101	0.0157	0.00797	659.6	2164	0.036
39	0.00353	0.0897	0.0125	0.00632	831.8	2729	0.028
40	0.00314	0.0799	0.00989	0.00501	1049	3441	0.023

取自：PowerStream American Wire Gauge Chart

2. 線徑規範

表 1-4 適用於單根、實心、圓形的銅質導線。多芯線的 AWG 值由所有導線的總橫截面積決定，但由於多芯線之間總是有一些空隙，導致相同的 AWG 值多芯線的直徑總是略大於單根導線的直徑。實際所能承受的電流值，會與包覆於導線外的絕緣材質（塑料乙烯）所能承受最大溫度呈正向關係，因為導線的絕緣材質要能承受當銅線電流上升時所產生的溫度。導線正常承載電流一般為每截面積（mm^2）密度為 4A，最大電流則為 4.5A。

1-5 功率

從能量守恆定律證明，任何能量都可以做等量的轉換。因此，功率（power）定義為能量轉換或耗能的速率之計量方式，以單位時間的能量大小來表示，即是做功的速率。功率的國際標準制單位是「瓦特」，符號為 W。其單位名稱是為了紀念於十八世紀的英國機械工程師，蒸汽引擎設計者詹姆斯·瓦特。並於 1960 年，由國際計量大會所決議採用。

1-5-1 焦耳定律

西元 1841 年，英國物理學家詹姆斯 - 普雷斯科特·焦耳。在研究熱的本質時，發現了熱和功之間的轉換關係，並由此得到了「能量守恆定律」，即在孤立系統中，不能有任何能量或質量從該系統輸入或輸出。能量不能無故生成，也不能無故消失，但它能夠改變形式，如在炸彈爆炸的過程中，化學能可以轉化為動能，能量的單位之一「焦耳」，就是以他的名字命名。

焦耳（簡稱焦）是國際單位制中，電能或熱能的導出總量，符號為 W 與 Q，單位同為焦耳（J）。該定義在電的能量（電能）法則是：電路中兩點電位差（V）與移動電量（q）的乘積，由於電能與功率是一體兩面。因此，電能符號與功率的單位都是 W。

電能轉換：

$$W = Vq \qquad\qquad (1\text{-}14)$$

而在焦耳定律中（Joule's laws）指出，電流通過電阻時，電阻自身會產生熱量，這種電能轉換成熱能的效應，稱之為電流熱效應，其公式可由歐姆定律導出。

熱能轉換：

$$Q = I^2Rt = IVt = \frac{V^2}{R}t \qquad\qquad (1\text{-}15)$$

Q：熱能（J） I：電流（A） R：電阻（Ω） t：單位時間（s）

如圖 1- 25 所示，根據焦耳第一定律指出，電路中載流導線每秒所傳播的熱能與電流平方乘以負載電阻成正比，它測定每秒所產生的熱和所吸收的能量相等。

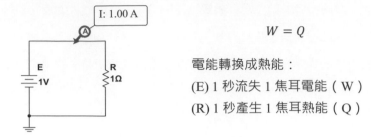

$$W = Q$$

電能轉換成熱能：
(E) 1 秒流失 1 焦耳電能（W）
(R) 1 秒產生 1 焦耳熱能（Q）

圖 1- 25 焦耳定律

1-5-2 電功率

在電路中做為表示電流做功速率的計量方式，稱為電功率（electric power）。類似力學中的機械功率，一致使用 P 為符號，單位為瓦特（W），瓦特數愈高表示單位時間內做功的能力愈高。譬如：燈泡在單位時間內，電能轉換為熱能及光能的量就可以用電功率表示。

一個電器的電功率（P）等於通過該電器電流（I）與施加在該電器兩端的電壓（V）的乘積或 1 瓦特的功率，等於 1 焦耳（J）能量每秒（s）。

電功率公式：

$$P = IV = I^2R = \frac{V^2}{R} \tag{1-16}$$

【範例 1- 7】

如圖 1- 26 所示，汽車燈泡規格為 12 V / 21 W，常溫時內阻約 0.82Ω，以電功率公式可得到燈泡工作時內阻值以及電池 1 分鐘產生多少能量：

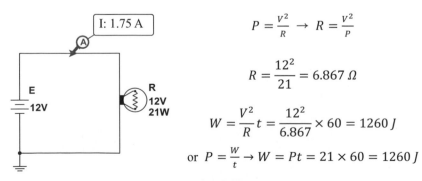

$$P = \frac{V^2}{R} \rightarrow R = \frac{V^2}{P}$$

$$R = \frac{12^2}{21} = 6.867 \ \Omega$$

$$W = \frac{V^2}{R}t = \frac{12^2}{6.867} \times 60 = 1260 \ J$$

$$or \ P = \frac{W}{t} \rightarrow W = Pt = 21 \times 60 = 1260 \ J$$

圖 1- 26 燈泡內阻

【範例 1- 8】

承上題，若規格為 12 V / 21 W 之燈泡，施予 11 V 及 13 V 工作電壓時，則電流各為：

$$I_{11} = \frac{V}{R} = \frac{11}{6.86} = 1.60\ A$$

$$I_{13} = \frac{V}{R} = \frac{13}{6.86} = 1.89\ A$$

1-6 訊號

　　訊號（signal）是甲方在空間裡以聲音、影像、光線、壓力、溫度、位移、電波或電流等方式傳遞訊號給乙方之媒介。這些訊號除了基本的電壓或電流的控制外，還包括可以被解碼或重組而得到所要資料數據之信息。

　　訊號主要區分為：類比訊號（analog signal）以及數位訊號（digital signal）二類。

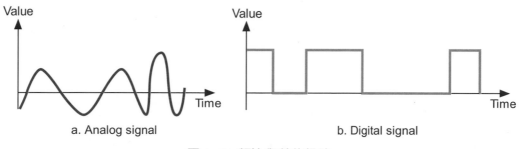

圖 1- 27　類比與數位訊號

1-6-1 類比訊號

　　可以將訊號的大小，轉換成電壓或電流大小，並得到一個連續的變化值，這就稱為類比訊號。理論上，類比訊號的精度趨近無窮大，但在實際運作情況中，類比訊號的精度常常會受雜訊（noise）和迴轉率（slew rate；**電壓的轉換速率**）的限制。在一些非常複雜的類比系統中，諸如非線性問題和雜訊等效應會降低類比訊號的精度，以至於訊號的精度甚至低於特定的數位訊號系統。

1-6-2 數位訊號

　　數位訊號是離散時間訊號（discrete-time signal；簡稱離散訊號）的數位化表示，通常可從類比訊號取得。離散訊號是在連續訊號上以預定的時間取樣（sample）得到的訊號，故又稱抽樣訊號。數位訊號不僅是離散的，而且是經過量化的。一般情況下，數位訊號是以二進制數來表示，其訊號的量化精度以位元來衡量。具體來說，整體精度取決於時間取樣率以及振幅解析度。因此，離散訊號的精度可以是無限的，而數位訊號的精度則是有限的。如圖 1- 28 所示。

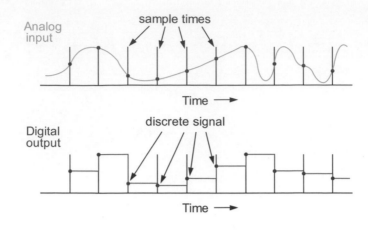

圖 1- 28 取樣與離散訊號

1-6-3 數位邏輯

　　邏輯（logic）一名源自於希臘，是日常生活中經常
使用的思考方法，用以判斷事物是否合理，即判斷某一
事物是否符合邏輯，用以設計和分析電子電路的技術
即為數位邏輯。在電子電路中，數位邏輯是由許多的邏
輯閘組成的複雜電路，它主要進行數位訊號的處理，基
本概念即是訊號 0 或 1 兩種狀態的變換。

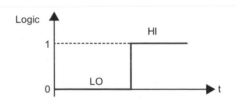

圖 1- 29 邏輯準位

　　邏輯「0」：假、無、關、斷路、低電平、否；邏輯「1」：真、有、開、通路、高電平、是。
其邏輯準位，如圖 1- 29 所示。

1-6-4 邏輯閘

　　邏輯閘是組成數位邏輯系統與積體電路上的基礎結構與組件，一個簡單的邏輯閘可由電晶體
所組成。基礎的邏輯閘相互組合後，又能實現更為複雜的邏輯運算。諸如：加法、減法器等等。

　　這些電晶體的組合可以代表兩種訊號的高低電平在通過它們之後產生高電平或者低電平的
訊號輸出，其基本運算邏輯閘臚列如下。

1. 反閘（NOT gate）

　　如圖 1- 30 所示，該閘為反相運算的邏輯閘，它有 1
個輸入端和 1 個輸出端，輸出端的狀態永遠與輸入端相
反。常用 IC 編號：7404、7405 或 7406 等。

A	Y
0	1
1	0

圖 1- 30 反閘

2. 或閘（OR gate）

如圖 1- 31 所示，它有 2 個以上的輸入端和 1
個輸出端，當任何 1 個輸入端為邏輯 1 時，輸出
端必為邏輯 1，僅在輸入端全部為邏輯 0 時輸出端
才會為邏輯 0。常用的 IC 編號如 7432。

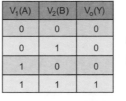

$V_1(A)$	$V_2(B)$	$V_o(Y)$
0	0	0
0	1	1
1	0	1
1	1	1

圖 1- 31 或閘

3. 及閘（AND gate）

如圖 1- 32 所示，它有 2 個以上的輸入端
和 1 個輸出端，當任何 1 個輸入端為邏輯 0
時，輸出端必為邏輯 0，僅在輸入端全部為邏
輯 1 時，輸出端才會為邏輯 1。常用的 IC 編
號：7408、7411 或 7421 等。

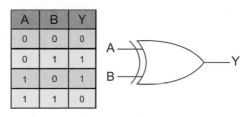

$V_1(A)$	$V_2(B)$	$V_o(Y)$
0	0	0
0	1	0
1	0	0
1	1	1

圖 1- 32 及閘

4. 互斥或閘（XOR gate）

如圖 1- 33 所示，它僅有 2 個輸入端和 1 個輸
出端，當 2 個輸入端的狀態相同時，輸出端必為邏
輯 0，兩個輸入端的狀態不相同時，輸出端才會為邏
輯 1。常用的 IC 編號如 7486。

A	B	Y
0	0	0
0	1	1
1	0	1
1	1	0

圖 1- 33 互斥或閘

1-6-5 數字系統

位元（bit）是數位資料中最小單位，是由數位邏輯的 0 及 1 所組成。但由於位元單位太小，
狀態只有 2 種，故以 8 個位元單位為一個位元組（byte, B），狀態組合則會有 2^8 個，因此數位邏
輯中的數字表示法都是 2 的幂次方。常見的表示法有 10 進制（decimal, DEC）、2 進制（binary,
BIN）、8 進制（octal, OCT）及 16 進制（hexadecimal, HEX）等。

在數位邏輯中，進制方式會標示在數字右下角，如 $180_{(10)}$、$10110100_{(2)}$、$264_{(8)}$、$B4_{(16)}$。
而在程式設計中，為了讓程式容易分辨數字的進制方式，經常在數字的字首，加上代號來說明進
制方式，0b 為二進制、0o 為八進制、0x 為十六進制，如 0b1101、0o47、0x1A。

由於電腦內部是以二進制形式來處理資料，所以當我們輸入資料時，電腦會自動將它轉換成
二進制的形式。數字系統表示法，如表 1- 5 所示。

表 1- 5 常見數字系統表示法

10 進制	2 進制	8 進制	16 進制	10 進制	2 進制	8 進制	16 進制
0	0000	0	0	8	1000	10	8
1	0001	1	1	9	1001	11	9
2	0010	2	2	10	1010	12	A
3	0011	3	3	11	1011	13	B
4	0100	4	4	12	1100	14	C
5	0101	5	5	13	1101	15	D
6	0110	6	6	14	1110	16	E
7	0111	7	7	15	1111	17	F

1. 其它進制轉換十進制

將要轉換的數字（值），依照他原本的進制方式寫成科學記號並以降冪排列相加，運算出的總和結果就是十進制。

【範例 1- 9】

其它進制轉換成十進制：

	值	降冪	10 進制
2 進制	$10011_{(2)}$	$1 \times 2^4 + 0 \times 2^3 + 0 \times 2^2 + 1 \times 2^1 + 1 \times 2^0$	$19_{(10)}$
8 進制	$6742_{(8)}$	$6 \times 8^3 + 7 \times 8^2 + 4 \times 8^1 + 2 \times 8^0$	$3554_{(10)}$
16 進制	$F2A_{(16)}$	$15 \times 16^2 + 2 \times 16^1 + 10 \times 16^0$	$3882_{(10)}$

2. 十進制轉換其它進制

透過短除法連續除以欲轉換的進制數，直到除不盡為止，最後將餘數由下往上取出便可得到轉換後的進制值。此方式也稱為餘數乘積法。

【範例 1- 10】

十進制轉換成其它進制：

$201_{(10)} = 11001001_{(2)}$　　　　**$5671_{(10)} = 13047_{(8)}$**　　　　**$2021_{(10)} = 7E5_{(16)}$**

```
2 | 201 ...... 1            8 | 5671 ...... 7          16 | 2021 ...... 5
2 | 100 ...... 0            8 | 708  ...... 4          16 | 126  ...... 14
2 | 50  ...... 0            8 | 88   ...... 0               7
2 | 25  ...... 1            8 | 11   ...... 3
2 | 12  ...... 0                1
2 | 6   ...... 0
2 | 3   ...... 1
    1
```

（由下往上取餘數）

3. 位元組順序

位元組順序（byte ordering），在不同的微控制器會有不同的排序方式，控制器也都將多位元組資料連續儲存在記憶體的連續位置上。將一個多位元組的低位放在記憶體較小的位址處，高位放在記憶體較大的位址處，稱之為小端序；反之則為大端序。

小端序及大端序分別為英特爾（Intel）與摩托羅拉（Motorola）控制器傳統的排列方式。譬如：資料數值為 0x30313233，儲存起始位置在 0x1000，由於資料數值為 4 個 bytes，長度為 32 bit，因此資料儲存位置範圍為 0x1000～0x1003。端序排列，如圖 1- 34 所示。

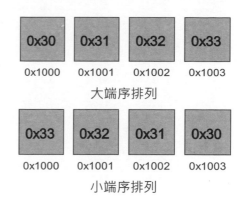

圖 1- 34 端序排列

1-6-6 脈波寬度調變

類比電路中的訊號值可以連續進行變化，且在時間和值的幅度上沒有任何限制，基本上可以取任何實數值，輸入與輸出也呈線性變化。所以在類比電路中，電壓和電流可直接用來進行控制。但類比電路在控制上難以調節，控制訊號容易隨時間和溫度漂移，調節過程功耗大，易受雜訊和環境干擾等。脈波寬度調變（pulse-width modulation, PWM），是藉由數位訊號的調變，轉換控制等同於類比輸出效果之技術，如圖 1- 35 所示。

工作週期是以固定的頻率下改變其占空比後輸出。而脈波寬度調變(PWM)除了改變占空比，訊號的頻率會需要根據實際上的應用以及目標系統的「響應時間」去做設定，兩者有不一樣的差異，但在電路設計都習慣稱 PWM。

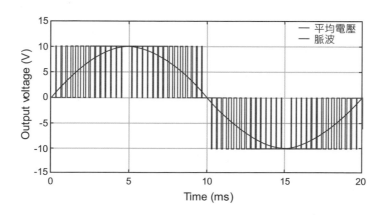

圖 1- 35 脈波寬度調變

1. 脈波訊號

在訊號處理中，一個訊號振幅的快速暫態變化，由基準值變為較高或較低值，之後又快速回到基準值，稱之為脈波（pulse）。脈波的形狀會根據電路特性的不同而隨之不同，邏輯感測器所呈現的波形為邏輯狀態 0 或 1，只有高低電平非正弦曲線的方波。脈波寬度時間單位是秒（s）。當以正源邏輯 1 為顯性控制時，稱為正脈波寬度；反之負源邏輯 0 為顯性控制時，則稱為負脈波寬度，如圖 1- 36、圖 1- 37 所示。

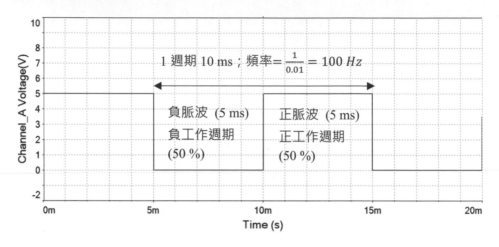

圖 1- 36 脈波與工作週期

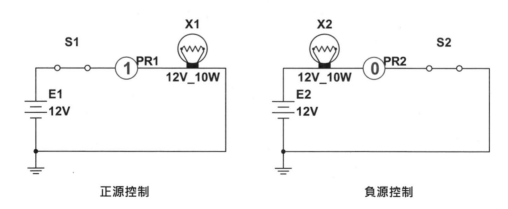

圖 1- 37 正源與負源控制

2. 頻率與週期

頻率（frequency）是指單位時間（s）內某事件（訊號）重複發生的次數，在物理學中通常以符號 f 表示。採用國際單位制，其單位為赫茲（Hz），然而週期（period）則是指這些事件發生一次所需要的時間，符號 T 表示。從各自定義可得出，頻率與週期成倒數的關係，如圖 1- 38 所示。

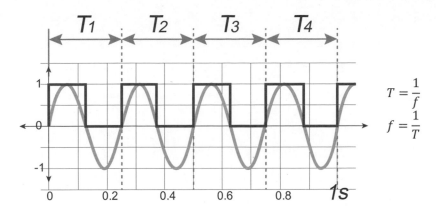

圖 1- 38 頻率與週期

3. 工作週期

　　工作週期（duty cycle, D）若以直流方波訊號來說明，是邏輯「1」（開關閉合）占一個週期的時間比例，也稱為「占空比」。若邏輯 1 的工作週期是 50 %，即高值和低值占的時間一樣，占空比則為 0.5。當邏輯 1 為顯性控制時，稱為正工作週期；反之邏輯 0 為顯性控制時，則稱為負工作週期，如圖 1- 36 所示。

　　工作週期：

$$D = \frac{t_{on}}{T} \times 100\ \%$$
（1- 17）

t_{on}：顯性控制時間（s）　T：週期時間（s）

4. 平均電壓

　　直流方波的平均電壓值（V_{DC}）是由工作週期所決定，方波的高和低兩個值之間進行轉換時，時間應盡量縮短，也就是頻率加快，才可以使轉換趨近於理想值，漣波因數也愈小。透過改變 0 和 1 週期，然後求平均數，就可代表兩個限制電平（limiting level）間的任意值（平均電壓），這就是脈波寬度調變（PWM）的基礎。

　　對於直流方波而言，平均電壓等於峰值電壓乘於占空比。例如：一個電壓訊號的輸出（V_o），其輸入的峰值電壓等於 5 V（V_{in}），占空比等於 0.5 的方波訊號，工作週期只有 50 %（D），平均電壓就會等於 2.5 V，也就是一般數位三用電表量測到的直流電壓值。

　　輸出電壓：

$$Vo = D \times V_{in}$$
（1- 18）

1-7 電磁場

　　電磁場（electromagnetic field）可以被視為電場和磁場的連結。電場是由聚集的電荷所產生，磁場則是由移動的電荷（電流）而產生。換句話說，當電荷呈穩定狀態的時候，會有電場產生；而當電荷呈移動狀態時，會有磁場產生。在電磁學裡，電動勢分為感生電動勢（induced EMF）與動生電動勢（motional EMF）。前者是含有磁場的閉合迴路，磁場隨著時間改變，會感生電場出現於迴路；後者則是磁場沿著閉合迴路路徑運動，使閉合迴路感受到磁場，因而產生電場。

　　如圖 1- 39 所示，製作場線圖只要將磁鐵置於紙板下，撒鐵粉在紙板上，磁鐵兩端之間就會產生相連的磁力線。可以發現形成的線條連結北極（N）及南極（S），磁力線方向定義由 N 極發出，S 極回去，整個磁力線範圍就是磁場，場線密度越高表示磁場愈強勁。

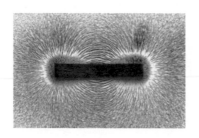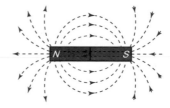

圖 1- 39　磁力線

　　如圖 1- 40 所示，當磁場通過一個垂直（⊥）紙面，入口處可用 × 符號表示進入紙面；而當磁場離開垂直紙面時，在出口處可用 • 符號表示穿出紙面。

　　在閉合迴路中，當電流通過導體時，導線的周圍會產生磁場。事實上地球是一個大型的磁鐵，我們的生活完全籠罩於磁場之中。此外，電磁場也可由環境中變速運動的帶電粒子引起（如太陽風暴或核爆）。無論原因如何，電磁場總是以光速向四周傳播，形成電磁波。電磁場亦是電磁作用的媒遞物，具有能量和動量，是物質存在的一種形式。

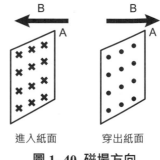

進入紙面　　　穿出紙面
圖 1- 40　磁場方向

1-7-1 磁通量與磁通密度

1. 磁通量

　　磁通量（magnetic flux）是磁場通過某一橫截面區域（A）的磁力線計量，但並非是真正的數量。磁通量符號為 Φ，國際標準制單位韋伯（Wb）是以德國物理學家威廉 - 愛德華・韋伯命名。

其定義是磁場在一匝線圈內均勻遞減至零為 1 秒時,而產生 1V 電動勢之磁通量即為 1 Wb。磁通量的正負並不表示大小,只是反映磁通量通過某一平面的方向。

磁通量:

$$\emptyset = Vs \tag{1-19}$$

西元 1935 年,為了紀念韋伯在物理學方面的貢獻,國際度量衡大會將韋伯成為磁通量的正式單位。當「裁面方向」完全與磁場方向平行夾角為 0°;垂直夾角為 90°,此時磁場與橫裁面積最大,因此磁通量最大,如圖 1- 41 所示。

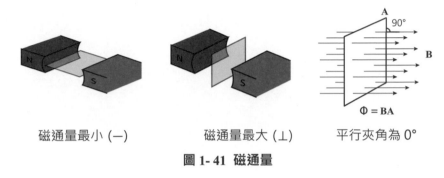

磁通量最小 (—)　　　　磁通量最大 (⊥)　　　　平行夾角為 0°

圖 1- 41　磁通量

2. 磁通密度

磁通密度(magnetic flux density)或稱磁感應強度,符號為 B,單位是特斯拉(Telsa, T),是指單位面積貫串通過的磁通量。當通過曲面磁通量不變時,改變曲面面積則磁通密度會跟著改變。假設 1 韋伯(Wb)之磁通量均勻而垂直地通過 1 平方公尺面積之磁通密度即為 1 T。

西元 1960 年,為了紀念奧地利帝國亞裔美籍物理學家尼古拉‧特斯拉,他在物理與電磁學方面的貢獻,國際度量衡大會將特斯拉訂為磁通密度的正式單位。

磁通量與平面法線夾角關係:

$$\emptyset = B \cdot A \cos\theta \tag{1-20}$$

磁通量與平面法線夾角為 0°:

$$\emptyset = B \cdot A \tag{1-21}$$

磁通密度:

$$B = \frac{\emptyset}{A} \tag{1-22}$$

∅:磁通量(Wb)　B:磁通密度(T)

A:磁場通過截面積(m²)　cosθ:平面法線與磁場的夾角

【範例 1- 11】

磁通量有 1.5×10^{-3} 韋伯，而截面積為 10 平方公尺，磁通密度為：

$$B = \frac{\emptyset}{A} = \frac{1.5 \times 10^{-3}}{10} = 1.5 \times 10^{-4} \ T$$

3. 庫倫磁力定律

如圖 1- 42 所示，依據庫倫所發表的，庫倫磁力定律，其含義為：兩磁極相吸或相斥作用力的大小與兩磁極磁通量（M_1、M_2）的乘積成正比，和兩磁極之間的距離的平方（a^2）成反比。磁力（$\vec{F}$）若為正值，表示兩磁極相同，而為相斥力；反之為負的，則為相吸力。

庫倫磁力：

$$\vec{F} = k \frac{M_1 M_2}{a^2} \qquad\qquad (1-23)$$

$\vec{F}$：磁力（N）　M_1、M_2：磁極磁通量（Wb）

a：距離（m）　k：常數（$\frac{1}{4\pi\mu_0} = 6.33 \times 10^4$）介質為空氣或真空

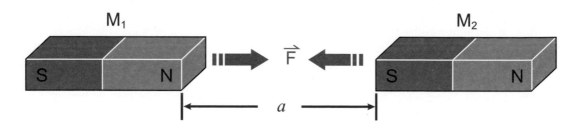

圖 1- 42 磁極間的磁力作用

【範例 1- 12】

兩磁極在空氣中相距 30 cm，磁通量 $M_1 = 2 \times 10^{-3}$ 韋伯，$M_2 = -3 \times 10^{-3}$ 韋伯，其作用力為：

$$\vec{F} = k \frac{M_1 M_2}{a^2} = 6.33 \times 10^4 \frac{(2 \times 10^{-3}) \times (-3 \times 10^{-3})}{(30 \times 10^{-2})^2} = -4.22 \ N \quad （相吸力）$$

4. 磁場強度

磁場強度（magnetic field intensity）是單位磁極（m）在磁場 M 中「某一點」所受到的磁力（$\vec{F}$）強度（$\vec{H}$）與該磁極磁通量或磁通密度的大小成正比，與距離的平方（a^2）成反比。其值其實就是兩磁極間的磁力。

磁場強度：

$$\vec{H} = \frac{\vec{F}}{m} = \frac{k\frac{M \times m}{a^2}}{m} = \frac{kM}{a^2} \qquad\qquad (1\text{-}24)$$

$\vec{H}$：磁場強度（N/Wb 或 AT/m, 安匝/公尺）　$\vec{F}$：磁力（N）　M：磁極磁通量（Wb）

1-7-2 磁化與磁導率

　　如圖 1-43 所示，對磁性材料外加一個磁場反應，使之產生磁性的過程，稱為磁化（magnetizing）。而磁導率則是磁性材料被磁化後的程度，符號為 μ。磁場通常會用磁通量密度（B）和輔助磁場強度（H）來表示兩個不同的向量場。由於施予磁性材料的 H 場與材料磁化後的 B 場成正比，意味著 B 場與 H 場的比值愈高，其材料導磁效能愈好。譬如：矽鋼、鐵、鈷、稀土等。

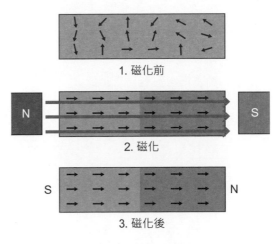

1. 磁化前

2. 磁化

3. 磁化後

圖 1- 43 磁化過程

　　如表 1- 6 所示，真空是一種無法被磁化的非磁性介質。因此，磁導率與真空磁導率（磁常數）的比值稱為相對磁導係數(μ_r)，可用於表示一種材料被磁化後的性質。當 μ_r 大於 100 成為鐵磁性時，即使外部的 H 場場消失，該材料依然能保持其磁化狀態，即所謂的永久磁鐵。

磁導率：

$$\mu = \frac{B}{H} \qquad\qquad (1\text{-}25)$$

相對磁導係數：

$$\mu_r = \frac{\mu}{\mu_0} \qquad\qquad (1\text{-}26)$$

磁化係數：

$$X_m = \mu_r - 1 \qquad\qquad (1\text{-}27)$$

μ：磁導率（Vs/Am, 伏秒/安培公尺 或 H/m, 亨利/公尺）

μ_0：真空磁導率（$4\pi \times 10^{-7} \cong 1.2566371 \times 10^{-6}$ Vs/Am）

H：磁場強度（N/Wb 或 AT/m）

表 1- 6 相對磁導係數表

	相對磁導係數（μ_r）	材料／介質
鐵（強）磁性	$\mu_r \geq 100$	鐵氧體、矽鋼、鈷、鎳、稀土等
順磁性	$\mu_r > 1$	白金、錫、鋁、鉑、鎢等
非磁性	$\mu_r = 1$	真空或空氣
反磁性	$\mu_r < 1$	藍寶石、金、銀、銅、碳、鉛、水等

【範例 1- 13】

T 牌電動車的電動機由一個稀土元素合金所組成的磁鐵材料，其磁導率為 $25000 \times 10^{-6}\, H/m$，磁化後的相對磁導係數為：

$$\mu_r = \frac{\mu}{\mu_0} = \frac{25000 \times 10^{-6}}{4\pi \times 10^{-7}} = \frac{25000 \times 10^{-6}}{1.2566371 \times 10^{-6}} = 19894$$

1. 磁動勢

　　如圖 1- 44 所示，在一個鐵製的環形材料繞上線圈，通以電流產生磁通後（電激磁；excite），成為帶有順磁性的電磁鐵。而在繞組上所產生的磁化電流（I）與繞組匝數（N）的乘積則稱為磁動勢（$\mathcal{F}$），單位安匝（AT）。由於電動勢施加在電阻上時，會形成電流。相對的，當磁動勢施加在磁阻（$\mathcal{R}$）上時，則會產生磁通（$\emptyset$）。這想當於歐姆定律的 $I = V/R$，而 I 比擬的就是 $\emptyset$。

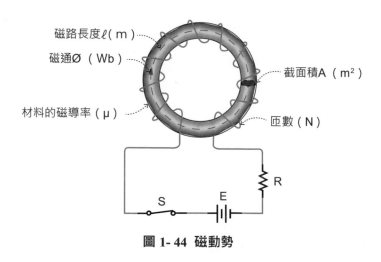

磁路長度ℓ（m）
磁通Ø（Wb）
截面積A（m²）
材料的磁導率（μ）
匝數（N）

圖 1- 44 磁動勢

　　磁動勢：

$$\mathcal{F} = I \times N = \mathcal{R} \times \emptyset \qquad\qquad (1\text{-}28)$$

　　$\mathcal{F}$：磁動勢（AT, 安匝）　　I：磁化電流（A）

2. 磁阻

在磁路中，磁性材料阻止磁力線通過的性質稱為磁阻（reluctance）。磁阻的概念與電路中的電阻類似。電流是沿著電阻最小的路徑流動，而磁通則是沿著磁阻最小的路徑前進。一個磁路中的磁阻，等於磁動勢與磁通量的比值。而磁通量總是形成一個閉合迴路，並與磁路的長度、截面積大小及材料的磁導率有關。

磁阻：

$$\mathcal{R} = \frac{\ell}{\mu \times A}$$
（1- 29）

$\mathcal{R}$：磁阻（AT/Wb, 安匝/韋伯）　ℓ：磁路長度（m）

A：截面積（m^2）　μ：磁導率（Vs/Am）

【範例 1- 14】

如圖 1- 44 所示，錳鋅鐵氧體材料所做成環形電磁鐵，材料的磁導率為 2100μ，截面積半徑為 5 mm，磁路長度為 50 mm，線圈匝數 200 N，電流為 30 mA，其磁通量為：

$$A = \pi \times r^2 = 3.14 \times 0.005^2 = 7.85 \times 10^{-5}\, m^2$$

$$\mathcal{R} = \frac{\ell}{\mu \times A} = \frac{0.05}{2100 \times 10^{-6} \times 7.85 \times 10^{-5}} = 303306\, AT/Wb$$

$$\emptyset = \frac{\mathcal{F}}{\mathcal{R}} = \frac{200 \times 0.03}{303306} = 1.98 \times 10^{-5}\, Wb$$

3. 磁化強度

磁化強度（magnetization）可視為磁性材料被磁化的程度，其符號及單位與磁場強度相同。磁場強度可以是由磁化後或天然永磁體所產生，而磁化強度可藉由「電流」通過磁化物，在磁路上每單位長度的磁動勢產生的磁化力，所激發出來「非永久性」的電磁力。或是由外加的磁場對磁性材料內的磁粒子沿著磁場線方向自旋排列，而構成永久性的磁偶極子（小磁鐵）。

磁化強度（藉由電流）：

$$H = \frac{\mathcal{F}}{\ell} = \frac{I \times N}{\ell}$$
（1- 30）

H：磁化強度（N/Wb 或 AT/m）　ℓ：磁路長度（m）

4. 磁化曲線

磁性材料在磁化過程中，磁化強度（H）的改變會造成材料磁通密度（B）的變化，這種變化過程曲線稱之為磁化曲線，亦稱為 B - H 曲線。不同的磁性材料會有不同的磁化曲線。非磁性材料，不會有磁飽和現象，曲線呈現線性變化。磁性材料則會隨著 H 的增強，磁性材料的 B 會逐漸飽和，即便 H 再增加，磁性材料的 B 不會再增加。而 MN 段斜率即為 μ，如圖 1-45 所示。

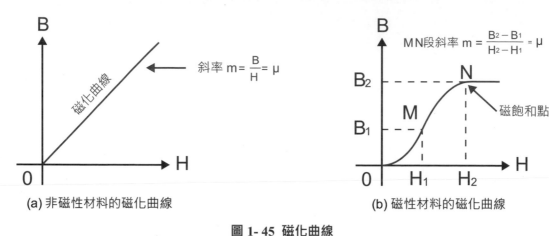

(a) 非磁性材料的磁化曲線　　(b) 磁性材料的磁化曲線

圖 1- 45 磁化曲線

5. 磁滯迴線

如圖 1- 46 所示，非永久磁性的磁性材料經過磁化循環過程所得到的封閉曲線，就稱之為磁滯迴線。該迴線的 B 場變化，會比 H 場較為遲緩。而 $abcdefa$ 所圍成面積為磁化過程中的「磁滯損失」，此損失會使磁化物發熱。

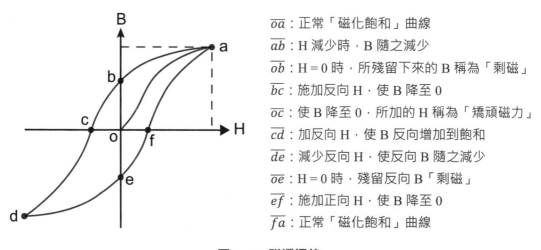

$\overline{oa}$：正常「磁化飽和」曲線
$\overline{ab}$：H 減少時，B 隨之減少
$\overline{ob}$：H＝0 時，所殘留下來的 B 稱為「剩磁」
$\overline{bc}$：施加反向 H，使 B 降至 0
$\overline{oc}$：使 B 降至 0，所加的 H 稱為「矯頑磁力」
$\overline{cd}$：加反向 H，使 B 反向增加到飽和
$\overline{de}$：減少反向 H，使反向 B 隨之減少
$\overline{oe}$：H＝0 時，殘留反向 B「剩磁」
$\overline{ef}$：施加正向 H，使 B 降至 0
$\overline{fa}$：正常「磁化飽和」曲線

圖 1- 46 磁滯迴線

1-7-3 電磁力與相關定律

西元 1820 年 4 月，丹麥物理學家漢斯 - 克海斯提安‧奧斯特，
在課程中意外發現載流導線的電流會產生作用力於磁針，使磁針改變
方向，經過多次的實驗，導線中的電流會在周圍產生磁場，造成磁針
的偏轉。因此，證明了有電流就會產生磁場。奧斯特的發現，很快的
就傳到歐洲各地，從此開啟了電磁學一系列的發展。

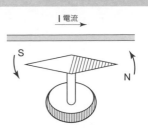

圖 1- 47 指南針

1. 必歐沙伐定律

西元 1820 年 10 月，必歐-沙伐定律（Biot-Savart law）是由法國物理學家必歐與沙伐所共同
提出。主要根據奧斯特的發現，透過方程式將電流與磁場的大小量化。此方程式描述載流導線的
穩定電流在其周圍所產生的磁場與電流大小、電流切線方向以及導線長度單位的向量等關係，說
明微小長度元素指向 P 點的磁場大小（微磁場），如圖 1- 48 所示。

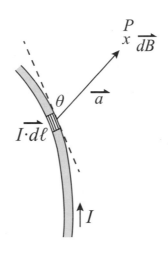

圖 1- 48 必歐沙伐定律

必歐沙法定律：

$$dB = \frac{\mu_0}{4\pi} \cdot \frac{I \cdot d\ell \sin\theta}{a^2}$$

（1-31）

dB：微磁場（T） μ_0：真空磁導率（$4\pi \times 10^{-7}$ Vs/Am）

I：導線切線點電流（A） $d\ell$：切線點的微長度（m）

a：切線點與微磁場之向量（m） θ：導線切線點與 P 點的夾角

2. 安培環路定律

　　西元 1826 年，法國物理學家安德烈－瑪麗．安培，提出的一條靜磁學基本定律。安培定律（Ampere's law），又稱安培環路定律，該定律表明，載流導線在閉合迴路所載有的電流與沿著環繞導線周圍磁場強度的路徑積分（$d\ell$），兩者之間的相互作用力，可藉由右手拇指與手指方向，指示電流與磁場方向。因此，安培環路定律不但可以用來計算電流產生的磁場，也可以用來計算載流導線在磁場中所受的力。

　　安培環路定律：

$$B = \frac{\mu_0 I}{2\pi r} = 2 \times 10^{-7} \cdot \frac{I}{r} \qquad\qquad (1\text{-}32)$$

　　B：積分磁場（T）　μ_0：真空磁導率（$4\pi \times 10^{-7}$　Vs/Am）

　　I：導線切線點電流（A）　r：切線點與微磁場之長度（m）

【範例 1- 15】

如圖 1- 49 載流導線通過 5 A 電流與沿著距離半徑 2 cm 環繞導線閉合迴路的路徑積分磁場為：

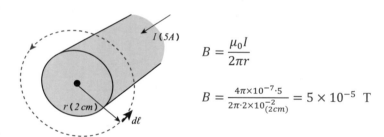

$$B = \frac{\mu_0 I}{2\pi r}$$

$$B = \frac{4\pi \times 10^{-7} \cdot 5}{2\pi \cdot 2 \times 10^{-2}_{(2cm)}} = 5 \times 10^{-5} \ T$$

圖 1- 49　安培定律

(1) 安培右手定則

　　載流導線所產生的磁場方向可以使用右手定則來判斷。其方法為將拇指外的四根手指向手掌彎的方向視為磁場方向，則拇指所指的方向即為電流的方向，如圖 1- 50 所示。

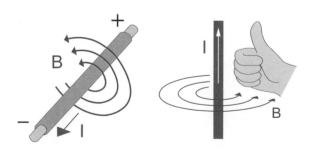

圖 1- 50 安培右手定則

(2) 入紙面電流

為了容易在平面上畫出電流與磁場方向，可以使用入紙面電流符號表示。當載流導線電流通過一個垂直（⊥）紙面，入口處可用 ⊗ 符號表示進入紙面；而當電流離開垂直紙面時，在出口處可用 ⊙ 符號表示穿出紙面。藉由右手定則可得知磁場在紙面上的方向，如圖 1-51 所示。

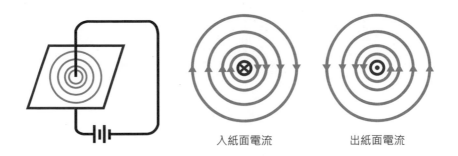

入紙面電流　　　　　出紙面電流

圖 1-51　入紙面電流

(3) 螺旋右手定則

如圖 1-52 所示，以右手握住線圈，四指指向螺旋管的線圈中的電流方向，大拇指所指的方向即為 N 極端，也就是螺旋管線圈在通過電流後，所產生之磁力線方向。螺線管能將能量轉換為直線運動。譬如：電磁閥（solenoid valve）內最重要的組件就是機電螺線管。

螺旋定則：

$$B = \frac{\mu_0 \mu_r NI}{\ell} = \frac{\mu NI}{\ell} \qquad\qquad (1\text{-}33)$$

B：磁通密度（T）　μ_0：真空磁導率（$4\pi \times 10^{-7}$ Vs/Am）　μ_r：相對磁導係數

μ：磁導率（Vs/Am）　　N：繞組匝數　I：電流（A）　ℓ：螺旋管長度（m）

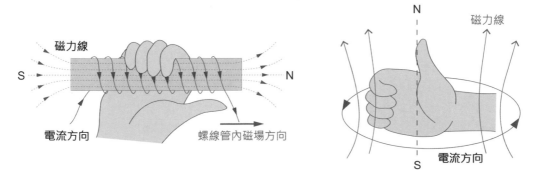

圖 1-52　螺旋右手定則

3. 電場與磁場的交互作用

　　如圖 1- 53 所示，載流導線（電場）在永磁磁場中的交互作用情況下，當磁力線與導線相互平行所受磁力為 0；磁力線與導線不平行，尤其兩者垂直 90° 時，所受磁力最大。

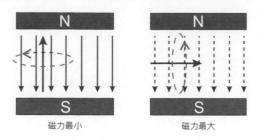

圖 1- 53　電場與磁場的交互作用

　　而當導線通過磁場，導線磁場與磁力線，產生重疊與抵銷作用力，使得重疊側磁場作用力大於抵銷側，導線向右偏移，如圖 1- 54 所示。

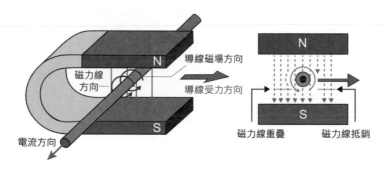

圖 1- 54　導線受力方向

4. 右手開掌定則

　　載流導線在磁場中的交互作用偏移方向，可以使用右手開掌定則來決定。將右手掌張開，四指為磁場方向（B），大拇指為導線上的電流方向(I)，則掌心推出的方向即為導線所受力方向(F)。右手開掌定則，可以用來找到兩個向量場的叉積方向。譬如：馬達的旋轉方向與施加作用力於某位置的力矩，如圖 1- 55 所示。

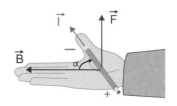

圖 1- 55　右手開掌定則

1-7-4 電磁感應

　　電磁感應（electromagnetic induction），是指線圈內的磁通量發生變化過程中，會產生電動勢現象，此電動勢稱為感應電動勢或感生電動勢。若將此線圈閉合成一個閉合迴路，則該電動勢會驅使電子流動，進而形成感應電流。

1. 法拉第定律

　　西元 1831 年，法拉第定律（Faraday's law）是由英國物理學家麥可‧法拉第發現，該定律指出任何封閉電路中感應電動勢的大小，等於穿過這一電路磁通量的變化率（磁場與線圈接近或離開速率），速率時間愈短所感應的電動勢愈大。法拉第電磁感應（induction）定律，是電磁學中的一條基本定律，跟變壓器、電感元件以及發電機的運作有密切關係。

　　法拉第電磁感應定律：

$$\varepsilon = -\frac{d\emptyset}{dt}N \qquad\qquad (1\text{-}34)$$

ε：電動勢（V）　　$d\emptyset$：磁通變化量（Wb）　　dt：變化時間（s）

N：緊密的線圈匝數（turns）

　　如圖 1- 56 所示，汽車中用於檢測機構轉角或速率的感測器，譬如拾波感測器，其感測器受磁通量變化率的改變而產生不同振幅大小的電動勢，就是依循法拉第電磁感應定律。

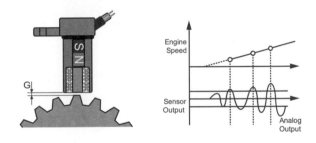

圖 1- 56 拾波感測器與訊號

【範例 1- 16】

當磁通量從 0 改變至最大 $2.5 \times 10^{-5}\ Wb$ 通過一個 100 匝數封閉線圈，且時間為 0.001 秒，則在此短時間內的峰值電動勢為：

$$\varepsilon = -\frac{d\emptyset}{dt}N = \frac{2.5 \times 10^{-5}}{10^{-3}}100 = 2.5\ V$$

2. 楞次定律

　　西元 1833 年，楞次定律（Lenz's law）是俄羅斯物理學家海因里希‧楞次，發現「線圈受磁通量的改變所產生的感應電流，其電流方向為反抗磁通量改變的方向」。這定律可以視為能量守恆定律的延伸。在電磁學裡，法拉第定律說明線圈受磁通量變化率愈大，電動勢愈大；楞次定律則說明線圈受磁通量增減過程，磁場方向會隨之改變。

如圖 1- 57 所示，當磁通量增加，感應電流產生的磁場方向與迴路所放置磁場方向相反，而當磁通量減少，感應電流產生的磁場方向與迴路所放置磁場方向相同，最後當磁通量不再變化的時候，就不再會有感應電流的產生。

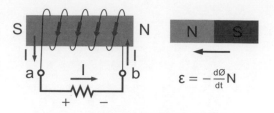

圖 1- 57 磁場與線圈電流的感應

根據法拉第電磁感應定律，線圈電場的迴路積分等於通過迴路的磁通 Φ 變化量除以時間的變化量，因此，法拉第電磁感應定律公式內的負號就是由楞次定律所提出，為反抗磁通量改變，使線圈與感應的磁通量維持恆定關係。只使用法拉第電磁感應定律，並不容易決定感應電流方向。楞次定律給出了一個即簡單又直覺地能夠找到感應電流方向的方法。

1-7-5 磁電共生

楞次定律總結了，安培與法拉第這兩大定律，電與磁之間會產生交互作用，讓「電生磁、磁生電」的循環建立起來，於是電磁學的世界有了一個堅實的理論基礎。之後世界上有更多的科學家與工程師連手，打造出了發電機、電磁鐵、馬達、天線、電磁爐、有線與無線的電子電機設備等。像是馬達與發電機就完全是依靠安培與法拉第定律所打造出來的設備。

1. 繼電器

西元 1835 年，美國科學家瑟‧亨利，利用電激磁概念，發明了繼電器。他將線圈纏繞在鐵芯外圍，並給予電流產生磁力。磁力克服銜鐵與彈簧的拉力，順利將銜鐵下移，使觸點接通。這種利用小電流所產生的磁力，間接導通大電流接點，稱為繼電器。為了紀念亨利在電磁學方面的貢獻，國際度量衡大會將「亨利」成為電感量的正式單位。繼電器結構，如圖 1- 58。

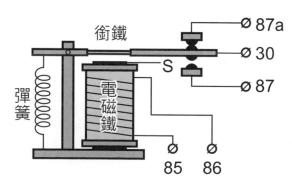

30：共接點（common；COM）
87：常開點（normally open；NO）
87a：常閉點（normally close；NC）
85, 86：線圈（coil）
S：吸引部

圖 1- 58 繼電器

(1) 標準化繼電器

常見具有國際標準化組織（international organization for standardization, ISO）所規範的車用繼電器端子說明，如圖 1- 59 所示。

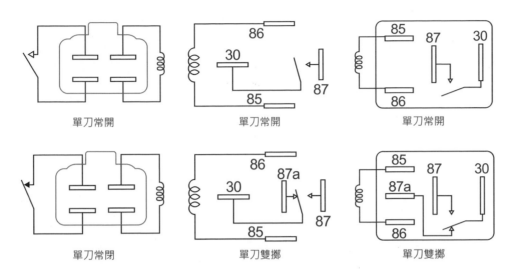

單刀常開　　　　　　單刀常開　　　　　　單刀常開

單刀常閉　　　　　　單刀雙擲　　　　　　單刀雙擲

註：schematic (bottom view)

圖 1- 59　標準化繼電器

(2) 貼焊式繼電器

車用繼電器一般都配置在保險絲或繼電器盒的繼電器插座上，但近年來部分繼電器腳位則被設計成貼焊或針腳式端子，加上材料及製程的提升，使得體積小，接點承載電流大，可以直接打焊在印刷電路板（Printed circuit board, PCB）上。如圖 1- 60 所示。

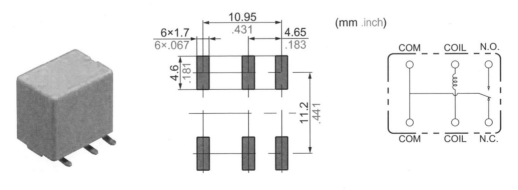

Tolerance: ±0.1 ±.004

圖 1- 60　貼焊式繼電器（取自：Panasonic ACNM relays）

(3) 穩態繼電器

　　車用穩態繼電器主要是由兩個線圈組成，控制 B 線圈的電磁力使觸點由 NO 位置移向 NC，即使不再施加電流給線圈，觸點仍然穩定維持在 NC。反之另控制 A 線圈的電磁力則可使觸點由 NC 位置移向 NO，也是不用再施加電流給線圈，亦可穩定維持在 NO 位置。所以穩態繼電器在應用上較能節省電力，以及線圈不會因長久通電而發熱，控制如圖 1- 61 所示。

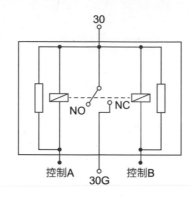

圖 1- 61 穩態繼電器

(4) 電磁鐵引力

　　繼電器觸點開關的力量來至於電激磁，而電磁體則會產生相對的電磁引力。

　　電磁鐵引力：

$$F = \frac{B^2 S}{2\mu_0} = \frac{\emptyset^2}{2\mu_0 S}$$

F：電磁鐵引力（N）　B：磁通密度（T）　$\emptyset$：磁通量（Wb）

S：吸引部截面積（m^2）　μ_0：真空磁導率（$4\pi \times 10^{-7}$ Vs/Am）

備註：此公式是由電感的儲能轉變而來，應用於吸引部與銜鐵距離靠近時

【範例 1- 17】

一只 200 匝線圈的繼電器施予 12V 電壓時，磁通量為 2×10^{-5} Wb，吸引部半徑為 6 mm，線圈電阻為 400 Ω，電磁鐵引力及磁動勢為：

$$F = \frac{\emptyset^2}{2\mu_0 S} = \frac{(2 \times 10^{-5})^2}{2 \times (4\pi \times 10^{-7}) \times (\pi \times 0.006^2)} = 1.4\ N$$

$$\mathcal{F} = I \times N = \frac{12}{400} \times 200 = 6\ AT$$

2. 發電機

　　交流發電機基本運作原理涉及動生電動勢的概念。當線圈轉動於不動的磁場空間或線圈不動而周圍磁場變化時，線圈與磁場的夾角會改變，其周圍空間會激發出渦漩電場，該電場穿過線圈迴路的磁通量將會發生變化，迫使線圈內的電荷作定向移動而形成電動勢。

(1) 交流電流

　　當發現了電磁感應後，產生交流電流的方法就被知曉。早期的成品由英國人麥可·法拉第與法國人波利特·皮克西等人開發出來。當線圈以等速率轉動，並在磁場中歷經 N - S 兩個磁極時，即可感應出一個以正弦曲線高低週期變化的交流電流數值，且在一個完整週期（360°）內運行的交流平均電壓（V_{avg}）會為零，如圖 1- 62 所示。

　　根據法拉第定律，線圈受磁通量的增加及減少，感應出不同方向的電流，電壓極性也跟著變換，這就是我們所稱的交流電。當線圈以等速率轉動時，電動勢隨著轉軸角位置之正弦（sine）值改變，而角位移是角速度與時間的乘積或單位時間弧長與半徑之比。

正弦電動勢（V）：

$$\varepsilon(t) = v_m \sin(\omega t + \theta_i) \qquad (1\text{-}35)$$

v_m：*最大峰值電壓（V）*　　ω：*角速度（$2\pi f$）*　　θ_i：*初始角*

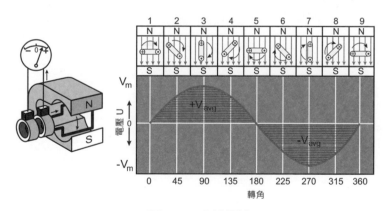

圖 1- 62 交流電流

(2) 角速度

　　角速度（angular velocity）在物理學中定義為角位移的變化率，描述物體轉動時，在單位時間內轉過多少角度以及轉動方向的向量。角速度通常用希臘字母 ω 來表示，單位是弧度每秒（rad/s），當圓弧長（ds）等於半徑（r）長時，圓心角稱為 1 弧度（radian），而一個完整圓弧長（2π）的角速度是 6.28/s，角速度也等同角頻率（$2\pi f$），如圖 1- 63 所示。

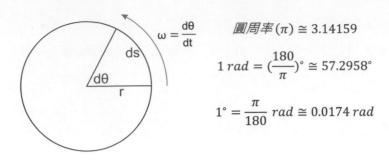

$$\omega = \frac{d\theta}{dt}$$

圓周率 $(\pi) \cong 3.14159$

$$1\ rad = (\frac{180}{\pi})° \cong 57.2958°$$

$$1° = \frac{\pi}{180}\ rad \cong 0.0174\ rad$$

圖 1- 63 角速度

角速度：

$$\omega = \frac{d\theta}{dt} = \frac{2\pi}{T} = 2\pi f \qquad\qquad (1\text{-}36)$$

角位移：

$$d\theta = \omega \cdot dt = \frac{ds}{r} \qquad\qquad (1\text{-}37)$$

$d\theta$:角度變化量（rad）　dt：時間變化量（s）　ds：弧長變化量　r：半徑

【範例 1- 18】

如圖 1- 62 所示，交流發電機以 900 rpm 旋轉，當示波器量測到最高電壓峰值 20 V_m 時觸發記錄，在 10 秒鐘後，其交流電壓值為：

$$f = \frac{900}{60} = 15\ Hz$$

$$\theta_i（峰值位置）= 90°$$

$$\varepsilon(t) = v_m\ sin(\omega t + \theta_i) = 20\ sin(2\pi 15 \times 10 + 90) = -14.75\ V$$

(3) 平均值與峰對峰值

如圖 1- 62 所示，對正弦或三角波 AC 電流而言，正半波與負半波平均值（mean）相等，相加後趨近 0 V。因此，只有 DC 電流，在訊號連續不中斷的情況下，才會使用平均值來計算相關數值。而訊號的最大峰值電壓與最小峰值電壓之間的電壓差，則稱為峰對峰值，如圖 1- 64 所示。

AC 平均值：

$$V_{avg} = 0 \qquad\qquad (1\text{-}38)$$

AC 半波平均值：

$$V_{avg}（正弦）= V_m \frac{2}{\pi} \qquad\qquad (1\text{-}39)$$

$$V_{avg}（三角）= V_m \frac{1}{2} \qquad (1-40)$$

DC 平均值：

$$V_{DC} = \frac{Vm+(-Vm)}{2} \qquad (1-41)$$

峰對峰值：

$$V_{PP} = Vm - (-Vm) \qquad (1-42)$$

v_m：*最大峰值電壓*

$-v_m$：*最小峰值電壓（$-v_m$ 前面的 " - " 是最小值的意思，並不是減號）*

(4) 均方根值

由於交流電在一個週期內所運行的正半波與負半波之和為零。因此，需要計算出正弦或三角波交流電流在每個週期時間位移點的做功有效值，即等同於直流做功一樣，才能計算出輸出功率。其「有效電壓」值就是均方根值（root mean square, RMS），單位伏特，符號 V。我們平常使用電錶的 AC 功能，所測量出來的電壓就是均方根值，如圖 1-65 所示。

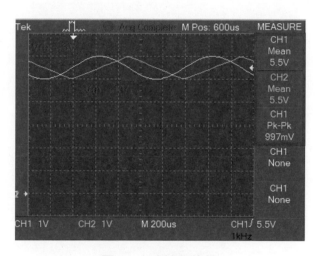

圖 1-64 直流平均值

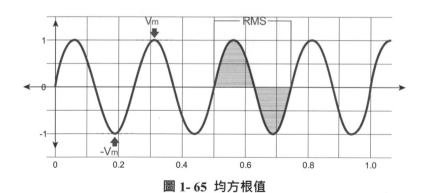

圖 1-65 均方根值

AC 均方根：

$$rms（正弦波）= v_m \frac{1}{\sqrt{2}} \qquad (1-43)$$

$$rms（三角波）= v_m \frac{1}{\sqrt{3}} \qquad\qquad (1\text{-}44)$$

rms：均方根值　v_m：最大峰值電壓　$-v_m$：最小峰值電壓

【範例 1- 19】

日常生活中，市電 AC 110 V 的正峰值電壓為：

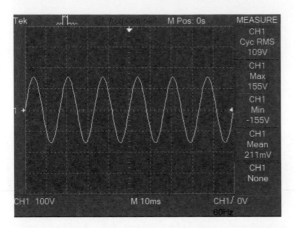

$$v_m = \sqrt{2}\cdot rms = \sqrt{2}\times 110 = 155\,V$$

實際上 AC 110 V 的最大及最小電壓峰值來
到 ±155 V，跟我們想像的似乎有點落差

圖 1- 66　市電 AC 110 V 波形

1-8 閉合迴路

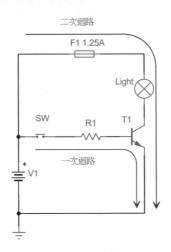

圖 1- 67　閉合迴路

　　一個閉合迴路(loop)必然是由致動器、主動及被動元件，經由各支路(branch)與節點(node)，按一定方式聯接起來，為電流（電荷）的流通提供完整路徑的總體。當電流透過元件完成一次迴路後，再使第二條路徑的電流導通，則該路徑稱之為二次迴路，如圖 1- 67 所示。

更具體的說電流的流通過程，從源頭電源到接地，須由三個基本元素組成。分別是電源、負載及環節。其定義如表 1- 7 所示。

表 1- 7 閉合迴路基本元素

	定義	範例
電源	電動勢來源	電池、發電機
負載	將電能轉換為機械能、熱能或光能	致動器（馬達、加熱器）
環節	具有分配電源路徑或轉換與放大特性以及連接電源與負載之間的物件	導線、電阻、電感、連接器、保險絲、電晶體、變壓器

1-8-1 致動器

致動器（actuator）或稱執行器，是控制車輛機件或指示訊息的一個總稱。電路配置於電子控制器的輸出介面，是一個電機或電子產品所構成的單元，它可能會是一個馬達、電磁閥、繼電器、加熱器、喇叭以及燈光等，如表 1- 8 所示。

表 1- 8 致動器分類表

名稱	用途
馬達	控制馬達速率或扭矩，達到驅動機件之效果
電磁閥	控制空氣或油路通道開啟比例，達到驅動機件之效果
繼電器	控制電路接點導通或開路，達到控制電器作用之效果
加熱器	控制加熱體電流或功率大小，產生發熱之效果
喇叭	控制膜片振動，達到揚聲之效果
燈光	控制發光體電流或功率大小，產生發光之效果

1-8-2 被動元件

被動元件（passive components）泛指沒有參與訊號調變的電子元件，意指無法控制電子導通或不導通。換句話說，被動元件只是單純使電子通過，但是在電子通過被動元件的過程中，可能會產生一些電場或磁場的效應，主要分為電阻器、電感器及電容器三種。

1-8-3 主動元件

主動元件（active components）泛指有參與電訊號調變的電子元件，意指可以控制電子導通或不導通的電子元件，這種元件通常也具有放大或減小訊號的功能。主要分為二極體與電晶體兩大類。二極體可利用順向與逆向偏壓，控制電子可導通與不可導通；電晶體則可以做為開關或放大器兩種功能。

—— note ——

被動元件與電路 2

被動元件在不同領域有不同的定義，主要特徵是本身並不需要電源驅動，故又稱為無源元件。雖自身無法產生增益，只提供電流通過的路徑，但可以形成電荷通過的阻礙以及儲能與釋放能量之用。與被動元件相對的另一種元件是主動元件或有源元件。

在交流電路（alternating current, AC）中，被動元件的電感與電容做為電流通過之路徑時，就會產生類似於直流電路（direct current , DC）中電阻對電流的阻礙作用就稱為電抗（reactance），其計量單位也是歐姆。在交流電路分析中，電抗會隨著交流電路頻率而改變，並引起電路電流與電壓的相位差。

2-1 電阻器

電阻器（resistor）廣義所指是用以產生電阻的電子或電機元件。透過限制電流的流動來達到電壓的分配與熱能的產生，是電路中不可或缺的元件之一。電阻器的工作跟隨歐姆定律，其電阻值定義為其電壓與電流之比值。電阻器的主要用途如下列所示。

1. 分配電路不同部分的電壓比例。
2. 限制流經某一段電路的電流。
3. 釋放熱能（加熱器）。
4. 通過電阻器自身的一些特性，採集物理資訊。

2-1-1 電阻器的種類

一個理想電阻器的電阻值不會隨電壓或電流而改變，也不會因電流的突然變動而改變，但實務上電阻器亦無法如此完美，甚至使用的環境因素，例如溫度變化，都會使電阻值產生變化。根據構造，其電阻器種類，如表 2- 1 所示。

表 2- 1 電阻器的種類

種類	特徵
固定電阻	不會因任何環境或人為因素而變量的電阻。現時常見的定值電阻有顏色條紋用以識別電阻值、誤差等資料。
可變電阻	泛指所有可以手動改變電阻值的電阻器。常見的可變電阻有 3 個連接端。不同的連接配置可使該種電阻以可變電阻、分壓計，或定值電阻的方式運作。
光敏電阻	能隨光線的強弱而改變電阻值。
熱敏電阻	能隨溫度的高低而改變電阻值。分為正溫度係數與負溫度係數兩種。
壓敏電阻	能隨電壓的高低而改變電阻值的元件，通常由壓敏陶瓷製成。

2-1-2 電阻器的標示

電阻器的標示會隨著種類的不同，而會有不同的呈現方式。若是功率較大的水泥電阻或繞線電阻，會在外殼上直接印出電阻值及功率。軸向電阻會在電阻外殼用電阻色碼（色環）表示電阻值，而表面貼裝技術（surface mount technology, SMD）電阻器有些會用數字標示其阻值，若尺寸較小的，也可以用英文字母及數字來表示電阻值，如圖 2- 1 所示。

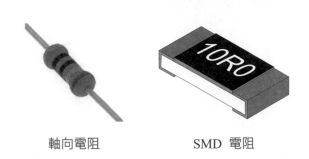

軸向電阻　　　　　SMD 電阻

圖 2- 1 電阻器

1. 電阻色環標示

電阻器上通常印有四個色環以及精密電阻採用的五色環，色環組合各代表不同的電阻與誤差值。四色環電阻，前二環為十位及個位，後二環是倍數與誤差值，表 2- 2 為四色環電阻對照表。

表 2- 2 四色環電阻對照表

顏色	1 十位	2 個位	3 倍數	4 誤差值
黑	0	0	$\times 1$	
棕	1	1	$\times 10^1$	$\pm 1\%$
紅	2	2	$\times 10^2$	$\pm 2\%$
橙	3	3	$\times 10^3$	
黃	4	4	$\times 10^4$	
綠	5	5	$\times 10^5$	$\pm 0.5\%$
藍	6	6	$\times 10^6$	$\pm 0.25\%$
紫	7	7	$\times 10^7$	$\pm 0.1\%$
灰	8	8	$\times 10^8$	$\pm 0.05\%$
白	9	9	$\times 10^9$	
金			$\times 10^{-1}$	$\pm 5\%$
銀			$\times 10^{-2}$	$\pm 10\%$
透明				$\pm 20\%$

五色環精密電阻，前三環為百位、十位及個位。後二環與四色環電阻一樣是倍數與誤差值，其定義與四色環電阻對照表一致。

【範例 2- 1】

圖 2- 2 四色環電阻，其電阻值與誤差值為：

紅 2、黑 0、橙 $\times 10^3$、金 $\pm 5\%$ → $20 \times 10^3 = 20\,K\Omega \pm 5\%$

圖 2- 2 四色環電阻

【範例 2- 2】

圖 2- 3 五色環電阻，其電阻值與誤差值為：

棕 1、黑 0、棕 1、紅 $\times 10^2$、灰 $\pm 0.05\%$

→ $101 \times 10^2 = 10.1\,K\Omega \pm 0.05\%$

圖 2- 3 五色環電阻

2. 表面黏貼電阻

較大尺寸的表面黏貼電阻會在上面印製數字標示其阻值，一般誤差（5％）的表面黏貼電阻會用三位數的數字表示其阻值，前兩位數是十位與個位數字，第三位為十的次方（指數）。

例如：

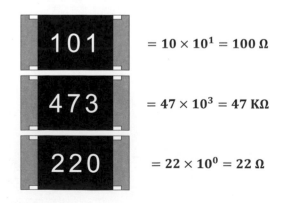

若阻值小於 10Ω，會用英文字母 R 來表示小數點。

例如：

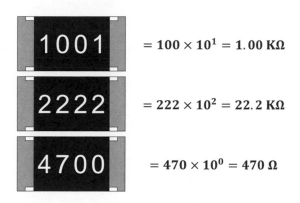

$4R7$ = 4.7 Ω

$0R01$ = 0.01 Ω

$R200$ = 0.20 Ω

精密電阻會用四位數表示，前三位數是前三位的有效數字，第四位數是十的次方。

例如：

1001 $= 100 \times 10^1 = 1.00$ KΩ

2222 $= 222 \times 10^2 = 22.2$ KΩ

4700 $= 470 \times 10^0 = 470$ Ω

📌 光敏電阻

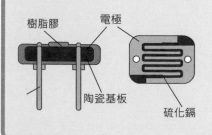

樹脂膠　電極

陶瓷基板　　硫化鎘

光敏電阻（photoresistor），又稱光電阻、光導體、光導管，是利用光電導效應的一種特殊電阻，它的電阻和入射光的強弱有直接關係。光強度增加，則電阻減小；光強度減小，則電阻增大。

2-1-3 電阻的聯接

電阻的聯接方式不外乎並聯、串聯及複聯，如圖 2- 4 所示。

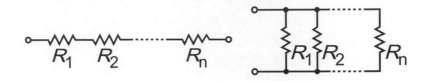

圖 2- 4 電阻的串聯與並聯

串聯電阻的總電阻等於各個電阻之和：

$$R_t = R_1 + R_2 + R_3 + \cdots + R_n \qquad\qquad (2\text{-}1)$$

有 n 個等值的電阻並聯時，總電阻值為：

$$R_t = \frac{R}{n} \qquad\qquad (2\text{-}2)$$

有兩個不同電阻值電阻並聯時，總電阻值為：

$$R_t = \frac{R_1 \times R_2}{R_1 + R_2} \qquad\qquad (2\text{-}3)$$

有 n 個不同電阻值電阻並聯時，總電阻值為：

$$R_t = \frac{1}{\frac{1}{R_1}+\frac{1}{R_2}+\frac{1}{R_3}+\cdots+\frac{1}{R_n}} \qquad\qquad (2\text{-}4)$$

【範例 2- 3】

如圖 2- 5 所示，R_1 為 60Ω，R_2 為 20Ω，R_3 為 10Ω，總電阻為：

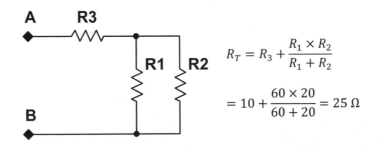

$$R_T = R_3 + \frac{R_1 \times R_2}{R_1 + R_2}$$

$$= 10 + \frac{60 \times 20}{60 + 20} = 25\ \Omega$$

圖 2- 5 電阻的複聯

2-1-4 可變電阻

　　如圖 2-6 所示,可變電阻結構多數具有 3 個端子,其中有 2 個固定接點與 1 個滑臂(wiper),滑臂端經由滑動而改變與 2 個固定端間電阻軌道(resistive track)的電阻值,配合簡單的電路,可將可變電阻所移動的角度或比例轉換成電壓信號(V_m),使之成為一個電位器(potentiometer)。

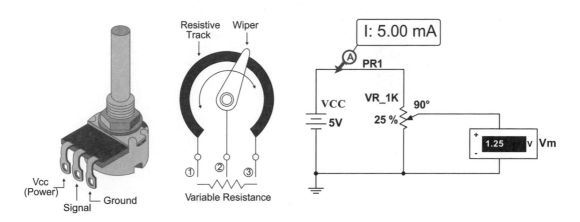

圖 2-6 電位器結構與電路

電位器電壓 (無輸出負載):

$$V_m = \frac{R_P I_S}{360}\theta = R_P I_S \times VR_{rate} = VCC \times VR_{rate} \qquad (2\text{-}5)$$

$$VR_{rate} = \frac{R_G}{R_P} \qquad (2\text{-}6)$$

R_p : 固定端間電阻　I_s : 固定端間電流 (A)　θ : 滑臂對地端角度

VR_{rate} : 滑臂端對接地間電阻與固定端間電阻之比 (%)　R_G : 滑臂端對接地間電阻

【範例 2-4】

一只規格 (R_P) 為 10kΩ 的電位器,並在兩固定端施予 10V 電壓。當滑臂端對接地端為 1.5kΩ 時,I_s 電流、VR_{rate} 與 V_m 為:

$$I_s = \frac{VCC}{R_P} = \frac{10}{10 \times 10^3} = 1\ mA$$

$$VR_{rate} = \frac{R_G}{R_P} = \frac{1.5 \times 10^3}{10 \times 10^3} = 15\ \%$$

$$V_m = VCC \times VR_{rate} = 10 \times 0.15 = 1.5\ V$$

2-2 電容器

如圖 2-7 所示,電容器(capacitor)利用二個導體之間存在絕緣電介質(dielectric)的電場來儲存電荷能力的一種電路元件,其容量單位為法拉,符號為 F。當電流流過電容器時,電容器的導體一端會累積電子(負電荷),另一端會流失電子(正電荷),這樣的過程稱為充電。

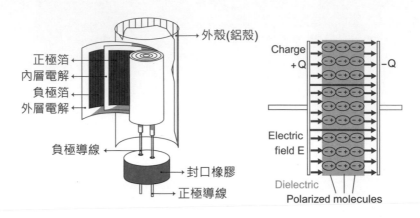

圖 2-7 電容器

充滿電的電容器,分別帶相等電量的正電荷與負電荷,導體上電荷的絕對值與兩導體間電位差(V)的比值就等於電容器的電容值。如果一個電容器兩極的電壓差為 1 V 時,儲存 1 庫倫(C)的電荷量,此電容器的電容量就是 1 法拉(F)。在電路學的實務上,1 法拉是很大的單位,一般使用以毫法拉(mF)、微法拉(μF)、奈法拉(nF)以及皮法拉(pF)為常見單位。

電容量:

$$C = \frac{q}{V} = \frac{As}{V} \qquad\qquad (2\text{-}7)$$

安培小時電容量:

$$Ah = \frac{q}{3600} \qquad\qquad (2\text{-}8)$$

q:電荷(庫倫, C)　　V:電壓(V)

As:安培/秒(A)　　Ah:安培/小時(A)

【範例 2-5】

一個電容器規格為 25 伏 1 法拉,換算成電池的容量為:

$$q = C \cdot V = 25 \times 1 = 25$$

$$Ah = \frac{q}{3600} = \frac{25}{3600} \cong 7\ mAh$$

【範例 2- 6】

電容器容量為 1m 法拉，以 10 mA 電流對其進行充電，在 0.5 秒後電容電壓為：

$$V = \frac{As}{C} = \frac{10 \times 10^{-3} \times 0.5}{1 \times 10^{-3}} = 5\ V$$

1. 電介質吸收

電容器會依其使用的電介質不同，會有不同程度的電介質吸收（dielectric absorption, DAP）。當電源開路並將電容器完全放電，部分被電介質所吸收的電荷會在短暫時間後被釋放出來，此遲滯效應會在電容兩端產生電壓。因此，若是在精密取樣或計時用電路，DAP 會影響其電路的預期運作。一般而言，電解電容器最差，而薄膜電容器最佳。

2. 電容器種類

電容器的電介質成分影響著電容特性，大致可分為三種乾式或濕式電介質電容，各種類電容，如表 2- 3 所示：

表 2- 3 電容器種類

電介質	種類
電解質電容	鋁電解、鉭電解等
有機電容	薄膜、紙膜複合、塑料（聚丙烯膜、聚酯膜、對聚苯硫醚膜等）
無機電容	陶瓷（積層陶瓷）、雲母、玻璃膜、玻璃釉等

3. 寄生電容

寄生電容（parasitic capacitance）是指在電子元件或電路模組之間，由於彼此相互靠近而形成的電容。在設計電子元件或電路佈局時，都不會希望有這樣電容特性的存在。但事實上，寄生電容的產生，幾乎是無法避免的，如圖 2- 8 所示。

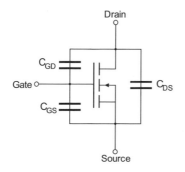

符號	電容	說明
Ciss	$C_{GS} + C_{GD}$	輸入功率電容
Coss	$C_{DS} + C_{GD}$	輸出功率電容
Crss	C_{GD}	反向電容

圖 2- 8 寄生電容

4.　電容器的極性

　　電容器兩極板之間的電介質決定電容器是否有電壓極性。有極性電容器大多採用電解質做電介質材料；無極性電容介質材料大多採用有機與無機化合物（如: 金屬氧化膜、滌綸等）材料。

　　通常同體積的電容器有極性電容的容量較大。此外，在同體積的有極性電容中使用不同的電解質材料和製程，會使容量有所不同。基於電介質的可逆與不可逆性，決定了有極或無極性電容器的使用環境。有極性電容一般都會在封裝外註明負極端位置，若是雙列直插封裝（dual in-line package, DIP），則負極端的腳會較正極端要來的短，如圖 2- 9 所示。

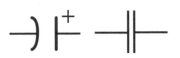

DIP 電解質電容器　　　　　SMD 電解鋁電容器　　有極性與無極性電容電路符號

圖 2- 9　電容器的極性

5.　電容器的崩潰電壓

　　電容器在正常使用下可以儲存的最大電壓會受到崩潰電壓的限制。由於電容器的尺寸以及崩潰電壓和介電層厚度有關係，所以使用特定電介質的電容器都會有相似的能量密度，換言之電介質很大程度決定了電容器的大小。

　　一般電容器的崩潰電壓從數伏特到 1 kV 都有，若電壓增加，電介質也要加厚。因此，以相同電介質的電容器而言，高壓電容器的體積一般都會比低壓的同容值電容器要大一些。若電容施加電壓超過介電層能承受的強度，電容器的介電性會被破壞，電容器會變成導體，造成短路。上述現象就是電容器的崩潰電壓（耐壓）。

2-2-1　電容器的時間常數

　　時間常數（time constant）符號 τ 單位秒，是指在電容端施加電壓後，電容器開始充電，電壓上升達到約 63.2%，電流則是下降到約 36.8% 所需要的時間。根據安培公式，電流大小是流過的電荷量與時間的反比，而阻礙電荷流動的就是電阻，故時間常數等於 RC 的乘積。而電阻與電容電路完成充電或放電過程達到 99.3% 以上差異的時間需要大於等於 5τ 的時間常數，達到 10τ 時將趨近於 1，電路進入穩態（steady state）。

　　時間常數：

$$\tau = R \times C \qquad\qquad (2\text{-}9)$$

電源響應：

$$charging\ voltage\ rate = (1 - e^{-t/\tau}) \qquad\qquad (2\text{-}10)$$

$$discharging\ voltage\ rate = (e^{-t/\tau}) \qquad\qquad (2\text{-}11)$$

t：時間（s）　e：自然常數（2.718281828）

如圖 2- 10 測試電路，輸入訊號為 5 V 50 Hz。將示波器 2 個 channel（CH），分別測試電阻前後兩端波形，並利用 XY 模式顯示充放電時間的一致性，如圖 2- 11 所示。

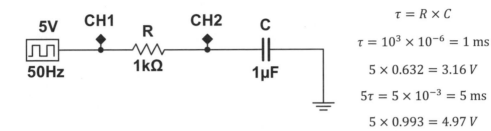

$$\tau = R \times C$$
$$\tau = 10^3 \times 10^{-6} = 1\ ms$$
$$5 \times 0.632 = 3.16\ V$$
$$5\tau = 5 \times 10^{-3} = 5\ ms$$
$$5 \times 0.993 = 4.97\ V$$

圖 2- 10　RC 測試電路

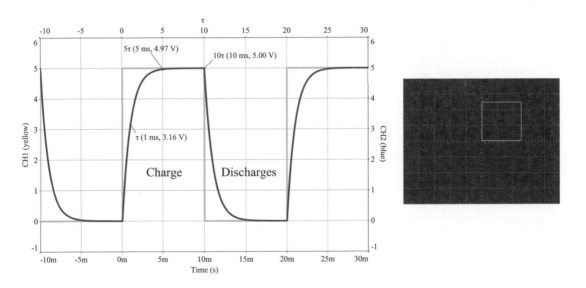

圖 2- 11 電容器的時間常數

【範例 2- 7】

如圖 2- 10 電路，若將電容更換為 0.015 F 時，其電壓從 5V 放電到 0.7 V，所需時間為：

$$\tau = 10^3 \times 0.015 = 15\ s$$

$$0.7 = 5 \times (e^{-t/15}) \rightarrow t \cong 29.5\ s$$

2-2-2 電容器的儲能與漣波

1. 電容器的儲能

儲能（充電）過程中，電性相反的電荷分別在電容器的兩端累積，使電容器兩端電荷產生的電場開始加大電位差，當累積電荷越多，抵抗電場所需要作的功就越大。儲存在電容器的能量等於建立電容器兩端的電壓和電場所需要的能量。電容器儲能所需的能量單位為焦耳（J）。

電容器的儲能：

$$W_C = \frac{1}{2}CV^2 = \frac{1}{2} \times \frac{q^2}{C} = \frac{1}{2}Vq \qquad\qquad (2-12)$$

W_C：充電的能量（J）　V：電容器兩端電位差　C：電容量　q：電荷

【範例 2-8】

如圖 2-12 所示，在施加 12V 電壓 1ms 時，電容電壓值為；達到穩態時，該電容儲能為：

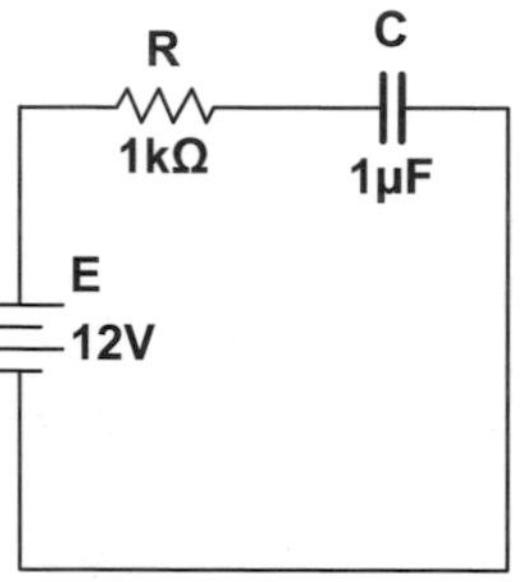

$$\tau = R \times C = 10^3 \times 10^{-6} = 1\ ms$$

$$C_{1ms} = 12 \times (1 - e^{-t/\tau}) = 12 \times (1 - e^{-10^{-3}/10^{-3}}) = 7.585\ V$$

$$W = \frac{1}{2}CV^2 = \frac{1}{2}10^{-6} \times 12^2 = 72 \times 10^{-6}\ J$$

圖 2-12 電容器的儲能

2. 漣波

無論是傳統內燃機或如今具有電動機的車輛，其電力來源幾乎都是三相交流電。譬如：藉由內燃機所帶動的發電機、電動車的電動機在車輛減速時的電力回收以及電動車充電來源的市電等。然而車輛儲存電力的裝置屬於直流電，因此，就必須將交流電轉換成直流電。

如圖 2-13 所示，所有需要將交流電轉換為直流電或直流電中所涉及近似「三角波」的交流脈動漣波（最大與最小差值 P-P），可在所設計的電路中透過電容器充電與放電過程，將其交流漣波予以收斂，該電容器就稱之為濾波電容。電容量愈大，所收斂後的漣波峰對峰值（Vr_{PP}）會愈小，直流平均電壓值（V_{DC}）愈高，愈接近 Vm。系統的漣波因素愈小，則代表濾波性能愈佳。

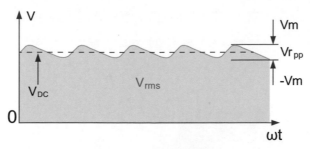

圖 2- 13 電源的漣波

漣波因素：

$$Vr_{pp} = Vm - (-Vm) \qquad\qquad (2\text{-}13)$$

$$V_{DC} = \frac{Vm + (-Vm)}{2} = V_m - \frac{Vr_{PP}}{2} \qquad\qquad (2\text{-}14)$$

$$Vr_{rms}\,(近似三角波) \cong \frac{Vr_{pp}}{2\sqrt{3}} = \frac{Vm - V_{DC}}{\sqrt{3}} \qquad\qquad (2\text{-}15)$$

$$V_{rms} = \sqrt{V_{DC}{}^2 + Vr_{rms}{}^2} \qquad\qquad (2\text{-}16)$$

$$r\,\% = \frac{Vr_{rms}}{V_{DC}} \qquad\qquad (2\text{-}17)$$

Vr_{pp}：漣波峰對蜂值　V_{DC}：直流平均電壓值　Vr_{rms}：漣波有效值

V_{rms}：總均方根電壓值　$r\,\%$：漣波因素

【範例 2- 9】

如圖 2- 13 電路，直流電壓波形最大為 16 V，最小為 12 V，其漣波因素為：

$$Vr_{pp} = Vm - (-Vm) = 14 - 12 = 4\,V$$

$$V_{DC} = \frac{Vm + (-Vm)}{2} = \frac{16 + 12}{2} = 14\,V$$

$$Vr_{rms} \cong \frac{Vr_{pp/2}}{\sqrt{3}} = \frac{4/2}{\sqrt{3}} = \frac{2}{\sqrt{3}}$$

$$r\,\% = \frac{Vr_{rms}}{V_{DC}} = \frac{2/\sqrt{3}}{14} \cong 8.2\,\%$$

2-2-3 電容器的直流暫態

　　在一個使用固定直流電壓源的電路中，電容器兩端的電壓不會超過電源的電壓，電荷流過電容器是電流對時間的積分，又由於電容器的充電與放電時間常數相等，因此，電容器在吸收或釋放電荷（q）時，過程中的電壓（V）與電流（I）皆為時間函數。

由電流對時間的關係可得知，充電初期的電容器暫態（ transient ）如同短路（ 容抗小電阻低 ），而當電容器兩端的電壓已不再變動，流過電容器的電流為零時，此時兩導體之間的電場平衡（ 飽和 ），電容器如同開路（ 電阻無限大 ），如圖 2- 14 所示。

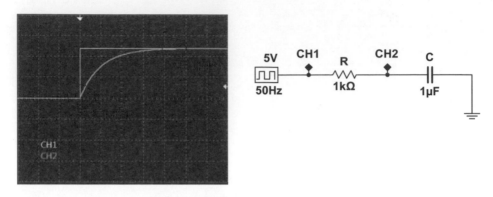

圖 2- 14 電容器的直流暫態與平衡

電流對時間的關係 :

$$I = \frac{dq}{dt} = C\frac{dv}{dt}$$
(2- 18)

I : 電流（ A ）   dq : 電荷的變化量   dt : 時間的變化量（ s ）

dv : 電壓的變化量   C : 電容量（ F ）

【範例 2- 10】

電容器存 2 庫倫電量供應給 30W 燈泡，若在 0.2 秒內放電完畢，則平均電流為：

$$I = \frac{dq}{dt} = \frac{2}{0.2} = 10\ A$$

【範例 2- 11】

給予 1μF 電容器兩端 12 V 電壓充電，在充電初期的電流為：

$$I = C\frac{dv}{dt} = 10^{-6} \times \frac{12}{10^{-\infty}} = \infty\ A$$

2-2-4 容抗與相位差

電容器的阻抗簡稱為容抗（ capacitive reactance ）。若電容器做為電路裡的一個路徑時，其概念反映正弦交流電可以通過電容的特性。當 AC 頻率越高，容抗越小，當頻率等於零時，容抗無限大，即直流電不能流過電容器，容抗也會隨之引起電容兩端電壓與電流的相位差。因此，容抗涉略到 AC 波形的角速度、頻率與週期之間的關係，如圖 2- 15 所示。

容抗：

$$X_C = \frac{1}{j\omega C} = \frac{1}{2\pi f C}$$
（2-19）

Xc：容抗（Ω） ω：角速度 = 2πf（rad/s）

f：頻率（Hz） C：電容量（F） j：複數單位

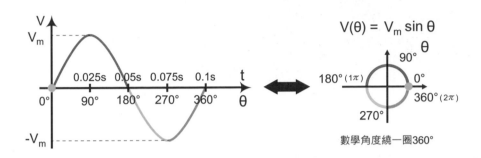

圖 2- 15 波形與角速度關係

上述理論電容愈大容抗愈小，但實際上大電容（≥ 1μF）電容器依不同的電介質會有不同值的電感特性的存在，在頻率與容抗的計算就會有差異。故在電容器流過 AC 頻率的使用下又可分為，低頻電容器與高頻電容器（f > 100 kHz）。

1. 容抗的測試

如圖 2- 16 測試電路中，示波器 2 個 channel（CH），分別測試電容器前後兩端，CH1 做為輸入；CH2 為輸出。在低頻率下電容容抗如圖 2- 17 所示；在高頻率下電容容抗如圖 2- 18 所示。

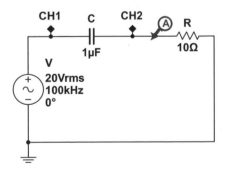

圖 2- 16 容抗測試電路（C 串 R）

CR 相量：

$$v_{out} \angle\theta = \frac{v_{in} \times R}{-jX_C + R}$$
（2- 20）

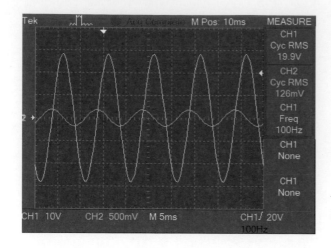

$$X_C = \frac{1}{2\pi f c} = \frac{1}{6.28 \times 100 \times 10^{-6}}$$
$$= \frac{1}{628 \times 10^{-6}}$$

$$X_C \cong 1592\,\Omega$$

$$CH2 = \frac{20 \times 10}{j1592 + 10} = 126 \angle 89.64°\ \text{mv}$$

AC 電路在 100 Hz，1 μF 電容器的容抗約在 1592Ω，CH2 相位超前 90 度

圖 2- 17 電容器的容抗（低頻率）

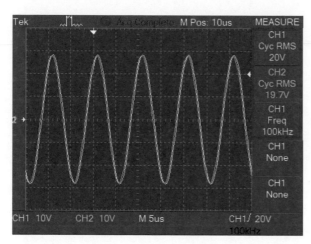

將 AC 頻率提升到 100 kHz，X_C 約為 1.592Ω，由於容抗小，電容器兩端電壓趨於接近，波形相疊

$$CH2 = \frac{20 \times 10}{-j1.592 + 10} = 19.75 \angle 9.04°\ \text{v}$$

圖 2- 18 電容器的容抗（高頻率）

2. 電容的相位差

如圖 2- 19 所示，呈上節測試電路，電容的容抗會引起電容器兩端電壓與電流的相位差。容抗和電容成反比，也和頻率成反比。電容器兩端的電壓會滯後於通過電容器的電流，即產生相位差，兩者之間的相位差為 π/ 2（90°）。如圖 2- 20 所示。

相位差：

$$\theta = 2\pi \frac{t_d}{T} \qquad\qquad (2\text{-}21)$$

t_d：時間差

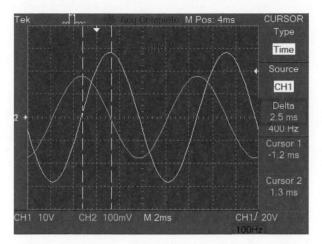

$$\theta = 2\pi \frac{t_d}{T} = 2\pi \frac{2.5 \times 10^{-3}}{10 \times 10^{-3}} = \frac{1}{2}\pi$$

將示波器 CH2 電壓波形放大發現，在 100 Hz 下，電容器兩端很明顯地相位產生了差異

圖 2- 19　電容的相位差

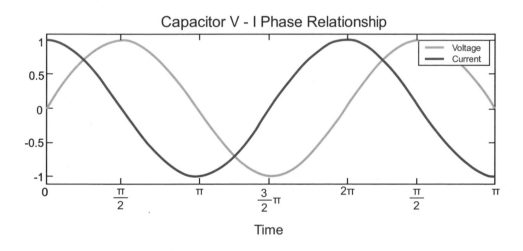

圖 2- 20　電壓通過電容器與電流之關係

2-2-5 電容器的聯接

1. 電容器的串聯

　　如圖 2-21 所示，串聯的電容器會流過相同的電流，但各電容器的電位差（電壓）可能不同，而所有電容器的電壓和會等於總電壓。電容器串聯，相當於絕緣距離加長，所以只有最靠近電源兩邊的兩塊極板起作用，由此可知，電容器的串聯可以增加電容器總耐壓值。又因電容量和距離成反比，距離增加，電容下降，其總電容值是各電容值倒數之和的倒數。

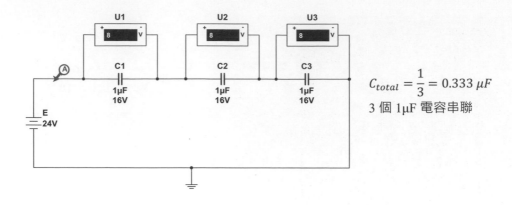

$$C_{total} = \frac{1}{3} = 0.333\ \mu F$$

3 個 1μF 電容串聯

圖 2- 21 電容器的串聯

電容器的串聯：

$$C_{total} = \frac{1}{\frac{1}{c_1} + \frac{1}{c_2} + \frac{1}{c_3} + \cdots + \frac{1}{c_n}}$$ （ 2- 22 ）

2. 電容器的並聯

一般而言，電容器的並聯其目的是增加儲存能量。兩個或兩個以上電容器並聯時，相當於極板的面積增大了，又因電容量和面積成正比，面積增加，總電容增大。並聯的各電容器兩端電壓仍相同，其總電容等於各電容器總和。

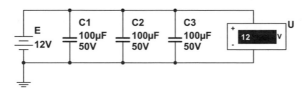

圖 2- 22 電容的並聯

電容器的並聯：

$$C_{total} = c_1 + c_2 + c_3 + \cdots + c_n$$ （ 2- 23 ）

3. 電容器的矩陣電路

在實際應用上，高壓電路常串聯數個較低電壓電容器，來取代高電壓的電容器。例如，在高電壓的電源供應器的濾波電路中，可以用三個最大電壓 63 V 的電容器串聯。由於每個電容器只需承受總電壓的三分之一，因此串聯後的電容器可在 189 V 的電壓工作，而串聯後電容量只有個別

電容器的三分之一。

　　將三個電容器先並聯，再將三組並聯電容器再串聯，形成一個 3×3 的電容器矩陣，總電容和個別電容器相同，但可以承受三倍的電壓。在上述應用時，各組電容器會再並聯一個均壓電阻，以確保電壓平均的分給三組電容器，並且在設備不使用時，提供電容器放電的路徑，如圖 2-23。

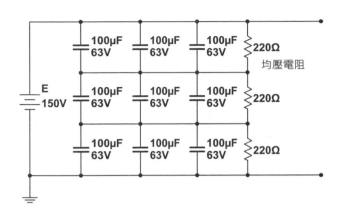

圖 2- 23 電容器的矩陣電路

2-2-6 預充電路

　　在直流電路中，由於電容器充電初期暫態如同短路。因此，瞬間會產生很高的突波電流，可能會使斷路器跳脫或對電流路徑元件產生很大的電應力（electrical stress），嚴重時會使路徑元件或電容器本身受損。若在產生突波電流過程中，中斷迴路，強大的電應力還會產生極高的反向電動勢來回振盪，電壓振幅可能會高於輸入電壓數倍之高，如此高的電壓，對控制器是極大的威脅。

　　預充電路(pre-charge circuit)也稱緩啟動電路。該電路是由一個緩衝電阻及切換電路所構成。在充電初期時，電路是經由緩衝電阻，限制最大允許電流，當電容端電壓接近穩態（系統電壓）時，電路切換回正常路徑，如圖 2- 24 所示。

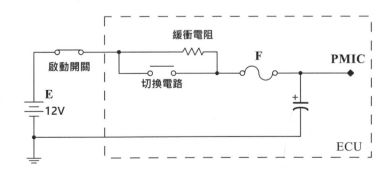

圖 2- 24 預充電路

2-3 電感器

如圖 2- 25 所示，電感器（inductor）或線圈是一種能阻礙電流通過，並以磁場的形式儲存能量的無源器件，並在有需要的時候，電感能夠把儲存的能量釋出至電路。這種阻礙電流變化與電阻阻礙電流的流動兩者是有區分。電感抵抗電流變化過程並不會消耗電能，而電阻阻礙電流的流動則會消耗電能。電感器通常在電路符號中以 L 表示，電感量或稱電感係數，其單位是亨利(H)。

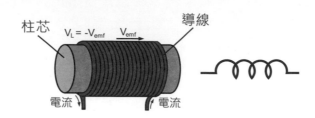

圖 2- 25 電感器

磁通鏈：

$$N\phi = Li \qquad (2-24)$$

自感應係數：

$$L = N\frac{d\phi}{di} \qquad (2-25)$$

N：緊密的線圈匝數（turns）   ∅：磁通量（Wb）

L：電感量（H）   i：電流（A）   dx：單位時間量（微分符號）

【範例 2- 12】

緊密螺旋管線圈匝數為 1500 匝，通以 5 安培電流時，產生 4×10^{-3} 磁通量，則此螺旋管線圈電感量為：

$$L = N\frac{d\phi}{di} = 1500\ \frac{4\times10^{-3}}{5} = 1.2\ H$$

2-3-1 自感應電動勢與儲能

如圖 2- 26 所示，當閉合迴路有電感存在時，電源相接瞬間，電流並不會立即等於 V/R。因為，電感電流從 0 增加時，電感所產生的磁場也隨時間增加，磁場方向由內到外，最後再從電感外繞回原點，然而外部磁場方向恰與內部相反。因此，電感自身迴路會出現與輸入電流方向相反的感應（self-inductance）電動勢來阻礙電流的通過。此時，電感正進行儲能，並隨著能量的逐漸「飽和」，迴路電流也會跟著變大，直到自感應現象結束，電流趨於穩態。

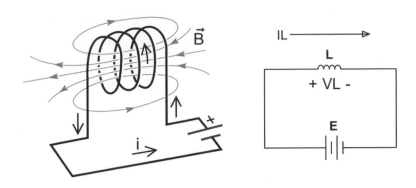

圖 2- 26 自感應電動勢

　　如果電路中通過電感電流上升達到 1 安培 (A)，且電感兩端電壓為 1 伏特 (V) 每秒 (s) 時，此時電路的電感定義為 1 亨利 (H)。因此，電感測試電路可以在電感兩端施加 1 V，當電流上升達到 1 A 每秒時，電感值即為 1 H，並發現電感兩端電壓與通過電感電流的變化率成正比。在恆定電壓源情況下，電感值愈大，電流上升速度愈慢。

　　電感器的聯接在不被彼此的磁場互感應影響下，其並聯及串聯的計算方式與電阻相同。而基於能量守恆定律，儲存在電感器的能量，等於流經電感器自身的電流，建立電場所需要的功。電感器儲能所需的能量單位為焦耳 (J)。

自感應電動勢：

$$L = \frac{Vs}{A}$$
$$\varepsilon = -N\frac{d\phi}{dt} = -L\frac{di}{dt} \qquad\qquad (2\text{-}26)$$

電感電流變化量：

$$di = \frac{\epsilon}{L} \times dt \qquad\qquad (2\text{-}27)$$

電感的儲能：

$$W_L = \frac{1}{2}Li^2 \qquad\qquad (2\text{-}28)$$

L：電感量 (H)　　N：緊密的線圈匝數 (turns)　　Φ：磁通量 (Wb)
t：時間 (s)　　W_L：儲存的能量

　　其中負號 "–" 是代表感應電動勢之方向在阻止磁通變化。電動勢大小雖能被計算出來，但在閉合迴路的情況下，由於電感自身也有電阻的存在，以及電路上其它電動勢源，使得實際的感應電動勢，不一定會在電路節點上量測到。

【範例 2- 13】

繼電器線圈之電感量為 200 μH，線圈電流在 10 μs 增加到 0.6 A 時，自感應電動勢為：

$$\varepsilon = L\frac{di}{dt} = 200 \times 10^{-6}\,\frac{0.6}{10 \times 10^{-6}} = 12\ V$$

【範例 2- 14】

一個繞有 200 匝線的線圈，在 20 毫秒的磁通變化量為 0.004 韋伯，該線圈自感應之電動勢為：

$$\varepsilon = N\frac{d\emptyset}{dt} = 200 \times \frac{0.004}{0.02} = 40\ V$$

【範例 2- 15】

某電感器電感量為 15 亨利，電流為 4 安培，則儲存磁場的能量為：

$$W = \frac{1}{2}Li^2 = \frac{15 \times 4^2}{2} = 120\ J$$

2-3-2 電感器的時間常數

　　電感的導線直徑愈寬，長度愈長，單位長度匝數愈多，自感係數就愈大，由法拉第定律可導出自感應公式。在 LR 電路中，時間常數是電感與電阻比之關係，符號 τ。其關係是引發電感電流數值改變達到約 63.2 % 的差異所需的時間（ s ）。要特別注意的是，電感器自身電阻也算是 LR 電路中的 R，必須加總起來計算。當 L 固定時，電阻值愈大時，時間常數愈小，儲能或釋能完成所需要的時間愈短；當 R 固定，電感值愈大，時間常數愈大，儲能或釋能完成所需要的時間愈久。而流通電感電流改變過程達到 99.3 % 以上差異的時間需要大於等於 5τ 的時間常數，達到 10τ 時將趨近於 1，電路進入穩態，如圖 2- 27 所示。

　　時間常數：

$$\tau = \frac{L}{R} \tag{2-29}$$

電源響應：

$$current\ rate = (1 - e^{-t/\tau}) \tag{2-30}$$

$$voltage\ rate = (e^{-t/\tau}) \tag{2-31}$$

　　t：時間（ s ）　e：自然常數（ 2.718281828 ）

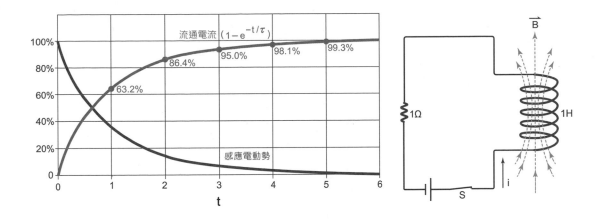

圖 2- 27 自感應與時間常數

【範例 2- 16】

在繼電器線圈兩端施加 12 V，在 20 μs 時，電流達到 1.2 A，則線圈之電感量為：

$$\varepsilon = L\frac{di}{dt} \rightarrow L = \varepsilon / \frac{di}{dt} = 12 / \frac{1.2}{20 \times 10^{-6}} = 200\ \mu H$$

【範例 2- 17】

若要在電感量為 200 μH 的線圈兩端施加 12 V 電壓，使線圈電流增加到 0.6 A 時，則需時間為：

$$di = \frac{\epsilon}{L} \times dt \rightarrow dt = di / \frac{\epsilon}{L} = 0.6 / \frac{12}{200 \times 10^{-6}} = 10\ \mu s$$

【範例 2- 18】

如圖 2- 28 電路，在 1.5 ms 時，電感電流值為；達到穩態時，電感呈現短路，電感之能量為：

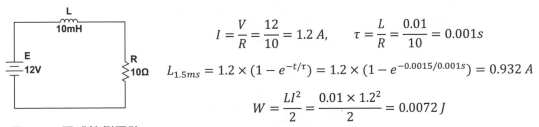

$$I = \frac{V}{R} = \frac{12}{10} = 1.2\ A, \qquad \tau = \frac{L}{R} = \frac{0.01}{10} = 0.001s$$

$$L_{1.5ms} = 1.2 \times (1 - e^{-t/\tau}) = 1.2 \times (1 - e^{-0.0015/0.001s}) = 0.932\ A$$

$$W = \frac{LI^2}{2} = \frac{0.01 \times 1.2^2}{2} = 0.0072\ J$$

圖 2- 28 電感範例電路

2-3-3 反向電動勢

　　法拉第電磁感應定律中說明，磁通量變化率愈大，線圈產生的電壓就越大，而在線圈上施加電流愈大，磁通量也愈大。楞次定律也說明，線圈會產生反抗力，來抵抗磁場的變化。因此，在

線圈的自感應電路中，當開關打開瞬間，施加在線圈上的電流瞬間停止，使磁通量瞬間遠離。但儲存於線圈內的能量，並不會消失，除非有電流路徑能讓它釋放。此時線圈成為一個電動勢源，電源極性與儲能時相反，故稱之為反向電動勢（counter EMF）。自感應與反向電動勢，都屬感生電動勢現象的一種，如圖 2- 29 所示。

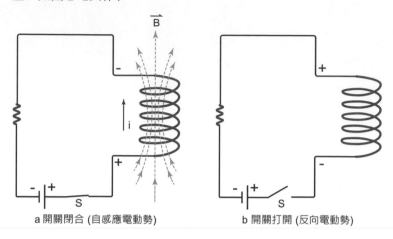

a 開關閉合 (自感應電動勢)　　　　　　b 開關打開 (反向電動勢)

圖 2- 29　感生電動勢

反向電動勢電壓大小取決於閉合迴路時線圈所儲存的能量（W），並在開迴路時，線圈當下的電量（q）是電流對時間乘積。因此，在開迴路高阻抗時，釋放電流愈小或在極短的時間當下，線圈兩端的電動勢相對愈高。反向電動勢又可稱「自感應逆向電壓」。這樣的現象在迴路開路時，線圈所感應出的高頻電壓來回振盪，並沿著高阻抗路徑衰減後停止，如圖 2- 30、圖 2- 31 所示。

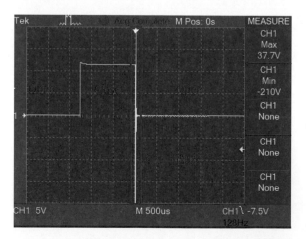

$$\varepsilon = \frac{W}{q} = \frac{W}{It}$$

當開關打開的瞬間，產生
自感應逆向電壓（-210V）

圖 2- 30　自感應逆向電壓（一）

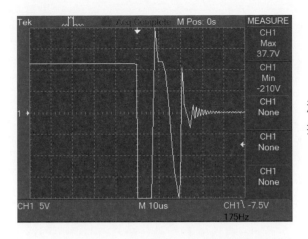

圖 2- 31 自感應逆向電壓（二）

波形放大觀察，電壓來回
振盪，直到衰減停止

2-3-4 互感應與變壓器

假設一個閉合迴路的電流改變，由於磁通感應作用在另外一個閉合迴路中產生電動勢，這種電感稱為互感應（mutual-inductance）。兩線圈分別是 N_1 與 N_2。令 N_1 的閉合電流（i_1）所產生流向 N_2 的磁鏈（$\emptyset_{12}$）而產生的互感 M_{12}。同理線圈 N_2 的閉合電流（i_2）所產生流向 N_1 的磁鏈（$\emptyset_{21}$）而產生的互感 M_{21}，如圖 2- 32 所示。

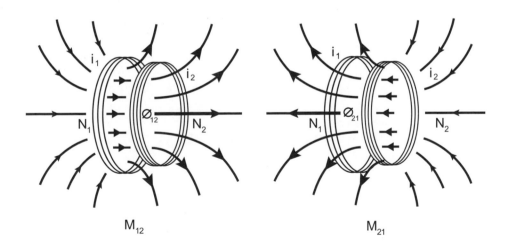

M_{12}

M_{21}

圖 2- 32 互感應電動勢

互感應係數（M_{12}）：

$$N_2\emptyset_{12} = M_{12}i_1$$

$$M_{12} = \frac{N_2\emptyset_{12}}{i_1} \tag{2-32}$$

互感應係數（M_{21}）：

$$N_1\emptyset_{21} = M_{21}i_2$$

$$M_{21} = \frac{N_1\emptyset_{21}}{i_2} \qquad\qquad （2\text{-}33）$$

磁鏈 $N_2\emptyset_{12}$、$N_1\emptyset_{21}$：磁通量（Wb）

i_1、i_2：閉合電流（A）　M_{12}、M_{21}：互感量（H）

1. 互感應電動勢

N_1 的電流隨時間改變，會在 N_2 產生感應電動勢（ε_2）。同理線圈 N_2 的電流隨時間改變，也會在 N_1 產生感應電動勢（ε_1）。

互感應電動勢：

$$\varepsilon_2 = -N_2\frac{d\emptyset_{12}}{dt} = -M_{12}\frac{di_1}{dt} \qquad\qquad （2\text{-}34）$$

$$\varepsilon_1 = -N_1\frac{d\emptyset_{21}}{dt} = -M_{21}\frac{di_2}{dt} \qquad\qquad （2\text{-}35）$$

【範例 2-19】

有兩線圈 $N_1 = 50$ 匝，$N_2 = 100$ 匝，透過一鐵芯達到磁耦合目的。當 N_2 迴路施予電壓，並於 20 ms 電流達到 2A 時，此時產生 0.01 Wb 磁通量，磁鏈 $\emptyset_{21} = 8 \times 10^{-3}$ Wb，互感量 M_{21} 與 N_1 所產生的電動勢為：

$$M_{21} = \frac{N_1\emptyset_{21}}{i_2} = \frac{50 \times 8 \times 10^{-3}}{2} = 0.2\, H$$

$$\varepsilon_1 = N_1\frac{d\emptyset_{21}}{dt} = 50\,\frac{8 \times 10^{-3}}{0.02} = 20\, V$$

2. 變壓器

西元 1882 年，法國的路森‧戈拉爾與英國的約翰 - 狄克遜‧吉布斯，兩人共同開發出電力變壓器（transformer）。利用電磁感應的互感作用，將主線圈（NP）的能量轉換給另一個（或多個）次線圈（NS）。如果將兩個線圈靠得很近，當主線圈的電流發生改變，次線圈上產生的磁通量也會發生變化。依據法拉第定律，次線圈會產生感應電壓（電動勢）。若在完全無損失能量轉換下，理想變壓器的轉換功率 NP 與 NS 將會是相等。但事實上互感能量轉換時，會因為鐵芯磁滯損、渦流損、漏磁通、漏磁阻、兩線圈的內阻等因素讓效率降低，如圖 2-33 所示。

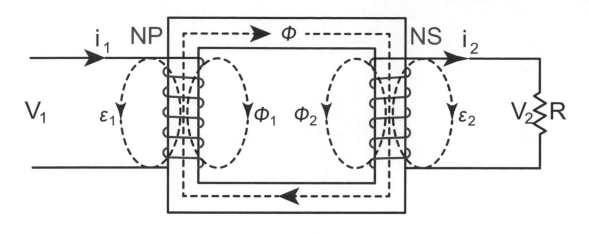

圖 2-33 變壓器

理想變壓器：

$$P = V_1 i_1 = V_2 i_2 \qquad\qquad (2\text{-}36)$$

$$\frac{V_1}{V_2} = \frac{i_2}{i_1} = \frac{NP}{NS} \qquad\qquad (2\text{-}37)$$

P：電功率（W）

【範例 2-20】

一理想變壓器兩側的匝數比為 12 倍，當一次側輸入 156V 時，二次側電流為 24A，一次側電流與二次側電壓為：

$$\frac{V_1}{V_2} = \frac{i_2}{i_1} = \frac{NP}{NS}$$

$$\frac{156}{V_2} = \frac{24}{i_1} = 12$$

$$i_1 = \frac{24}{12} = 2\ A$$
$$v_2 = \frac{156}{12} = 13\ V$$

(1) 變壓器的升降壓

在不改變主線圈電壓況下，只要改變變壓器主線圈與次線圈的電感量，也就是改變二線圈的匝數比（NP：NS），就能改變輸出電壓的大小（升壓或降壓）。能量守恆定律，不論是降壓還是升壓變壓器，高壓端的電流較小，低壓端的電流較大，電壓與電流是成反比關係，如圖 2-34 所示。

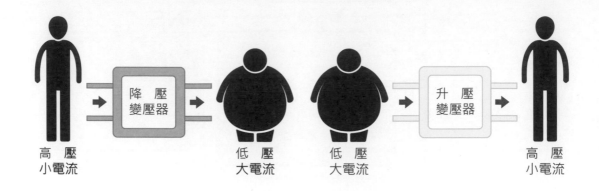

圖 2- 34 變壓器的升壓與降壓

(2) 變壓器的極性

　　根據螺旋右手定則以及變壓器磁通方向，主線圈與次線圈的相對繞法，會決定輸入和輸出電流方向是同相或反相。在變壓器同一鐵芯上的不同繞組，在同一磁勢作用下，產生同樣極性感應電動勢的出線端，稱為變壓器的「同名端」。而變壓器線路會使用黑點標明同名端點，當輸入及輸出極性與標明的端點相同時，此電路接法就稱之為同相，反之則為反相，如圖 2- 35 所示。

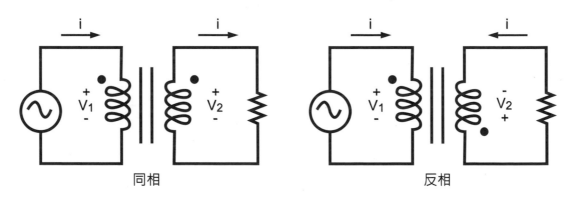

同相　　　　　　　　　　　　　　　反相

圖 2- 35 變壓器的極性

2-3-5 感抗與相位差

　　電感器在設計中，其電阻值或稱阻抗（impedance）愈小愈好。在等值的電感係數之電感，若阻抗愈小，意味著導線必須使用更寬的線徑，電感器的體積就會更大。因此，如何評估元件尺寸和電源效率，允許電壓降成為電路組成的一部分，是電路設計者必須考量的環節之一。

　　而感抗（inductance reactance）則是電路中始終存在著一種電感的特性，即便是單純的導線通過電流，當線路夠長時，都會產生磁場，進而引起相對應阻礙電流變化的感生電動勢。因此，感

抗除了電感自身阻抗外，再加上感生電動勢阻礙電流的阻力。

在直流電路裡，電感只有在迴路閉合初期才會有感抗，而當電感完成儲能後，感生電動勢也就成為零，只剩下電感自身的阻抗。唯有在 AC 電路，交流電壓（流）來回交替變化，使得電感始終都在進行儲存與釋放能量，如 AC 週期時間短於電感的儲能飽和時間，則電感在迴路裡就會一直存在感抗。意味著頻率愈高，感抗越大；反之則感抗愈小。因此，感抗涉略到交流電波形的角速度、頻率與週期之間的關係。

感抗公式：

$$X_L = j\omega L = 2\pi f L \qquad\qquad (2\text{-}38)$$

X_L：感抗（Ω） f：頻率（Hz） ω：角速度 = 2πf（rad/s）

L：電感（H） j：複數單位

1. 感抗的測試

如圖 2- 36 測試電路中，示波器 2 個 channel（CH），分別測試電感器前後兩端，CH1 做為輸入；CH2 為輸出。在高頻率下感抗如圖 2- 37 所示；在低頻率下感抗如圖 2- 38 所示。

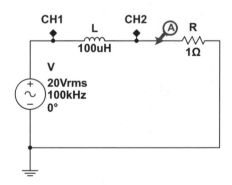

圖 2- 36 感抗測試電路（L 串 R）

LR 相量：

$$v_{out} \angle\theta = \frac{v_{in} \times R}{jX_L + R} \qquad\qquad (2\text{-}39)$$

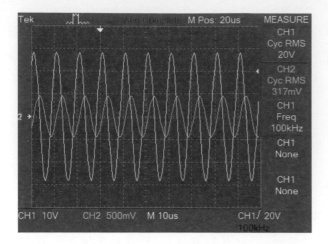

$$X_L = 2\pi f L$$

$$X_L = 6.28 \times 10^5 \times 10^{-4} \cong 62.8\,\Omega$$

$$CH2 = \frac{20 \times 1}{j62.8 + 1} = 318 \angle -89.08°\ \text{mv}$$

AC 電路在 100 kHz，100μH 電感的感
抗約在 62.8Ω，CH2 相位滯後 90 度

圖 2- 37 電感的感抗（高頻率）

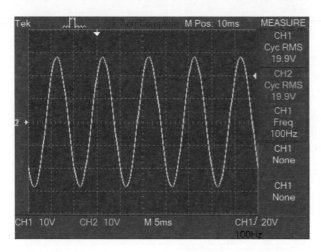

將 AC 頻率下降到 100 Hz，X_L 約為
0.0628Ω，由於感抗小，電感二端電壓
趨於接近，波形相疊

$$CH2 = \frac{20 \times 1}{j0.0628 + 1} = 19.96 \angle -3.59°\ \text{v}$$

圖 2- 38 電感的感抗（低頻率）

2. 電感的相位差

　　如圖 2- 39 所示，呈上節測試電路，感抗同樣會引起電流與電壓之間的相位差。感抗和電感
係數成正比，也和頻率也成正比。電感兩端的電壓超前於通過電感器的電流，即產生相位差，兩
者之間的相位差為 π/ 2（90°）。事實上，只有在純電感電路中，在電流路徑完全沒有其它電阻或
電容的成分，電壓電流相位差才能達到 90 度，也就是在實務電路中，電壓與電流的相位差不一定
都是 90 度，即小於 90 度。電壓通過電感與電流之關係，如圖 2- 40 所示。

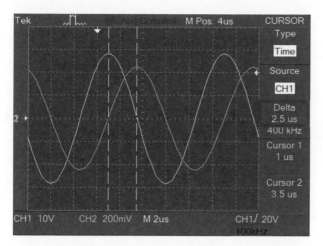

$$\theta = 2\pi\frac{t_d}{T} = 2\pi\frac{2.5\times10^{-6}}{10\times10^{-6}} = \frac{1}{2}\pi$$

AC 電路在 100 kHz 時,將示波器 CH2 電壓波形放大發現,電感二端很明顯地相位產生了差異

圖 2- 39　電感的相位差

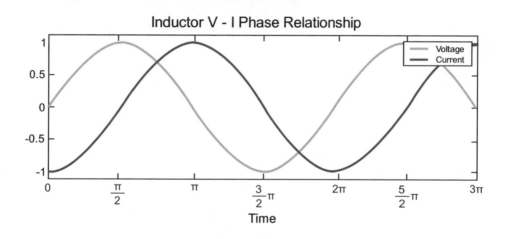

圖 2- 40　電壓通過電感與電流之關係

2-3-6 額定與飽和電流

　　額定電流也稱為溫升（temperature rise）電流,即電感應用時,表面溫度上升與所對應的直流電流之關係。通常電感元件在不超過額定電流情況下,能確保溫升維持在對應值內。而當電感所感應的磁場不再隨電流的增加成比例增加的臨界點,即磁芯已變得飽和時,此時就稱之為飽和電流（saturation current）。

　　如圖 2-41 所示,飽和電流依不同材料結構的電感器,會在電感量下降介於 10～30％ 之間發生。意指感應電壓從最大值,而電流則是從零開始計算。當電感器工作電流高於飽和電流時,可能會導致紋波電流增加,從而產生電子噪聲以及控制電流不穩定、表面溫度過高等問題。

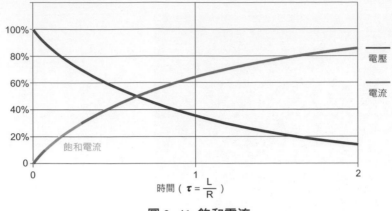

圖 2- 41 飽和電流

2-4 濾波與諧振

　　利用被動（集總）元件的組成，用於衰減低於或高於截止頻率訊號的濾波電路，或濾出特定頻率的諧振電路(resonant circuit)，這些電路稱之為被動濾波器(passive filter)。依據元件的配置，建置容許高頻訊號通過，而衰減低於截止頻率訊號通過的高通濾波器（ high-pass filter ）或容許低頻訊號通過衰減高於截止頻率訊號通過的低通濾波器（ low-pass filter ）。

　　配置方法有電阻電容（ RC ）、電阻電感（ RL ）及電感電容（ LC ）。在實際應用中會使用 RC 電路而非 RL 來構成濾波電路。因為整體成效，RC 元件尺寸普遍來得更小。

2-4-1 波德圖

　　在許多不同類型濾波電路中，濾波器輸出頻率響應通常用波德圖（ Bode plot ）來表示。波德圖是線性非時變系統的傳遞函數對頻率的半對數座標圖，其橫軸頻率以對數尺度表示，利用波德圖可以看出系統的頻率響應。其圖一般是由 2 張圖組合而成，一張幅頻圖表示頻率響應增益的分貝值對頻率的變化，另一張相頻圖則是頻率響應的相位對頻率的變化，如圖 2- 42 所示。

　　波德圖可以用電路模擬軟體或量測儀器產生，也可自行繪製。利用波德圖可以看出在不同頻率下，系統輸出增益大小及相位，也可以看出大小及相位隨頻率變化的趨勢。當系統頻率達到使輸出訊號能量開始大幅下降時的邊緣頻率，就稱之為截止頻率（ cutoff frequency ）。低於截止頻率左邊是一條無止盡水平線，高於截止頻率右邊是一條無止盡斜線，兩線與截止頻率相切曲線（漸進線）的點，其衰減值約為 3dB，每十倍頻的衰減則是 20dB，如圖 2- 43 所示。

-3dB 截止頻率（ RC ）：

$$f = \frac{1}{2\pi RC}$$

（ 2- 40 ）

-3dB 截止頻率（RL）:

$$f = \frac{R}{2\pi L} \qquad\qquad (2\text{-}41)$$

諧振頻率（LC）:

$$f_r = \frac{1}{2\pi\sqrt{LC}} \qquad\qquad (2\text{-}42)$$

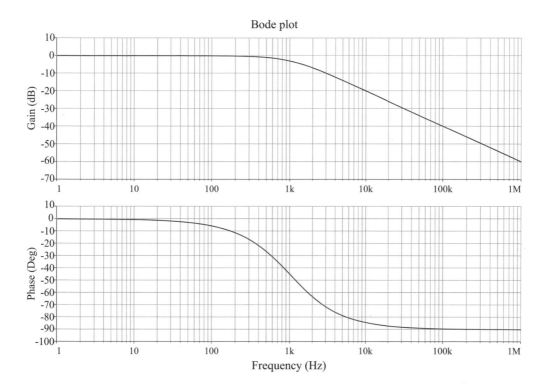

圖 2- 42 波德圖

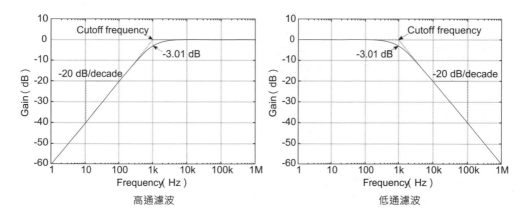

高通濾波　　　　　　　　　　　低通濾波

圖 2- 43 截止頻率

當輸出的電壓或電流振福只有輸入的 70.7 % 即 -3dB 時，所對應的最大輸出功率將只會有原

來的一半。因此，截止頻率亦可稱之為半功率點。

半功率點定義：

$$\frac{1}{2}(I^2 R) = (0.707 \times I)^2 \qquad (2\text{-}43)$$

2-4-2 高通濾波電路

1. RC 高通濾波

如圖 2-44 所示，由一組 RC 濾波電路所構成，正弦輸入訊號經過「電容」後輸出，電阻與輸出並聯，藉由容抗作用阻止低頻訊號通過電容。當輸出訊號衰減至輸入訊號振幅的 70.7%（即 -3 dB）值時，輸出訊號相位會超前輸入訊號 45°。波形圖 2-45，波德圖 2-46 所示。

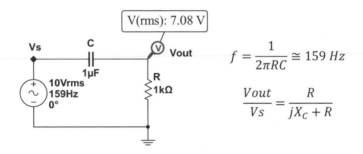

$$f = \frac{1}{2\pi RC} \cong 159\ Hz$$

$$\frac{Vout}{Vs} = \frac{R}{jX_C + R}$$

圖 2-44 高通濾波電路（RC）

RC 輸出電壓（高通）：

$$Vout\angle\theta = R \times \frac{v_{in}}{R - jX_C} \qquad (2\text{-}44)$$

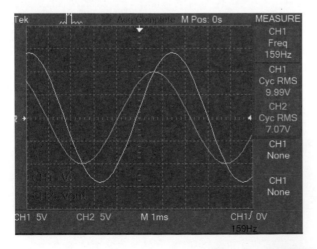

$$X_C = \frac{1}{2\pi fc} = \frac{1}{6.28 \times 159 \times 10^{-6}}$$
$$= \frac{1}{999 \times 10^{-6}}$$

$$X_C \cong 1000\ \Omega$$

$$Vout\angle\theta = 1000\frac{10}{1000 - j1000}$$
$$= 7.07 \angle 45°\ v$$

圖 2-45 高通濾波（RC）

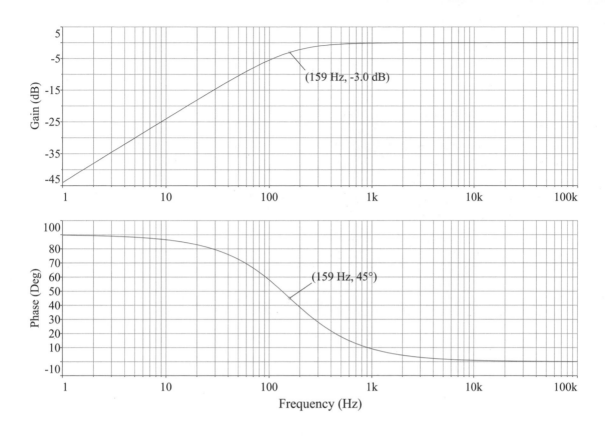

圖 2- 46 高通波德圖（RC）

2. RL 高通濾波

　　如圖 2- 47 所示，由一組 RL 濾波電路所構成，正弦輸入訊號經過「電阻」後輸出，電感與輸出並聯，藉由感抗作用阻止低頻訊號通過電阻。當輸出訊號衰減至輸入訊號振幅的 -3 dB 值時，輸出訊號相位會超前輸入訊號 45°。波形圖 2- 48，波德圖 2- 49 所示。

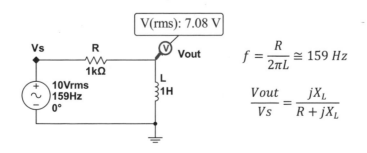

$$f = \frac{R}{2\pi L} \cong 159\ Hz$$

$$\frac{Vout}{Vs} = \frac{jX_L}{R + jX_L}$$

圖 2- 47 高通濾波（RL）

RL 輸出電壓（高通）：

$$Vout\angle\theta = jX_L \times \frac{Vin}{R+jX_L} \qquad\qquad (2\text{-}45)$$

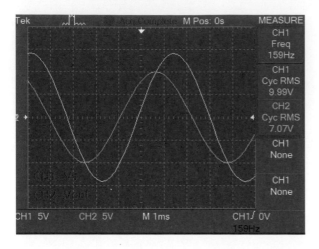

$$X_L = 2\pi fL$$

$$X_C = 2\pi fL = 6.28 \times 159 \times 1 \cong 1000 \ \Omega$$

$$Vout\angle\theta = j1000 \frac{10}{1000 + j1000}$$
$$= 7.07 \angle 45^\circ \text{ v}$$

圖 2- 48 高通濾波（RL）

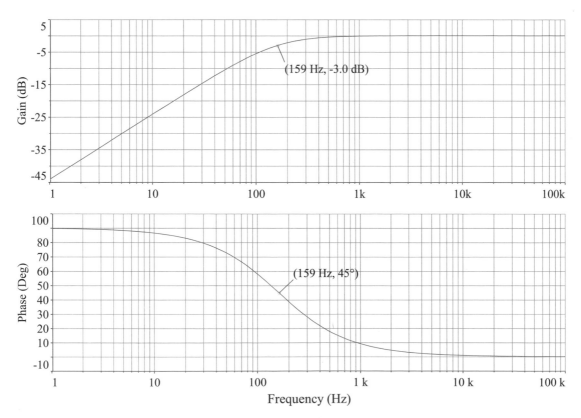

圖 2- 49 高通波德圖（RL）

3. LC 高通濾波

　　如圖 2- 50 所示，由一組 LC 濾波電路所構成，正弦輸入訊號經過「電容」後輸出，電感與輸出相聯。當輸入訊號在諧振頻率時，此時容抗等於感抗，兩電抗相互抵消，串聯 LC 形同短路，迴路產生最大電流，使電感感應出最大電壓增益，藉此特性取出特定頻率訊號，如圖 2- 51 所示。

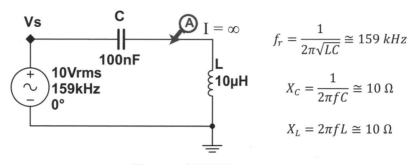

$$f_r = \frac{1}{2\pi\sqrt{LC}} \cong 159\ kHz$$

$$X_C = \frac{1}{2\pi f C} \cong 10\ \Omega$$

$$X_L = 2\pi f L \cong 10\ \Omega$$

圖 2- 50 高通濾波（LC）

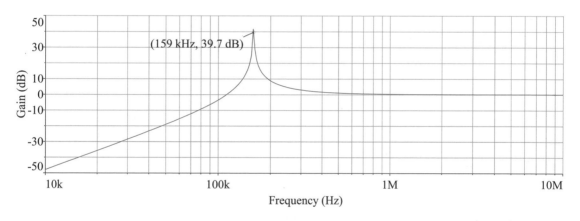

圖 2- 51 高通波德圖（LC）

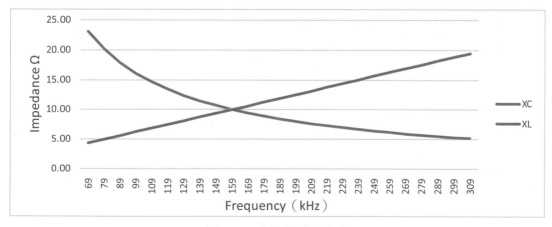

圖 2- 52 容抗與感抗交會

當輸入頻率小於諧振頻率時,電路呈電容性;當輸入頻率大於諧振頻率時,電路呈電感性。容抗與輸入頻率成非線性反比;感抗則與輸入頻率成線性正比,如圖 2- 52 所示。

2-4-3 低通濾波電路

1. RC 低通濾波

如圖 2- 53 所示,由一組 RC 濾波電路所構成,正弦輸入訊號經過「電阻」後輸出,電容與輸出並聯,藉由容抗作用阻止高頻訊號通過電阻。當輸出訊號衰減至輸入訊號振幅的 -3 dB 值時,輸出訊號相位會滯後輸入訊號 45°。波形圖 2- 54,波德圖 2- 55 所示。

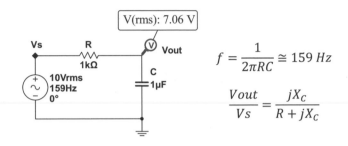

$$f = \frac{1}{2\pi RC} \cong 159 \ Hz$$

$$\frac{Vout}{Vs} = \frac{jX_C}{R + jX_C}$$

圖 2- 53 低通濾波電路（RC）

RC 輸出電壓（低通）:

$$Vout\angle\theta = -jX_C \times \frac{Vin}{R - jX_C} \qquad (2\text{-}46)$$

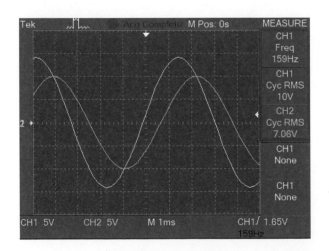

$$X_C = \frac{1}{2\pi fc} = \frac{1}{6.28 \times 159 \times 10^{-6}}$$
$$= \frac{1}{999 \times 10^{-6}}$$

$$X_C \cong 1000 \ \Omega$$

$$Vout\angle\theta = -j1000\frac{10}{1000 - j1000}$$
$$= 7.07 \angle -45° \ v$$

圖 2- 54 低通濾波（RC）

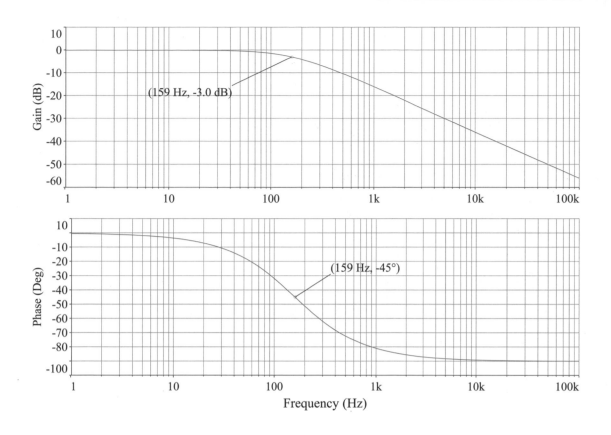

圖 2- 55 低通波德圖（RC）

2. RL 低通濾波

　　如圖 2- 56 所示，由一組 RL 濾波電路所構成，正弦輸入訊號經過「電感」後輸出，電阻與輸出並聯，藉由感抗作用阻止高頻訊號通過電感。當輸出訊號衰減至輸入訊號振幅的 -3 dB 值時，輸出訊號相位會滯後輸入訊號 45°。波形圖 2- 57，波德圖 2- 58 所示。

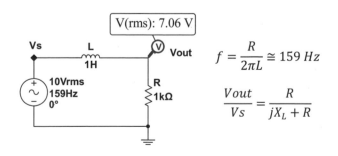

$$f = \frac{R}{2\pi L} \cong 159\ Hz$$

$$\frac{Vout}{Vs} = \frac{R}{jX_L + R}$$

圖 2- 56 低通濾波（RL）

RL 輸出電壓（低通）：

$$Vout \angle \theta = R \times \frac{Vin}{R + jX_L} \qquad (2\text{-}47)$$

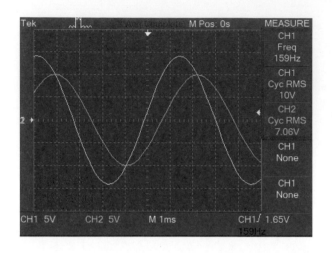

$$X_L = 2\pi f L$$

$$X_C = 2\pi f L = 6.28 \times 159 \times 1 \cong 1000 \ \Omega$$

$$Vout \angle \theta = 1000 \frac{10}{1000 + j1000}$$
$$= 7.07 \angle -45° \ \text{v}$$

圖 2- 57 低通濾波（RL）

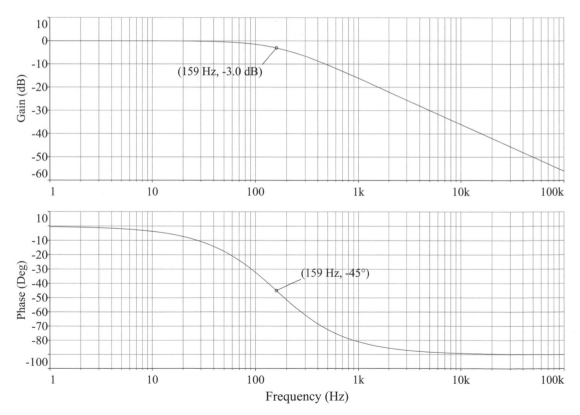

圖 2- 58 低通波德圖（RL）

3. LC 低通濾波

　　如圖 2- 59 所示,由一組 LC 濾波電路所構成,正弦輸入訊號經過「電感」後輸出,電容與輸出相聯。當輸入訊號在諧振頻率時,此時容抗等於感抗,兩電抗相互抵消,串聯 LC 形同短路,迴路產生最大電流,使電感感應出最大電壓增益,藉此特性取出特定頻率訊號,如圖 2- 60 所示。

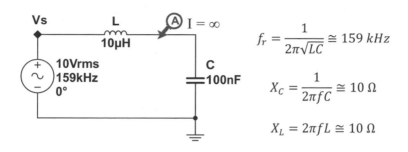

$$f_r = \frac{1}{2\pi\sqrt{LC}} \cong 159 \, kHz$$

$$X_C = \frac{1}{2\pi f C} \cong 10 \, \Omega$$

$$X_L = 2\pi f L \cong 10 \, \Omega$$

圖 2- 59 低通濾波(LC)

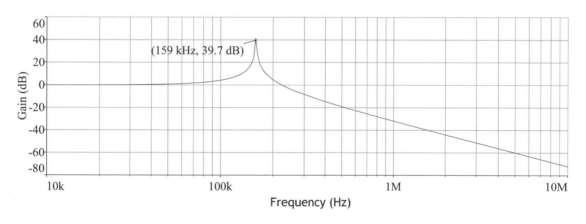

圖 2- 60 低通波德圖(LC)

2-4-4 諧振電路

　　如圖 2- 61 所示,在串聯 RLC 電路中,感抗與容抗相等的頻率點稱為串聯諧振頻率。其中 L 與 C 可以互換位置,R 為負載,且與輸出相接。當電路產生諧振時,輸入電源上升,電感進行儲能,通過電感的電流滯後於電壓 45°,而當電流進入電容,通過電容的電流是超前於電壓 45°。因此,輸入與輸出相位角為 0°,電感吸收或釋放的能量與電容放電或儲存的能量相等,LC 電抗相互抵消,兩者形同短路,電路中僅存在的電阻只剩下負載 R。諧振波德圖,如圖 2- 62 所示。

　　串聯諧振電路在諧振頻率時,LC 形同短路,電路的阻抗最小,迴路產生最大電流。因此容易接受頻率等於其諧振頻率的電流,藉此特性取出特定頻率訊號。

RLC 串聯等效阻抗：

$$Z = R + j(X_L - X_C) = R + j(2\pi fL - \frac{1}{2\pi fC}) \qquad (2\text{-}48)$$

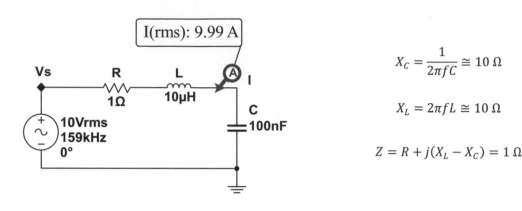

$$X_C = \frac{1}{2\pi fC} \cong 10\ \Omega$$

$$X_L = 2\pi fL \cong 10\ \Omega$$

$$Z = R + j(X_L - X_C) = 1\ \Omega$$

圖 2- 61 串聯諧振（RLC）

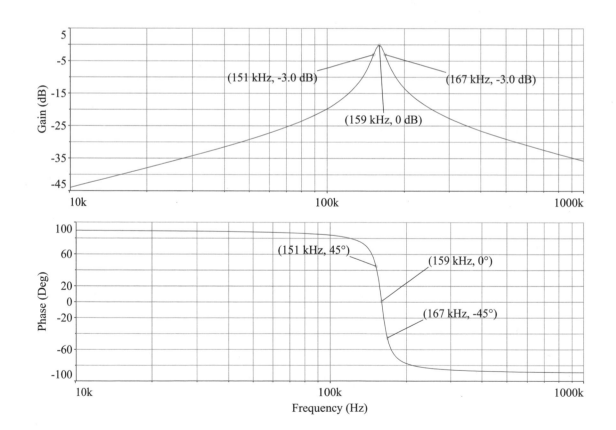

圖 2- 62 諧振波德圖

1. 諧振相位角

　　由於串聯諧振通過電路最大電流僅受元件自身和實際電阻值的限制。因此，輸入電壓和電流相位角必須在此頻率下彼此相同。如果相位角為零，則功率因數（power factor, PF）必須為 1。當輸入頻率小於諧振頻率時，容抗大於感抗；當輸入頻率大於諧振頻率時，感抗大於容抗。其輸入頻率與電流相位角關係，如圖 2- 63 所示。

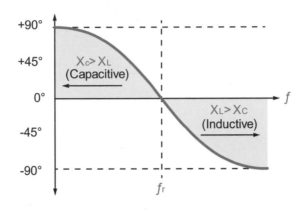

圖 2- 63　諧振相位角

2. 諧振頻寬

　　如果串聯 RLC 諧振電路的電壓源是一個恆定電壓的可變頻率，那麼電流大小將與等效阻抗 Z 成反比（V = IZ）。因此，在諧振頻率時，電路將產生最大功率值。當頻率低於（ fL ）或高於（ fH ）諧振頻率（ fr ），使電路功率只剩下一半，即 -3dB 時，在 $fL \sim fH$ 兩點之間可提供至少一半的最大功率頻率範圍，就稱為頻寬（BW），如圖 2- 64 所示。

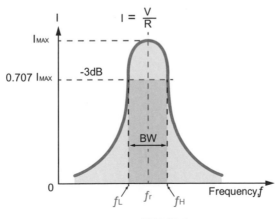

圖 2- 64　諧振頻寬

2-5 直流電路分析

　　一般情況下，直流電路的電流方向並不會隨時間而改變，但直流電路的電壓或電流大小是可以改變的。直流電路分析主要利用歐姆定律及克希荷夫定律，取電路一節點為參考點，對其餘各點列出電壓或電流方程式，再由歐姆定律找出各支路電壓或電流，代入方程式，解聯立方程式即可。汽車直流電路的電動勢主要來源是電池或發電機。

2-5-1 克希荷夫定律

　　西元 1845 年，古斯塔夫·克希荷夫首先提出克希荷夫電路定律（Kirchhoff circuit laws），簡稱為克希荷夫定律。該定律指的是兩條電路學定律，「克希荷夫電流定律」與「克希荷夫電壓定律」，它們涉及了電荷與能量守恆定律。其電壓、電流分配以及戴維寧等效電路都遵守這樣的法則。

1. 電荷守恆：電荷不能無中生有，也不會消失，它只能從一個物體轉移到另一個物體的一部分。
2. 能量守恆：如果一個閉合系統處於孤立環境情況下，隨著時間的推移，總能量 E 保持不變，即不能有任何能量或質量從該系統輸入或輸出。

1. 克希荷夫第一定律

　　如圖 2-65, 圖 2-66 所示，克希荷夫電流定律（Kirchhoff's current law, KCL）說明，所有進入某節點的電流總和等於所有離開這節點電流的總和。假設進入某節點的電流為正值，離開這節點的電流為負值，則所有涉及這節點的電流代數和等於零。

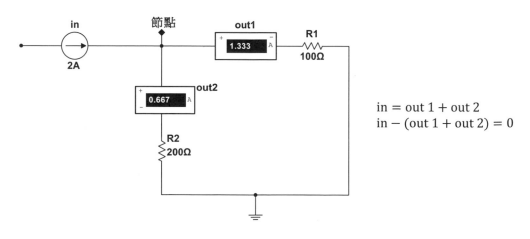

in = out 1 + out 2
in − (out 1 + out 2) = 0

圖 2-65 克希荷夫電流定律

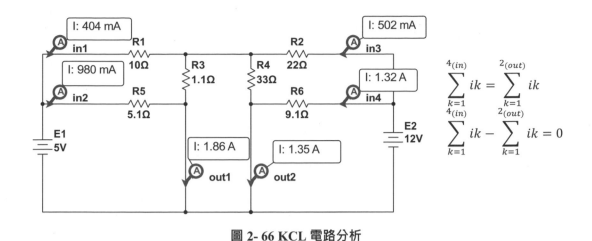

$$\sum_{k=1}^{4(in)} ik = \sum_{k=1}^{2(out)} ik$$

$$\sum_{k=1}^{4(in)} ik - \sum_{k=1}^{2(out)} ik = 0$$

圖 2- 66 KCL 電路分析

克希荷夫電流定律：

$$\sum_{k=1}^{in} ik = \sum_{k=1}^{out} ik \qquad\qquad (2\text{-}49)$$

$$\sum_{k=1}^{in} ik - \sum_{k=1}^{out} ik = 0 \qquad\qquad (2\text{-}50)$$

in：流入電流數量 out：流出電流數量 ik：第 k 個進入或離開這節點的電流

2. 克希荷夫第二定律

克希荷夫電壓定律（Kirchhoff's voltage law, KVL）說明，沿著閉合迴路的所有電壓升的代數和等於所有電壓降的代數和，也可說沿著閉合迴路所有元件兩端的電壓升減掉所有電壓降的代數和等於零，如圖 2- 67 所示。

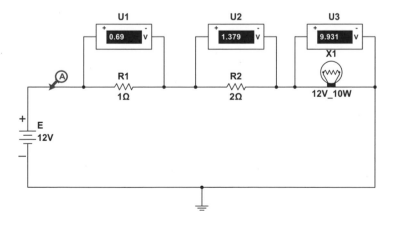

$$V1 = U1 + U2 + U3$$
$$V1 - (U1 - U2 - U3) = 0$$
$$-V1 + U1 + U2 + U3 = 0$$

圖 2- 67 克希荷夫電壓定律

克希荷夫電壓定律：

$$\sum_{k=1}^{r} vk = \sum_{k=1}^{d} vk \qquad\qquad (2\text{-}51)$$

$$\sum_{k=1}^{r} vk - \sum_{k=1}^{d} vk = 0 \qquad\qquad (2\text{-}52)$$

r：電壓升數量　d：電壓降數量　vk：第 k 個元件兩端電壓差（極性與電流同向）

【範例 2-21】

如圖 2-68 電路所示，求 VA 與 VB：

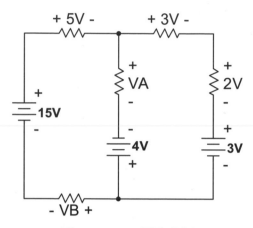

圖 2-68 KVL 電路分析

第一步將電路拆成 2 個閉合迴路，先解出右邊的迴路：

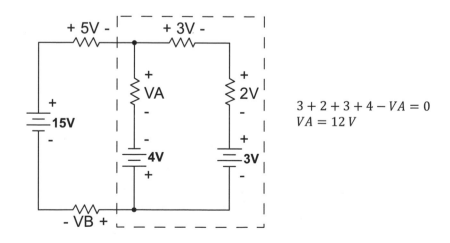

$$3 + 2 + 3 + 4 - VA = 0$$
$$VA = 12\,V$$

圖 2-69 KVL 電路分析 step 1

第二步再解出左邊的迴路：

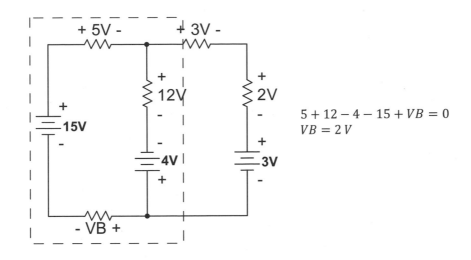

$$5 + 12 - 4 - 15 + VB = 0$$
$$VB = 2\,V$$

圖 2- 70 KVL 電路分析 step 2

2-5-2 電壓與電流分配

1. 電壓分配定則

如圖 2- 71 所示，在串聯電路中，各負載（R）分到的電壓與其阻抗成正比關係。依此原理所設計的電路又被稱為電壓分配定則（voltage divider rule），簡稱分壓電路。依克希荷夫電壓定律，電源電壓為各阻抗的電壓降的總合。

電壓分配定則：   (2- 53)

$$V1 = Vin\frac{R1}{R1+R2} = I \cdot R1$$

$$V2(Vout) = Vin\frac{R2}{R1+R2} = I \cdot R2$$

$$R1 = \frac{R2}{V2/Vin} - R2$$

$$R2 = \frac{R1}{V1/Vin} - R1$$

圖 2- 71 電壓分配定則

【範例 2- 22】

如圖 2- 72 電路所示，在通電瞬間 a 點之暫態電壓與電容器 C 之穩態電壓為：

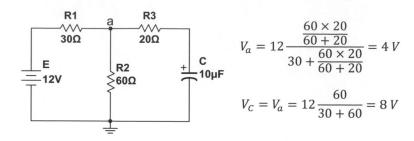

$$V_a = 12 \frac{\frac{60 \times 20}{60 + 20}}{30 + \frac{60 \times 20}{60 + 20}} = 4\ V$$

$$V_C = V_a = 12 \frac{60}{30 + 60} = 8\ V$$

圖 2- 72 分壓電路

2. 電流分配定則

如圖 2- 73 所示，在多負載（R）的並聯電路中，各負載具有相同電壓支路，其總電流分配到各負載之間的關係則為電流分配定則（current divider rule）。

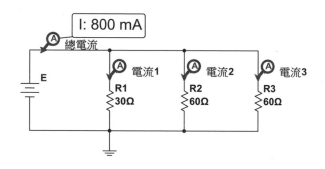

圖 2- 73 電流分配定則

總電流：

$$I_t = \sum_{k=1}^{n} I_k = I_1 + I_2 + \cdots + I_n \qquad (2\text{-}54)$$

各分路電流：

$$I_x = \frac{R_t}{R_x + R_t} I_t \qquad (2\text{-}55)$$

$$I_x = \frac{G_x}{G_P} I_t \qquad (2\text{-}56)$$

I_t = 總電流　I_x = 欲求得負載分路電流

R_x = 欲求得負載分路電阻　R_t = 欲求得負載分路以外的總電阻值

G_x = 欲求得負載分路電導　G_P = 各負載分路的總電導和

【範例 2- 23】

如圖 2- 73 所示，其 R1 電流值以電阻與電導兩方式計算為：

$$R_t = \frac{60 \times 60}{60 + 60} = 30 \ \Omega$$

$$I_x = \frac{R_t}{R_x + R_t} \ I_t = \frac{30}{30 + 30} \ 0.8 = 0.4 \ A$$

$$I_x = \frac{G_x}{G_P} \ I_t = \frac{\frac{1}{30}}{\frac{1}{30} + \frac{1}{60} + \frac{1}{60}} \ 0.8 = 0.4 \ A$$

2-5-3 電壓降

　　在汽車的電路中，只要有電流產生，就會存在壓降以及有著分壓特性。因為無論是導線、保險絲、繼電器觸點、開關或連接器等，都會有電阻的存在。在閉合迴路中，電源端的壓降為電壓降，而接地端的壓降則為電壓升，兩者都是壓降的現象，如圖 2- 74 所示。

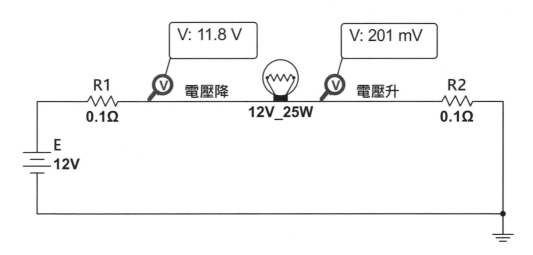

圖 2- 74 電壓降

1. 迴路間的電壓降

　　如 2- 75 所示，以煞車燈電路為例，R1 為左半部元件的電阻和，R2 為燈泡內阻。根據 KCL 說明，所有進入某節點的電流總和等於所有離開這節點電流的總和。所以我們可將電流及電壓降，帶入歐姆定律，就可算出 R1 及燈泡內阻 R2。在電路中電流所經過的阻抗二端所呈現的電壓差就稱為電壓降（voltage drop），故電壓降也稱為電壓差。電壓降符號是 U，單位跟電壓（V）一樣。

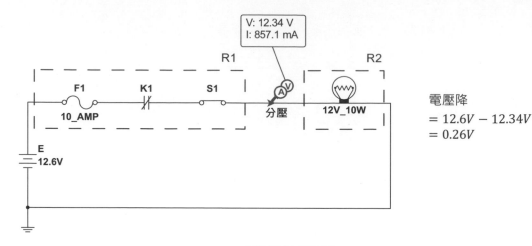

$$電壓降$$
$$= 12.6V - 12.34V$$
$$= 0.26V$$

2- 75　電壓降範例電路

【範例 2- 24】

根據 2- 75，計算 R1 區塊所產生的電阻，以及 R2 燈泡內阻：

$$R1 = \frac{V}{A} = \frac{0.26}{0.857} = 0.303 \, \Omega$$
$$R2 = \frac{V}{A} = \frac{12.34}{0.857} = 14.4 \, \Omega$$

分壓電路驗證：

$$電壓降 = 12.6 \frac{R1}{R1+R2} = 0.26 \, V$$

$$燈泡電壓 = 12.6 \frac{R2}{R1+R2} = 12.34 \, V$$

2. 電壓降對系統的影響

　　點火系統為汽油內燃機相當關健之系統，其點火線圈是由主線圈和次線圈所構成的變壓器。主線圈通常為 0.5～1 mm 左右的漆包線繞 200～500 匝，電阻約為 0.6～0.8 Ω；次線圈為 0.1 mm 左右的漆包線繞 15000～25000 匝，電阻約為 11～15 kΩ。點火系統因電壓降導致異常，輕則造成動力下降、油耗及廢汽排放增加，嚴重可能造成汽缸失火或無法發動。

　　如圖 2-76 為匝數比 125 倍之點火系統之電路圖，充磁時間（點火閉角）約為 5 ms。IG 在 12 V 電壓下，電流峰值可達 4.26 A，主線圈自感應 335 V，次線圈互感應則高達 41.1 kV。若 S 開關或其它連接器產生 1Ω 阻抗，將會使得 IG 電壓在充磁時間發生電壓降現象，電流峰值降為 3.38 A，主線圈自感應 270 V，次線圈互感應則剩下 33.3 kV，如圖 2- 77、圖 2- 78 所示。

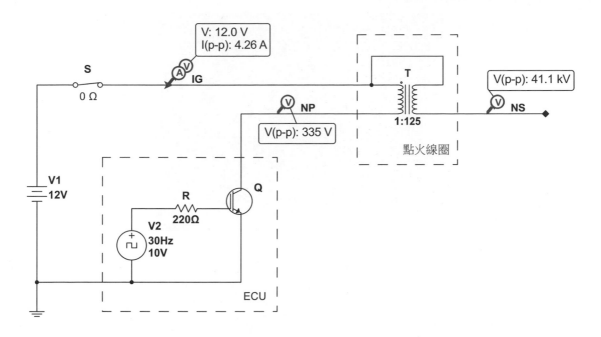

圖 2-76　點火系統（正常）

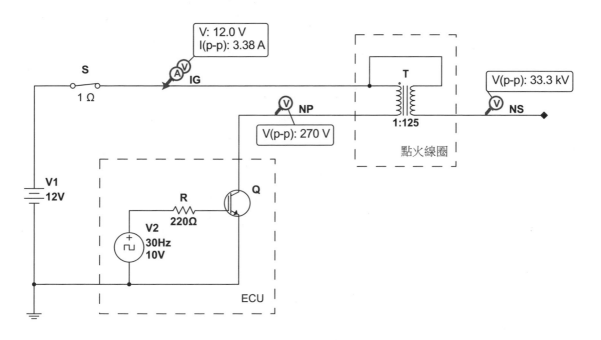

圖 2-77　點火系統（異常）

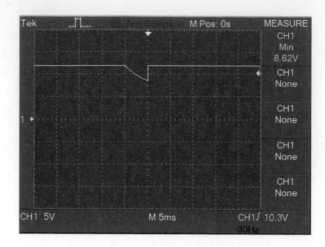

圖 2- 78 點火系統（電壓降）

2-5-4 惠斯登電橋

惠斯登電橋它用來精確測量未知電阻器的電阻值，其原理和原始的電位計相似，一般是應用於測量應力與張力、壓力、流體流量或溫度等物理量。惠斯登電橋由 4 個電阻（R1~R4）組成，其中電橋會有 1 個或多個電阻會根據所測量的物理現象而改變電阻值，並藉由激發電壓取得電阻值改變後的輸出電壓。

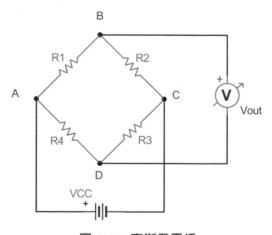

圖 2- 79 惠斯登電橋

如圖 2- 79 所示，VCC 代表激發電壓，Vout 代表輸出電壓。Vout 電壓可測量出與激發電壓源連接的 ADC 與 ABC 兩分壓電路輸出端的電位差。端子 D 的電壓等同於 R4 電阻器的電壓降，而端子 B 的電壓等同於 R1 電阻器的電壓降。根據克希荷夫定律可得出，Vout 與兩分壓電路輸出端電壓平衡時之關係。

克希荷夫電壓定律（當電橋平衡時）：

$$V_{out} = \frac{R_2}{R_1+R_2}\, VCC - \frac{R_3}{R_3+R_4}\, VCC = 0 \qquad (2\text{-}57)$$

$$V_{out} = \left(\frac{R_2}{R_1+R_2} - \frac{R_3}{R_3+R_4}\right) VCC = 0 \qquad (2\text{-}58)$$

分子為對應接地之 C 端點

　　當電橋對邊電阻乘積相等時（$R1 \times R3 = R2 \times R4$），端子 B 與端子 D 的電壓相等，電流達到平衡狀態，輸出電壓 Vout 為 0 V。因為 R1 與 R2 電阻比率等同於 R4 與 R3 的電阻比率。只要其中任何一個電阻發生變化都會導致不平衡，使電橋的輸出電壓 Vout 不再為 0 V。

克希荷夫電流定律（當電橋平衡時）：

$$R_1R_3 = R_2R_4 \qquad (2\text{-}59)$$

$$I_1R_1 = I_4R_4 \qquad (2\text{-}60)$$

$$I_2R_2 = I_3R_3 \qquad (2\text{-}61)$$

【範例 2- 25】

如圖 2- 80 所示，該電橋欲取得 A 與 B 的平衡，R2 電阻應為：

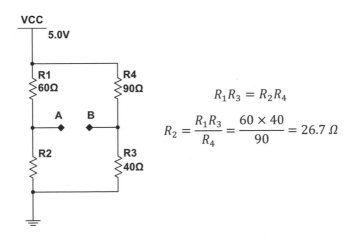

$$R_1R_3 = R_2R_4$$

$$R_2 = \frac{R_1R_3}{R_4} = \frac{60 \times 40}{90} = 26.7 \ \Omega$$

圖 2- 80 惠斯登電橋範例電路

【範例 2-26】

如圖 2- 81 為橋式電阻量測電路。R1 與 R2 為定值電阻，R3 為校正或回饋補償電阻，Rx 為待測電阻，其電阻愈低，Vout 值愈高：

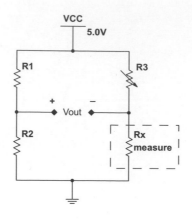

圖 2- 81　電阻計

2-5-5 電路定理

　　在電源、電流與電阻電路的分析中，依循線性電阻特性分析出一些規律，並將其當做一般性定理來使用。因此，利用相關電路定理將複雜的電路化簡或等效替代，使電路的計算得到簡化。

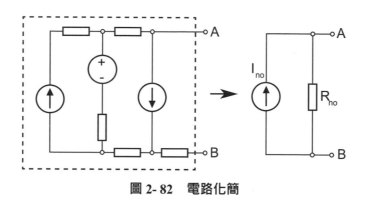

圖 2- 82　　電路化簡

1. 疊加定理

　　對於一個含有多個獨立雙邊線性電路中任何支路的電壓或電流源，會等於每個獨立源單獨作用時響應的代數和，此時所有其它獨立源被替換成他們各自的阻抗，稱之為疊加定理（superposition theorem）。為了確定每個獨立源的作用，須將所有的其它電源關閉與置零。

1. 假設理想電壓源的內部阻抗為零，故在所有其它獨立電壓源處用短路取代，從而消除電壓，即令電源短路，使 V = 0。

2. 假設理想的電流源的內部阻抗為無窮大，故在所有其它獨立電流源處用開路取代，從而消除電流，即令電流開路，使 I = 0。

【範例 2- 27】

如下圖電路所示,使用疊加定理求出 I_s 值為:

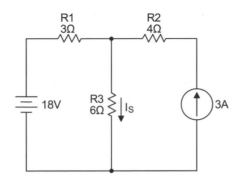

圖 2- 83 疊加定理範例電路

第一步將電壓源短路,再利用電流分配定則,取得 I_1 電流。

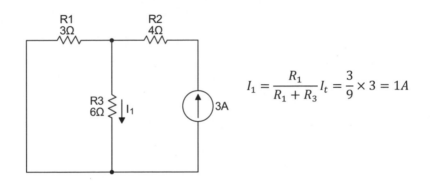

$$I_1 = \frac{R_1}{R_1 + R_3}I_t = \frac{3}{9} \times 3 = 1A$$

第二步將電流源開路,計算 R_t 值後,利用歐姆定律取得 I_2 電流。

$$I_2 = \frac{V}{R_t} = \frac{18}{3 + 6} = \frac{18}{9} = 2A$$

第三步將電流疊加後,取得 I_s 電流:

$$I_s = I_1 + I_2 = 1 + 2 = 3A$$

2. 戴維寧定理

西元 1883 年，由法國科學家，萊昂・夏爾・戴維寧，所提出的一個電路學定理。戴維寧定理（Thevenin's theorem）陳述一個具有電壓、電流源及電阻的電路，藉由分析電路的簡化技巧，可以被轉換成戴維寧等效電路。等效後的簡化電路，最終包含一個理想的電壓源與電阻的串聯模型。

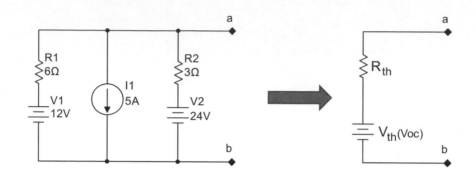

圖 2- 84 戴維寧等效電路

如圖 2- 84 所示，在計算戴維寧等效電路時，必須聯立兩個由電壓及電阻兩變數所組成的方程式，並在任何具有兩端點的有源網路，可由其兩端的開路電壓 V_{th} 及由此兩端看進去的阻抗 R_{th} 的串聯電路來取代。

首先根據 KCL 計算 ab 兩端輸出電壓（V_{ab}），此電壓就是 V_{th}；再將電池（電壓源）短路，負載（電流源）開路後，計算 ab 兩端阻抗（R_{ab}），此阻抗就是 R_{th}。此時 I_{ab} 就等於 V_{th} 除以 R_{th}。

【範例 2- 28】

如圖 2- 85 電路所示，求出簡化後的戴維寧等效電路，其 V_{th} 與 R_{th} 值為：

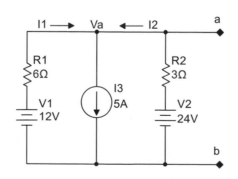

圖 2- 85 戴維寧等效範例電路

第一步使用 KCL 計算節點 V_{th} (即 V_a)，由於 R1 與 R2 電流和會等於 I_3 電流：

$$I_1 + I_2 = I_3$$

$$\frac{12-V_a}{6} + \frac{24-V_a}{3} = 5 \rightarrow \frac{12-V_a}{6} + \frac{48-2V_a}{6} = 5$$

$$\frac{12+48-3V_a}{6} = 5 \rightarrow \frac{60-3V_a}{6} = 5$$

$$V_{th} = V_a = V_{ab} = 10\,V$$

第二步將電路中的電壓源短路，電流源開路後，剩下 R1 與 R2 電阻並聯，並計算節點 R_{th}。

$$R_{th} = R_{ab} = \frac{R_1 \times R_2}{R_1 + R_2} = 2\,\Omega$$

3. 諾頓定理

西元 1926 年，分別由西門子公司研究員，漢斯·費迪南德·邁爾及貝爾實驗室工程師，愛德華·勞里·諾頓，兩人所提出。諾頓定理（Norton's theorem）是戴維寧定理的一個延伸。該定理陳述一個由電壓源及電阻所組成具有兩個端點的電路系統，可以在電路上等效成一個理想電流源 I_{no} 與一個電阻 R_{no} 的並聯模型，如圖 2-86 所示。

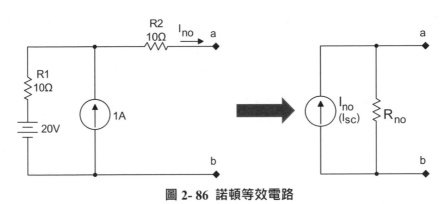

圖 2-86 諾頓等效電路

【範例 2-29】

如圖 2-86 電路所示，求出簡化後的諾頓等效電路，其 I_{no} 與 R_{no} 值為：

第一步使用疊加定理，並將 a 與 b 端點短路後，分別計算出將電壓源短路的 I_1 與將電流源開路的 I_2 值，其兩值相加即為 I_{no}。

$$I_1 = \frac{R_1}{R_1 + R_2} I_t = \frac{10}{20} \times 1 = 0.5A$$

$$I_2 = \frac{V}{R_t} = \frac{20}{10+10} = 1A$$

$$I_{no} = I_{SC} = I_1 + I_2 = 0.5 + 1 = 1.5A$$

第二步將電路中的電壓源短路，電流源開路後，剩下 R1 與 R2 電阻串聯，並計算節點 R_{ab}。

$$R_{ab} = R_{no} = R_1 + R_2 = 20\ \Omega$$

【範例 2- 30】

如圖 2- 87 電路所示，求出簡化後的諾頓等效電路，其 I_{no} 與 R_{no} 值為：

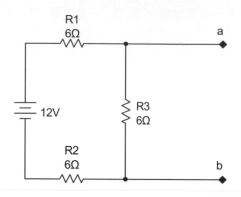

圖 2- 87 諾頓等效範例電路

第一步將 a 與 b 端點短路後（R3 消失），使用歐姆定律，計算 I_{no} 值。

$$I_{no} = \frac{V}{R_1 + R_2} = \frac{12}{12} = 1A$$

第二步將電路中的電壓源短路，電流源開路後，剩下 R1 與 R2 電阻串聯後，再與 R3 並聯計算 R_{no}。

$$R_{no} = \frac{(R_1 + R_2) \times R_3}{(R_1 + R_2) + R_3} = \frac{72}{18} = 4\ \Omega$$

主動元件與電路 3

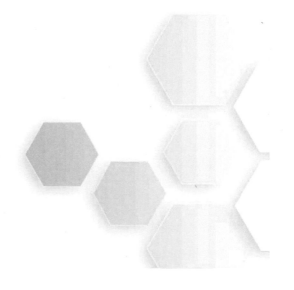

在電子元件中，需要電壓差才能夠執行訊號的增益、振盪、整流或資料運算處理的元件，稱為主動元件。譬如：半導體元件中的二極體、電晶體及由許多主被動元件透過佈線方式連接在一起，集中製造在半導體晶元表面上的積體電路（integrated circuit, IC）等皆屬於主動元件。

3-1 二極體

西元 1874 年，德國物理學家卡爾·布勞恩，在卡爾斯魯爾理工學院發現了晶體的整流能力。早期的二極體（diode）還包含了真空管，真空管二極體具有兩個電極 ，一個陽極（anode）和一個熱式陰極（cathode）。在半導體性能被發現後，二極體成為了世界上第一種半導體元件。現今的二極體大多是使用矽來生產，鍺等其它半導體材料有時也會用到。目前最常見的結構是，一個半導體性能的結晶片通過 P-N（正極 P 和負極 N）接面連接到兩個電終端。

如圖 3-1 所示，理想的二極體在順向偏壓（forward voltage）時兩個電極 P-N 間擁有零電阻，而逆向偏壓（reverse voltage）時則有無窮大電阻，即電流只允許由單一方向流過二極體。然而實際上，二極體並不會表現出如此完美的開關性，而是呈現出較為複雜的非線性電子特徵，當逆向電壓或電流過高時，還會造成二極體擊穿（breakdown）損壞。

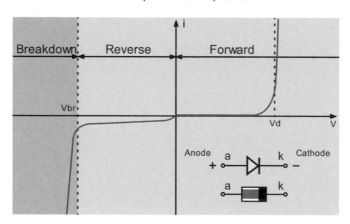

註：Vbr = breakdown voltage, Vd = threshold voltage of diode

圖 3- 1　二極體整流特性

1. 障壁電壓

當二極體的 P-N 接面處於順向偏壓（V_F）時，依半導體材料的特性，必須有相當的電壓使電流貫通空乏區，導致在 P-N 形成一個順向電壓差。此門檻電壓差稱為障壁電壓（barrier potential），此值會隨者 P-N 兩側的摻雜濃度而變，以矽為材料的二極體障壁電壓約 0.6～0.7 V，鍺二極體的障壁電壓則約 0.3～0.4 V。因此，順向電壓必須「高於」上述值，電流才能順暢地通過空乏區。

如圖 3- 2 所示為 1N4150 矽二極體測試電路。根據二極體規格書（datasheet）測試條件在 25 °C 時，V_F 曲線圖可看出電壓會隨著電流增加而呈現緩慢增加趨勢。亦可以從電氣特性表格中查閱當順向電流介於 85.1 mA 時，V_F 值落在 0.760～0.920 V 之間，如表 3- 1 所示。

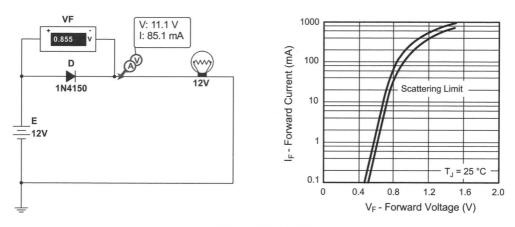

圖 3- 2　障壁電壓

表 3- 1　1N4150 電氣規格

ELECTRICAL CHARACTERISTICS (Tamb = 25　°C, unless otherwise specified)						
PARAMETER	TEST CONDITION	SYMBOL	MIN	TYP	MAX	UNIT
Forward voltage	IF = 1 mA	VF	0.540		0.620	V
	IF = 10 mA	VF	0.660		0.740	V
	IF = 50 mA	VF	0.760		0.860	V
	IF = 100 mA	VF	0.820		0.920	V
	IF = 200 mA	VF	0.870		1	V
Reverse current	VR= 50 V	IR			100	μA
Reverse recovery time	IF = IR = (10 to 100) mA, iR = 0.1 × IR, RL = 100 Ω	Trr			4	ns

取自：Vishay Semiconductors, 1N4150

2. 順向與反向電流

順向電流（forward current, IF）是指二極體長期在順向偏壓情況下，根據允許溫度上升所計算出來的額定平均電流值。反向電流（reverse current, IR），則是二極體兩端在逆向偏壓（reverse voltage, V_R）時，在特定溫度及電壓下可能產生的最大電流洩漏值。

3. 反向恢復時間

當二極體從順向偏壓導通狀態，切換到逆向偏壓時，必須先使儲存在二極體中的電荷釋放後，才能阻斷電流進入截止狀態。過程中所需要的時間就是反向恢復時間（reverse recovery time）。

如圖 3-3 所示，逆向電流比較大的那段時間為 ts（保持時間），緩慢衰減到反向漏電流的時間為 tt（下降時間），整體的反向恢復時間就是為 Trr。在整流或切換電路需要順向導通，逆向偏壓迅速截止情況下，如果反向恢復時間過長，會使得電流逆流，增加電源損耗、電路效率降低、電磁干擾（electromagnetic interference, EMI）增加以及二極體結溫升高等問題，在高頻電路需選擇 Trr 較短的二極體。

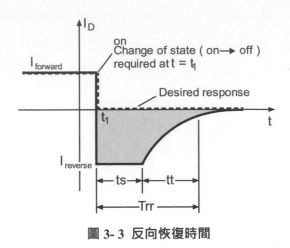

圖 3- 3 反向恢復時間

4. 二極體的擊穿

當二極體處於逆向偏壓時，實務上在所能承受最大逆向電壓情況下，僅有極小的電流洩漏。而當逆向電壓或順向電流高於二極體所能承受之最大值時，就會使二極體擊穿損壞。

如圖 3- 4 為 1N4001 二極體在順向及逆向偏壓時的工作情況，順向電壓差為 0.9 V，反向電流為 32 nA。該二極體的順向平均電流（IF）限制是 1 A，逆向最大電壓（V_R）限制是 50 V。

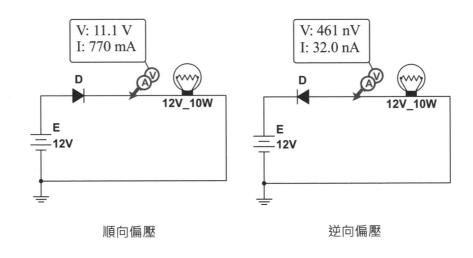

順向偏壓　　　　　　　　　　逆向偏壓

圖 3- 4 二極體的順向及逆向偏壓

3-1-1 二極體種類

二極體依特性主要分為整流（rectify）二極體、開關（switch）二極體、蕭特基（Schottky）二極體、齊納（Zener）二極體、適合高頻率使用的高頻二極體、發光二極體（light-emitting diode, LED）以及光電二極體（photodiode），如圖 3- 5 所示。

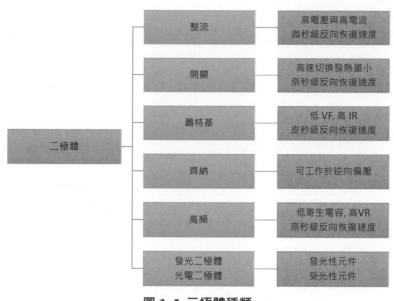

圖 3- 5　二極體種類

1. 整流二極體

　　整流二極體具有高電壓、高電流、低順向電壓差、轉換低雜訊等特性，能有效率地將交流波形轉換成直流波形。在交流波形頻率不高的情況下（1kHz 以下），整流電路對截止頻率的反向恢復時間要求不高，只須根據電路的需求，選擇符合最大整流電流與最大反向工作電流的整流二極體即可。例如：1N 系列、2CZ 系列、RLR 系列等。若是應用在切換式電壓調節整流電路中使用的整流二極體，則應選用工作頻率較高、反向恢復時間較短的整流二極體。例如：RU 系列、EU 系列、V 系列、1SR 系列等。

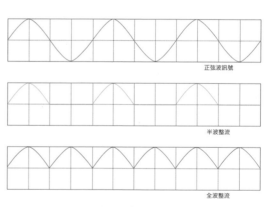

圖 3- 6　整流波形

2. 開關二極體

　　開關二極體從截止（高阻抗）到導通（低阻抗）的時間叫開通時間，而從導通到截止的時間叫反向恢復時間，兩個時間之和稱之為開關時間。一般開通時間會小於反向恢復時間許多，對整體開關時間影響小，故在開關二極體的使用參數上只會指出反向恢復時間。開關二極體的開關時間相當短，像矽開關二極體的反向恢復時間只有幾奈秒，即使是鍺開關二極體，也不過幾百奈秒。在高速開關切換電路應用下，發熱量也相當小，開關特性明顯優於整流二極體，如圖 3- 7 所示。

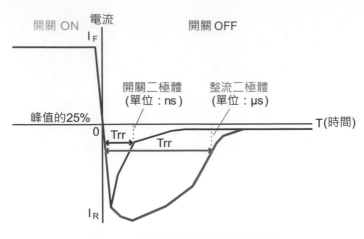

圖 3-7 開關二極體反向恢復時間

3. 蕭特基二極體

　　蕭特基二極體是利用接合金屬和半導體所製成，其名稱是為了紀念德國物理學家華特‧蕭特基。一般而言蕭特基二極體擁有順向電壓低及反向恢復時間極短等特性，但也存在著反向洩漏電流（IR）較大的問題，以及大多只能用於 200 V 以下的低電壓場合，且反向漏電流值與溫度成正比特性。因此，隨著逆向偏壓增加，溫度也會隨之增加，一但散熱設計失常，溫度無法達到熱平衡時，就會引發熱崩潰，最終導致二極體損壞。

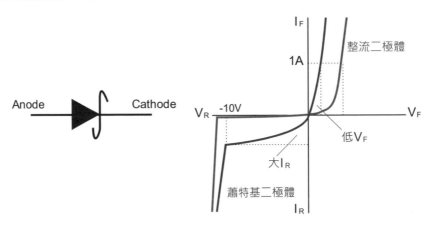

圖 3-8 蕭特基二極偏壓特性

4. 齊納二極體

　　齊納二極體（Zener diode, ZD）亦可稱為「稽納二極體」，其名稱是取自美國理論物理學家克拉倫斯 - 梅爾文‧齊納。他首先闡述了絕緣體的電氣崩潰特性，後來貝爾實驗室運用這項發現，開發出此種二極體，並以齊納命名以茲紀念。

　　如圖 3-9 所示，齊納二極體是利用二極體在逆向（齊納）電壓作用下的齊納擊穿（崩潰）特性，製造而成的一種具有穩定電壓功能的電子技術元件，所以在使用時必須施以逆向偏壓。一般常被應用在穩壓電路、限制電路、偏壓電路、比較電路、保護電路等。

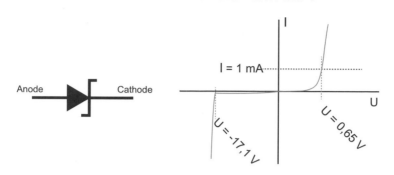

圖 3- 9 齊納二極體的偏壓特性

5. 高頻二極體

　　高頻二極體是由電阻值高的 I 型半導體所製成，最大特色就是端子間電容非常低，在順向偏壓之下，功用和可變電阻類似。由於端子間電容量小，在高頻環境下不會對通訊線造成影響，主要用於開關、檢波、調製、解調及混頻等非線性變換電路中。

6. 發光二極體

　　發光二極體（LED）是透過三價與五價元素所組成複合光源半導體電子元件。LED 早在 1962 年就已出現，早期只能夠發出低光度的紅光，被當作指示燈利用，後續發展出其它單色光的版本。如今 LED 發出的光源已經遍及可見光、紅外線及紫外線，光度亦提高到相當高的程度。隨著白光 LED 的出現，用途已由初期的指示燈及顯示器等指示用途，逐漸發展至各種照明用途。

7. 光電二極體

　　光電二極體與常規二極體基本相似，只是光電二極體可以直接暴露在光源附近或通過透明小窗或光導纖維封裝，來允許光到達元件的光敏感區域來檢測光訊號。並能夠根據電路設計方式，將光源強度轉換成電流或者電壓訊號的光電元件。

　　如圖 3- 10 所示，光感測電路經常被設計在光電二極體逆向偏壓狀態，當一個具有充足能量的光子衝擊到二極體上，它將激發一個電子，從而產生自由電子（同時有一個帶正電的電洞）。如果光子的吸收發生在接面的空乏區，則該區域內的電場將會消除其間的屏障，使得電洞能夠向著陽極的方向運動，電子向著陰極的方向運動，使光電流產生。

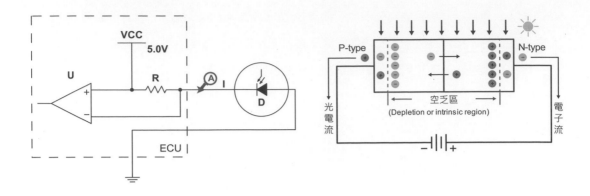

圖 3- 10 光電二極體

3-1-2 返馳電路

　　繼電器或電磁閥是利用電磁鐵來切換電流或機構路徑的裝置，而電磁鐵主要是由線圈所繞成，所以它同時也是一個電感。當電流中斷的那一瞬間，基於楞次定律，電感會感應非常高的反向電動勢來對抗這樣的改變。若該電動勢並非是設計的一部分，就必須在電路中配置一個返馳二極體（flyback diode）將其抑制。

1. 反向電動勢的產生

　　如圖 3- 11, 圖 3- 12，12V 系統中，當 S 開關打開瞬間，線圈 K 產生了 63 V 的反向電動勢。若 S 是機構開關，會產生電弧現象，使開關觸點壽命縮短；若是電晶體，嚴重時可能會造成電晶體或相關迴路電子元件的損壞。除此，該電場還會形成 EMI，影響其它裝置。

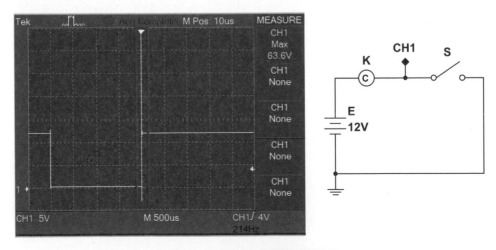

圖 3- 11 反向電動勢測試電路

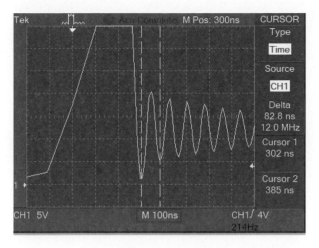

將 x 軸時間縮短使波形放大，
觀察振盪頻率達到 12 MHz

圖 3- 12 反向電動勢的振盪反向電動勢的抑制

如圖 3- 13 所示，在線圈 K 兩端並聯一個與工作電流反向的二極體，可將產生的反向電動勢
經二極體流向 12 V，這種配置方式，稱為返馳二極體。當反向電壓大過於二極體的障壁電壓時，
電流便會導向 12 V，將反向電動勢抑制。返馳二極體的選擇主要考量是它所能承受的抑制電流，
其電流值會小於繼電器的電流。因此，整流二極體相當適合在這樣的工作下進行。

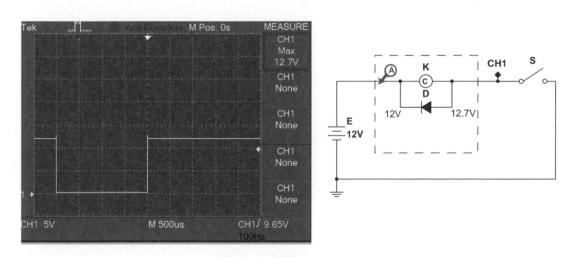

圖 3- 13 返馳二極體電路

2. 返馳二極體配置

上述返馳二極體配置方式最大的缺點就是，繼電器控制有了電壓極性的方向，若繼電器工作
電流的方向，與二極體同方向時，將會讓二極體因電流過大而擊穿崩潰，如圖 3- 14 a 所示。因此，
返馳二極體如今都設計在控制器內的開關處，如圖 3- 14 b 所示。

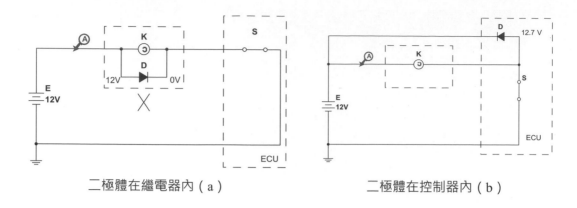

二極體在繼電器內（a） 二極體在控制器內（b）

圖 3- 14 返馳二極體的配置

3-1-3 箝位電路

如**錯誤! 尚未定義書籤**。所示，箝位電路簡稱
箝位器（clamper）。該電路是透過一個電容器、電
壓源（VDC）與二極體將輸入訊號的正峰值（v_m）
或負峰值（$-v_m$）偏移。箝位器並不限制輸入訊號
的峰對峰值，而是將整個訊號上移或下移後輸出，
但不改變原來的波形。簡而言之，箝位電路輸入與
輸出波形的峰對峰值相同，差異是改變電壓偏置
（offset）的位置。電路的工作過程是先將電容器充
電後，再進行偏移。選擇順向電壓（V_F）值較低的
整流二極體，可讓偏置位置與電壓源成相對關係。

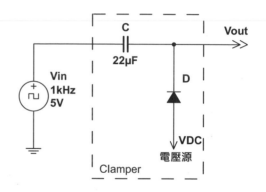

圖 3- 15 箝位電路

⚒ 電磁干擾

電磁干擾一般可分為傳導干擾和輻射干擾。傳導干擾是
指通過導電介質把一個電網上的信號耦合（干擾）到另
一個電網。輻射干擾是指干擾源通過空間把其信號耦合
（干擾）到另一個電網。這些隨著電壓與電流作用而產
生的干擾源會降低其它裝置、設備或系統的性能，甚至
可能對生物或物質產生不良影響之電磁現象。

1. 正箝位器

將二極體的順向偏壓為一個「正」的電源供應給輸出，使其輸出波形的最「小」電壓偏移至 VDC 電位附近，此電路稱為正箝位器，如圖 3-16 所示。

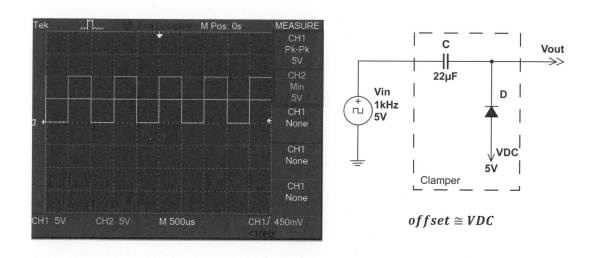

$$offset \cong VDC$$

圖 3-16 正箝位器

2. 負箝位器

將二極體的順向偏壓為一個「負」的電源聯接給輸出，使其輸出波形的最「大」電壓偏移至 VDC 電位附近，此電路稱為負箝位器，如圖 3-17 所示。

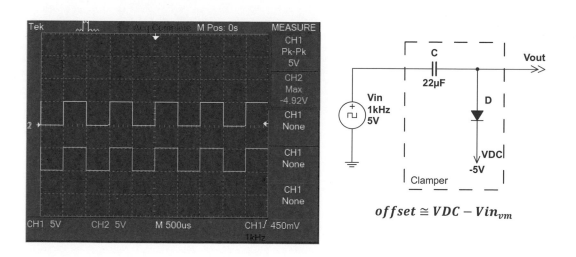

$$offset \cong VDC - Vin_{vm}$$

圖 3-17 負箝位器

3. 輸出負載

　　理想的箝位器是使輸出波形及振幅與輸入相同，但二極體的順向電壓、反向電流與恢復時間等，都會實際影響輸出的電壓偏置、波形及振幅。而輸出負載阻抗（R）盡可能為無限大，這是因為電路在箝位階段的電位上移或下移過程，負載會將充好電的電容進行放電，若放電過快，將會造成波形及振幅嚴重失真，如圖 3- 18 所示。

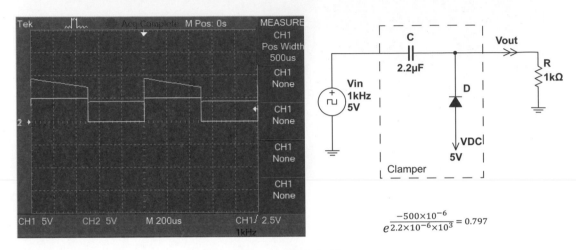

$$\frac{-500\times10^{-6}}{e^{2.2\times10^{-6}\times10^3}} = 0.797$$

圖 3- 18　輸出負載

　　若輸入波形為一個方波，在電位移動過程，負載對電容放電為 RC 時間常數（τ）與放電時間（t）的關係，我們希望電容電量率（$e^{-(t/\tau)}$）能維持在 99.3 % 以上。

　　若輸入波形為一個正弦波，在電位移動過程，負載對電容放電則為 X_C 容抗與輸出阻抗所產生的相位差關係，我們希望能有極小的相位差，因此，容抗與輸出阻抗之比能小於 0.004 為佳。

【範例 3- 1】

如圖 3- 18 為一個失真的箝位電路，在輸入訊號不變情況下，要使輸出訊號的波形及振幅與輸入相同，只改變電容或負載的值各為：

　　電阻不變電容值改為 72 μF：

$$\frac{-500\times10^{-6}}{e^{(72\times10^{-6})\times10^3}} = 0.993$$

　　電容不變電阻值改為 33 kΩ：

$$\frac{-500\times10^{-6}}{e^{2.2\times10^{-6}\times(33\times10^3)}} = 0.993$$

3-1-4 截波電路

　　如圖 3- 19 所示，截波電路（clipping circuit）
又稱為限制或箝制電路，該電路是透過一個電阻、
電壓源（VDC）與二極體組成。其目的是藉由二極
體的順向偏壓特性，將輸入電位的 v_m 最大峰值
或 $-v_m$ 最小峰值限制在某預定的電位上，進而改
變輸出振幅形狀，其峰對峰值將會隨之變小。簡而
言之，截波電路是使輸出波形的最大或最小峰值收
斂，但不改變電壓偏移位置。

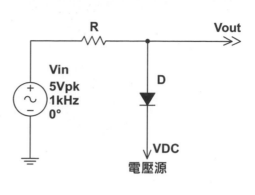

圖 3- 19 截波電路

1. 正截波器

　　將二極體的順向偏壓為一個「正」的電源聯接給輸出，使輸出電位 v_m 低於輸入電位 v_m 稱
為正截波器，如圖 3- 20 所示。

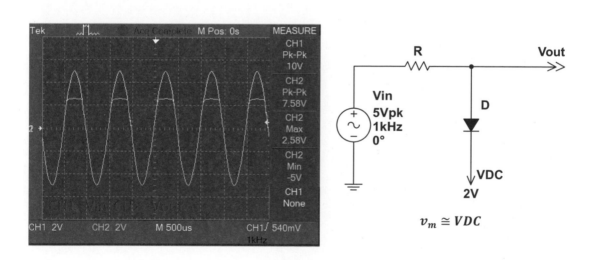

$$v_m \cong VDC$$

圖 3- 20 正截波器

2. 負截波器

　　將二極體的順向偏壓為一個「負」的電源聯接給輸出，使輸出電位 $-v_m$ 高於輸入電位 $-v_m$
稱為負截波器或稱逆偏截波，如圖 3- 21 所示。

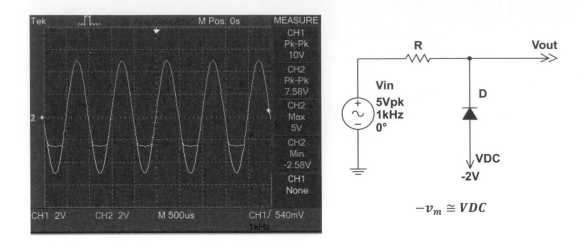

$$-v_m \cong VDC$$

圖 3- 21 負截波器

3. 雙截波器

顧名思義就是將輸出電位的最大及最小峰值均做收斂,如圖 3- 22 所示。

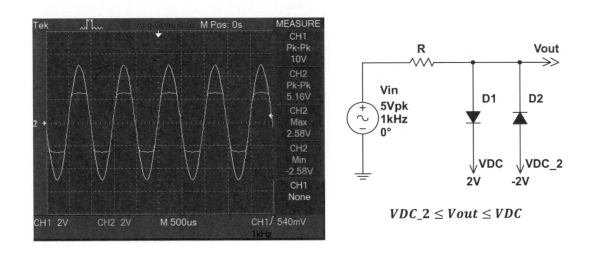

$$VDC\_2 \leq Vout \leq VDC$$

圖 3- 22 雙截波器

3-1-5 整流電路

利用二極體的順向偏壓電流流通特性使 AC 整流(轉換)為 DC 電壓,整流方式有半波和全波整流兩種。半波整流是使用一個二極體來消除輸入負電壓成分後整流為 DC 電壓,全波整流是藉由二極體橋式結構將輸入電壓的負電壓成分轉換為正電壓後整流成 DC 電壓,如表 3- 2 所示。

表 3-2 整流電路

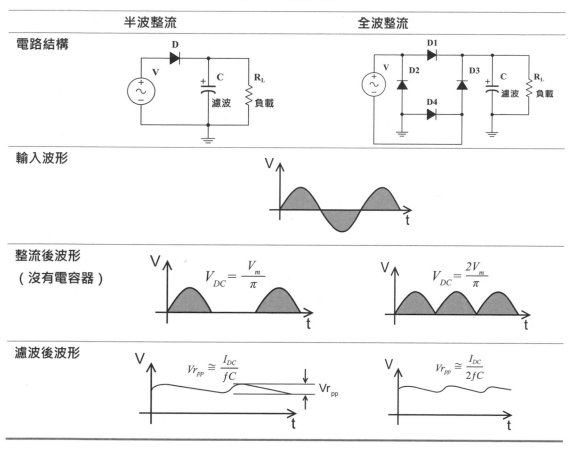

整流後 DC 平均值：

$$V_{DC}\left(半波無電容\right) = \frac{V_m}{\pi} \qquad\qquad (3\text{-}1)$$

$$V_{DC}\left(全波無電容\right) = \frac{2V_m}{\pi} \qquad\qquad (3\text{-}2)$$

$$V_{DC}\left(有電容\right) = V_m - \frac{Vr_{PP}}{2} \qquad\qquad (3\text{-}3)$$

整流濾波漣波峰對峰值：

$$I_{DC} = \frac{V_{DC}}{R_L}$$

$$Vr_{PP}\left(半波\right) \cong \frac{I_{DC}}{fC} \qquad\qquad (3\text{-}4)$$

$$Vr_{PP}\left(全波\right) \cong \frac{I_{DC}}{2fC} \qquad\qquad (3\text{-}5)$$

1. 半波整流

　　如圖 3- 23 所示，半波整流電路也可視為一種截波電路，利用整流二極體具有高電壓、高電流低順向電壓差、高速轉換與低雜訊等特性，將交流電轉換成直流電。轉換效率會受到使用頻率及使用條件影響而不同。二極體的偏壓方向，將 12 V 峰值電壓源的正半週或負半週波形整流到電容器，使之儲存正或負的電壓於電容器上。

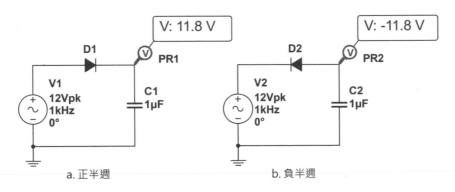

圖 3- 23 半波整流

2. 全波整流

　　如圖 3- 24 所示，橋式全波整流電路，是一種高效率之整流電路，共使用四個整流二極體做為分相動作。當交流電正半週時，二極體 D1、D4 順向偏壓導通，整流到電容器，D2、D3 為逆向偏壓截止；負半週時，換 D3、D2 為順向偏壓整流到電容器，構成迴路，D4、D1 為逆向偏壓截止，電容器輸出直流電壓。

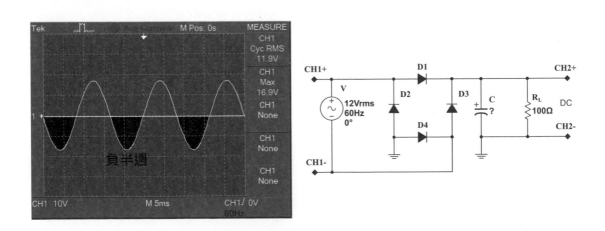

圖 3- 24 橋式全波整流電路

【範例 3- 2】

如圖 3- 24 全波整流電路所示，12 VAC，若預想輸出 Vr_{PP} 小於 0.5 V，則電容應大於：

先求出 V_{DC}，再得出 I_{DC}，最後就可以計算出電容值。漣波形狀會隨著負載大小而改變，當 V_{DC} 愈接近 V_m 或 Vr_{PP} 愈小時愈近似三角波，反之則愈像弦波。帶入模擬結果，如圖 3- 25 所示。

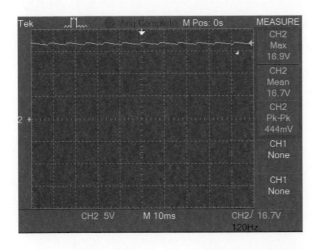

$$V_m = \sqrt{2} \times 12 \cong 16.9\ V$$

$$V_{DC} = V_m - \frac{Vr_{PP}}{2} = 16.9 - \frac{0.5}{2} = 16.65\ V$$

$$I_{DC} = \frac{V_{DC}}{R_L} = \frac{16.65}{100} = 0.1665\ A$$

$$Vr_{PP} \cong \frac{I_{DC}}{2fC} \to C \cong \frac{I_{DC}}{2fVr_{PP}}$$

$$C = \frac{0.1665}{2 \times 60 \times 0.5} = 2.775\ mF$$

圖 3- 25 全波整流輸出電壓

3-1-6 穩壓電路

齊納二極體的順向偏壓和一般二極體相同，但是其逆向崩潰電壓(又稱齊納電壓)的範圍遠大於一般的二極體，能承受比一般二極體更高的電壓與電流，而且齊納二極體的逆向電壓操作是可逆的。常見的齊納電壓從 3 ~ 100 V。

如圖 3- 26 為 ZD 電壓 4.7 V 穩壓電路。為了使齊納二極體具有穩壓(voltage regulation)功能，輸入電壓必需大於齊納電壓(Vz)以及透過電阻做電流的限制，並與齊納二極體形成逆向偏壓，其偏

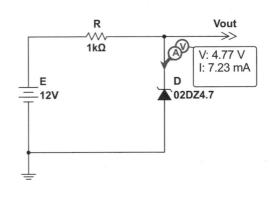

圖 3- 26 齊納二極體的穩壓電路

壓電流必須超過最小逆向拐點電流(I_{ZK})，便開始進入穩壓功能。當達到標準穩壓電流(I_{ZT})時，才能達到額定穩定電壓。但隨著輸入電壓的不斷升高，逆向電流也會隨之增加。所以一般在使用齊納二極體時，必須特別注意其功率的消耗，當逆向電流超過齊納二極體所能承受的最大逆向電流(I_{ZM})時，齊納二極體將會燒毀。

3-1-7 電壓保護電路

　　如圖 3-27 所示，在控制器內配置一個齊納二極體來對錯誤的電壓源進行抑制。正常情況下，齊納二極體逆向偏壓阻抗很大，幾乎沒有電流通過。而當電瓶電壓極性錯誤時，齊納二極體形成順向偏壓，若電流大於保險絲額定規格時，保險絲會燒斷，避免控制器被「逆向電壓」破壞。

　　另一方面，若輸入電壓大於齊納電壓時，則齊納二極體崩潰導通，使輸入電壓維持在齊納電壓，如果電流大於保險絲額定規格時，則保險絲會燒斷，避免控制器被「過高電壓」破壞。

　　上述電壓保護（voltage protection）的前提是該齊納二極體的最大順向峰值電流以及逆向電流都要能比保險絲的電流規格還要大。

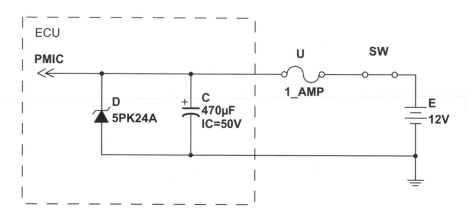

圖 3- 27 齊納電壓保護電路

3-2 雙極性電晶體

　　西元 1947 年，美國物理學家約翰‧巴丁、沃爾特‧布喇頓和威廉‧肖克利，三人所發明。電晶體（transistor）由 P 與 N 雙極性接面所組成的雙極性電晶體（bipolar junction transistor），故又簡稱 BJT。雙極性電晶體雖是很久以前就有的東西，但從古自今仍廣泛的被應用著，這當然包括車用電子，其規格也不斷的精進。BJT 主要分為 NPN 與 PNP 兩種類型。

3-2-1 電晶體結構與增益

　　如圖 3-28 所示，雙極性電晶體的結構至少有三個對外端點（稱為極），集極（collector, C）、射極（emitter, E）、基極（base, B）。半導體特性與二極體近似，當 V_{BE} 大於約 0.6 V 之後，一點電流的變化都會讓集極電流產生大變化，由射極流出的電流（I_E）會等於基極電流（I_B）加上集極電流（I_C）。其中基極是控制極，另外兩個端點之間的電壓特性曲線是受到控制極的偏壓電流而改變的非線性電阻關係。

　　電晶體基於輸入的電流或電壓，改變輸出端的阻抗，從而控制通過輸出端的電流。因此，電晶體可以作為電流開關，也因為電晶體輸出訊號的功率可以大於輸入訊號的功率，電晶體也可以作為電子放大器。

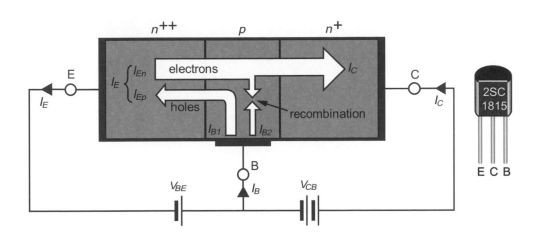

$$I_E = I_B + I_C$$

圖 3- 28　NPN 電晶體結構

1. NPN 電晶體

　　NPN 型電晶體是兩種雙極性電晶體的其中一種，由兩層 N 型摻雜區域和介於兩者之間的一層 P 型摻雜半導體 (基極) 組成。輸入到基極的微小電流將被放大，產生較大的集極到射極電流。

　　當 NPN 型電晶體基極電壓高於射極電壓，並且集極電壓高於基極電壓，則電晶體工作於順向放大狀態。在這一狀態中，電晶體集極和射極之間存在電流。其被放大的電流，是射極注入到基極區域的電子 (在基極區域為少數載子)，在電場的推動下傳送到集極的結果。由於電子移動率比電洞遷移率更高，因此現在使用的大多數雙極性電晶體為 NPN 型，如圖 3- 29 所示。

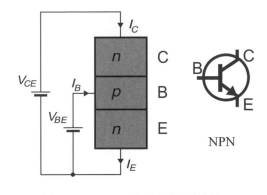

圖 3- 29　NPN 電晶體偏壓特性

2. PNP 電晶體

雙極性電晶體的另一種類型為 PNP 型,由兩層 P 型摻雜區域和介於兩者之間的一層 N 型摻雜半導體組成。流經基極的微小電流可以在射極端得到放大。也就是說,當 PNP 型電晶體的基極電壓低於射極,並且集極電壓低於基極時,電晶體工作於順向放大狀態。

在雙極性電晶體電學符號中,基極和射極之間的箭頭指向電流的方向與 NPN 型相反,PNP 型電晶體的箭頭從射極指向基極,如圖 3-30 所示。

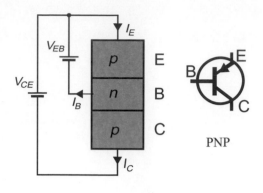

圖 3-30　PNP 電晶體偏壓特性

3. 直流電流增益

大多數雙極性電晶體的設計目標,是為了使電晶體在工作時能得到最大的共射極直流電流增益倍數 (β;h_{FE})。對於小訊號模型中的電晶體,β 的數值約在 20～200 之間,不過在一些功率應用設計的電晶體中,它可能會更小一點 (約為 10)。

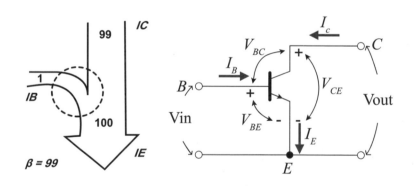

圖 3-31　電流增益與符號

共射極直流電流增益 (β):

$$\alpha = \frac{I_C}{I_E}$$

$$\beta = \frac{I_C}{I_B} = \frac{\alpha}{1-\alpha} \qquad\qquad (3\text{-}6)$$

$$I_E = I_C + I_B = \beta I_B + I_B = (1+\beta)I_B \qquad\qquad (3\text{-}7)$$

3-2-2 電晶體的工作區

　　根據電晶體三個端點的偏壓狀態，可以定義雙極性電晶體幾個不同的工作區。在 NPN 型半導體中（注意：PNP 型電晶體和 NPN 型電晶體的電壓描述恰好相反），按射極接面（基極到射極接面）與集極接面（基極到集極接面）的偏壓情況。工作區可以分為，主動區、飽和區以及截止區。典型的直流偏壓電路，如圖 3- 32。

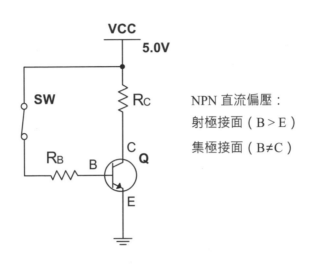

圖 3- 32　電晶體的直流偏壓電路

1. 電晶體的主動區

　　如圖 3- 33 所示，當射極接面順向偏壓，集極接面逆向偏壓時，電晶體工作在主動區（active region），主動區又稱放大區。電晶體工作在這一區域時，集極到射極電流與基極電流並非是完全成線性關係，若要得到良好的線性放大，要能夠將輸入電流控制愈小愈好，才能讓電晶體在主動區近似線性變化。

　　電路中 CE 極之間電壓為 3.45 V，電流 7.04 mA，根據歐姆定律，電阻約為 490Ω。由於電流增益的緣故，當基極電流發生微小的擾動時，集極到射極電流將產生較為顯著變化，在這個區域的電晶體，CE 極之間就像串了一個電阻一樣。基極與集極的電流大部分都能流到射極，剩下的電子與基極區域的電洞發生載子複合。成功抵達集極的電子濃度占射極擴散出來的電子總濃度的比值，是衡量雙極性電晶體效率的一項重要指標。

　　由於射極區域為重摻雜，基極區域為輕摻雜，濃度較低而且很薄，負責將射極注入的電子傳送到集極。這也就是為什麼 NPN 電晶體效率會優於 PNP 電晶體的原因。

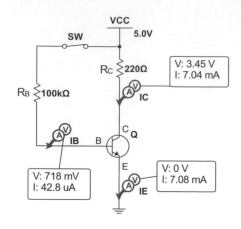

NPN 直流偏壓：

射極接面（B＞E）

集極接面（B＜C）

$$\beta = \frac{I_C}{I_B} = \frac{7 \times 10^{-3}}{42.8 \times 10^{-6}} \cong 163$$

圖 3- 33　電晶體的主動區

2. 電晶體的飽和區

　　如圖 3- 35 所示，當電晶體的兩個接面皆是順向偏壓時，它將處於飽和區（saturation region）。此時電晶體集極到射極的電流達到最大值 $I_{C(MAX)}$，在這個區域的電晶體，CE 極可視為短路，即使增加基極電流，輸出的電流只會些微增加。因此，若基極施加過大電流，對輸出電流幫助不大，只會增加 BE 間的電流，輕則讓晶體過熱耗電，嚴重還會造成晶體燒毀。

　　事實上，所有半導體開關電路，在開關導通的輸入及輸出不可能完全導通無阻抗。因此，

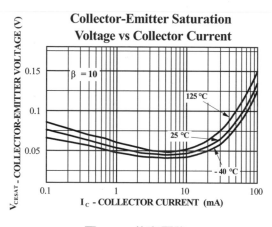

圖 3- 34　飽和壓降

電晶體處於飽和區時，V_{CE} 兩電極之間由於電阻所產生的電壓差，稱之為「飽和壓降」。

理想情況下

飽和區：

$$V_{CE} = VCC - I_C R_C = 0 \qquad\qquad (3\text{-}8)$$

$$I_{C(MAX)} = \frac{VCC}{R_C} \qquad\qquad (3\text{-}9)$$

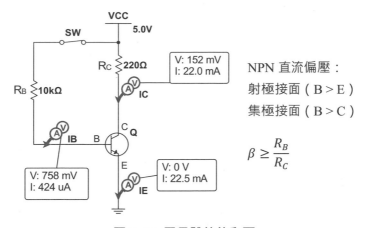

圖 3- 35 電晶體的飽和區

3. 電晶體的截止區

如圖 3- 36 所示，如果雙極性電晶體兩個 PN 接面的偏壓情況與飽和區恰好相反或是射極接面電流為零時，那麼電晶體將處於截止區（cutoff region），此時電晶體集極到射極的電流將來到最小值 $I_{C(MIN)}$ 且趨近於 0。在這種工作模式下，輸出電流非常小（小功率的矽電晶體小於 $1\mu A$，鍺電晶體小於幾 $10\mu A$），在這個區域的電晶體，CE 極可視為開路，B 極微量電壓則是從 CB 間的 PN 結反向漏電流 I_{CBO} 所產生，該值大小受溫度與晶體製程而影響。

理想情況下

截止區：

$$V_{CE} = VCC - I_C R_C = VCC \qquad (3\text{-}10)$$

$$I_{C(MIN)} \cong 0 \qquad (3\text{-}11)$$

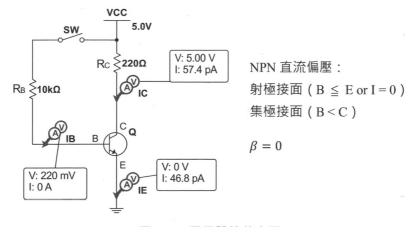

圖 3- 36 電晶體的截止區

3-2-3 電晶體電路

　　如圖 3- 37 所示，現今汽車控制器內的電晶體，主要都是用來做開關使用。典型的電晶體開關電路不外乎共射極、共集極以及共基極開關電路。沒有被輸入（in）與輸出（out）用到的端點，就稱為「共用端」。共用端可能接地，或是接到電源，取決於是 NPN 或 PNP 電晶體。

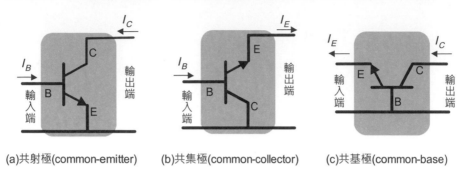

(a)共射極(common-emitter)　　(b)共集極(common-collector)　　(c)共基極(common-base)

圖 3- 37　電晶體電路

1. 共射極電路

　　如圖 3- 38 所示，在共射極（CE）電路中，基極作為輸入端，集極作為輸出端，射極為共用端。CE 電路，通常被使用於反相電路與功率放大器。

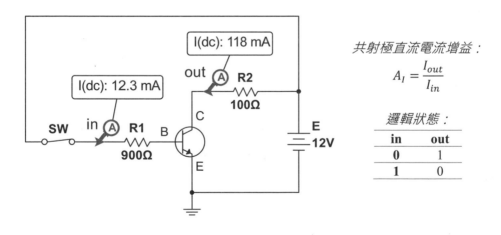

共射極直流電流增益：

$$A_I = \frac{I_{out}}{I_{in}}$$

邏輯狀態：

in	out
0	1
1	0

圖 3- 38　共射極電路

2. 共集極電路

　　如圖 3- 39 所示，在共集極（CC）電路中，電晶體的基極作為輸入端，射極作為輸出端，集極作為共用端。由於集極接面始終 B ≦ C，因此 CC 電路無法工作在飽和區，除非必須額外將輸入電壓提升比 C 極電壓還高。CC 電路，通常被做為電壓緩衝與功率放大器。

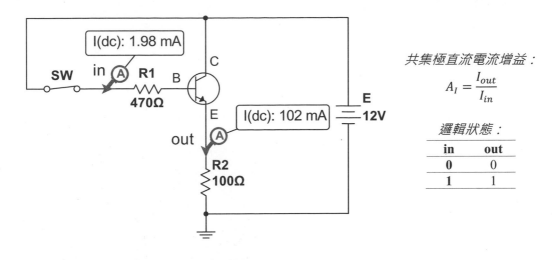

共集極直流電流增益:

$$A_I = \frac{I_{out}}{I_{in}}$$

邏輯狀態:

in	out
0	0
1	1

圖 3- 39 共集極電路

3. 共基極電路

　　如圖 3- 40 所示,在共基極(CB)電路中,射極作為輸入端,集極作為輸出端,基極為共用端。CB 電路,常被使用於電流緩衝或等效二極體電路,最大電流增益趨近於 1。

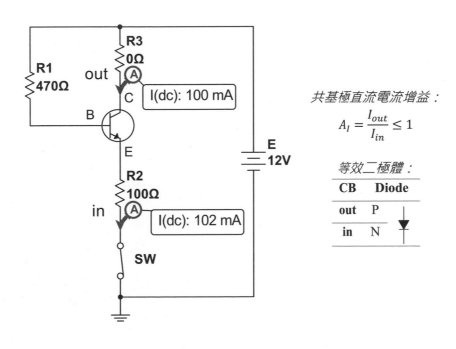

共基極直流電流增益:

$$A_I = \frac{I_{out}}{I_{in}} \leq 1$$

等效二極體:

CB	Diode
out	P
in	N

圖 3- 40 共基極電路

4. 共集推晚電路

　　如圖 3-41 所示，採用二個參數相同或稱互補型 NPN 與 PNP 電晶體構成的 CC 推挽電路。當 Vin 為高電位時，上臂電晶體可輸出電流（NPN→Vout）；Vin 為低電位時，下臂電晶體則可輸入電流(Vout→PNP)。一次只會有一個晶體導通，導通損耗小。由於 Vout 受限於上臂 NPN 的 $V_{BE} \cong$ 0.7 V，使得高電位電壓趨近於 4.73 V（5 - 0.7），但電流可以得到增益。

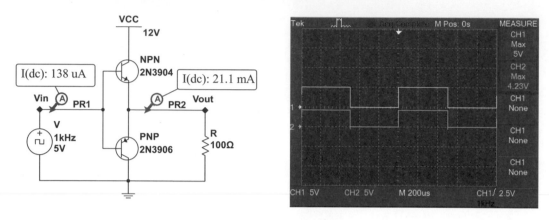

圖 3- 41　共集推挽電路

5. 共射推挽電路

　　如圖 3- 42 所示，採用二個參數相同或稱互補型 NPN 與 PNP 電晶體構成的 CE 推挽電路。當 Vin 為低電位時，上臂電晶體可輸出電流 (PNP→Vout)；Vin 為高電位時，下臂電晶體則可輸入電流 (Vout→NPN)。一次只會有一個晶體導通，導通損耗小。

　　CE 推挽電路的電流增益要比 CC 推挽來的高，除了輸出與輸入反相外，工作時 VCC 必須等於或小於 Vin 高電位時電壓，否則會使上臂 PNP 電晶體 V_{BE} 產生偏壓，造成電路短路無法關閉。

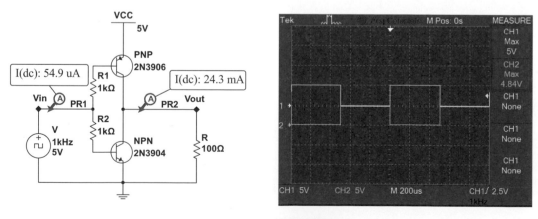

圖 3- 42　共射推挽電路

3-2-4 電晶體的偏壓

在電晶體共射極電路工作於主動區時，必須加上適當的直流偏壓於 B-E 極間才能使得訊號有放大功用。且此直流偏壓設計必須使輸入訊號能在輸出端獲得一個不失真的放大電路，如圖 3-43 所示。

電阻 R_B 提供一個直流偏壓給電晶體，故稱為「偏壓電阻」。電阻 R_C 若為輸出負載，如燈泡或線圈的內阻，我們可稱為「負載阻抗」，若 R_C 為一個電位提升，讓電晶體在作用時，能使輸出有高低電壓變化，故稱為「電位提升電阻」。

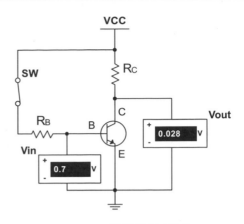

圖 3-43 電晶體的偏壓

1. 固定偏壓電路

如圖 3-44 所示，固定偏壓電路是最基本的電晶體偏壓型式，其電路結構最簡單，但是缺點是穩定性不佳。因為，電晶體隨著溫度變化，集極電流會因 CB 間微小穿透電流（I_{CBO}）改變 β 而變動，所以輸出電壓 V_{CE} 及 I_C 也會隨之改變。

由上述可知，若固定偏壓使用在 β 範圍小的飽和區影響並不大，但電路若是應用在主動區則電晶體的溫度上升，會使得偏壓工作點變得相當不穩定。

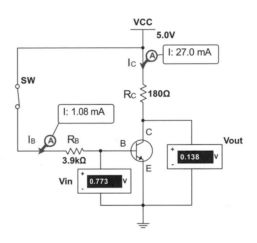

圖 3-44 固定偏壓電路

由 KVL 可推導出迴路方程式
輸入迴路：

$$VCC - I_B R_B - V_{BE} = 0 \qquad (3-12)$$

由於矽電極體的障壁電壓（V_{BE}）約 0.6~0.7 V

$$V_{R_B} = VCC - V_{BE} \cong VCC - 0.7$$

因此

$$I_B = \frac{VCC - V_{BE}}{R_B} \cong \frac{VCC - 0.7}{R_B} \qquad (3-13)$$

輸出迴路：

$$VCC - I_C R_C - V_{CE} = 0 \qquad (3\text{-}14)$$

$$V_{CE} = V_{CC} - I_C R_C \qquad (3\text{-}15)$$

2. 射極回授偏壓電路

如圖 3-45 所示，為了改善固定偏壓電路在主動區的不穩定性，在射極串接一個電阻(R_E)，當電晶體溫度上升時，射極電壓因集極電流增加而上升，使得 V_{BE} 下降，基極電流減少；而射極電流變少時， V_{BE} 上升，基極電流增加，如此便能抑制集極電流持續上升，獲得穩定工作點。

但射極回授偏壓電路也使得電流放大增益受 R_E 影響而變小。在實務上， R_E 電阻基本上

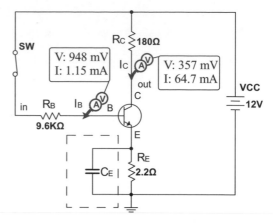

圖 3-45 射極回授偏壓電路

要比負載 R_C 電阻要小很多。此電路若應用在飽和區開關電路，具有限制最大電流之功能。當集極輸出短路到電源時，電路能抑制電流的持續上升，避免電晶體燒毀。

若是希望該回授偏壓電路達到限制最大電流，但仍要維持啟動初期能提供最大電流，可以在 R_E 電阻兩端增加一個 C_E 電容器，利用電容的暫態短路特性，提供啟動初期的旁通電流。

由 KVL 可推導出迴路方程式

輸入迴路：

$$VCC - I_B R_B - V_{BE} - I_E R_E = 0 \qquad (3\text{-}16)$$

由於

$$I_E = (1 + \beta)I_B$$

因此

$$I_B = \frac{VCC - V_{BE}}{R_B + (1+\beta)R_E} \qquad (3\text{-}17)$$

當 $VCC \gg V_{BE}$ and $\beta \gg 1$

$$I_B \cong \frac{VCC}{R_B + \beta R_E}$$

輸出迴路：

$$VCC - I_C R_C - V_{CE} - I_E R_E = 0 \qquad (3\text{-}18)$$

由於

$$I_E = I_C + I_B \cong I_C$$

因此

$$V_{CE} = VCC - I_C R_C - I_E R_E \cong VCC - I_C(R_C + R_E) \qquad (3\text{-}19)$$

3. 集極回授偏壓電路

如圖 3- 46 所示，在基極與集極間並聯一個電阻 R_B。電路作用在主動區時，當電晶體溫度上升，集極電流增加， R_C 壓差變大，集極電壓減少，使得 R_B 壓差變小，即 V_{BE} 下降，基極電流降低，此刻集極電流亦隨之減小，如此便能抑制集極電流繼續上升，獲得穩定的工作點。

由於集極接面基極電壓始終小於集極，因此無法工作在飽和區。但用在開關電路時，啟動之初由於 R_C 壓差極小，集極電壓高，使得 R_B 壓差大，即 V_{BE} 高，基極電流大，可在啟動初期

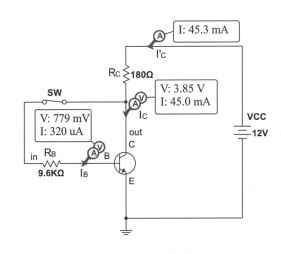

圖 3- 46 集極回授偏壓電路

提供最大集極電流之功能。之後隨著 R_C 壓差逐漸變大，集極電壓降低，使得 R_B 壓變小，即 V_{BE} 減小，基極電流變小，集極電流亦隨之減小。

由 KVL 可推導出迴路方程式
輸入迴路：

$$VCC - I'_C R_C - I_B R_B - V_{BE} = 0 \qquad (3\text{-}20)$$

$$VCC - [(I_B + I_C)R_C + V_{CE}] = 0 \qquad (3\text{-}21)$$

由於

$$I'_C = (1+\beta)I_B \cong \beta I_B = I_C$$

因此

$$I_B = \frac{VCC - V_{BE}}{R_B + (1+\beta)R_C} \qquad (3\text{-}22)$$

當 $VCC \gg V_{BE}$ and $\beta \gg 1$

$$I_B \cong \frac{VCC}{R_B + \beta R_C}$$

輸出迴路：

$$VCC - I'_C R_C - V_{CE} = 0 \qquad (3\text{-}23)$$

$$VCC - (I_B + I_C)R_C = 0 \qquad (3\text{-}24)$$

由於

$$I'_C = I_B + I_C \cong \beta I_B = I_C$$

因此

$$V_{CE} = VCC - I'_C R_C \cong VCC - I_C R_C \qquad (3\text{-}25)$$

4. 偏壓電阻計算

電晶體工作在共射極放大電路的主動區時，偏壓電阻（R_B）決定直流固定偏壓電路 I_C 電流與 β 值。而工作在開關電路飽和區時，過大的 R_B 使得 I_C 電流過低；過小的 R_B 則產生太大的 I_B 在射極接面。因此，計算恰當的 R_B 得到理想的 β 值或滿足飽和 I_C 電流，以提高放大精度與開關效率。

基極電阻推導公式：

由於

$$\beta = \frac{I_C}{I_B} \rightarrow I_B = \frac{I_C}{\beta}$$

$$V_{R_B} = VCC - V_{BE} \cong VCC - 0.7$$

因此

$$R_B = \frac{VCC - V_{BE}}{I_B} \cong \frac{VCC - 0.7}{I_C/\beta} \qquad (3\text{-}26)$$

【範例 3-3】

如圖 3-47 為 2N3904 電晶體的固定偏壓電路，目的是使 1W 燈泡點亮，使電晶體工作在主動區或飽和區。欲求 R_B 電阻在主動區的最大與最小 β 與飽和區的電阻值，其步驟如下：

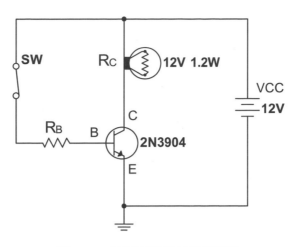

圖 3- 47 基極電阻計算範例電路

第一步使用電功率公式，計算出控制燈泡所需的 I_C 電流。

$$電功率 : P = IV$$

$$燈泡電流 : I_C = \frac{1.2_{(W)}}{12_{(V)}} = 100 \ mA$$

第二步查看 2N3904 規格表。由於燈泡電流為 100 mA，故從電晶體規格書採用 100 mA 作為 I_C 目標值。因此，當 I_B 為某值時，$I_C = 100 \ mA$, $V_{CE} = 1 V$，β 介於 30～300 之間；飽和狀態下 $I_C = 50 \ mA$, $I_B = 5$ mA, V_{CE} 最大 $0.3 \ V$，β 則為 10，如圖 3- 48 所示。

ON CHARACTERISTICS

Characteristic		Symbol	Min	Max	Unit
DC Current Gain (Note 2)		h_{FE}			–
(I_C = 0.1 mAdc, V_{CE} = 1.0 Vdc)	2N3903		20	–	
	2N3904		40	–	
(I_C = 1.0 mAdc, V_{CE} = 1.0 Vdc)	2N3903		35	–	
	2N3904		70	–	
(I_C = 10 mAdc, V_{CE} = 1.0 Vdc)	2N3903		50	150	
	2N3904		100	300	
(I_C = 50 mAdc, V_{CE} = 1.0 Vdc)	2N3903		30	–	
	2N3904		60	–	
(I_C = 100 mAdc, V_{CE} = 1.0 Vdc)	2N3903		15	–	
	2N3904		30	–	
Collector – Emitter Saturation Voltage (Note 2)		$V_{CE(sat)}$			Vdc
(I_C = 10 mAdc, I_B = 1.0 mAdc)			–	0.2	
(I_C = 50 mAdc, I_B = 5.0 mAdc)			–	0.3	
Base – Emitter Saturation Voltage (Note 2)		$V_{BE(sat)}$			Vdc
(I_C = 10 mAdc, I_B = 1.0 mAdc)			0.65	0.85	
(I_C = 50 mAdc, I_B = 5.0 mAdc)			–	0.95	

圖 3- 48 電晶體 2N3904 規格

第三步根據規格表的最大、最小以及飽和狀態下的 β，導入基極電阻公式計算出基極電阻。

主動區最大 R_B 電阻：

$$R_B \cong \frac{VCC-0.7}{I_C/\beta} = \frac{11.3}{0.1/300} = 33.9\ K\Omega$$

主動區最小 R_B 電阻：

$$R_B \cong \frac{VCC-0.7}{I_C/\beta} = \frac{11.3}{0.1/30} = 3.39\ K\Omega$$

飽和區 R_B 電阻：

$$R_B \cong \frac{VCC-0.7}{I_C/\beta} = \frac{11.3}{0.05/10} = 2260\ \Omega$$

5. 分壓式偏壓電路

如圖 3-49 所示，分壓式偏壓電路是在基極與射極間配置一個電阻，確保系統在完全關閉時，V_{BE} 不會受系統中 PN 結反向漏電流所產生的飄移電流影響而產生作用，並可以加快開關電路在 off 時基極電流由 R2 快速導向射極，縮短電晶體截止時間。

正常情況下，分壓電阻 R2 數值，會根據實際電路進行配置，作者實務經驗，若是矽電晶體 R2 電阻會是以 VCC 乘以電阻值與 100 k 之比要小於 0.2 V。

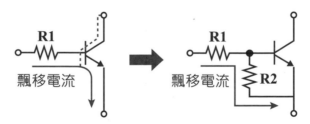

圖 3-49 分壓式偏壓電路

建議分壓電阻 R2 數值：

$$VCC\frac{R_2}{100\times10^3} \leq 0.2\ V \ \rightarrow R_2 \leq \frac{20\times10^3}{VCC} \qquad (3\text{-}27)$$

由於 $V_{BE} \cong 0.7\ V$，因此分壓電路 $V_{R1} \cong VCC - 0.7$，$V_{R2} \cong 0.7\ V$。經歐姆定律可推導出相關電流及電阻值。

求電流：
由於

$$I_B = I_{R1} - I_{R2}$$

因此

$$I_{R1} = \frac{V_{R1}}{R_1} \cong \frac{VCC-0.7}{R_1}$$ (3- 28)

$$I_{R2} = \frac{V_{R2}}{R_2} \cong \frac{0.7}{R_2}$$ (3- 29)

求電阻：

$$R_1 = \frac{V_{R1}}{I_{R1}} \cong \frac{VCC-0.7}{I_{R1}}$$ (3- 30)

$$R_2 \cong \frac{0.7}{I_{R2}}$$ (3- 31)

【範例 3- 4】

如圖 3- 50 為例，欲求出恰當的分壓電阻，以提高開關電路效率，其步驟如下：

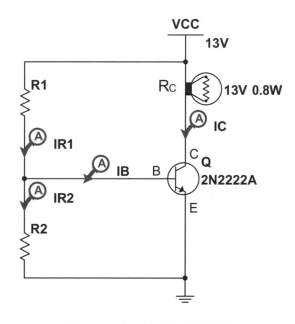

圖 3- 50 分壓式偏壓範例電路

第一步查看 2N2222A 電晶體規格書飽和狀態在 $I_C = 150\ mA$, $I_B = 15\ mA$ 的 β 值為 10，如圖 3- 51 所示。

$$\beta = \frac{I_C}{I_B} = \frac{150}{15} = 10$$

ON CHARACTERISTICS

Characteristic	Symbol	Min	Max	Unit
DC Current Gain	h_{FE}			–
(I_C = 0.1 mAdc, V_{CE} = 10 Vdc)		35	–	
(I_C = 1.0 mAdc, V_{CE} = 10 Vdc)		50	–	
(I_C = 10 mAdc, V_{CE} = 10 Vdc)		75	–	
(I_C = 10 mAdc, V_{CE} = 10 Vdc, T_A = –55°C)		35	–	
(I_C = 150 mAdc, V_{CE} = 10 Vdc) (Note 1)		100	300	
(I_C = 150 mAdc, V_{CE} = 1.0 Vdc) (Note 1)		50	–	
(I_C = 500 mAdc, V_{CE} = 10 Vdc) (Note 1)		40	–	
Collector–Emitter Saturation Voltage (Note 1)	$V_{CE(sat)}$			Vdc
(I_C = 150 mAdc, I_B = 15 mAdc)		–	0.3	
(I_C = 500 mAdc, I_B = 50 mAdc)		–	1.0	
Base–Emitter Saturation Voltage (Note 1)	$V_{BE(sat)}$			Vdc
(I_C = 150 mAdc, I_B = 15 mAdc)		0.6	1.2	
(I_C = 500 mAdc, I_B = 50 mAdc)		–	2.0	

圖 3-51 電晶體 2N2222A 規格

第二步以電功率公式，計算出控制燈泡所需 I_C 電流以及對應電流增益 β 所需的 I_B 之電流。

$$電功率：P = IV$$

$$燈泡電流：I_C = \frac{0.8(W)}{13(V)} = 62\ mA$$

$$I_B = \frac{62}{10} = 6.2\ mA$$

第三步使用建議分壓電阻選擇 R2 電阻值。

$$R_2 \leq \frac{20 \times 10^3}{VCC} = \frac{20 \times 10^3}{13} \cong 1.5\ k\Omega$$

第四步計算 R2 電流值。

$$I_{R2} \cong \frac{V_{BE}}{R_2} = \frac{0.7}{1.5\ k} = 467\ uA$$

第五步計算 R1 電阻值。

$$I_B = I_{R1} - I_{R2}$$

$$I_{R1} = I_B + I_{R2} = 6.2\ mA + 467\ uA = 0.006667\ A$$

$$R_1 \cong \frac{VCC - 0.7}{I_{R1}} = \frac{12.3}{0.006667} = 1.8\ K\Omega$$

帶入模擬電路可發現，I_C 已相當趨近於燈泡所需之電流，β 在 9.8 左右，如圖 3-52 所示。

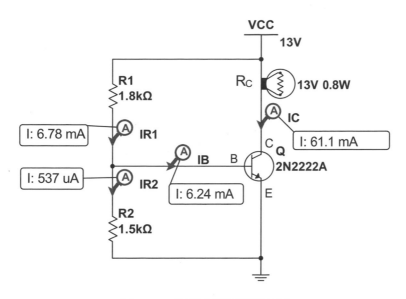

圖 3-52 分壓式偏壓模擬結果

6. 電晶體的工作點

如圖 3-53 所示,為了使電晶體能在非線性區域內設計理想的放大電路,就必須適當的選擇工作點或叫靜態點,簡稱 Q 點,使得放大器能輸出理想放大訊號,Q 點的位置會隨著 βI_B 大小而改變。因此,在基極與射極間加偏壓的目的就是為了使電晶體確實操作於所規劃的主動區。

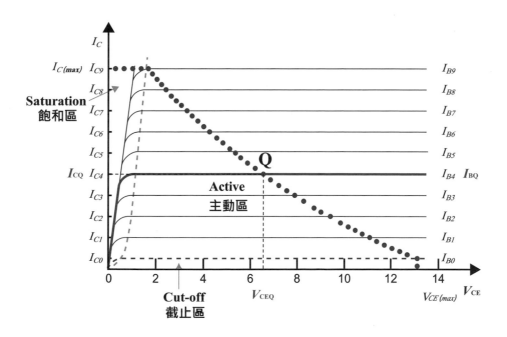

圖 3-53 電晶體的工作點

工作點：

由於

$$V_{CE} = VCC - I_C R_C$$

$$I_B = \frac{I_C}{\beta}$$

$$V_{R_B} = VBB - V_{BE} \cong VBB - 0.7$$

因此

$$R_C = \frac{VCC - V_{CEQ}}{I_{CQ}} \qquad\qquad (3\text{-}32)$$

$$R_B = \frac{VBB - V_{BEQ}}{I_{BQ}} \cong \frac{VBB - 0.7}{I_C/\beta} \qquad\qquad (3\text{-}33)$$

【範例 3- 5】

如圖 3- 54 電路，若要將 V_{CEQ} 設定為 7V ，I_{CQ} 為 10mA，則 R_C 與 R_B 為：

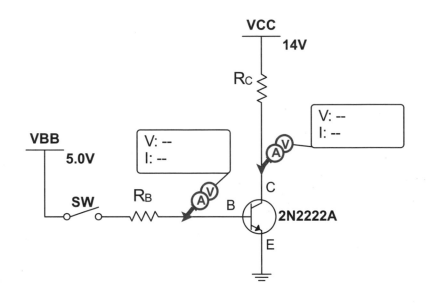

圖 3- 54 工作點計算範例

第一步直接計算出 R_C。

$$R_C = \frac{VCC - V_{CEQ}}{I_{CQ}} = \frac{14 - 7}{0.01} = 700\,\Omega$$

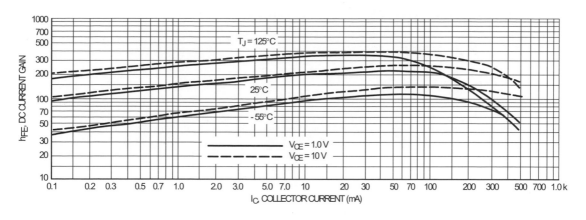

圖 3- 55 直流增益線（2N2222A）

第二步根據規格數內的直流增益線，初估 $I_{CQ} = 10\ mA$ 時 β 值約為 200，計算出 I_{BQ} 電流。直流增益線，如圖 3- 55 所示。

$$I_{BQ} = \frac{I_{CQ}}{\beta} \cong \frac{0.01}{200} = 50\ uA$$

第三步計算 R_B 值。

$$R_B = \frac{VBB - V_{BEQ}}{I_{BQ}} \cong \frac{VBB - 0.7}{I_{BQ}} = \frac{5 - 0.7}{50 \times 10^{-6}} = 86\ K\Omega$$

如圖 3- 56 是 $R_C\ and\ R_B$ 帶入模擬電路後所得出的結果。由於 V_{CEQ} 點位置與 βI_B 電流並非是完全線性關係。因此，若需得到精準的工作點，則需修正初估的 β 及 V_{BEQ} 值，如表 3- 3 所示。

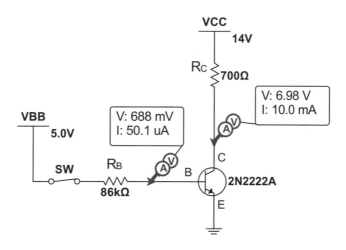

圖 3- 56 工作點計算結果

表 3- 3 工作點修正法

測試結果	V_{CEQ} 高於目標	V_{CEQ} 低於目標
誤差原因	β 值太小及 R_B 太大	V_{BEQ} 值太高及 R_B 太小
修正方法	將當前的 β 值帶入第二步重新計算新的 I_{BQ} 值後，再重新計算新的 R_B 值	將當前的 V_{BE} 值帶入第三步重新計算新的 R_B 值

3-2-5 達靈頓電晶體

達靈頓電晶體或稱達靈頓對（Darlington pair），是電子學中由兩個（甚至多個）雙極性電晶體（或者其它類似的積體電路或分立元件）組成的複合結構，透過這樣的結構，經第 1 個雙極性電晶體（第一級）放大的電流可以進一步被第 2 個電晶體（第二級）放大。這樣的結構可以提供一個比其中任意一個雙極性電晶體高得多的電流增益，如圖 3- 57 所示。

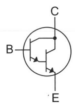 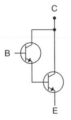

Darlington transistor   Darlington pair

圖 3- 57 達靈頓電晶體

在使用集成電流晶片的情況裡，達靈頓電晶體可以使得晶片比使用兩個分立電晶體元件占用更少的空間，因為兩個電晶體可以共用一個集極。達靈頓電晶體通常被封裝在單一的晶片裡，從外面看就像一個雙極性電晶體。

如圖 3- 58 所示，達靈頓電晶體典型電流增益可以達到 1000 倍，甚至更高，若是由兩個雙極性電晶體組成，其電流增益大約是兩個雙極性電晶體電流增益的乘積。又由於達靈頓電晶體結構是兩個電晶體射極接面所串接，因此矽半導體電晶

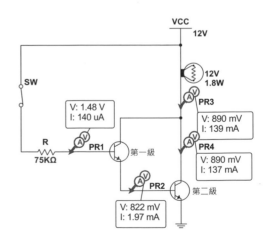

圖 3- 58 達靈頓增益與偏壓特性

體組成的達靈頓電晶體，射極接面電壓將會是兩個電晶體射極接面電壓之和，約為 1.2～1.4 V，而集極電壓則會接近第二級電晶體的基極電壓。

3-3 場效電晶體

有別於 BJT 是控制基極至射極電流，達到控制目的。場效電晶體（field effect transistor, FET）則是依靠電場（電壓）去控制導電通道形狀，驅動功率小。因此，FET 能控制半導體材料中某種類型載子通道的導電性。FET 有時被稱為單極場效電晶體，以它的單載子型作用對比 BJT。由於半導體材料的限制以及曾經 BJT 比 FET 容易製造，使得 FET 比 BJT 要晚實用於市場，但 FET 的概念卻比 BJT 要早，在西元 1925 年，就已被發明。

如圖 3- 59 所示，FET 主要是由閘極（gate）、汲極（drain）、源極（source）三個端點所構成，分別大致對應 BJT 的基極（base）、集極（collector）和射極（emitter）。

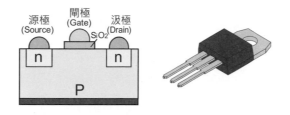

圖 3- 59　N 通道場效電晶體

3-3-1 接面場效電晶體

西元 1952 年，接面場效電晶體（junction-FET, JFET）問世，JFET 是單極場效電晶體中最簡單的一種。它可以分 N 通道或者 P 通道兩種。在論述中主要以 N 通道 JFET 為例，N 區和 P 區以及所有電壓正負和電流方向正好與 P 通道 JFET 顛倒過來，如圖 3- 60 所示。

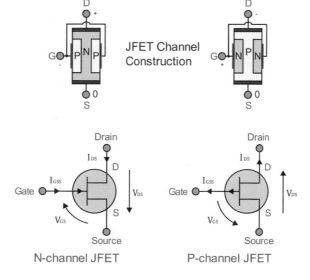

圖 3- 60　接面場效電晶體

1. 接面場效電晶體結構

　　N 通道 JFET 由一個 P 型摻雜（阻礙層）與 N 型摻雜通道組成。在 N 型摻雜上連有汲極（也稱漏極 Drain, D）和源極（Source；S）。從源極到汲極的這段半導體被稱為 N 通道。P 區連有閘極（也稱柵極 Gate, G）。這個極被用來控制 JFET，它與 N 通道組成一個 PN 二極體，如圖 3- 61 所示。

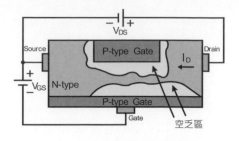

圖 3- 61　接面場效電晶體結構

2. 接面場效電晶體偏壓

　　N 通道 JFET，在未加任何偏壓時，汲極與源極即已存在通道，所以控制電壓 V_{GS} 在正常使用情況下，應加予負偏壓，才能控制通道變小，以及控制 I_D 電流大小。當閘極電壓 V_{GS} 加予負偏壓時，因 G 極為 P 型半導體，而 S 極為 N 型半導體，所以 G-S 兩端的逆向偏壓 V_{GS} 會在接面上形成空乏區，空乏區大小，即可控制 I_D 輸出電流大小。

　　當閘極負偏壓到一臨界值時，N 通道內的空乏區高度會大到使通道完全消失，通道電阻值變得很大，此狀態稱之為通道夾止（pinch off），此時的閘極電壓值稱為夾止電壓（一般為負偏壓 0.3 ～ 10 V）。N 通道 JFET 不可將閘極電壓 V_{GS} 加予順向偏壓，嚴重時會因過大電流造成晶體崩壞，圖 3- 62 為 JFET 的偏壓模式。

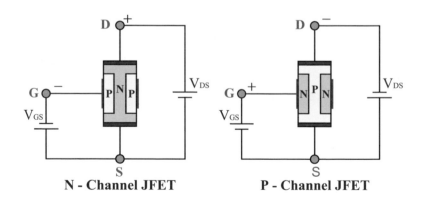

N - Channel JFET　　　　**P - Channel JFET**

圖 3- 62　接面場效電晶體偏壓

3. 最大電流工作模式

　　如圖 3- 63 所示，當 $V_{GS} = 0\,V$，未施加任何偏壓時，汲極與源極即已存在通道，通道電阻值最小，I_D 產生最大電流。

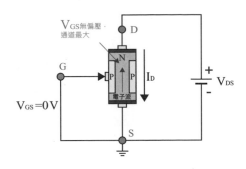

圖 3- 63 最大電流工作模式

4. 歐姆區工作模式

如圖 3- 64 所示，V_{GS} 施與負偏壓時，且 V_{GS} 與 V_{GD} 偏壓皆大於夾止電壓 $V_{GS(p)}$，此時 N 通道 JFET 為歐姆區工作模式。若加大 V_{GS} 負偏壓，使空乏區變大，通道高度變小，電流 I_D 變小。

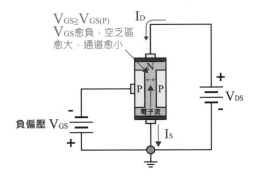

圖 3- 64 歐姆區工作模式

5. 截止區工作模式

如圖 3- 65 所示，當 V_{GS} 偏壓小於夾止電壓 $V_{GS(p)}$ 時，通道完全被空乏區佔滿，輸出電流 $I_D = 0$，N 通道 JFET 為截止區工作模式。

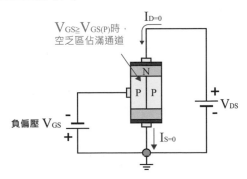

圖 3- 65 截止區工作模式

3-3-2 金氧半場效電晶體

西元 1960 年，於貝爾實驗室發明了金氧半場效電晶體，從而大部分代替了 JFET，這對日後電子行業的發展有著深遠的意義。金氧半場效電晶體全名為金屬氧化物半導體場效電晶體（metal-oxide-semiconductor field-effect transistor, MOSFET），簡稱 MOSFET。

MOSFET 是一種可以廣泛使用在類比電路與數位電路的場效電晶體。MOSFET 依照其通道極性的不同，可分為電子占多數的 N 通道型與電洞占多數的 P 通道型，通常被稱為 N 型金氧半場效電晶體（N-MOSFET, N-MOS）與 P 型金氧半場效電晶體（P-MOSFET, P-MOS）。

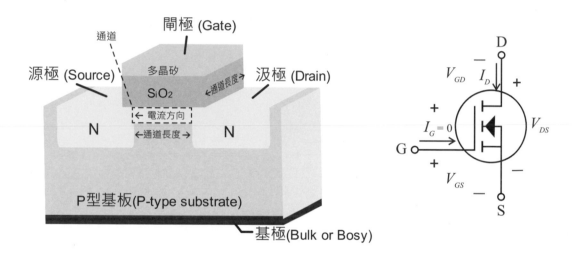

圖 3- 66　N 通道金氧半場效電晶體結構

1. 工作原理

(1) 電場的形成

　　如圖 3- 67 所示，N 通道 MOSFET，由於 N 型區的汲極與源極，隔著 P 型基板，所以汲極與源極內的電子無法流過 P 型基板。但是當我們在閘源極間和汲源極間（V_{GS}），接上一個小於門檻電壓（threshold voltage, $V_{GS(th)}$）（一般約為 $1 \sim 3$ V 左右）的電壓時，閘極與基體間因外加電壓，而形成一個電場，此電場效應會使 P 型基板內的電子（ P 型半導體內的少數載子），因受到閘極正電場的吸引，而聚集於氧化層與多晶矽下，此時汲極與源極間通道尚未形成，無電流通過。

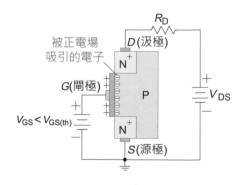

圖 3- 67　電場的形成

(2) 通道的形成

如圖 3- 68 所示，當閘源極的 V_{GS} 電壓再增大時，被吸引聚集在氧化層與多晶矽下的電子數目增加，直到 V_{GS} 電壓大於 $V_{GS(th)}$ 時，聚集的電子會形成一個 N 型區的通道，此時源極區內的電子便可經由此通道而到達汲極區，形成 I_D 電流。當 V_{GS} 持續增大時，通道高度會愈高，通道電阻會變小。

由上述說明，可知 MOSFET 的基本工作原理是利用閘極輸入 V_{GS} 電壓產生之電場效應來控制汲極

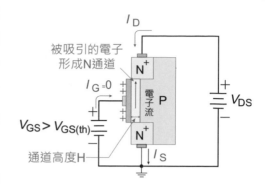

圖 3- 68　N 通道形成

流向源極之輸出電流 I_D 與 I_S 。因閘極與 N 通道間隔著氧化層與多晶矽的絕緣體，所以閘極不會有任何輸入電流流入通道，使 $I_G = 0$ ，也因此源極電流等於汲極電流，即 $I_S = I_G + I_D = I_D$ 。

對 MOSFET 而言，不管是 N 通道或是 P 通道，其工作原理相同，但是傳導載子不同，所以產生的電流方向與電壓方向皆相反。由於 N 通道傳導載子為電子，其移動率較高，速度較快，所以實務上 MOSFET 的使用，大都是以 N 通道為主。

2. 門檻電壓

啟動 MOSFET 時，V_{GS}（閘極至源極）之間所需的電壓即稱為門檻電壓（$V_{GS(th)}$）也就是說，當施加的電壓超過門檻值時，汲極與源極間的通道便會形成，MOSFET 進入啟動狀態。

如表 3- 4 為 2N7002 MOSFET 電氣規格，其規格書會詳細說明各電氣相關參數之特性，行 1 所示為門檻電壓（gate threshold voltage）。

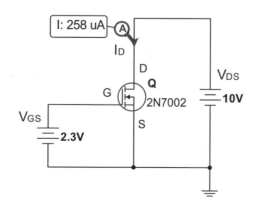

圖 3- 69 門檻電壓

當所施加條件在 $V_{DS} = 10\,V$，那麼要讓汲極電流 I_D 達到 250 μA 所需的 $V_{GS(th)}$ 即為 1.5 V 至 2.5 V。模擬電路 V_{GS} 在 2.3 V 時 I_D 達到規範值，如圖 3- 69 所示。

表 3- 4　MOSFET 電氣規格表

S/N	Parameter	Conditions	Symbol	MIN	TYP	MAX	Unit
1	Gate threshold voltage	$V_{DS} = 10\,V, I_D = 250uA$	$V_{GS(th)}$	1.5	2.0	2.5	V
2	On-state drain current	$V_{GS} = 10\,V$	$I_{D(on)}$	500			mA
3	Static drain-source on-resistance	$V_{GS} = 10\,V, I_D = 0.5A$	$R_{DS(on)}$		1.4	7.5	Ω
4	Drain-source voltage	$25\,℃ \leq T_j \leq 150\,℃$	V_{DS}			60	V
5	Drain-source on-voltage	$V_{GS} = 10\,V, I_D = 0.5A$	$V_{DS(on)}$			3.75	V
6	Turn-on delay time	$VDD = 25\,V, I_D = 500\,mA$	td(on)		7	20	ns
7	Turn-off delay time	$V_{gen} = 10\,V, R_G = 25\,Ω, R_D = 50\,Ω$	td(off)		11	40	ns

3. 汲極電流

如表 3- 4 行 2 所示，額定的汲極電流（$I_{D(on)}$）是 MOSFET 在啟動狀態時，汲極在所有情況下能夠承受的持續電流；而 $I_{D(M)}$ 則是在極短暫的時間內，能承受的暫態峰值電流。當所施加條件在 $V_{GS} = 10\,V$，汲極與源極間的通道高度將會來到相對高點，那麼汲極電流 I_D 能持續承受的電流為 500 mA。模擬電路 R_D 在 17.65Ω 時，電流達到能夠承受的持續電流額定值，也意味著電路負載 R_D 不能小於該歐姆值，如圖 3- 70 所示。

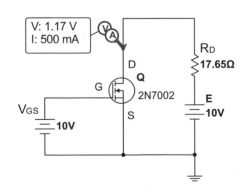

圖 3- 70　汲極電流

4. 通道電阻

如表 3-4 行 3 所示,一般而言,MOSFET 製造商採用 $R_{DS(on)}$ 參數定義通道電阻。在功率系統中,MOSFET 可被看成電氣開關。當 N 通道 MOSFET 的 $V_{GS} \geq V_{GS(th)}$ 電壓時,其通道形成(開關導通)。開關導通時,電流可經通道從汲極流向源極。汲極和源極之間存在一個內阻,稱為通道電阻。當所施加條件在 $V_{GS} = 10\,V$,以及汲極電流 I_D 達到 0.5 A 時,$R_{DS(on)}$ 電阻即為 1.4 Ω~7.5Ω。根據汲極與源極兩端電壓(V_{DS})以及汲極電流 I_D,透過歐姆定律可得出通道電阻。模擬電路,如圖 3- 71 所示。

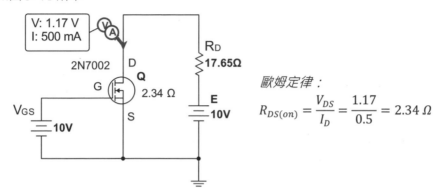

歐姆定律:
$$R_{DS(on)} = \frac{V_{DS}}{I_D} = \frac{1.17}{0.5} = 2.34\,\Omega$$

圖 3- 71 通道電阻

5. 汲極至源極電壓

如表 3- 4 行 4 所示,最大汲極與源極兩端電壓(V_{DS})是指電氣負載迴路所能承受的最大電壓。當電晶體溫度在 25℃ 至 150℃,MOSFET 的 $V_{GS} < V_{GS(th)}$ 電壓,其開關 off 時,所能承受最大 $V_{DS} = 60\,V$。

如表 3- 4 行 5 所示,$V_{DS(on)}$ 則是說明,當 MOSFET 的 $V_{GS} \geq V_{GS(th)}$ 電壓,其開關 ON 時,由於負載(R_D)與 MOSFET 所存在的 $R_{DS(on)}$ 形成分壓,使汲極與源極兩端產生電壓差。當所施加條件在 $V_{GS} = 10\,V$,以及汲極電流 I_D 達到 0.5 A 時,$V_{DS(on)}$ 最大電壓即為 3.75 V,其數值就是 I_D 電流與「最大」$R_{DS(on)}$ 的乘積(0.5×7.5)。

6. 切換時間與緩衝電阻

與雙極性電晶體(BJT)相比,MOSFET 導通不需要電流,只需要 $V_{GS} \geq V_{GS(th)}$ 就可達成,這個很容易實現,但我們還需要的是速度。在 MOSFET 的結構中在 G-S 端與 G-D 端之間存在寄生電容,而 MOSFET 的驅動,實際上就是對電容的充放電。對電容的充電瞬時需要一個電流,因為,充電初期的電容暫態如同短路,所以在極短時間電流會比較大。

又因米勒高原（米勒效應），當 $V_{GS} \geq V_{GS(th)}$ 電壓時，V_{GS} 電壓的上升開始受到 V_{DS} 電壓下降的抑制，使得 MOSFET 開啟時間因而延長。當開關在 on / off 時，V_{GS} 電壓需經過一段上升或下降切換時間，V_{DS} 電壓也需要經過一段上升或下降切換時間，如圖 3- 72 所示。

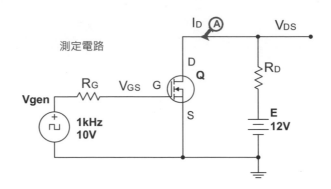

td (on)：開啟切換時間（V_{GS} 10 % → V_{DS} 90 %）

tf：下降時間（V_{DS} 90 % → V_{DS} 10 %）

td (off)：關閉切換時間（V_{GS} 90 % → V_{DS} 10 %）

tr：上升時間（V_{DS} 10 % → V_{DS} 90 %）

t on：開啟時間（td (on) + tf）

t off：關閉時間（td (off) + tr）

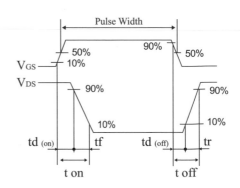

圖 3- 72　切換時間

在設計 MOSFET 驅動時要注意的是可提供瞬間短路電流的緩衝電阻（R_G），這在電路設計上並不困難，可以根據規格書規範，再依據電路需求做電阻的匹配。當 Vgen 在 10 V 與 I_D = 0.5A 時，R_G 設為 25Ω 即可對應規格書的切換時間，如表 3- 4 行 6 所示。

緩衝電阻的另一功能，是當 MOSFET 若因電流過大造成擊穿，如 G-D 或 G-S 導通，反向的電流能經由緩衝電阻做限流保護，避免造成閘極控制來源的晶片損壞。

7. 米勒效應

米勒效應（Miller effect）是指 MOSFET 其輸入及輸出之間所分布的寄生電容在反相放大作用下，使得等效輸入電容值對抗該放大的作用。由於米勒效應，在 MOSFET 閘極驅動過程中，會形成平台電壓，引起開關開啟達到最佳 $R_{DS(on)}$ 時間變長，因而造成熱損耗的增加。

如圖 3- 73 所示（黃色箭頭是電流方向），在時間 t_0 到 t_2 是 I_G 對 C_{GS} 與 C_{GD} 充電，V_{GS} 與 V_{GD} 電壓上升，V_{DS} 維持不變。在 t_2 到 t_3 期間（米勒高原, Miller plateau），MOSFET 開始作用，V_{DS} 逐漸變小 C_{GD} 電位下移，與 V_{GS} 的上升行成對抗，使 V_{GS} 維持一樣的電壓。

而當 V_{DS} 到達極小值時，汲極電壓下降趨緩， C_{GD} 電位下移收斂，米勒效應結束。V_{GS} 電壓繼續上升在 t_3 到 t_4，直到 V_{GS} 趨近於 V_{GD}。

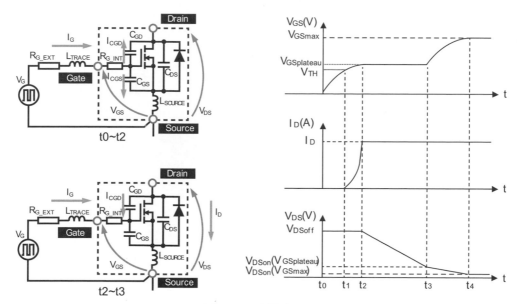

圖 3- 73 米勒高原

8. 工作模式

(1) 截止區工作模式（cutoff mode）

如圖 3- 74 所示，當 $V_{GS} < V_{GS(th)}$ 時，MOSFET 是處在截止（cut-off）的狀態，通道無法反轉，並沒有足夠的多數載子，使電流通過 MOSFET，也就是說汲極和源極不導通，電阻非常大。

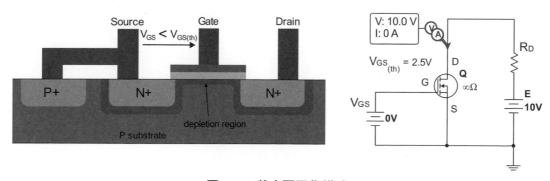

圖 3- 74 截止區工作模式

(2) 線性區工作模式（linear region mode）

如圖 3- 75 所示，線性區工作模式，亦可稱為歐姆模式（ohmic mode）。當 $V_{GS} \geq V_{GS(th)}$ 且 $V_{DS} < V_{GS} - V_{GS(th)}$ 時，在氧化層下方的通道也已形成，N-MOS 為導通的狀況。此時這顆 N-MOS 的行為類似一個壓控電阻（voltage controlled resistor），電流 I_D 由汲極向源極流過。

當 V_{GS} 電壓持續增加，會使 $R_{DS(on)}$ 電阻持續下降。在 V_{GS} 電壓固定後，負載 I_D 電流減少情況下，$V_{DS(on)}$ 電壓會隨之降低；反之 I_D 電流增加時，$V_{DS(on)}$ 電壓將會升高。

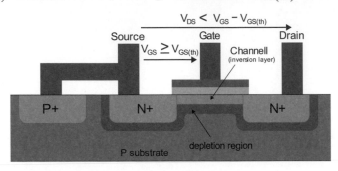

a 通道形狀

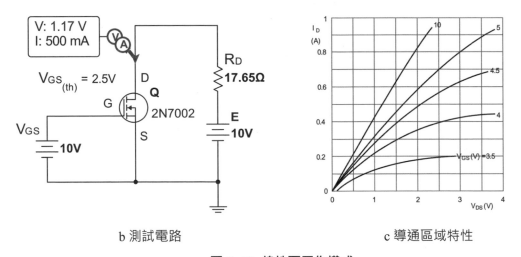

b 測試電路　　　　　　　　　　c 導通區域特性

圖 3- 75　線性區工作模式

(3) 飽和區工作模式（saturation mode）

當 $V_{GS} > V_{GS(th)}$，且 $V_{DS} > V_{GS} - V_{GS(th)}$ 時，MOSFET 處於飽和或稱主動狀態。盡管氧化層下方的通道雖已形成，I_D 電流可由汲極向源極流過，但由於 I_D 電流與汲極電壓成正比，當汲極電壓超過夾止電壓($V_{GS} - V_{GS(th)}$)時，會使得接近汲極區的閘極電壓已經不足夠讓通道反轉，通道逐漸消失，造成所能提供的載子有限，使 I_D 電流被限制住。此時即便負載 R_D 組抗變小或負載電壓源 E 升高，I_D 電流都不會再增加，如圖 3- 76 所示。

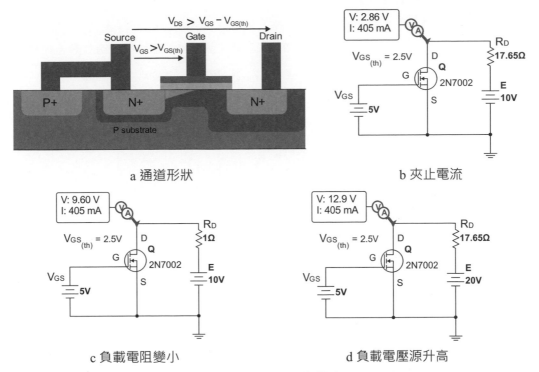

a 通道形狀

b 夾止電流

c 負載電阻變小

d 負載電壓源升高

圖 3- 76 飽和區工作模式

9. 電路符號

　　常用於 MOSFET 的電路符號有多種形式，最常見的設計是以一條垂直線代表通道（ channel ），兩條和通道平行的接線代表源極（ source, S ）與汲極（ drain, D ），左方和通道垂直的接線代表閘極（ gate, G ）。也會將代表通道的初始狀態以直線或虛線表示，以區分增強型（ enhancement mode ）MOSFET 或是空乏型（ depletion mode ）MOSFET，空乏型亦可稱耗盡型。

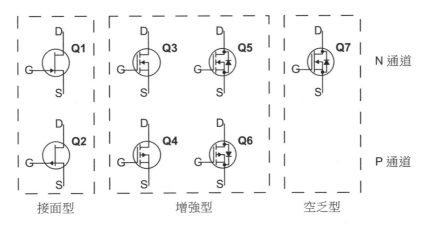

圖 3- 77 MOSFET 電路符號

3-3-3 功率型場效電晶體

功率型場效電晶體（power MOSFET）和一般場效電晶體元件在結構上有著顯著的差異。一般積體電路裡的 MOSFET 都是平面式（planar）的結構，電流流向亦為水平方向，對於一個平面結構的 MOSFET 而言，能承受的電流以及崩潰電壓的多寡和其通道的長寬大小有關，電晶體內的各端點都離晶片表面只有幾個微米的距離。但是因為在大電流需求下會浪費太多的晶片面積，故僅適合使用高壓低電流電路。因此，為了滿足大電流高功率的使用，所有的 power MOSFET 都是垂直式（vertical）的結構，讓元件可以同時承受高電壓與高電流的操作環境。

對垂直結構的 power MOSFET 來說，元件的面積與磊晶層厚度和其能承受的電流和崩潰電壓，約成正比，意味著高電壓的 power MOSFET 封裝厚度會較一般的 MOSFET 來的厚。垂直式 power MOSFET 多半用來做開關切換之用，取其通道電阻 $R_{DS(on)}$ 非常小的優點，可取代 BJT 電晶體。power MOSFET 輪廓及符號如表 3-5 所示。

表 3-5　Power MOS-N 輪廓及符號敘述

Pin	Description	Power MOS Symbol
1	閘極 gate (G)	
2	源極 source (S)	
3	汲極 drain (D)	
mb	mounting base	

3-3-4 體二極體

多數增強型或功率型 MOSFET 在源極與汲極之間會存在一個二極體偏壓特性，該二極體稱之為體二極體（body diode）或寄生二極體。這是由於 MOSFET 結構上的設計使然，MOSFET 將矽基體（substrate, SB）與源極連接，使源極與汲極之間產生一個如同二極體的 PN 接面，即便 MOSFET 處於關斷的狀態，PN 接面也可以通過電流。其二極體特性可以用來吸收汲極的反向電動勢以及電平轉換等應用電路。體二極體如圖 3-78 所示。

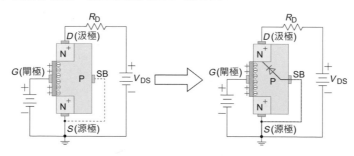

圖 3-78　體二極體

3-3-5 絕緣柵雙極電晶體

　　絕緣柵雙極電晶體（insulated gate bipolar transistor, IGBT）在汽車控制應用電路中，主要使用在內燃機的點火系統以及複合動力電動車或電動車的車載充電模組（on board charging module, OBCM）、電動機的 inverter 及 DC / DC。

　　如圖 3- 79 所示，IGBT 採用複合式設計，輸入端為 MOSFET 構造，輸出端則為 BJT 構造。其中 Q1 為輸入控制 MOSFET-N，Q2 為輸出 BJT-PNP。當輸出電流或峰值過大時，R3 電位上升使 Q3 進入主動區，並透過 R2 增強 Q2 基極的飽和電流，使 Q2 集極電流增加。

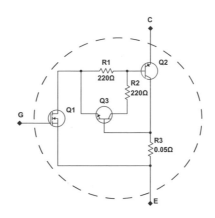

圖 3- 79　IGBT 內部電路

　　表 3- 6 為 IGBT 與其它類型電晶體特性之比較。IGBT 除了使用電子和電洞這二種載體的雙極性元件外，也同時具備低飽和壓降 V_{CE}（等同於 MOSFET 的 R_{DSon}）以及低電流的電壓控制，且有比一般 BJT 較快速的開關切換特性電晶體。

表 3- 6 各類電晶體之特性

	MOSFET	BJT	IGBT
符號			
控制方式	閘極電壓	基極電流	閘極電壓
額定功率	小	中	大
工作頻率	高	低	中
導通電阻	大	中	小

3-3-6 額定電氣規格

表 3-7 為 IRF1010EPbF 場效電晶體主要額定規範。場效電晶體與一般 IC 一樣，在技術規格書中都會記載電氣規格（specification, SPEC），其中包括符號（symbol）、參數（parameter）名稱及額定數值等。需要注意的是，參數名稱、術語以及符號可能因製造商不同而略有不同。

此外，關於與條件設定相關的定義也存在一些差異，這些情況需要透過確認規格書中給出的測量條件（condition）等來理解具體的內容。當電壓或電流超出額定最大值時，就可能會導致元件失效或損壞，若低於額定最低值時，元件可能不會被啟動。因此，在電路設計前，必須根據產品需求規格，選擇適當的元件以及電源與電流規劃。

表 3-7 額定規範（IRF1010EPbF）

Symbol	Parameter	Condition	Min	Typ	Max	Unit
$V_{(BR)DSS}$	drain-to-source breakdown voltage	$V_{GS} = 0$ V, $I_D = 250$ μA	60	—	—	V
$R_{DS(on)}$	state drain-to-source on-resistance	$V_{GS} = 10$ V, $I_D = 50$ A	—	—	12	mΩ
$V_{GS(th)}$	gate threshold voltage	$V_{DS} = V_{GS}$, $I_D = 250$ μA	2.0	—	4.0	V
V_{GS}	Gate-to-source voltage		—	—	±20	V
I_D	continuous drain current	$T_J = 25$ °C, $V_{GS} = 10$ V	—	—	84	A
$I_{D(M)}$	pulsed drain current		—	—	330	A
T_J	operating junction temperature		-55	—	175	°C
I_S	continuous source current（body diode）	Integral reverse p-n junction diode	—	—	84	A
V_{SD}	diode forward voltage	$T_J = 25$ °C, $I_S = 50$ A, $V_{GS} = 0$ V	—	—	1.3	V
I_{DSS}	drain-to-source leakage current	$V_{DS} = 60$ V, $V_{GS} = 0$ V, $T_J = 25$ °C	—	—	25	μA
I_{GSS}	gate-to-source leakage current	$V_{GS} = ±20$ V	—	—	±100	nA

取自：Infineon Technologies AG（IRF1010EPbF）

3-4 寬能隙半導體

現今以矽（silicon, Si）功率半導體為主的絕緣柵雙極性電晶體（IGBT），要再進一步提升其性能，已相當困難。高速開關切換損耗與導通飽和壓降相互抵制，降低損耗和提升效率的空間越來越小，於是業界開始轉向第三代半導體，我們又稱「寬能隙半導體」(wide band gap, WBG)。

代表性的 WBG 半導體有碳化矽（SiC）和氮化鎵（GaN）。能隙代表著一個能量的差距，意即讓一個半導體從絕緣到導電所需的最低能量。因此，WBG 半導體較難因碰撞電離現象而出現崩潰擊穿，這樣便可使 WBG 元件擁更高的擊穿電場強度。相關半導體材料特性如表 3-8 所示。

表 3- 8 半導體材料特性（300 kHz）

Semiconductor	Si（矽）	GaAs（砷化鎵）	4H-SIC（碳化矽）	GaN（氮化鎵）
Band-gap energy, Eg (eV)	1.12	1.42	3.26	3.42
Breakdown field, E (kV / cm)	250	350	2200	3300
Thermal conductivity (W / cm.k)	1.5	0.5	3.7	1.3
Electron mobility (cm^2 / V.s)	1350	8000	1000	1500
Saturation electron velocity (10^6 cm/s)	10	20	20	25

第一和第二代半導體的矽與砷化鎵屬於低能隙（gap energy）材料。因此，寬能隙電晶體與傳統的矽相比，不會輕易從絕緣變成導電，能承受的電壓、電流和溫度都較矽大幅提升。除了功率高外，控制開關頻率可以更快，能源轉換效率也更高，如圖 3- 80 所示。

由於寬能矽電晶體能操作於更高的開關頻率，使得閘極門檻電壓週期時間更短，門檻電壓較容易受電路上的寄生電感或電容所影響。因此，縮短閘極與源極間的距離，做為控制電晶體 V_{GS} 的引腳，減小其寄生效應與電源路徑對開關做動的影響，如圖 3- 81 所示。

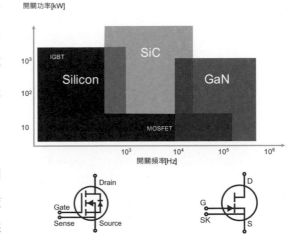

圖 3- 80 晶體功率與開關頻率

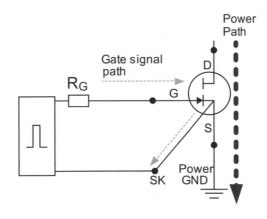

圖 3- 81 閘極控制路徑

3-4-1 碳化矽

由於 SiC 漂移層的電阻比 Si 元件低，不須使用傳導度調變（注入少數載子之電洞於漂移層內）。其絕緣擊穿電場（Breakdown field）強度為 Si 的 10 倍、能隙為 Si 的 3 倍，熱導係數（thermal conductivity）也是各種半導體材料之最。因此，非常適合用於製作高功率、高耐壓之元件。譬如：電動車供電設備與驅動電動機逆變器的蕭特基二極體與 MOSFET。若以相同導通電阻之寬能隙晶片相較於 Si 功率元件，SiC 材料的晶片密度更高，可大幅縮減晶片面積。

1. 閘極驅動電壓

一般的 Si-MOSFET 與 IGBT 所採用的 V_{GS} 驅動電壓約在 10～15 V，即可達到理想的 $R_{DS\,(on)}$。但在 SiC MOSFET 則需要更高的 V_{GS} 驅動電壓才能發揮低導通電阻特性。為了得到充分的低導通電阻，在一些電氣規格上，會建議 V_{GS} 驅動電壓來到 18 V。其電壓與電阻關係，如圖 3- 82。

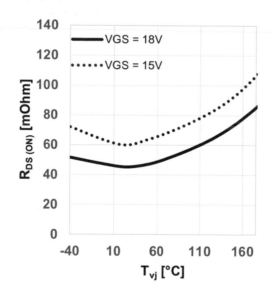

圖 3- 82 碳化矽 MOSFET 閘極驅動電壓

2. 閘極門檻電壓漂移

SiC 半導體不同於 Si 材料閘氧化層介面的固有特性，SiC 隨著使用時間的增加，會引起閘極門檻電壓（$V_{GS(th)}$）變化以及漂移現象。英飛淩科技對許多不同技術與規格的 SiC MOSFET 在不同的開關頻率與次數條件下進行長期研究，連續在 10 年內不斷工作下，開關長期應力會引起 $V_{GS(th)}$ 的緩慢增加，且漂移上升的值相近。$V_{GS(th)}$ 的上升會導致 $R_{DS(on)}$ 的輕微上升，進而增加開關導通損耗。

當前解決方案是透過閘極關閉時的負電壓 $V_{GS(off)}$ 來抑制閘氧化層的改變，進而限制一個工作壽命末期可接受的漂移值（$R_{DS(on)}$ 增加小於 15 %）。但無論什麼情況下，$V_{GS(off)}$ 電壓上限都會是 0 V。若 V_{GS} 驅動電壓為 18 V 時，關斷電壓範圍應在 -5V 到 0V 之間，在不同的開關頻率所對應的關斷建議電壓，如圖 3- 83 所示。

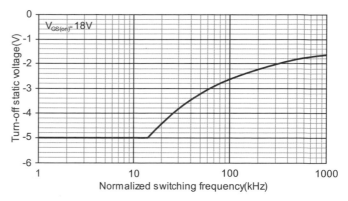

圖 3- 83　碳化矽 MOSFET 閘極關斷電壓

3-4-2 氮化鎵

由於 GaN 半導體的電子遷移（electron mobility）速度高於 Si 和 SiC，使得 GaN 製成的高電子遷移率電晶體（high electron mobility transistors, HEMT）的導通阻抗相對比較小，且結構自身沒有體二極體，所以並不會有與 GaN 相關的反向恢復損耗，使得 GaN HEMT 可允許更高的開關切換頻率，實現極短的死區時間（dead time）。死區時間是指推挽電路的上臂開關能給予正源迴路於輸出，又可以切換為下臂開關成負源迴路於輸出。因開關的切換需要時間，為了避免 2 開關同時導通產生直通電流（上臂電流直接流入下臂），而刻意錯開的緩衝時間，如圖 3- 84 所示。

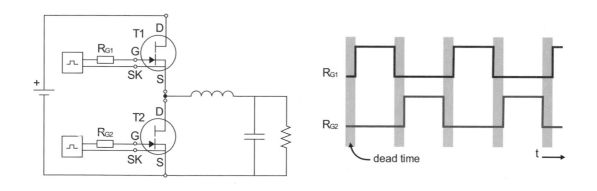

圖 3- 84　死區時間

極高的切換頻率是 GaN HENT 的優勢，相當適合應用在切換式電源調節器，如此可採用規格較小的電感器與電容器，有效減少調節器的體積與重量。

1. GaN HEMT 結構

如表 3-9 所示，GaN HEMT 在設計結構上分為增強型（E-mode）、空乏型（D-mode）以及級連混合增強模式結構（cascode hybrid enhancement-mode）三種。增強型為最常見的 GaN HEMT 類型，其閘極門檻電壓約為 2 V。空乏型則在未加任何偏壓時，汲極與源極即已存在通道，其閘極門檻電壓約為 -2 V，即可關斷通道。級連型式結構內則是由一個 D-mode 與低壓 MOSFET 串聯，因此可以使用標準的 MOSFET 驅動器來控制通道。當 MOSFET 關斷時，反向電動勢使得 D-mode 的閘極與源極間會產生負電壓，進而關斷通道，關斷過程所產生的高壓，會施加在與 MOSFET 相較阻抗較大的 GaN HEMT 上。此共源共閘 Cascode 結構，在 600 V 電路上，大約只會增加 3 % 的 $R_{DS(on)}$，且電壓越低 $R_{DS(on)}$ 會跟著下降，對用於 600 V 以下的高壓環境影響並不大。

表 3-9 GaN HENT 結構

Enhancement Mode（E-Mode）	Depletion Mode（D-Mode）	Cascode
$V_{GS(th)} \cong 2\ V$	$V_{GS(th)} \cong -2\ V$	$V_{GS(th)} \cong 4\ V$

2. 負閘極關閉電壓

相較於 Si 或 SiC MOSFET 的最大 V_{GS} 約 ±20 V 限制，E-Mode GaN HEMT 通常只有 ±10 V，其閘極門檻電壓，也相對更低，$V_{GS(h)}$ 約為 2 V，在控制上與 Si 材料截然不同。當 V_{GS} 約為 5 V 時，可達到最佳的 $R_{DS(on)}$。理論上 E-Mode 的 V_{GS} 在 0 V 時，可完全的關斷，但在實務中，由於閘極驅動迴路的源極引線中，若含有串聯電感特性，都會在開關關斷時，產生反相電壓（Vopp），使得 V_{GS} 電壓變大，如圖 3-85 所示。

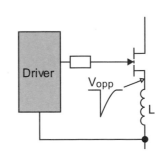

圖 3-85 關斷時的反相電壓

又因 E-Mode 擁有較低的閘極門檻電壓，這可能會造成電壓跨過 $V_{GS(th)}$ 而導致開關錯誤開啟。因此當前在 $V_{GS(off)}$ 控制上，會給予一個負閘極關閉電壓（低於 -2 V）來避免錯誤開啟的發生，進而提升開關效率。

3. 反向汲極電流

如圖 3- 86，E-mode GaN HENT 本身沒有體二極體，但本質上卻是雙向元件。當 V_{GS} 高於 $V_{GS(th)}$，且源極（S）電壓高於汲極（D）電壓時，E-mode 可以反向導通。在這種情況下，電流可以從源極流向汲極，這樣就如同自偏壓的二極體一樣，此時 $V_{SD} = (V_{GS(th)} - V_{GS}) + I_D \times R_{DS(on)}$。

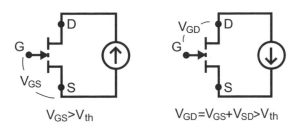

圖 3- 86 反向汲極電流

3-5 積體電路

積體電路涉及諸多電子元件（主被動元件）彼此間相互連接的建立。所有的元件和互連都需安置在一塊半導體基板材料上，這些元件透過半導體元件製造製程安置在單一的矽基板（晶圓）上，從而形成積體電路，或稱之為「晶片」。

工程人員使用先進技術將矽基板上各個元件之間相互電性隔離，避免運作時互相干擾，並控制整個晶片上各個元件之間的導電效能。因此，主被動元件是組成積體電路最基本的元素，經過設計可執行運算、差分、比較以及放大等基礎工作。

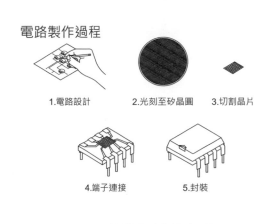

電路製作過程

1.電路設計　2.光刻至矽晶圓　3.切割晶片
4.端子連接　5.封裝

圖 3- 87 積體電路製作過程

若將數個功能不同的晶片，整合成一個具有完整功能的晶片，再封裝成一個積體電路，就稱為系統晶片（system on a chip, SoC）。

3-5-1 邏輯閘電路

如圖 3- 88 所示，是由 P-MOS 與 N-MOS 所組成的或閘電路。左邊區塊為 NOR 閘電路，右邊區塊為 NOT 閘電路。當 A 與 B 都為 0 時，Q1, Q2, Q6 導通 Y 為 0；只有 A 為 1 時，Q2, Q4, Q5 導通 Y 為 1；只有 B 為 1 時，Q1, Q3, Q5 導通 Y 為 1；當 A 與 B 都為 1 時，Q3, Q4, Q5 導通 Y 為 1。

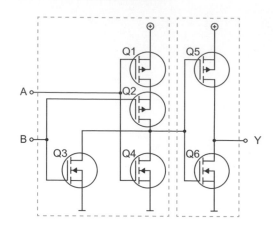

V_1(A)	V_2(B)	V_o(Y)
0	0	0
0	1	1
1	0	1
1	1	1

圖 3- 88 邏輯閘電路

3-5-2 差動電路

　　差動電路（differential circuits）又可稱為差動電路，電路設計上是使用兩只完全對稱電晶體的偏壓電路。當電源波動或溫度變化時，兩只電晶體集極電流將同時變化，兩只電晶體的漂移訊號在輸出端互相抵消，使得輸出端不出現零點漂移，從而抑制零漂，解決靜態工作點相互影響。汽車雙線匯流排通訊就屬於典型的差動電路。

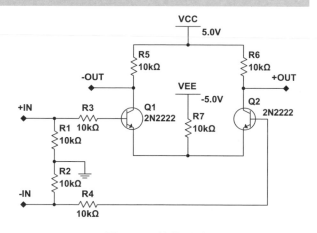

圖 3- 89 差動電路

　　如圖 3- 89 所示，當 +IN > −IN，使 Q_1 產生偏壓，−OUT 電位被拉低，+OUT > −OUT；反之 +IN < −IN，使 Q_2 產生偏壓，+OUT 電位被拉低，+OUT < −OUT。

3-5-3 運算放大器

　　如圖 3- 90 所示，訊號運算放大器（operational amplifier, OP）的內部電路主要由輸入級（input stage）、增益級（gain stage）與輸出級（output stage）的電路所構成。輸入級由差動電路構成，增幅兩個端子間的電壓。當兩端訊號相同時（端子間沒有電位差，輸入電壓狀態相同）則不會有任何電壓增幅。理想運算放大器輸入阻抗，+IN 與 -IN 間的電阻值趨於無限大，故流入放大器的電流值為 0；而輸出阻抗電阻值為 0。因此，無論輸出端（out）負載電流如何變化，放大器的輸出端電壓恆為一定值。

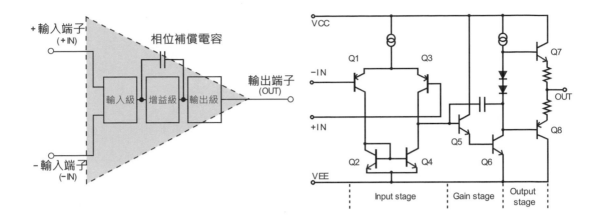

圖 3- 90 訊號運算放大器

1. 電流增益

由於輸入級的差動電路電流增幅不足，因此需由一組達靈頓電晶體電路所構成的開回路增益級取得良好的增益效果。並在增益級與輸出級之間連接防止訊號振動用的相位補償電容器 (phase compensating capacitance)。輸出級是 NPN 與 PNP 電晶體組成的半橋共集輸出電路，其目的是為了不讓運算放大器的特性，因輸出端子所連接電阻等負載之影響而改變，作為緩衝器的連接。

負載所造成輸出特性的變化 (失真、電壓下降等)，主要取決於輸出級的電路阻抗與構成電流的能量。依驅動電流量 (偏置電流) 的不同，在輸出段發生失真率的程度也不同。按照失真較小的順序來排列電路類別，依序為 A 類、AB 類、B 類與 C 類等。

2. 同相電壓增益

如圖 3- 91 所示，運算放大器的輸出電壓會大於輸入電壓的同相 (非反相, non-inverting) 直流電壓增益電路。採用的是負回授閉迴電路增益 (將輸出回授到負的輸入端)，該典型電路提供的閉迴電壓增益(A_V)等於 R_1 和 R_f 之和與 R_1 之比。若 A_V 比值較大，可使用分貝 (dB) 來表示。

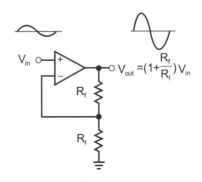

圖 3- 91 同相電壓增益電路

同相電壓增益 :

$$A_V = \frac{V_{out}}{V_{in}} = \frac{R_f + R_1}{R1} = 1 + \frac{R_f}{R_1} \qquad (3\text{-}34)$$

$$dB = 20\ log_{10}(A_V) \hspace{3cm} (\ 3\text{-}35\ )$$

$$V_{out} = \left(1 + \frac{R_f}{R_1}\right)V_{in} = A_V \times V_{in} = 10^{\frac{dB}{20}} \times V_{in} \hspace{1cm} (\ 3\text{-}36\ )$$

　　這種電路設計具有非常高的輸入阻抗，相當於差動輸入阻抗乘以迴路增益。在直流耦合應用中，由於輸入阻抗相當大，輸入電流相對需求極小。如果增益電壓值接近工作電壓 VCC，放大器輸出將進入飽和限制狀態。

3. 反相電壓增益

　　如圖 3-92 所示，運算放大器的反相（inverting）直流電壓增益電路，也是採用負回授閉迴路電路增益（將輸出回授到負的輸入端），該典型電路提供的閉迴路負電壓增益（A_V）等於 R_f 與 R_1 之比。若負的 A_V 比值較大，亦可使用分貝（dB）來表示。

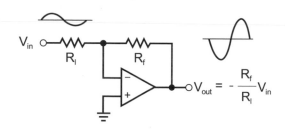

圖 3- 92 反相電壓增益電路

反相電壓增益：

$$A_V = \frac{V_{out}}{V_{in}} = -\frac{R_f}{R1} \hspace{3cm} (\ 3\text{-}37\ )$$

$$dB = 20\ log_{10}(A_V) \hspace{3cm} (\ 3\text{-}38\ )$$

$$V_{out} = -\frac{R_f}{R1}V_{in} = A_V \times V_{in} = 10^{\frac{dB}{20}} \times V_{in} \hspace{1cm} (\ 3\text{-}39\ )$$

3-5-4 電壓比較器

　　電壓比較器（voltage comparator）電路結構與運算放大器的電路結構幾乎一致，但電路設計預想不會使用負回授架構，所以沒有內建防止振動用的相位補償電容器。相位補償電容器會限制輸出入間的操作速度，故反應時間比起運算放大器改善很多。其輸入級由差動電路構成，增益級與輸出級則是 NPN 電晶體共射電路所控制，如圖 3- 93 所示。

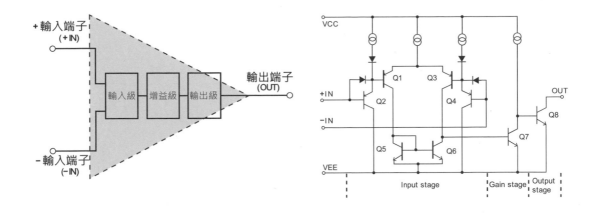

圖 3- 93 電壓比較器

　　如圖 3- 94 所示，比較器的輸出電路形式主要為開路集極，因此電壓比較器在使用上，輸出電路上都會加上一只電位提升電阻（R_{pullup}）。電壓比較器通常都應用在單電壓訊號參考（Vref）比較或兩個電壓訊號相互（differential）比較。而輸出的電平邏輯準位（V_{Logic}），可設計轉換比輸入（Vin）更高或更低的電壓。

　　電壓比較器相當適合做為控制器輸入的高電平邏輯訊號，轉換為微控制器所需的輸入邏輯電平緩衝使用。當輸入端子正大於負時，比較器輸出級中斷輸出，由電位提升電阻提供邏輯準位，邏輯狀態為 1；而當輸入端子負大於正時，比較器輸出級接地導通，邏輯狀態為 0。

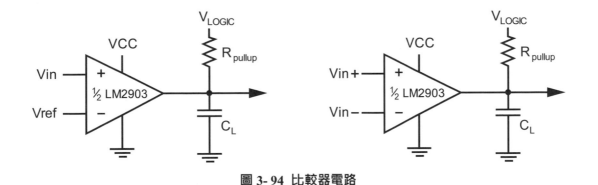

圖 3- 94 比較器電路

3-5-5 施密特觸發器

　　施密特觸發器（Schmitt trigger）是採雙閾值設計。同相是指當輸入電壓高於順向閾值（T）時，輸出為高；當輸入電壓低於負向閾值（-T）時，輸出為低。反相是指當輸入電壓高於順向閾值時，輸出為低；當輸入電壓低於負向閾值時，輸出為高，如圖 3- 95 所示。

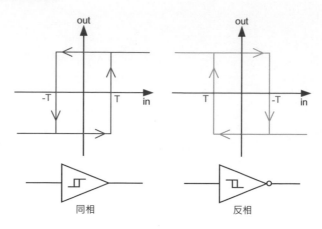

圖 3- 95 閾值電壓與輸出關係

也就是說輸出由高電平轉為低電平，或是由低電平轉為高電平所對應的閾值電壓是不同的，兩閾值電壓之間，不會使輸出改變，這種雙閾值動作亦稱為遲滯現象。如此可避免輸入訊號在單一閾值邊界可能造成輸出跳動現象，故唯有當輸入閾值產生足夠變化時，輸出才會改變。

1. 同相施密特觸發電路

如圖 3- 96 所示，將理想比較器的 -IN 給予一個參考電壓（ Vref ）作為負向閾值，並由 R1 及 R2 決定順向閾值。其中 A 組為輸入遲滯電路，B 組為輸出緩衝電路，高電平輸出電壓準位可由 VCC 決定。該電路的缺點就是當 A 組比較器輸出為低電平時，會產生輸入（ Vin ）阻抗。

順向閾值：

$$Vin = Vref \div \frac{R_2}{R_1+R_2} \qquad\qquad (3\text{-}40)$$

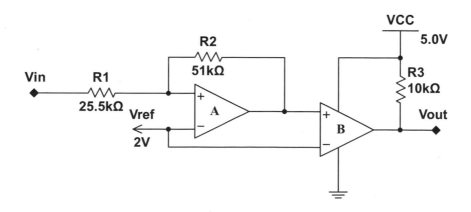

圖 3- 96 比較器同相施密特電路

如圖 3- 97 所示，將理想放大器 B 組的 -IN 給予一個參考電壓（Vref）作為負向閾值，並由 R1 及 R2 決定順向閾值。其中 A 組為輸入增益電路，B 組為輸出遲滯電路。理想二極體 D1 作為 B 組放大器輸出高電平時，抑制電壓透過 R2 流入 +IN，造成負向閾值的改變。該電路有非常高的輸入（Vin）阻抗，但由於 B 組放大器並無負回授，因此必須注意放大器工作電壓與輸出飽和電壓 Vout 的關係，確保高電平電壓準位。

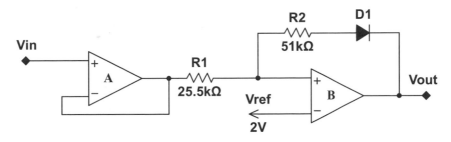

圖 3- 97 放大器同相施密特電路

2. 反相施密特觸發電路

如圖 3- 98 所示，將理想比較器 A 組的 -IN 及比較器 B 組的 +IN 給予一個參考電壓（Vref）作為順向閾值，並由 R1 及 R2 決定負向閾值。其中 A 組為輸入遲滯電路，B 組為輸出緩衝電路。該電路一樣在 A 組放大器輸出為低電平時，會產生輸入（Vin）阻抗。

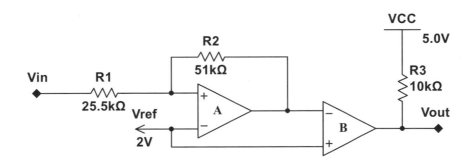

圖 3- 98 比較器反相施密特電路

如圖 3- 99 所示，將想放大器 B 組理的 -IN 給予一個參考電壓（Vref）作為順向閾值，並由 R1 及 R2 決定負向閾值。其中 A 組為輸入增益電路，B 組為輸出遲滯電路。理想二極體 D1 作為 B 組放大器輸出低電平時，抑制電壓透過 R2 流入 Vout，造成負向閾值的改變。該電路有非常高的輸入（Vin）阻抗，但由於 B 組放大器並無負回授，因此必須注意放大器工作電壓與輸出飽和電壓 Vout 的關係，確保高電平電壓準位。

負向閾值：

$$Vin = Vref - (Vout - Vin) \times \frac{R_1}{R_1+R_2}$$ （3-41）

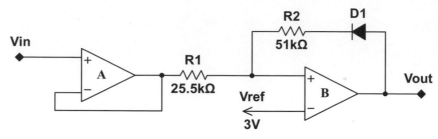

圖 3-99 放大器反相施密特電路

電子控制系統 4

4-1 導論

汽車電子控制系統主要是由電子控制單元（electronic control unit, ECU）、感測器（sensor）、致動器（actuator）以及線路（wiring）所構成之系統。系統依據屬性又可分為動力總成（powertrain）、底盤（chassis）、車身（body）、安全（safety）以及資訊娛樂（infotainment）等五大類，匯流排通訊網域的區分也是以系統類別為基礎，如圖 4-1 所示。

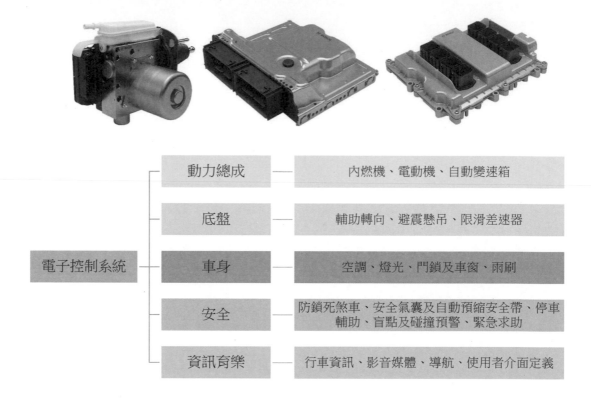

圖 4- 1 電子控制系統分類

第一部配有電子控制燃油噴射系統的車於 1967 年正式上路。1990 年代一輛車上最多就只有 3 個 ECU，往後的十年 ECU 數量增加到 2 位數，這些數量可能已超過一般家庭的電器總數量。

而到了 2005 年的德國賓士汽車 Mercedes S-class 以及寶馬 BMW 的 7-Series，ECU 的數量已將近 70 個。這麼多的 ECU 並不是只應用在新式的電子控制系統，是為達到更多的延伸性應用，諸如一般的燈光控制、車窗及門鎖控制、座椅及空調系統等，整車的致動器幾乎都是經由 ECU 所控制，以往使用觸點開關來控制致動器電流的傳統電路方式，已逐漸減少。

根據 2021 年，全球規模最大汽車電子半導體英飛凌科技，在乘用車電子產品應用控制系統細項數量高達 63 項，這也是如今汽車電子控制系統占整車成本比重已接近 40 %的原因。

4-1-1 控制系統細項

Automotive security

Body control modules

Gateway

Head unit

Instrument cluster

Sensor fusion

Telematics control unit

Body electronics and lighting

Automotive motor control 12V

Body control modules

Body control module with integrated gateway

Decentralized mirror module

Gateway

HVAC control module

LED front lighting

LED rear lighting

Power distribution box

Roof control module with interior and ambient light control

Seat control

Smart power closure module

Smart window lift module

Windshield wiper

Wireless in car charging

Chassis, safety and ADAS

Active suspension control

Advanced driver assistant systems (ADAS)

Airbag system

Automotive 24 GHz radar system

Automotive 77 GHz radar system

Brake vehicle stability control

Chassis domain controller

Electric brake booster

Electric parking brake

Electric power steering (EPS)

EPS with active steering for 24V commercial vehicles

Fail-operational electric power steering (EPS)

Fail-operational EPS for 24V commercial vehicles

In-cabin sensing

Multi-purpose camera

Reversible seatbelt pretensioner

Sensor fusion

Tire pressure monitoring system (TPMS)

24 GHz radar for commercial vehicles

Electric drive train

Auxiliary inverter

Battery management system (BMS)

Fast EV charging

HV-LV DC-DC converter

Onboard battery charger

Traction inverter

Infotainment

Head Unit

Instrument cluster

USB charging

Telematics control unit

Powertrain systems

Automatic transmission hydraulic control

Pumps and fans

Diesel direct injection

Double-clutch transmission electrical control

Double-clutch transmission hydraulic control

Gasoline direct injection

Gasoline multi-port injection

LIN alternator regulator

Small engine starter kit

Small 1-cylinder combustion engine solution

Transfer case BLDC

Transfer case brushed DC

Mild hybrid 48V (MHEV)

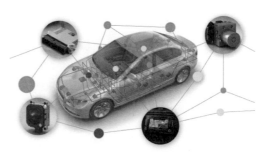

圖片取自：ELE times Research Desk

4-1-2 電子控制單元

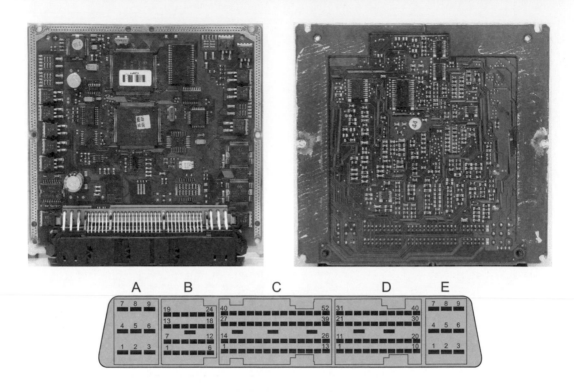

圖 4- 2 電子控制單元（Bosch ME 2.8）

如圖 4- 2 所示，電子控制單元是汽車電子設備中的一種嵌入式系統（embedded system）。嵌入式系統具有即時計算效能，需軟體與硬體的緊密結合，相互影響的一種電腦系統。譬如：車輛起動需將檔位排入駐車（P）檔或空（N）檔，並踩下煞車踏板以及按下起動按鈕後，起動馬達電路就會被執行，完成車輛起動程序。執行的條件（控制邏輯）屬於軟體，條件符合後執行控制電路就是硬體，一連串的流程成為一個程序（procedure），如圖 4- 3 所示。

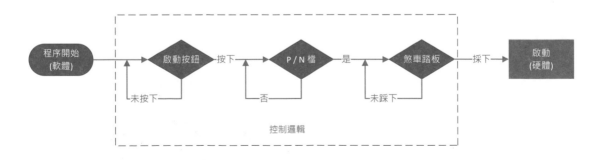

圖 4- 3 控制程序

一個電子控制系統至少會包含一個 ECU，如管理引擎運行的引擎控制模組（engine control module, ECM）或稱引擎管理系統（engine management system, EMS）；控制燈光的燈光控制模組（light control module, LCM）；控制車身電器，如雨刷、車窗或門鎖的車身電子控制模組（body control module, BCM）；煞車時避免車輪鎖死的電子煞車控制模組（electrical braking control module, EBCM）以及控制避震器軟硬的懸吊控制模組（suspension control module, SCM）等。

1. 控制單元架構

ECU 也簡稱「控制器」，控制器內部主要是由一個或多個軟體核心所架構成的微控制器（microcontroller, MCU）與電源（power）、感測器（sensor）端的輸入、驅動器（driver）端輸出以及匯流排收發器（bus transceiver）端的通訊等四個介面（interface）所構成，如圖 4-4；表 4-1。

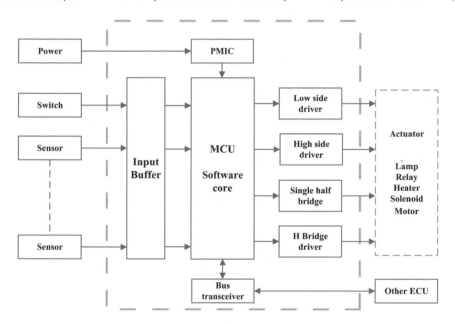

圖 4- 4 電子控制單元架構

表 4- 1　ECU 各介面功能敘述

介面	功能
電源（power）	將汽車電源調整為 ECU 內部或外部電子元件工作電壓，如 5V 電壓，並能因應車輛各種嚴苛的電源環境。
輸入（input）	ECU 周圍的感測器或開關，利用電壓或脈波寬度調變（PWM）訊號轉換為感測器數值或開關的狀態。
輸出（output）	根據控制邏輯的結果，執行控制電路，達到控制車輛。
通訊（communication）	ECU 與 ECU 彼此之間資料通訊或車輛診斷之端口。

2. 工作環境與配置

　　汽車電子溫度要求介於 -40～155℃，並且達到千餘次高低循環。有些 ECU 工作溫度規格設計可達到 125℃以上，體積小、抗高溫、耐震以及 IP66 防塵防水等級，使 ECU 可以直接放置在引擎上或是變速箱內部等高溫環境，如此就可縮短與感測器以及致動器線路長度，減少電路阻抗。

　　近幾年隨著半導體製程進步，ECU 內部電子元件封裝尺寸比以往都還要來得小，也因此 ECU 的體積也隨之變小，甚至可以集結多個系統於一個 ECU，達到多系統控制。單一系統也會因為車輛車身長度而進行配置成 2 個或多個 ECU，如大型房車或巴士車身前後距離長，車身電器分布距離廣。因此，會將控制車身電器或燈光的 ECU，如車身電子控制模組（BCM）配置成前 BCM 以及後 BCM，各家車廠控制器名稱定義不一，如 BMW 的前電子模組(front electrical module, FEM)以及後電子模組（rear electrical module, REM），其功能大同小異，如圖 4- 5 所示。

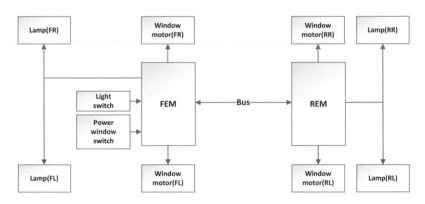

圖 4- 5 單一系統多控制器

4-1-3 微控制器

　　微控制器（MCU），亦稱為單晶片，廣泛應用在消費性電子與汽車電子產品。ECU 中最重要的 MCU 是整合中央處理器(CPU)與周邊設備(peripheral)。周邊設備包括：通訊(communication)、記憶體（memory）、類比訊號轉數位電路（ADC）、定時器（timer）以及邏輯電路之間的 PWM 與通用輸入及輸出（general purpose input / output, GPIO）在一塊 IC 上，如圖 4- 6 所示。

圖 4- 6 微控制器結構

　　根據內部資料匯流排頻寬(單位時間內所能通過的資料量)·世界半導體貿易統計組織(WSTS)將 MCU 分為 4 位元、8 位元、16 位元與 32 位元 4 種等級。隨著應用領域的複雜度·選用不同等級的 MCU·在車用領域·以英飛凌(Infineon)提供的 MCU 系列產品為例·較簡易的系統功能·如胎壓監控系統 (TPMS)、電子水泵浦、燃油泵浦等·可使用成本較低的 8 位元 MCU；對運算處理能力要求較高的小型燃料引擎控制（ 1～2 汽缸 ）·可使用 16 位元。

　　而今越朝智慧化邁進的同時·32 位元已躍上主流規格·如安全氣囊、車輛穩定控制系統(VSC)、電子動力方向盤 (EPS)、車身電子控制模組（ BCM ）、恆溫空調系統以及動力總成模組（ PCM ）等較高階的電子控制系統皆多採用此規格。

1. 計算機架構

　　當一個有數學計算能力的機器·僅有加法計算時·若想要增加其它計算方式·就可能需要更改線路或結構·甚至必須重新設計此機器·這是由於機器本身設計程序與邏輯是固定不可變的。西元 1945 年·馮·紐曼所提出的儲存程式電腦（ 計算機 ）概念·是將可儲存指令的裝置與中央處理器分開。因此·該概念所設計出來的電腦·又稱為馮紐曼架構（ Von Neumann architecture ）。

　　該儲存程式電腦概念改變了即有的設計思維·藉由創造一組指令（ instruction ）集架構·利用程式控制轉化成一串程式指令·並根據指令集架構預設的運算方式·執行其細節·使機器在工作上更有彈性。儲存程式電腦為當今電腦使用之主流·電腦被分成五個單元·分別為：記憶體、控制、算術邏輯單元（ arithmetic and logic unit, ALU ）、輸入與輸出。

　　如今車用主流微控制器則是採用一種將程式指令與資料指令分開組織和儲存的哈佛架構（ Harvard architecture ）。該架構的指令和資料的執行可同時進行·具有較高的執行效率·但是它並未完全突破馮紐曼架構·如圖 4- 7 所示。

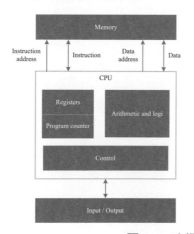

儲存程序電腦特徵：
1. 以運算單元為中心
2. 採用儲存程序原理
3. 記憶體位址存取
4. 控制流由指令流產生
5. 指令由位址碼和操作碼組成
6. 資料以二進制編碼

圖 4- 7　哈佛架構

2. 記憶體與位址

記憶體主要功用是將處理器要處理的資料先暫存下來，提供處理器隨時要存取資料的時候使用。記憶體若配置在 MCU 內，稱為內部（ internal ）記憶體；配置在 MCU 外則稱為擴展（ expanded ）記憶體。記憶體的種類包含：唯讀記憶體（ read only memory, ROM ）、隨機存取記憶體（ random access memory, RAM ）以及快閃記憶體（ flash memory ）等三大類別，如表 4- 2 所示。

表 4- 2 記憶體類別

類別	種類	特徵
ROM	ROM	資料只能讀不能寫，並儲存在非揮發性晶片上，故無需電力保持資料
	PROM（ Programmable ROM ）	預設資料是空白的，可根據用戶需求，將資料寫入，但只能寫入一次
	EPROM（ Erasable PROM ）	可以透過紫外線燈光清除內部資料，即可進行多次編程更改
	EEPROM（ Electrically EPROM ）	可以透過施加額定的電壓清除內部資料，即可進行多次編程更改
RAM	RAM	將電荷存放在晶片電容上，故需要電力保持資料，並由處理器直接存取資料，因此速度相當快
	DRAM（ dynamic RAM ）	由於晶片上的電容或多或少會有漏電的情形，電荷會漸漸隨時間流失而使資料發生錯誤。因此，動態是指須在一段時間內重新將電容充電，彌補流失了的電荷
	SRAM（ Static RAM ）	顧名思義靜態指的是不需重新將電荷充電，資料也不會丟失。因此，速度要比 DRAM 更快，是目前存取速度最快的記憶體
	SDRAM（ Synchronous DRAM ）	Synchronous 是指內存工作需要同步時鐘，內部的命令發送與資料傳輸都以它為基準。DDR（ double date rate ）亦屬於 SDRAM
Flash	Flash	Flash 結合了 ROM 和 RAM 的長處，不僅可透過電壓清除與無需電力保持資料特性，同時也可以快速存取資料。記憶體電路分為 NOR 與 NAND 閘結構

我們可以把記憶體想像成一個大櫃子，每個櫃子都有一個編號，這個編號就稱為位址，這就是所謂的記憶體位址（address）。每個位址會用來儲存程式碼（指令）與待處理的資料。透由處理器指示指令或資料位址，提取指令或資料，這個過程就稱為記憶體讀取；而資料經由指令所運算後的結果，再由處理器指示資料位址寫回記憶體，這個過程則稱為記憶體寫入。

3. 暫存器

暫存器（register）是處理器內用於暫存指令、資料或位址的 RAM，位於記憶體階層的最頂端。其儲存容量相當小，但存取速度非常快。在程式執行的過程中，任何的指令或資料傳遞都要先透過暫存器。因此，暫存器是指令或資料的輸入或輸出可以直被接索引到的陣列群組，如圖 4-8。

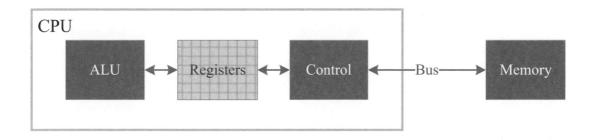

圖 4- 8 暫存器

暫存器可分成兩大類，其一是程式設計人員能夠存取的可見暫存器，諸如：通用暫存器（general purpose register）、資料暫存器（data register）、及特殊功能暫存器（special function register）。其二是程式設計人員無法去寫入的控制與狀態暫存器。

4. 程式計數器

程式計數器（program counter, PC）是處理器用來確定下一條指令在記憶體的哪一個「位址」，確保程式能夠連續執行下去的一個控制與狀態暫存器。當系統啟動後，PC 初始值為程式第一條指令的位址，隨後處理器提出 PC 所指出的指令位址，從記憶體取出一條指令，然後分析和執行該指令。每執行一條指令，處理器自動將 PC 增加一個量，這個量等於指令所含的位元組數，以便使其確保總是將要執行下一條指令的位址。

由於大多數指令都是按順序來執行，所以修改的過程通常只是簡單對 PC 加 1。若程式是條件或迴圈的「分支」，則會使 PC 的值，指向任意的位址，這樣一來，程式便可以「返回」到上一個位址來重複執行同一個指令，或者「跳轉」到任意指令。

5. 微控制器的選擇

　　嵌入式系統具有即時計算效能，需軟體與硬體的緊密結合，並相互影響的一種控制系統。因此，根據感測器的輸入介面、致動器的輸出介面與通訊介面的端口（port）數量需求，以及 MCU 工作溫度、記憶體容量大小與相關系統安全規範等要求，選擇適合的 MCU。

　　例如計畫要開發一個簡易室內燈控制器，其系統功能及控制邏輯如表 4- 3；流程圖 4- 9 所示。端口的需求是 4 個車門開關訊號、1 個鑰匙開關訊號以及 1 個控制室內燈訊號，一共 6 個端口，由於功能簡易故只要 8 位元 MCU 即可。

表 4- 3 室內燈控制邏輯

系統功能	控制邏輯	流程	說明
鑰匙關閉	當任何車門開啟時，室內燈點亮。	1-2-3-5	開啟車門點亮室內燈。
	當車門全部關閉時，延遲 15 秒鐘室內燈熄滅，結束程序。	5-6-7-9-10-12	讓駕駛有充裕的照明時間，起動車輛。
鑰匙開啟	當車門全部關閉以及室內燈還未熄滅時，鑰匙開啟，室內燈立即熄滅，結束程序。	5-6-7-9-11-10-12	立即熄滅室內燈，避免行車受到影響。
	當有任何車門開啟時，室內燈點亮。	1-2-3-5	開啟車門點亮室內燈。
	當車門全部關閉時，延遲 5 秒鐘室內燈熄滅，結束程序。	5-6-7-8-10-12	縮短熄滅室內燈時間，避免行車受到影響。
立即點亮	當鑰匙從開啟轉到關閉時，室內燈立即點亮，並回到鑰匙關閉程序。	2-3-4-5-6-7-9-10-12	鑰匙關閉熄火後，自動點亮室內燈照明。

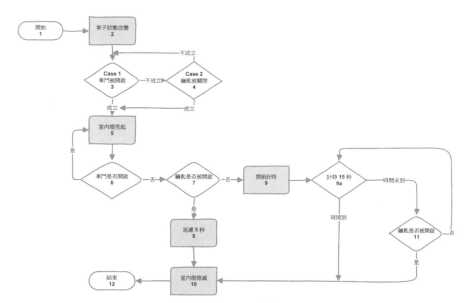

圖 4- 9 室內燈控制流程

4-1-4 軟體開發

軟體是整個控制系統的靈魂核心,開發者必須先深入了解感測器及致動器特性與輸入及輸出界面的相關電路,框列出完整的控制邏輯,並進行程序規劃 (至此流程主要是由車廠所負責),再透過軟體開發工具,完成程式撰寫,達到系統控制之目的 (這部分則由一階供應商負責)。開發過程中,軟體測試還需要使用單晶片開發器或編程器。

1. 控制邏輯

電子控制單元內部軟體核心,可回應開關及感測器的輸入,再透過致動器來控制機件開始或是結束許多不同的程序,就稱為控制邏輯。開迴路控制是指執行任務完成後即結束控制;閉迴路是控制在一個溫度或強度範圍的開啟與關閉;時間延遲是執行條件結束後,延遲關閉時間;線性回授是將量測值控制在目標值;順序式則是依順序觸發相關控制,如表 4- 4 所示。

表 4- 4 控制邏輯

模式	功能	變數	邏輯	致動器
開迴路控制	後窗除霧	後窗溫度	手動或自動執行 15 分鐘	除霧加熱器
閉迴路控制	水溫控制	水溫感測器	105°C 開啟 / 100°C 關閉	冷卻風扇
時間延遲控制	自動燈光	光感測器	延遲 10 秒關閉	車內外燈光
線性回授控制	巡航定速	車速	目標車速 ≒ 量測車速	節氣門
順序式控制	敞篷控制	極限開關	依順序觸發	軸向馬達

(1) 開迴路及閉迴路控制

最基本的控制邏輯可分為兩種:開迴路 (open loop) 及閉迴路 (closed loop)。在開迴路控制中,控制電路的動作和過程變數無關。譬如:單純由計時電路控制的加熱器,其控制動作是打開或是關閉加熱器,過程變數是溫度,但並不予以理會。控制電路可以手動或自動讓加熱器運作一段固定的時間後停止,而實際上加熱器受熱溫度改變不影響其動作。

在閉迴路控制中,控制電路的動作則會受到過程變數和目標值的影響。閉迴路控制會根據感測器來監測溫度,並且需要回授訊號,確定過程變數的溫度是在目標值的附近。閉迴路控制中有監測迴路,目的是讓控制電路輸出訊號的打開或是關閉加熱器,使過程變數接近目標範圍。因此,閉迴路控制也稱為回授控制,且都是採用負回授組態。兩者比較,開迴路控制的優點在於系統簡單,閉迴路控制系統的邏輯較為複雜,尤其是當變數有多個以上時。

(2) 時間延遲控制

　　在控制電路中，邏輯條件的成立需加入時間延遲程序，也就是條件符合後仍需要維持一段時間才算成立，否則就中斷或重置程序。譬如：自動燈光控制系統。當車輛電源開啟後，若光感測器數值符合昏暗環境，則系統立即開啟車內外燈光；而當光感測器數值符合明亮環境，會維持明亮一段時間後，系統才會關閉車內外燈光。延遲的目的是確保車輛光感測器不會被人造光（路燈以及對向車輛燈光）的影響而誤判真實環境光源。

(3) 線性回授控制

　　控制系統只要包括一些線性感測器的機能，就必須利用回授來適應外來條件的變化，執行比例（proportion）控制。因此，線性回授控制也稱為比例控制。比例控制變數是目標值（SP）和量測值（PV）之誤差成正比。在線性回饋系統中，會由感測器控制演算法，致動器不以開啟或關閉來動作，而是以開啟的比例大小形成控制，設法將過程變數控制在目標值附近。例如汽車的巡航定速，外界的影響（例如上下坡）會影響速度，固定比例的引擎動力輸出，是無法將車輛維持在固定速度上。理想的控制邏輯會以最小延遲或是過衝，控制汽車的引擎動力輸出，將實際速度控制在目標值的範圍。

　　比例控制的缺點是無法消除目標值和量測值之間的誤差，因為控制輸出與誤差成比例關係，需要有誤差才會有修正，因此量測值與目標值會在邊緣來回振盪。若要克服此問題，軟體核心需加入其它的數學運算來提升效能，最常見的就是比例積分微分（PID）控制。譬如，用比例項（P）來修正大部分的誤差，再利用積分項（I）將誤差隨時間累積，藉此改善系統穩態後的誤差，消除殘留的目標值和量測值誤差，最後利用微分項（D）將誤差微分，使誤差隨時間變化的趨勢，有預測系統反應的作用，改善暫態響應。

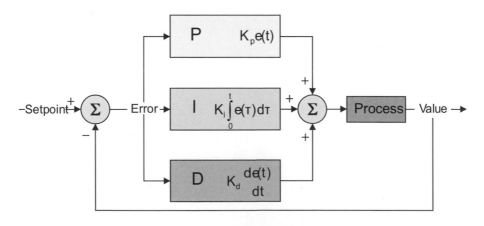

圖 4-10 比例積分微分控制

(4) 順序式控制

　　在汽車許多應用中，會用控制邏輯來進行順序式的機件動作。例如汽車電動尾門的開啟或關閉、敞篷的展開或收折及其它有相互關聯動作的裝置。自動順序控制系統可以依正確的順序觸發一連串的致動器，以進行特定工作。例如自動變速箱檔位，根據動力系統負載等級，自動控制致動器改變檔位；雨刷系統透過感應擋風玻璃雨水量等級，自動開啟及高低速控制等。

2. 程式語言

　　在單晶片的軟體開發中，以往多使用組合語言，如今越來越多的開發者使用 C 語言，又或者使用 BASIC 語言等更適合初學者的語言。此外，部分整合式開發平台還支援 C++。

　　C 語言是高度可移動的語言，意思是在程式設計的時候不需變更或者是做很小的變更，就可轉移到不同平台的軟體開發工具。C 語言完全基於變數、函式、巨集指令和構架。所有的程式語言都是由 C 語言或衍生而實現的，因此懂得 C 語言，就能容易去瞭解其它程式語言。

C 語言格式範例：

```
1    #include <stdio.h >   // 標頭檔
2
3    int main(void)   // 函式宣告
4    {
5        int var1, var2, sum;   // 變數宣告
6        var1 = 100;   // 變數賦值
7        var2 = 50;   // 變數賦值
8        sum = var1 + var2;   // 運算操作
9        printf("sum=%d", sum)   // 函式操作（列印指令）
10       return 0;   // 返回值
11   }
```

3. 編譯器

　　編譯器（compiler）是一種能將某種程式語言（原始碼）轉譯成機器語言（目的碼）的電腦程式。對於大型計算機而言，最終所轉換的目的程式為執行檔 (.EXE)，直接可在個人電腦上執行。而嵌入式系統的單晶片目的程式則為 16 進制檔（.HEX），檔案載入系統內的記憶體後，系統便可進行工作，其編譯過程，如圖 4- 11 所示。

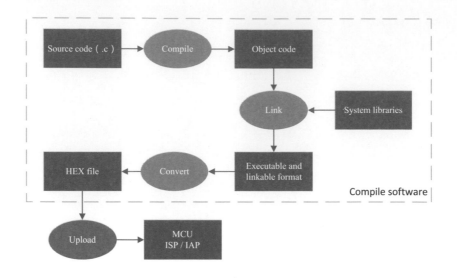

圖 4- 11　編譯過程

4. 編程器

　　隨著技術的發展，目前單晶片幾乎全內建線上系統編程設計（ISP）或線上應用編程（IAP），徹底改變傳統的開發模式，可藉由 MCU 通訊端口，對已經焊接至電路板上的 MCU 直接進行軟體編程，無需再將元件取下，使得開發 MCU 系統時不會一直拆焊，容易造成晶片的引腳損壞，提高開發效率並降低研發成本。線上編程工具可透過除錯或仿真設備進行通訊與編程。

(1) 線上仿真器

　　線上仿真器（in-circuit emulator, ICE）是除錯式系統軟體的硬體工具。開發人員可使用個人電腦，將 ICE 透過一個電路端口與電路板上的 MCU 進行通訊，可以在開發人員的控制下做任何 MCU 可以做的操作，並對程式進行逐步追蹤及察看資料變化。因此 ICE 的目的是提供一個通向嵌入式系統內部窗戶，為開發者提供一個互動式的使用者介面。

(2) JTAG

　　JTAG 是聯合測試工作群組（joint test action group）的簡稱，JTAG 與仿真器不同的是，JTAG 是內建於 MCU 內部的除錯電路。因此，在硬體工具成本低於仿真器，僅需一個簡單的通訊介面與少許的電路就可對 MCU 進行除錯。

　　由於 JTAG 等新技術的出現，工程人員可以直接在標準量產型 MCU 上直接進行除錯與編程，從而消除開發環境與執行環境的區別，也促使這項技術的低成本化與普及化，成為當今除錯與編程開發工具主流。JTAG 測試腳位，如圖 4- 12 所示。

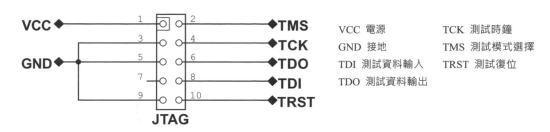

圖 4- 12　JTAG 測試腳位

4-1-5 感測與融合

　　感測器（sensor）主要是由電子元素或機構所構成，電氣實體層（physical）有「類比」與「數位」訊號。類比訊號並非一定是線性或非線性數值，藉由 A/D 轉換器，可建立不同分位的邏輯狀態數值，如電壓碼電路；而數位訊號也不是只有邏輯狀態數值，藉由解碼器則可取得 2 冪次階的線性或非線性數值，如匯流排通訊。

　　實體層就是一般俗稱的「電氣訊號」或「物理訊號」。其數值內容分為「線性變化」以及「邏輯狀態」二類，線性譬如溫度或壓力，邏輯則有開關或速率，如表 4- 5 所示。

表 4- 5 感測器分類表

類別	用途
線性（linear）	溫度及壓力數值、空氣質量、電器負載電流、機件角度、光線強度、雨滴含量、油水高度
邏輯（logic）	轉速頻率、機件位置（開關）、油水開關、溫度及壓力開關

　　如圖 4- 13 所示，ECU 透過輸入介面取得各感測器數值狀態，並根據系統功能（function）及控制邏輯（control logic），計算出最佳時機（timing）及週期（period），最後透過線路對致動器下達執行或中斷控制訊號。

　　由於系統中僅透過單一類型感測器是無法克服每種感測器的缺點及盲點。因此，組合來自不同類型但目的相同的感測器，彼此藉由高速運算能力與人工智慧來分析多維資料串流，最終提供完整且一致性的結論，稱之為融合（fusion）。

　　譬如：停車輔助系統的後攝影機與超音波雷達；自適應巡航控制系統的前攝影機與前方毫米波雷達。感測器彼此訊息可再做進一步處理和分析，或在必要時能針對終端應用進行決策。感測器融合分為兩大類，就汽車電子控制系統而言，主要都是以即時性的訊息融合與決策。

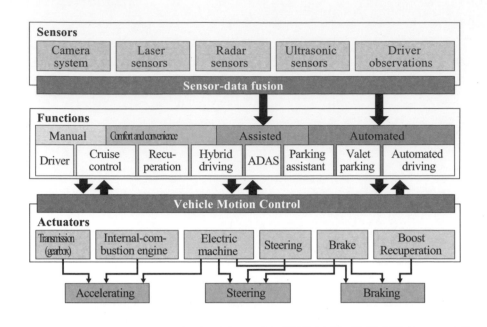

圖 4- 13 融合與決策 （取自：Bosch Automotive Handbook）

(1) 即時感測器融合

產生的訊息在收集與融合後，會根據取得的訊息即時制定決策。

(2) 離線感測器融合

產生的訊息在收集與融合後，會在之後的某一時間點再進行決策。

4-1-6 冗餘系統

冗餘（redundancy）是指系統為了提升其可靠度，刻意組態重複的零件或是機能。在感測訊號的冗餘校驗，則透過軟體工程將 2 變量訊號歸一成 1 個變數（冗餘值），再將變數進行校驗。譬如：煞車踏板開關與加速踏板感測器等。根據道路車輛功能安全規範（ISO 26262）。汽車電子安全相關設計，除了既有功能使用組件外，還必須包含額外提高系統可靠性和可用性之冗餘配置，如訊號、硬體、軟體及資料、資訊與時間的冗餘。

1. 訊號冗餘

如圖 4- 14 所示，汽車加速踏板感測器（accelerator pedal position sensor, APS）訊號的高低值，直接決定車輛的加速。因此，將感測器設置 2 組電位器訊號，使 2 組訊號存在一定比例關係。一旦 2 組訊號其中一組異常，或兩者不符合一定比例時，即可判定該感測器訊號異常，控制就會進入備援模式，避免異常訊號，造成車輛錯誤的加速控制。

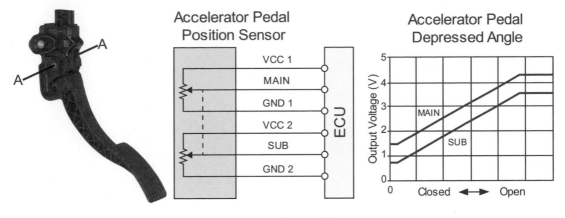

圖 4- 14 訊號冗餘

2. 硬體冗餘

典型的硬體 (機能) 重複設計就是液壓煞車系統，設計 2 個獨立的液壓及管路分別對 4 個輪子進行制動，當 1 個管路失效時，車輛不會完全失去制動力，並且刻意前後或交叉配置液壓管路，避免制動跑偏。2 個獨立液壓及管路就是重複機能，而前後或交叉配置則是機能下的安全設計，如圖 4- 15 所示。

在電子控制系統的硬體冗餘，可以有多種形式。譬如：在需

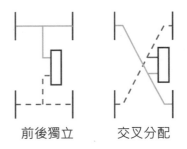

前後獨立　　交叉分配

圖 4- 15　硬體冗餘

符合安全標準規範的系統中，複製執行相關安全關鍵任務的硬體核心，在雙核鎖步模式下運行，並比較兩核心結果，確保冗餘處理產生一致性的結果。比對結果相同則對系統進行如期的控制，如未獲得完全相同的結果，則視為發生故障，系統則採取預先所設計好的安全備援模式，如圖 4- 16 所示。

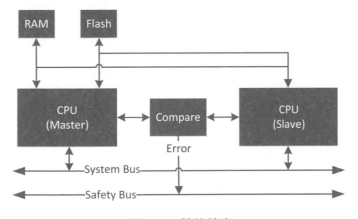

圖 4- 16　雙核鎖步

3. 軟體及資料冗餘

如圖 4-17 所示，在一個多核心微控制器的記憶體內重複 N 個或不同版本程式碼，並同時將感測器等輸入訊號運算後，交叉比對其結果。若結果一致則輸出結果，若有 1 個比對不同，則輸出比對相同的另 2 個結果，也就是選擇佔多數結果作為輸出。

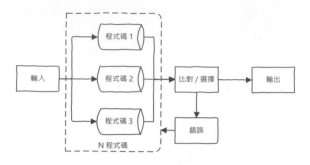

圖 4- 17 軟體冗餘

4. 資訊冗餘

資訊冗餘是電腦訊息透過匯流排「傳輸資料位」數目與訊息中所包含的「實際資料位」數目的差值。當匯流排通訊被干擾時，其差值就有可能不相等，該訊息就視為無效。無效的訊息將被摒棄，避免錯誤的訊息加入運算或執行，待下一筆訊息校驗差值正確時才採用。常用的校驗數目方式有檢查總和（checksum）與循環冗餘檢查（cyclic redundancy check, CRC）。

實際資料位 （0x2A3A）	傳輸資料位 （0x2A3A）

圖 4- 18 資訊冗餘

5. 時間冗餘

當系統正常運行時，微控制器利用率小於某一確定值上限，使微控制器具有足夠空閒執行時間。當系統任務運行出現錯誤時，可以利用這些空閒時間來實現容錯操作。

4-1-7 自我診斷系統

電子控制系統中的自我診斷系統，帶有檢測程序，用於監控電源、輸入、輸出及通訊端口，所有端口訊號透過相關電路回授至 MCU 的輸入端，並將其檢測出的錯誤儲存在 MCU 的快閃記憶體（flash）或電子抹除式可複寫唯讀記憶體（EEPROM）內，不只可複寫，還可以在不通電的情況下保留資料。

由於電控系統的複雜性，當 ECU 某端口電源或訊號發生異常時，工程人員很難由問題症狀直覺判斷或分析出故障環節。因此，ECU 需根據各端口的電路特性，設定標準規範，並回授計算端口實際值，當實際值發生異常時，依照該故障端口錯誤情形，對照軟體內的故障列表，以預先

定義好的故障代碼寫入記憶體內。內容包括：故障碼、觸發頻率、觸發時間與里程數以及相關凍結數據等，並針對故障點重新計算適合的備援模式（back-up mode）。診斷系統架構，如圖 4-19。

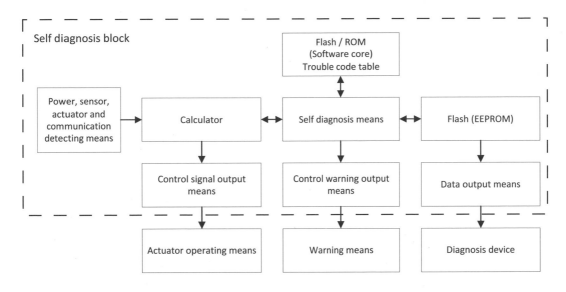

圖 4-19 自我診斷系統架構

1. 車載診斷

車載診斷（on-board diagnostics, OBD）簡稱 OBD，具有車輛自我診斷報告功能。最初計畫對車輛廢氣排放制定測試設備及通訊標準，於 1994 年加州空氣資源委員會（CARB）所發布的 OBD-II 規範，強制要求所有 1996 年開始在加州銷售的汽車都需採用該規範，並將美國汽車工程協會（SAE）所提議的診斷接頭型式以及診斷故障碼（DTC）列入規範中，目前共有五種通訊協定，各車廠只需擇其一即可。OBD 接頭外觀如圖 4-20，腳位定義如表 4-6 所示。

如今該規範已成為全球各車廠通用標準，通訊協定以 ISO-15765 CAN 為主流。此標準範圍僅侷限在車輛動力系統的廢氣排放相關診斷，並不支援其它電子控制系統，而診斷接頭則是目前各車廠新車一致使用的規格。

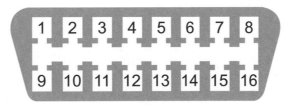

圖 4-20　OBD 接頭

表 4- 6　OBD 診斷接頭腳位定義

1	Manufacturer discretion. GM: J2411 GMLAN/SWC/Single-Wire CAN. VW/Audi: Switched +12 to tell a scan tool whether the ignition is on.	9	Manufacturer discretion. GM: 8192 baud ALDL where fitted. BMW: RPM signal.
2	Bus positive Line of SAE J1850 PWM and VPW	10	Bus negative Line of SAE J1850 PWM only (not SAE 1850 VPW)
3	Manufacturer discretion. Ford DLC(+) Argentina, Brazil (pre OBD-II) 1997–2000, USA, Europe, etc. Chrysler CCD Bus(+) Ethernet TX+ (Diagnostics over IP)	11	Manufacturer discretion. Ford DLC(-) Argentina, Brazil (pre OBD-II) 1997–2000, USA, Europe, etc. Chrysler CCD Bus(-) Ethernet TX- (Diagnostics over IP)
4	Chassis ground	12	Not connected Manufacturer discretion: Ethernet RX+ (Diagnostics over IP)
5	Signal ground	13	Manufacturer discretion. Ford: FEPS - Programming PCM voltage Ethernet RX- (Diagnostics over IP)
6	CAN high (ISO 15765-4 and SAE J2284)	14	CAN low (ISO 15765-4 and SAE J2284)
7	K-line of ISO 9141-2 and ISO 14230-4	15	L-line of ISO 9141-2 and ISO 14230-4
8	Manufacturer discretion. Many BMWs: A second K-line for non OBD-II (Body/Chassis/Infotainment) systems. Activate Ethernet (Diagnostics over IP)	16	Battery voltage

2. 增強型診斷

　　增強型診斷（enhanced diagnostics）沿用 OBD 概念，針對車輛的電子控制系統除了進行診斷及監控，還有驅動測試功能，可對致動器下達作動指示，故障碼的凍結數據也較 OBD 來的豐富。此部分目前為各車廠自行發展，不在法規強制要求範圍內，且應用系統並不受限，從動力總成、車身電子、底盤控制、安全系統以及信息育樂皆可使用。因此，增強型診斷目前在市場上，即便 2009 年後車廠大致都採用 CAN bus 做為主要的通訊協定，但在應用層（軟體核心）內定義語意內容並未統一。

3. 檢測程序與方式

　　因應不同工作時期，檢測程序分為動態測試（dynamics test）與靜態測試（static test）。檢測採用門檻電壓、跳位訊號、交互運算及冗餘校驗等方式。

(1) 動態測試

　　只有在端口處於工作時期，才會被監控。ECU 的電源、通訊以及輸入等介面，多數情況下處於工作時期。因此，這三個介面執行動態測試。

(2) 靜態測試

　　即便該端口未在工作時期，該端口的數值仍被量測電路監控。故唯有輸出介面端口的輸出有「開啟」與「關閉」，並非任何情況下都在工作，其輸出端口開啟與關閉的同時，電路特性也會不同。因此，除了動態測試於致動器作動當下，對該端口檢測電壓或電流值外，還需在輸出關閉時有靜態測試程序，才能滿足自我診斷目的。

　　如圖 4-21 所示，輸出介面的靜態測試在當電源開啟時，即便端口未在工作時期（關閉），ECU執行輸出脈波訊號於該端口，由於脈波工作週期短，對致動器並不會產生作用（無效的響應時間）。ECU 透過回授（feedback, FB）電路，檢測脈波的電壓或電流值，藉此判斷該端口是否異常。

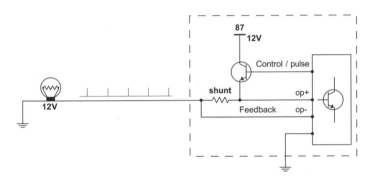

圖 4-21 靜態測試

(3) 檢測方式

　　檢測方式不外乎最大及最小電壓與電流門檻值，除此訊號的跳位（signal jump）以及與其它感測器的交互運算。譬如：檔位開關的移動順序、內燃機曲軸與凸輪軸位置感測器的對稱位置、變速箱輸入軸與輸出軸感測器的滑差比、四個車輪感測器的速率比、物理量感測器與環境氣候的常理性以及冗餘電路校驗下的邏輯性等。

4. 發出警告訊息時機

　　警告訊息或燈號並非是在故障被檢測出後就該立即發出，因為在行駛當下，儀表板突然發出的訊息，容易造成駕駛者分心，甚至是後續的擔憂。所以在非立即性危急行駛安全的故障問題下，診斷系統會延後發出訊息。譬如：行駛當下，左後輪速感測器被檢測出故障，但此故障只會讓 ABS 系統停止工作，仍然有傳統的煞車功能。因此，故障訊息會待車輛完全停止後才會發出。

　　而在系統異常下的危急性故障訊息，譬如：引擎溫度過高或機油壓力過低等異常。系統會立即發出聲音或燈號訊息給駕駛者，但是否要停下檢查或停駛決定權是駕駛者。系統不會為了保護機構損壞而令引擎熄火。因為，於未知交通環境下失去動力所造成的意外，往往都是相當致命的。

5. 備援機制

在自我診斷系統規劃之初，就需對系統單元發生故障時的失效分析進行考量，如此才能對應備援與冗餘機制設計，並將機制放入軟體內的故障列表。當某單元被檢測出故障時，診斷系統可快速取得列表應採取的機制，透過機制進行重新定序或計算相關變數以及執行與中斷控制。

因故障而改變系統既有的控制邏輯就稱為備援模式。譬如：當水溫感測器故障時，因無法取得溫度訊號，冷卻系統無法根據溫度控制散熱風扇，為避免溫度過高，就必須直接驅動風扇。前面的敘述就是失效分析，後面的動作就是機制。

6. 中斷輸出保護與回復

當 ECU 某輸出端口被檢測出故障時，ECU 除了紀錄故障碼及凍結數據外，對該端口採取中斷輸出保護，避免異常電路造成系統損害或危及行車安全。當該輸出端口故障排除，ECU 不再檢測出錯誤時，中斷的訊號回復輸出採取四種程序，如表 4-7 所示。

表 4-7　輸出端口的中斷回復

程序	回復條件
訊號立即輸出	通常在小電流的控制訊號，當故障不再發生時，訊號大都會在檢測程序後的下一個週期回復輸出
電源關閉後再重啟	大電流控制或控制邏輯結果與預期不同時，在中斷訊號後，通常需要將系統電源關閉後再開啟，訊號才會再輸出
清除故障碼後	在一些會有行車安全顧慮的故障，需由專業人員進行檢測，確定故障已排除，並將紀錄在 ECU 內的故障碼清除後，訊號才會再輸出
更換 ECU	超過 ECU 預期外的檢測故障、ECU 內部通訊異常、ECU 記憶體校驗錯誤或爆破電路啟用，上述狀況可能會造成故障碼永久無法清除，訊號無法再回復輸出，必須更換 ECU

7. 內部故障

當系統啟動後 ECU 就不斷透過迴圈，逐一將回饋後的訊號進行校驗，並將出現故障的單元數值對照軟體核心內的故障列表，依照列表定義故障碼及應採取的備援模式。除了已能被判定為控制器內部故障的數值外，未能預期到的數值結果，也會被歸納到內部故障。因此，故障碼為內部故障時，並非一定就是 ECU 故障。

未能預期的數值結果，主因是在系統開發之初，失效分析或模擬過程中沒有被發現的錯誤結果，最後可以透過售後市場的追蹤及反饋，對系統軟體進行可靠性更新，改進診斷系統功能。

4-1-8 輔助與自動駕駛

1. 先進駕駛輔助系統

先進駕駛輔助系統（advanced driver assistance systems, ADAS）是指利用配置於「車外可視角（line of sight）環境」感測器（攝影機、光學雷達、高頻雷達及超音波雷達），即時由控制器整合「車內環境」感測器資料（車速、方向盤轉角、車輛三軸加速度以及其它駕駛者操作行為等），進行靜動態物體辨識、偵測與追蹤等技術上的處理，從警告的功能提升到輔助。

系統除了輔助車輛與前車保持距離以及車道維持輔助（lane keeping assist, LKA）外，可在最短的時間內提醒駕駛人注意可能發生的情況，並適時介入預防控制。各車廠也計畫如何提供更安全以及有效率的駕駛做為設計首要，積極提供主動安全及創造更平穩的駕駛表現為目的。ADAS 包含下述之功能：如停車輔助系統、胎壓偵測系統、盲點偵測系統、偏離車道警示系統、碰撞預防系統、適路性車燈系統、夜視系統、緊急煞車輔助系統及駕駛人生理狀態監控等。

ADAS 主要介入控制軀幹，源自於車輛的電子線控（x-by-wire）技術。x 指的是多項控制系統。系統將既有的機械連結或液壓控制方式，改由電子控制方式取代，如圖 4- 22 所示。

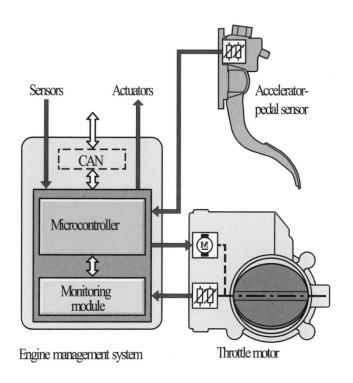

圖 4- 22 電子節氣門（取自：Bosch Automotive Handbook）

　　各項電子線控系統，從車輛的起步、轉向、換檔以及煞停，都是由控制器來執行，也就是說，車輛配有電子線控系統，只差一雙眼睛以及一個大腦就可以自動駕駛，如表 4-8 所示。

表 4-8 電子線控系統

名稱	功能	被取代者	感測器	控制器	致動器
電子油門	控制引擎轉速	油門鋼索線	加速踏板位置感測器	引擎管理系統	節氣門開啟馬達
電子動力方向盤	輔助轉向力道或控制轉向	液壓轉向方向機構	方向盤轉角及扭矩感測器	電子動力方向盤系統	方向盤轉向馬達
電子檔位選擇	選擇自動變速箱檔位	變速箱檔位鋼索線	檔位選擇開關	電子選檔模組	變速箱檔位選擇馬達或液壓控制電磁閥
電子控制煞車	控制煞車及駐車	傳統 ABS 閥體液壓機構及駐車鋼索線	霍爾式輪速感測器及駐車開關	循跡控制模組及駐車控制模組	新式比例控制閥體液壓機構及駐車煞車馬達

註：防鎖死煞車系統（anti-lock braking system, ABS）

2. 自動駕駛

　　自動駕駛跟電動車其實是兩個完全不相關的東西，但時常被放在一起相提並論。簡單來說，自動駕駛的自駕系統是可以被安裝在燃油車上，並不一定要是電動車才能擁有自駕系統。由於自動駕駛需要許多的感測、演算、決策與控制技術，以及軟體與硬體的緊密結合。這龐大的商機，剛好給已趨於飽和市場的消費性電子產業，另一個發展與轉型的契機。與其說，自駕系統是電動車的潮流，倒不如說是時代的趨勢。

　　自動駕駛技術的發展，主要以安全性為首要考量，於感測、演算、決策與控制等技術上，系統面臨許多技術挑戰，需要確保絕對安全性，測試驗證要求極高。在「車聯網」（internet of vehicle, IOV）與「智慧交通運輸系統」尚未與車輛通訊連結前，自動駕駛落地，仍有其風險性。這是因為，以目前「車外可視角環境」感測技術來看，還是無法百分百掌握場域的交通環境，還必須整合車聯網的「車外不可視角（non-line of sight）環境」感知層資訊以及場域的交通系統資訊。透過短程通訊（DSRC）或蜂巢式車聯網（C-V2X）技術的車對車、車對基礎措施以及車對雲等方式，將場域內車輛相對位置與速度等資訊，傳送到每一台車輛，如此才能實現真正安全的自動駕駛。

　　根據國際汽車製造商組織（OICA），基於 SAE J3016 所規定，將輔助或自駕系統車輛分為 6 個等級，其等級規範，如表 4-9 所示。

表 4- 9 自駕等級規範（OICA-SAE）

等級	功能	駕駛人	車輛
0	無任何輔助與自駕	須自己負責駕駛	只回應車輛系統有無故障
1	提供一些輔助性的功能	必須隨時負責駕駛	提供基本輔助功能，譬如：車道維持或碰撞警示與自動緊急煞車
2	進階的輔助性功能	隨時警惕，當車輛無法執行自駕時，必須能夠立即介入	在某些情況下可短暫提供自駕
3	有條件的自駕	不再需要駕駛車輛，但當系統無法執行自駕時，必須能夠在指定時間內接管車輛	在某些情況下可長久提供自駕
4	高度自駕	不再需要駕駛車輛，也不須要接管車輛	幾乎可以在任何環境及狀況下，提供自駕及備援機制
5	完全自駕	不再需要做任何事	能直接到達指定地點

3. 車聯網

目前車聯網技術有兩個標準，一個是以 Wi-Fi 技術延伸的 DSRC，其次是與手機相同技術，擁有低數據延遲與高傳輸量以及傳輸距離表現更好的 4G LTE 或 5G 晶片的 C-V2X。

(1) 車對基礎措施

如圖 4- 23 所示，透由基礎措施（infrastructure）將場域車輛資訊，及時傳送給其它車輛，避免交通路口死角碰撞意外。

圖 4- 23 車對基礎措施（V2I）

(2) 車對車

　　如圖 4-24 所示，這一個例子是藉由電磁波的穿透力，對車對車（V2V）的通訊，解決視角障礙，發出不可超車訊息。

圖 4-24 車對車（V2V）

(3) 車對雲

　　如圖 4-25 所示，還可以藉由智慧交通運輸系統（intelligent transportation system, ITS）的大數據，傳送場域車輛附近的即時交通路況、氣象或號誌等訊息，使車輛能有預知的能力。

圖 4-25 車對雲（V2C）

4-2 怠速啟閉系統

　　應用於內燃機的怠速啟閉系統（start-stop），是指車輛於怠速運轉的狀態下，達到某些條件下使引擎自動熄火，等到準備重新起步或其它條件達到時，系統會自動起動引擎，藉以達到節省燃料及減少廢氣排放之目的。引擎熄火方式是停止點火及噴油噴射；再啟動引擎方式則是傳統起動馬達或整體式起動馬達發電機（integrated starter-generator, ISG）搖轉曲軸起動。拓樸如圖 4-26。

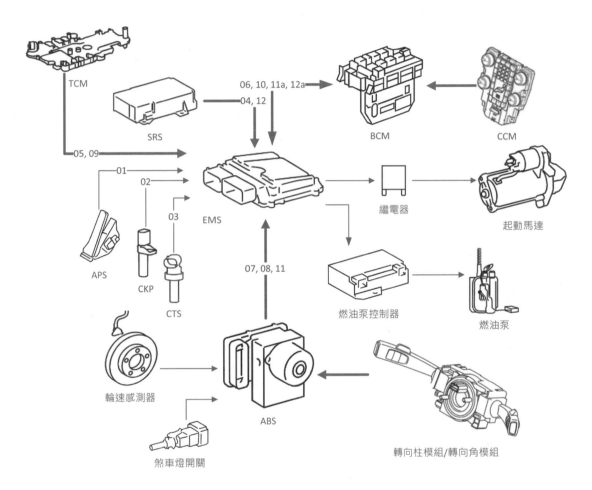

圖 4-26 怠速啟閉系統拓樸

4-2-1 系統架構

　　怠速啟閉系統運算核心單元是引擎管理系統。主電瓶會透過電瓶感測器的電流與電壓數值，由車身控制模組進行電池壽命計算，支援電瓶則透過實體電線直接給車身控制模組電壓值。相關的控制器、感測器以及致動器，如表 4-10 所示。

表 4- 10 怠速啟閉系統架構

項目	感測器/致動器	電氣訊號	匯流排
引擎管理系統（EMS）	加速踏板位置感測器（APS）	電壓（冗餘）	CAN bus / FlexRay
	曲軸感測器（CKP）	頻率（電壓）	
	水溫感測器（CTS）	分壓	
	繼電器（起動馬達）	電壓	
	點火線圈	PWM	
	噴油嘴	PWM	
安全氣囊系統（SRS）	三軸加速度感測器	匯流排	CAN bus / FlexRay
變速箱控制模組（TCM）	檔位選擇感測器	匯流排	CAN bus
車身控制模組（BCM）	電瓶感測	電壓/匯流排	CAN bus / LIN bus
	車門及引擎蓋開關	邏輯	
	方向燈（補充說明）	電壓	
防鎖死煞車控制系統（ABS）	輪速感測器	頻率（電流）	CAN bus
	煞車踏板開關	邏輯（冗餘）	
中央控制模組（CCM）	環境溫度	分壓	CAN bus / LIN bus
	啟閉系統開關	邏輯 / 電壓碼	
轉向角模組	旋轉編碼器	匯流排	CAN bus
燃油泵控制器	燃油泵	PWM /電壓	

4-2-2 自動熄火控制

　　如表 4- 11 所示，下列訊息除編號 04（禁止熄火請求）外，其餘符合各項條件時，引擎將自動熄火。禁止與允許請求訊息於意義上都是抑制條件，但禁止在匯流排為隱性時，對系統而言，該條件為默認允許狀態。也就是說發送禁止訊息的控制器即便通訊故障或移除，系統仍可以正常啟用。這裡的範例是說明，若沒有配備 SRS 的車輛，仍可以有怠速啟閉系統，但必須由其它感測器或控制器來給予系統傾角條件，以增加其安全性。

表 4- 11 自動熄火條件

編號	感測器/控制器	訊息	條件
01	APS	加速踏板位置	踏板未踩下
02	CKP	引擎轉速	引擎轉速介於 600~900 RPM
03	CTS	引擎冷卻水溫度	引擎冷卻水溫度高於 55 ℃
04	SRS	禁止熄火請求	水平傾角高於 5 度角
05	TCM	允許引擎熄火	在車速低於 5 km / h 後，檔位不曾在 R 檔過
06	BCM	允許引擎熄火	怠速啟閉系統開啟、主電瓶與支援電瓶電壓均達標準、電瓶壽命高於 70 %、室內溫度介於設定誤差值 2 ℃內、車門以及引擎蓋均關閉
07	ABS	允許引擎熄火	車速低於 5 km / h、煞車踏板踩下或煞車制動壓力大於額定規範、轉向角度小於額定值

4-2-3 再起動控制

　　如表 4- 12 所示，編號 01 及 02 訊息皆符合各項條件時，引擎將再起動；編號 08、09 或 10 資訊任意一項符合各項條件時，則引擎將立即起動。

表 4- 12 再起動條件

編號	感測器/控制器	訊息	條件
01	APS	加速踏板位置	加速踏板踩下
02	CKP	引擎轉速	引擎為靜止狀態
08	ABS	引擎啟動請求	煞車踏板未踩下以及煞車制動壓力為零
09	TCM	引擎啟動請求	檔位在 R 檔
10	BCM	引擎啟動請求	主電瓶電壓低於額定值、煞車踏板踩下以及室內溫度高於設定誤差值 2 ℃內、關閉啟閉系統

4-2-4 補充說明

　　如表 4- 13 所示，下列各訊息符合條件時，相關控制器將執行相關工作。

表 4- 13 補充功能說明

編號	控制器	訊息	條件
11	ABS	車速驟降	車速驟降高於 20 m/s
11a	EMS	後方向燈閃爍請求	ABS 發出編號 12 訊息
12	SRS	引擎熄火請求	加速度感測達到撞擊規範
12a	EMS	故障燈閃爍以及求救訊息請求	SRS 發出編號 13 訊息

4-3 電機駐車系統

電機駐車(electromechanical parking brake, EPB)系統透過駐車控制開關
訊號,經由控制器驅動駐車致動器,建立所需的夾緊力,達到車輪制動或釋
放功能,實現線控駐車技術,取代傳統利用鋼索的手拉或腳踩駐車。也意味
著配置有 EPB 車輛可減少更多的駐車機構,增加前排座椅周圍的的儲存空
間。EPB 與車輛主要的煞車系統,在控制及驅動有各別的獨立機制,在煞車
系統發生故障時,譬如液壓系統失效,EPB 仍可正常工作,不受其影響。

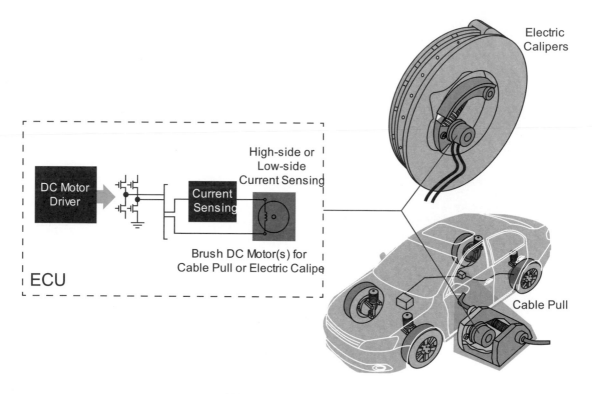

圖 4- 27　電機駐車系統

如圖 4- 27 所示,電機駐車系統分為兩種,第一種是駐車致動器與馬達結合在一起的電機駐
車卡鉗(electric calipers)。第二種則是駐車致動器與馬達分離設計,馬達不直接拉動或釋放駐車
致動器,而是藉由拉線器(cable pull)拉動或釋放駐車致動器。

如圖 4- 28 所示,電機駐車卡鉗,是在後軸液壓煞車卡鉗的活塞(cylinder)中央,增加一個
可隨著轉動而移動的主軸(spindle),經由該主軸的前後移動,進而推動或釋放活塞,達到駐車制
動功能,而轉動該主軸的機構就是駐車致動器。

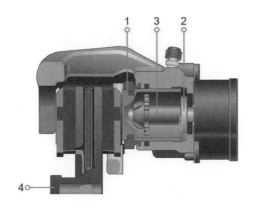
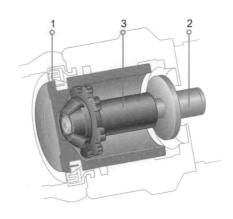

1. Brake piston, 2. Spindle, 3. Cylinder, 4. Brake disc

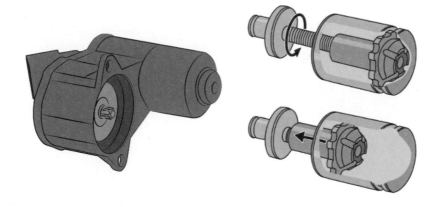

圖 4- 28　電機駐車卡鉗（取自：HELLA group, TRW automotive）

　　EPB 系統除了駕駛者可執行駐車的主動權外，還延伸許多智慧功能，譬如：熄火自動駐車、起步自動釋放、斜坡起步輔助等功能，系統拓樸如圖 4- 29 所示。

📌 大陸集團

大陸集團（Continental AG, Conti）是一間德國運輸產業製造商。主要產品為輪胎、制動系統、車身穩定控制系統、發動機噴射系統、轉速表以及其它汽車和運輸零件。該公司總部設在德國漢諾瓦，是全球前五大汽車零組件供應商之一。

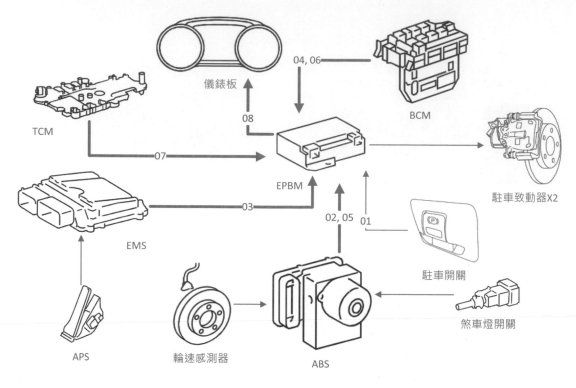

圖 4- 29 電機駐車系統拓樸

4-3-1 系統架構

　　電機駐車系統運算核心單元是駐車控制器或整合至 ABS 的電腦，在自排系統中，駐車開關是啟用或中止駐車的主要因素，駐車致動器則是使車輪制動或釋放的電機設施。相關的控制器、感測器、開關以及致動器，如表 4- 14 所示。

表 4- 14 電機駐車系統架構

項目	感測器/致動器	電氣訊號	匯流排
電機駐車控制模組（EPBM）	駐車馬達	全橋	CAN bus
	駐車開關	邏輯（冗餘）	
車身控制模組（BCM）	安全帶開關	邏輯	CAN bus
防鎖死煞車控制系統（ABS）	輪速感測器	頻率（電流）	CAN bus
	煞車踏板開關	邏輯（冗餘）	
引擎管理系統（EMS）	加速踏板位置感測器（APS）	電壓（冗餘）	CAN bus
變速箱控制模組（TCM）	檔位選擇感測器	匯流排	CAN bus
儀表板	里程計數器	匯流排	CAN bus

4-3-2 駐車制動

如表 4-15 所示，當 02 及 03 皆訊息不成立時，且手動駐車編號 01 訊息成立，駐車致動器將會推動活塞，產生制動力於碟盤上，並透過編號 08 訊息，將駐車制動訊息顯示於儀表板。而當編號 01 長按時（時間大於 0.3 秒），即使 02 或 03 成立，依然強制駐車制動，使車輛能在行駛狀況下，作用駐車，但只要駐車開關放掉，則立即停止駐車制動。

表 4- 15 駐車制動

編號	感測器/控制器	訊息	條件
01	駐車開關	駐車開關狀態	按下駐車開關（制動）
02	ABS	禁止駐車制動	車速高於 8 km / h
03	EMS	禁止駐車制動	APS 踩下（動力系統運行中）
08	EPBM	EPB 狀態	EPB 制動

4-3-3 駐車釋放

如表 4- 16 所示，當編號 01、04 及 05 皆訊息成立時為手動釋放，駐車致動器將會釋放活塞，釋放於碟盤上的制動力，並透過編號 08 訊息，將駐車制動訊息於儀表板熄滅。而當編號 02、03、06 及 07 皆成立時，則自動駐車釋放，使車輛能直接驅動。

表 4- 16 駐車釋放

編號	感測器/控制器	訊息	條件
01	駐車開關	駐車開關狀態	拉起駐車開關（釋放）
02	ABS	車速訊號	車速於 0 km / h
03	EMS	禁止駐車制動	APS 踩下（動力系統運行中）
04	BCM	電源開啟狀態	電源開啟至 ON
05	ABS	煞車踏板狀態	踩下煞車踏板
06	BCM	允許駐車釋放	駕駛側安全帶已扣上
07	TCM	檔位狀態	選擇前進或倒檔
08	EPBM	EPB 狀態	EPB 釋放

4-3-4 強制釋放

當駐車已制動後，若期間 01 訊息的駐車開關狀態錯誤或未收到 02、03 訊息（車速及禁止駐車）時，且 07 訊息是在 P 檔狀態，則 EPB 強制駐車釋放，並透過 08 訊息顯示 EPB 故障，並在 EPBM 內記錄故障碼。

4-4 盲點資訊系統

駕駛視覺盲點資訊系統(blind spot information system, BLIS)，藉由安裝在汽車上的感測器，偵測後方兩側約 10 公尺範圍內接近的車輛，並警告駕駛者注意，提高變化車道的安全性。警告方式包含視覺、聽覺或方向盤震動。早期是採用配置在左右兩側後視鏡下方的攝影機取得後方的影像，再以影像辨識技術來判別後方的汽車或機車。現行的 BLIS 主流感測器則都以安裝在後保險桿內的毫米波雷達為主。因此，可在車輛倒車時，協助駕駛者偵測橫向車輛。從車身外面看，雷達是被保險桿所覆蓋。

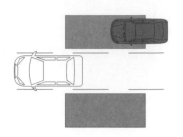

由於毫米波雷達不同於超音波感測器是依賴空氣傳送物理量來偵測距離，而是藉由發射電磁波與探測目標的相對移動取得數據。因此，雷達與車輛的前進速度沒有關聯性，也沒有攝影機會受氣候及夜晚所影響。新一代的 BLIS 除了資訊的提示外，透過智慧駕駛控制單元(intelligent drive control unit, IDCU)，整合轉向、檔位、車速和煞車相關的控制器、感測器以及致動器，在有碰撞危險發生時，主動介入轉向（車側盲點）及煞車（倒車盲點）。拓樸如圖 4- 30 所示。

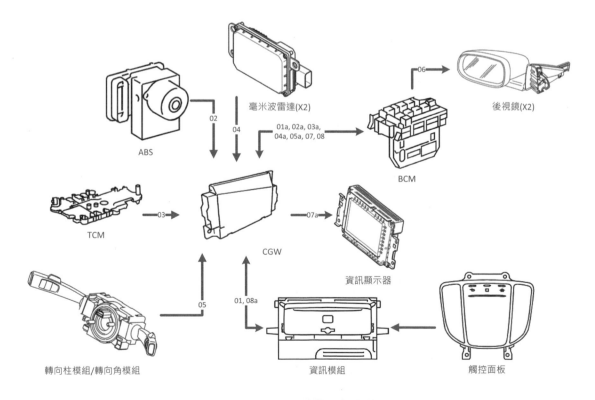

圖 4- 30 盲點資訊系統拓樸

4-4-1 系統架構

盲點資訊系統運算核心單元是車身控制電腦，關鍵感測器是左右兩側的毫米波雷達感測器。其中一個雷達為主機另一個則為從機，兩個雷達彼此透過匯流排進行通訊，傳遞兩者電磁波的編碼機制，以進行不同單元的訊號區分。系統除了可對車側進行盲區車輛的偵測外，亦可在車輛倒車時，對後方路口進行車輛偵測。相關的控制器、感測器以及致動器，如表 4- 17 所示。

表 4- 17 盲點資訊系統架構

項目	感測器/致動器	電氣訊號	匯流排
車身控制模組（BCM）	後視鏡（BLIS 指示器）	電壓/匯流排	CAN bus / LIN bus
毫米波雷達（主）	毫米波雷達（從）	匯流排	CAN bus
防鎖死煞車控制系統（ABS）	輪速感測器	頻率（電流）	CAN bus
	煞車踏板開關	邏輯（冗餘）	
變速箱控制模組（TCM）	檔位選擇感測器	匯流排	CAN bus
中央閘道網關（CGW）	通訊致能器	匯流排	CAN bus / LIN bus
轉向柱模組	方向燈開關	邏輯	CAN bus / LIN bus
觸控面板	電容式觸控屏/ BLIS 開關	匯流排	CAN bus / LIN bus
資訊模組	揚聲器	頻率（交流）	CAN bus / LIN bus
資訊顯示器		匯流排	CAN bus

4-4-2 車側盲點警告

如表 4- 18 所示，編號 01 至 03 訊息皆符合各項條件時，盲點資訊系統將被啟用。系統啟用後，當後方雷達辨識範圍出現車輛時，將由主要的毫米波雷達送出編號 04 對應方向的車輛靠近訊息於 BCM。而轉向柱模組編號 05 方向燈開關訊息，將決定由 BCM 送出編號 06 對應後視鏡指示器會是以長亮或閃爍的方式顯示，並警告車外的車輛駕駛注意來車。

表 4- 18 車側盲點警告

編號	感測器/控制器	訊息	條件
01	資訊模組	BLIS 開啟	觸控面板選擇 BLIS 開啟
02	ABS	車速	10 km / h 以上
03	TCM	檔位狀態	選擇前進檔
04	毫米波雷達	車輛靠近狀態	識別出車輛靠近、與識別車輛速差在 40 km /h 以內

編號	感測器/控制器	訊息	條件
05	轉向柱模組	方向燈開關	開啟左邊或右邊方向燈
06	BCM	指示器警告	長亮為編號 01、03 及 04 符合；閃爍則根據編號 05 訊息決定

4-4-3 後方路口警告

　　如表 4- 19 所示，編號 01 以及 02 或 03 訊息皆符合各項條件時，盲點資訊系統將被啟用。系統啟用後，當後方雷達辨識範圍出現車輛時，將由主要的毫米波雷達送出編號 04 對應方向的車輛靠近訊息於 BCM。再由 BCM 送出編號 07 給資訊顯示器顯示後方橫向來車方向，以及編號 08 給資訊模組對應後方來車方向的揚聲器警告聲。部分車款將後方路口警告功能獨立設定為後方路口交通警示（rear cross traffic alert, RCTA）系統。

表 4- 19　後方路口警告

編號	感測器/控制器	訊息	條件
01	資訊模組	BLIS 開啟	觸控面板選擇 BLIS 開啟
02	ABS	車速	往後滑動
03	TCM	檔位狀態	選擇倒車檔
04	毫米波雷達	車輛靠近狀態	識別出車輛靠近
07	資訊顯示器	後方來車方向	BCM 送出警告訊息
08	資訊模組	揚聲器警告聲	BCM 送出警告訊息

4-5 自適應巡航控制系統

 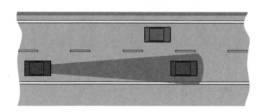

　　自適應巡航控制（adaptive cruise control, ACC）系統，也稱為主動巡航控制系統。屬於 ADAS 功能之一的定速巡航控制。該系統透過感測前方障礙物距離的毫米波雷達、光學雷達或攝影機的訊息，以及動力總成系統的車速控制與底盤系統的制動控制等。ACC 可自動調節車速，以維持與前方車輛的安全距離。基本上駕駛者所設定與前車的車距間隔，是由車輛速度而計算出的安全車距。因此，在不同的車速情況下，間隔的車距會有所差異。

ACC 技術被廣泛認為是下一代智能汽車的關鍵系統。它們透過保持車輛之間的最佳間隔並減少駕駛者錯誤來影響行車安全性,並提高便利性與減少駕駛者的疲勞。根據 SAE international 定義,具有 ACC 功能的車輛被視為 level 1 自動駕駛輔助系統。

當與其它駕駛輔助功能(例如車道維持置中)結合使用時,該車輛將被視為 level 2 自動駕駛輔助系統。用於 level 1 的 ACC 拓樸,如圖 4- 31。

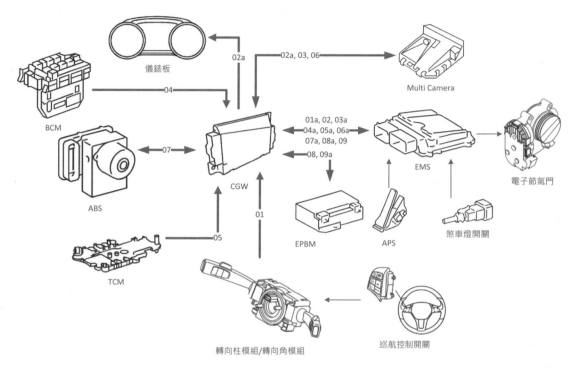

圖 4- 31 自適應巡航控制系統拓樸(內燃機)

英飛凌 Infineon Technologies AG

英飛凌科技前身是西門子集團旗下子公司西門子半導體,於 1999 年獨立,2000 年上市,總部位於德國慕尼黑。主力提供汽車和工業電子裝置、晶片卡和安全應用以及各種通信應用提供半導體和系統解決方案。產品素以高可靠性、卓越品質和創新性著稱,並在類比和混合信號、射頻、功率以及嵌入式控制裝置領域掌握尖端技術。英飛凌的業務遍及全球,在美國加州苗必達、亞太地區的新加坡和日本東京等地擁有分支機構。

4-5-1 系統架構

　　level 1 自動駕駛輔助系統，ACC 系統的運算核心單元，內燃機是引擎管理系統，電動機則是車輛控制單元（vehicle control unit, VCU）。關鍵感測器是前方毫米波雷達感測器及攝影機或多功能攝影機（multi camera）。level 2 的自動駕駛輔助系統，ACC 系統運算核心單元則是 IDCU。用於 level 1 相關的控制器、感測器以及致動器，如表 4- 20 所示。

表 4- 20　自適應巡航控制系統架構

項目	感測器/致動器	電氣訊號	匯流排
多功能攝影機	電荷耦合元件（CCD）及光學雷達或毫米波雷達	匯流排	CAN bus / FlexRay / Ethernet
中央閘道網關（CGW）	通訊致能器	匯流排	CAN bus / LIN bus / FlexRay / Ethernet
引擎管理系統（EMS）/ 車輛控制單元（VCU）	加速踏板位置感測器（APS）	電壓（冗餘）	CAN bus / FlexRay
	煞車踏板開關	邏輯（冗餘）	
	電子節氣門	全橋	
變速箱控制模組（TCM）	檔位選擇感測器	匯流排	CAN bus
防鎖死煞車控制系統（ABS）	輪速感測器	頻率（電流）	CAN bus / FlexRay
	電磁閥	PWM	
	伺服馬達	電壓	
車身控制模組（BCM）	駕駛側車門及駕駛安全帶開關	邏輯	CAN bus
電機駐車控制模組（EPBM）	駐車馬達	全橋	CAN bus
	駐車開關	邏輯（冗餘）	
轉向柱模組	巡航控制開關	電壓碼	CAN bus / LIN bus
儀表板	里程計數器	匯流排	CAN bus

4-5-2 ACC 的待命與啟用

　　如表 4- 21 所示，ACC 透過編號 01 的選擇，儲存設定狀態於 EMS。編號 03 至 05 訊息皆符合各項條件時，ACC 進入待命，並透過 EMS / VCU 所發送的編號 02 訊息，使儀表板顯示設定訊息及 ACC 待命（灰色圖示）。

圖 4- 32　ACC 啟用的圖示

當系統待命或重置後，編號 06 或 07 符合時，ACC 將由待命進入啟用，此時透過編號 02 的
訊息改變，將儀表板所顯示的 ACC 圖示從灰色變為綠色，如圖 4- 32 所示。

表 4- 21　ACC 的啟用及控制

編號	感測器/控制器	訊息	條件
01	轉向柱模組	巡航控制開關狀態	巡航控制開關選擇 ACC 啟閉、重置或各項設定
02	EMS / VCU	ACC 設定或狀態	內燃機或電動機運行且無相關故障問題以及 ACC 待命或啟用
03	多功能攝影機	允許 ACC	攝影機辨識正常
04	BCM	允許 ACC	駕駛側安全帶已扣上以及車門已關上
05	TCM	允許 ACC	檔位選擇前進檔以及 TCM 系統正常
06	多功能攝影機/毫米波雷達	啟用 ACC 及車距	鎖定前方目標與車距
07	ABS	啟用 ACC 及車速	車速 15 km / h 以上以及煞車踏板未踩下
08	EPBM	EPB 狀態	EPB 制動
09	EPBM	啟用 EPB	上述 03~05 訊號不允許或 06, 07 訊號異常

4-5-3 自動維持車距及待命或中斷

續表 4- 21 所示，ACC 啟用後，系統根據儲存於 EMS / VCU 的設定狀態，透過編號 06 的車
距以及 07 的車速，自動進行車速及車距的控制。以燃油車為例，是藉由控制內燃機的電子節氣門
開啟度；電動車則是直接控制電動機的轉速，進而改變車速及車距。

當駕駛者踩下煞車踏板，使得編號 07 訊號啟用狀態改變或自行將車速超過所設定數值 1 分
鐘以上時，又或是編號 08 訊息 EPB 被啟用，都使系統進入待命。

而編號 03 至 05 任一訊息不允許或 06、07 訊號異常時，則 ACC 立即中斷關閉。在配有電機
駐車系統的車款，當收到不允許或異常訊息，且車輛在靜止狀態下而中斷 ACC 時，系統會送出編
號 09 訊息，主動啟動電機駐車，避免車輛不預期的移動，這也就是具有全域式 ACC 系統車輛需
配有 EPB 或電子煞車力分配（electronic brake force distribution, EBD）系統的主因。

4-6 自動緊急煞車系統

自動緊急煞車（autonomous emergency braking, AEB）系統為前方主動式防撞安全系統之一，主要透過可視角環境感測器的攝影機與雷達訊號的融合，鎖定前方目標物，譬如：車輛、行人、自行車及大型動物等。

ECU 將系統警戒由低至高劃分為「安全區」、「警示區」及「危險區」，此三種程度的界定與「碰撞時間」有關係。於安全區中，系統並不啟動，當碰撞時間開始小於預設值時，系統判定從安全區進入警示區，並提供防撞警示，若落於危險區時，依各車款設計不同，會利用視覺或聽覺警告駕駛者，必要時由系統自動啟動煞車，當車速在 45 km/h 以下時，系統甚至可以完全煞停。用於 level 1 的 AEB 系統拓樸，如圖 4- 33。

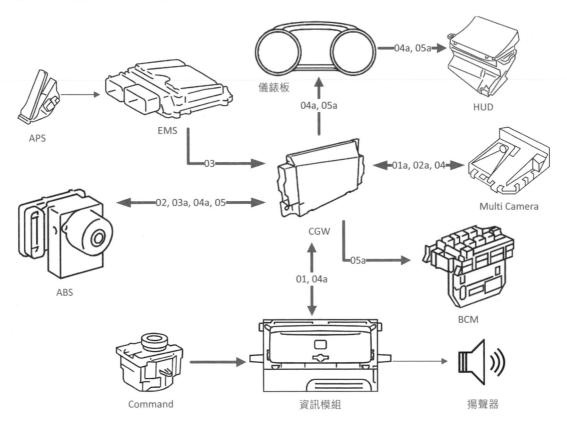

圖 4- 33 自動緊急煞車系統拓樸

當前 AEB 之防護設計是盡量晚啟動煞車，避免沒有必要的介入，且感測技術還無法百分百確認碰撞可能，特別在高速行駛情況下的路況快速變化。故 AEB 主要是針對車速約在 80 km/h 以下提供自動啟動煞車，以上車速時，僅提供警示功能，因此某品牌汽車將 AEB 又稱之為都會安

全防護系統（city safety）。

4-6-1 系統架構

　　level 1 自動駕駛輔助系統，AEB 系統運算核心單元是攝影機或多功能攝影機。若單獨只採用攝影機，則需與前方毫米波雷達感測器進行感測器的融合與冗餘。level 2 的自動駕駛輔助系統，AEB 系統運算核心單元則是 IDCU。level 1 相關的控制器、感測器以及致動器，如表 4- 22 所示

表 4- 22　自動緊急煞車系統架構

項目	感測器/致動器	電氣訊號	匯流排
多功能攝影機	電荷耦合元件（CCD）及光學雷達或毫米波雷達	匯流排	CAN bus / FlexRay / Ethernet
中央閘道網關（CGW）	通訊致能器	匯流排	CAN bus / FlexRay / Ethernet
引擎管理系統（EMS）	加速踏板位置感測器（APS）	電壓（冗餘）	CAN bus / FlexRay
防鎖死煞車控制系統（ABS）	輪速感測器	頻率（電流）	CAN bus / FlexRay
	電磁閥	PWM	
	伺服馬達	電壓	
車身控制電腦（BCM）	煞車燈	電壓	CAN bus
抬頭顯示器（HUD）		匯流排	CAN bus
資訊模組	揚聲器	頻率（交流）	CAN bus
Command 控制器		匯流排	CAN bus

4-6-2 AEB 的警戒、啟動與解除

　　如表 4- 23 所示，當編號 01 至 03 皆符合相關條件時，AEB 開啟並進入警戒模式，並依多功能攝影機運算與前方物體可能碰撞的程度，發送編號 04 目標物相對距離及速率以及視覺警示訊息於儀表或抬頭顯示器（head up display, HUD）或進一步到聽覺警告訊息於資訊模組的揚聲器，若進入危險區則會透過 ABS 啟動 AEB，並由編號 05 訊息傳送給 BCM 點亮煞車燈以及儀表板顯示 AEB 已被啟動之訊息。而 AEB 啟動後，車輪呈現鎖住狀態，只需將加速踏板踩下便自動解除，並改變編號 05 訊息為解除狀態。

表 4- 23　AEB 的警戒與啟動

編號	感測器/控制器	訊息	條件
01	資訊模組	開啟 AEB	車載資訊設定選擇開啟 AEB
02	ABS	允許 AEB 及車速	加速度小於預設值以及 ABS 系統正常
03	EMS	允許 AEB	加速踏板開啟角度未超過額定值
04	多功能攝影機	AEB 警戒程度訊息	鎖定前方目標物相對距離及速率
05	ABS	AEB 啟動及煞車燈控制訊息	AEB 已被啟動
05	ABS	解除 AEB	AEB 未在危險區以及加速踏板踩下

4-7 車道維持輔助系統

　　車道維持輔助（LKA）系統目前是專為快速道路和高速公路行駛而設計，目的是降低駕駛者不小心偏離行駛中的車道風險，未來將會成為自動駕駛關鍵之技術核心。LKA 系統使用位於後視鏡後方的前向攝影鏡頭，該攝影鏡頭連續追蹤前方的路線，以監測車道導引線。當駕駛者不小心駛離車道時，LKA 系統會透過方向盤振動以及儀表板訊息警告，並適時提供主動轉向以輔助車輛返回車道內。

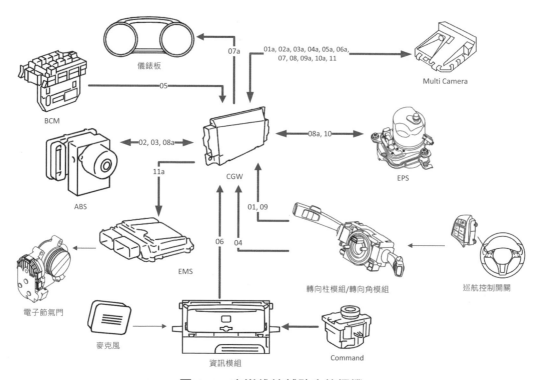

圖 4- 34　車道維持輔助系統拓樸

新一代通稱 level 2 的自動駕駛輔助系統,可在道路環境識別允許及安全條件下,自動維持車輛在車道中間。該系統為多線控系統整合之應用,涵蓋動力、底盤以及車身。因此,系統彼此間的訊息或封包會透過中央閘道網關進行交換。level 1 的 LKA 系統拓樸,如圖 4-34 所示。

4-7-1 系統架構

如圖 4-35 所示,車道維持輔助系統在 Level 1 架構下,運算核心單元是多功能攝影機。相關的控制器、感測器以及致動器如表 4-24 所示。

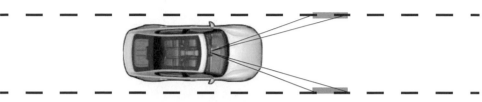

圖 4-35 車道維持輔助系統

表 4-24 車道維持輔助系統架構

項目	感測器/致動器	電氣訊號	匯流排
多功能攝影機	電荷耦合元件(CCD)及光學雷達	匯流排	CAN bus / FlexRay / Ethernet
中央閘道網關(CGW)	通訊致能器	匯流排	CAN bus / LIN bus / FlexRay / Ethernet
引擎管理系統(EMS)	電子節氣門	全橋	CAN bus / FlexRay
電子動力輔助方向盤(EPS)	轉向馬達	三相直流	CAN bus / FlexRay
	扭力感測器	匯流排	
防鎖死煞車控制系統(ABS)	輪速感測器	頻率(電流)	CAN bus / FlexRay
	電磁閥	PWM	
	伺服馬達	電壓	
轉向柱模組	巡航控制及燈光開關	電壓碼/邏輯	LIN bus / CAN bus
轉向角模組	旋轉編碼器(轉向角感測器)	匯流排	CAN bus
資訊模組	麥克風	頻率(電流)	CAN bus / Ethernet
Command 控制器		匯流排	CAN bus

4-7-2 車道維持的開啟與啟用

如表 4- 25 所示，編號 01 車道維持啟閉狀態會被設定在多功能攝影機，且 01 至 06 訊息皆符合各項條件及未錯誤時，車道維持系統將被開啟，並透過多功能攝影機所發送的編號 07 訊息，使儀表板顯示車道兩側導引線(灰色圖示)。系統開啟後，當多功能攝影機能辨識出前方車道狀況時，多功能攝影機將改變編號 07 的車道兩側導引線訊息，由灰色變為鮮明的顏色，如圖 4- 36 所示。

開啟　　　　　　　　　　　　　　啟用

圖 4- 36　車道維持圖示

表 4- 25　車道維持開啟與啟用

編號	感測器/控制器	訊息	條件
01	轉向柱模組	巡航控制啟閉狀態	巡航控制開關選擇車道維持
02	ABS	允許 LKA 及車速	車速 10 km / h 以上以及 ABS 系統正常
03	ABS	煞車踏板狀態	煞車踏板未踩下
04	轉向角模組	方向盤轉角	轉角小於規範值
05	BCM	允許 LKA	駕駛側安全帶已扣上以及車門已關上
06	資訊模組	LKA 設定值	僅輔助轉向或輔助轉向加方向盤震動 (未支持車道維持中間功能，僅有車道偏移修正車輛)
07	多功能攝影機	車道維持、偏移或警告	辨識出前方車道狀況 (灰色開啟、左側或右側鮮明啟用導引線)

4-7-3 自動修正方向盤

如表 4- 26 所示，當系統進入啟用狀態後，多功能攝影機若辨識出車道偏移狀況以及轉向柱模組編號 09 未開啟方向燈訊息，多功能攝影機將會送出編號 07 的車道偏移訊息於儀表板顯示，如圖 4- 37 所示。

圖 4- 37　車道偏移圖示

並根據編號 06 資訊模組設定值，採取編號 08 輔助轉向或輔助轉向加方向盤震動，將車輛修正到車道內；若系統支持車道維持中間功能，則會根據編號 02 當前的車速以及編號 04 轉向角度與當前偏移狀況由多功

能攝影機進行計算後，透過編號 08 自動修正方向盤轉角，使車輛維持在車道中間。有些系統則是藉由 ABS 來自動控制單邊的煞車力道，使車輛拉回到車道線內。

表 4- 26 自動修正方向盤

編號	感測器/控制器	訊息	條件
02	ABS	允許 LKA 及車速	車速 10 km／h 以上以及 ABS 系統正常
04	轉向角模組	方向盤轉角	轉角小於規範值
06	資訊模組	LKA 設定值	僅輔助轉向或輔助轉向加方向盤震動（未支持車道維持中間功能，僅有車道偏移修正車輛）
07	多功能攝影機	車道維持、偏移或警告	辨識出車道偏移
08	多功能攝影機	輔助轉向或方向盤震動	取得當前車速以及轉向角度與當前偏移狀況由多功能攝影機進行計算後
09	轉向柱模組	方向燈開關	開啟左邊或右邊方向燈

4-7-4 車道維持中斷

如表 4- 27 所示，編號 01 選擇關閉車道維持或 03、05 任一訊息符合各項條件時，車道維持系統將立即中斷。當無法辨識前方車道狀況及前方車輛位置，編號 07 除了中斷程序外，並發出警告訊息於儀表。

而當多功能攝影機，未取得編號 10 駕駛者手握方向盤超過規範時間，先透過編號 07 發出警告訊息於儀表板，提示駕駛者，若再無手握方向盤，多功能攝影將會發出編號 11 訊息，透過車輛控制單元請求動力系統降低引擎轉速，使車輛緩慢停止，此功能是避免駕駛者精神狀況不佳或過度依賴系統，而未將手放置於方向盤上，做好緊急狀況的應變。

表 4- 27 車道維持中斷

編號	感測器/控制器	訊息	條件
01	轉向柱模組	巡航控制開關狀態	巡航控制開關選擇關閉車道維持
03	ABS	煞車踏板狀態	煞車踏板踩下
05	BCM	不允許 LKA	駕駛側安全帶未扣上或車門開啟
07	多功能攝影機	車道維持、偏移或警告	無法辨識前方車道狀況及前方車輛位置
10	EPS	手握方向盤狀態	駕駛者手握方向盤
11	多功能攝影機	降低引擎轉速	當駕駛者超過規範時間未曾握住方向盤

4-8 自動停車輔助系統

　　停車輔助系統（park assist system, PAS）使用超音波感測器與 PAS 控制器在車體與物體間狹窄空間進行距離的檢測，形成類環景系統，最後在資訊娛樂顯示系統於螢幕中以圖示及聲音指示障礙物的距離，並提示駕駛者需進行的操作，藉此協助駕駛者停車輔助。

　　自動停車輔助系統（auto PAS, APAS）是全方位的 PAS。其主要功能於系統啟用時，除了使用超音波感測器與 PAS 控制器檢測與障礙物距離外，還透過前後保險桿內的短程毫米波雷達收集車身側面目標的相對位置、距離、角度以及其它感測器相關資訊計算後，自動尋找車位以及控制車輛的轉向、檔位、車速和煞車，使車輛完成整個自動停車程序，如圖 4- 38 所示。

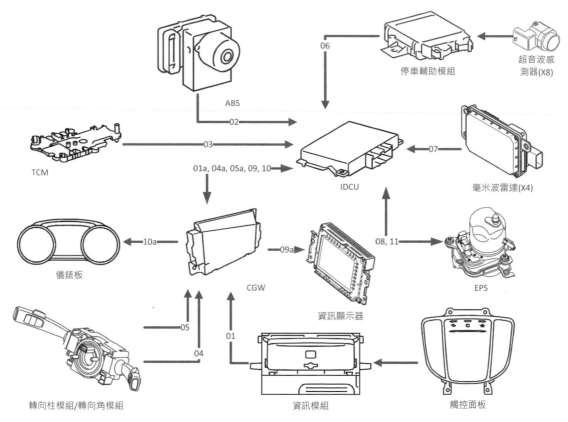

圖 4- 38 自動停車輔助系統拓樸

4-8-1 系統架構

　　自動停車輔助系統，運算核心是停車輔助模組（park assist module, PAM）。部分車款，則有獨立運算整合單元（駕駛輔助功能模組），以賓士汽車名稱為例，其運算核心則是智慧駕駛控制單元（IDCU）。IDCU 單元整合轉向、檔位、車速和煞車相關的控制器、感測器以及致動器，如表 4-28 所示。

表 4- 28 自動停車輔助系統架構

項目	感測器/致動器	電氣訊號	匯流排
智慧駕駛控制單元（IDCU）		匯流排	CAN bus / FlexRay
停車輔助模組	超音波感測器	PWM/匯流排	CAN bus / LIN bus / FlexRay
毫米波雷達（主）	毫米波雷達（從）	匯流排	CAN bus / FlexRay
中央閘道網關（CGW）	通訊致能器	匯流排	CAN bus / LIN bus / FlexRay / Ethernet
防鎖死煞車控制系統（ABS）	輪速感測器	頻率（電流）	CAN bus / FlexRay
	煞車踏板開關	邏輯（冗餘）	
電子動力輔助方向盤（EPS）	轉向馬達	三相直流	CAN bus / FlexRay
	扭力感測器	匯流排	
變速箱控制模組（TCM）	檔位選擇感測器	匯流排	CAN bus / FlexRay
轉向柱模組	燈光開關	邏輯	LIN bus / CAN bus
轉向角模組	旋轉編碼器	匯流排	CAN bus / FlexRay
儀表板	里程計數器	匯流排	CAN bus / Ethernet
觸控面板	電容式觸控屏/ APAS 開關	匯流排	CAN bus / LIN bus
資訊模組	麥克風	頻率（電流）	CAN bus / Ethernet
資訊顯示器		匯流排	CAN bus / Ethernet

4-8-2 自動停車輔助啟用

　　如表 4- 29 所示，IDCU 取得編號 01 至 02 各項訊息皆符合各項條件，以及相關系統無任何故障時，自動停車輔助系統將被啟用，透過編號 09 訊息由資訊顯示器顯示障礙物距離，編號 10 訊息由儀表板提示駕駛者所需配合的操作及 APAS 狀態。若是選擇路邊停車，左駕車預設為右側停車，如需左側停車則需編號 05 的左方向燈訊息。

　　當 IDCU 整合編號 06 及 07 資訊，識別出停車格，系統會透過儀表板及資訊顯示器指引駕駛者後續需配合的操作，如可用車位選擇、車輛停止、往前、倒車檔或前進檔等。駕駛者只需操作車輛的檔位及煞車，轉向則全由 IDCU 根據編號 02 車速、03 檔位及 04 轉向角資訊，下達編號 08 的訊息給 EPS，以完成輔助停車功能。

表 4- 29 自動停車輔助啟用

編號	感測器/控制器	訊息	條件
01	資訊模組	開啟 APAS 及路邊停車或倒車入庫資訊	觸控面板選擇 APAS 開啟及目標選取
02	ABS	車速	35 km／h 以下（含）
03	TCM	排檔位置資訊	無
04	轉向角模組	轉向角資訊	無
05	轉向柱模組	方向燈資訊	開啟左邊或右邊方向燈
06	停車輔助模組	目標相對資訊	識別出障礙物相對位置、距離及角度
07	毫米波雷達	目標相對資訊	識別出障礙物相對位置、距離及角度
08	IDCU	目標轉向角訊息	自動停車程序進行中
09	IDCU	障礙物距離	PAS 啟用
10	IDCU	APAS 狀態及警告訊息	APAS 啟用

4-8-3 自動停車輔助中斷

如表 4- 30 所示，編號 01、02 或 11 任一訊息符合各項條件時，自動停車輔助系統將立即中斷。而當 IDCU 整合編號 06 及 07 資訊，無法完成自動停車輔助時，除了中斷程序外，並發出編號 10 警告訊息於儀表。

表 4- 30 自動停車輔助中斷

編號	感測器/控制器	訊息	條件
01	資訊模組	關閉 APAS	觸控面板選擇 APAS 關閉
02	ABS	車速	35 km／h 以上
06	停車輔助模組	目標相對資訊	識別出障礙物相對位置、距離及角度
07	毫米波雷達	目標相對資訊	識別出障礙物相對位置、距離及角度
10	IDCU	APAS 狀態及警告訊息	停車格識別異常或路徑錯誤
11	EPS	APAS 中斷請求	駕駛者自行轉動方向盤

4-9 自動駕駛系統

隨著新商業模式的改變，整車 ECU 數量不斷成長，在軟體更新數量、複雜度以及網路通訊安全需求不斷提升下，已對產業經濟帶來沉重負擔。現今各車廠的嵌入式軟體電控系統，是以該系統運算核心單元的「物件導向」為架構（譬如：VCU 來決策 ACC 系統），電路配置沒有擴充性與通訊標準化，在未來是很難實現高智慧移動座艙與自駕系統需求。

4-9-1 區域控制單元

如圖 4- 39 所示，自駕車未來勢必從分布式軟體系統架構，改由區域控制單元（zone control units, ZCU）的輸入及輸出做為一個節點聚合器（aggregator），將 ZCU 以及車聯網技術所收集到的車輛與場域訊息，整合到由少數或單一標準化的高效能計算機(high performance computer, HPC)進行運算後，再將決策傳回 ZCU，由 ZCU 輸出執行相關任務的「服務導向」架構。

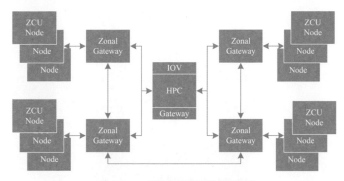

圖 4- 39 區域控制單元架構

4-9-2 高效能計算機

從架構上看來，物件導向分布式管理到服務導向的集中式管理，會有點像現今帶有中央網關的 BCM 車輛。但 BCM 主要服務面向是以舒適便利與燈光系統為主，其它系統還是都有自己獨立的運算單元，且一台車可能會有 1 個以上類似 BCM 的單元。HPC 硬體擁有可擴展的快閃記憶體與多核心微控制器，以利託管更多系統供應商軟體以及冗餘系統的建立與處理更高階的感測器融合演算，再藉由高速通訊骨幹可即時接收及發送更多訊息及指令。HPC 架構，如圖 4- 40 所示。

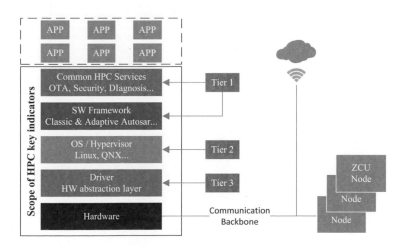

圖 4- 40 高效能計算機架構

4-9-3 自動駕駛系統架構

如圖 4- 41 所示,HPC 取得各區域資料進行融合與演算後,在確保備援機制與系統正常情況下,對車輛執行自動駕駛控制。當自駕系統無法正常執行時,ZCU 會進入備援模式,此時系統必須要能安全的將車輛控制權,順利回歸到駕駛者身上。

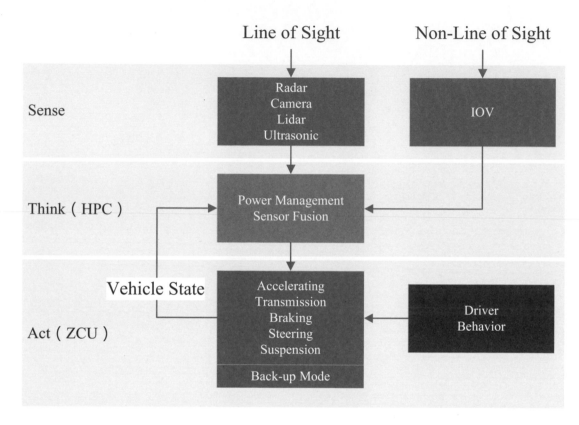

圖 4- 41 自動駕駛系統架構

電源特性與架構　5

汽車電子應用的電源環境，電力系統除了需佔用車輛較小的空間、寬域工作電壓輸入範圍、更高的電源轉換效率、低靜態電流（quiescent current）與電磁干擾外，還必須使 ECU 在面臨各種嚴苛條件下仍可正常運作而不失效。因此，從汽車電路佈局到 ECU 內部的設計都必須能因應各種狀況，其中包括電壓降與突波、冷起動、正負極反接以及拋載效應等其它暫態響應（transient response）。暫態響應是指電力系統離開平衡狀態或是穩態後會有的變化，不一定只是和突然的事件有關，而是和所有會影響電力系統平衡狀態的事件都有關係。

傳統內燃機車輛電源又與電動車有著明顯差異，電動機系統的大功率熱發散與高達 400 V 以上的直流電壓，其電力系統的溫度控制與更高電流的暫態峰值將對 ECU 產生更大的挑戰。因此，冷卻系統需做通盤規劃以及 ECU 電源介面需依據不同的系統需求，選擇適合的穩壓或保護電路。

5-1 電力系統

汽車電力系統在不同的動力總成車輛設計上有所差異，除了內燃機引擎（internal combustion engine, ICE）以外，還包括：具有電動機又具有 ICE 優勢的複合動力電動車（hybrid electric vehicle, HEV）、純電動和複合動力特徵的插電式複合動力電動車（plug-in hybrid electric vehicle, PHEV）、48 V 輕複合動力電動車（mild hybrid electric vehicle, MHEV）、純電動車（electric vehicle, EV）或燃料電池電動車（fuel cell electric vehicle, FCEV）以及增程型電動車（range extended electric vehicle, REEV）。動力總成系統（動力系統；powertrain system）的電氣化程度愈高，從最源頭的能源到車輪動力輸出之能量效率愈高，ICE 約為 40 %，EV 約為 90 %。電氣化程度由小到大，如圖 5- 1。

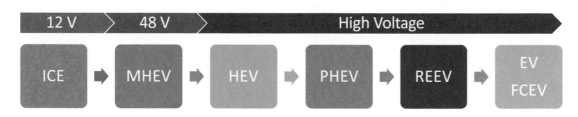

圖 5- 1 汽車電氣化程度

5-1-1 電池與管理

燃油車主要以燃油、內燃機、變速箱與電控作為動力系統，電動車是以電池、電動機（電機）與電控作為動力系統，而電池則是汽車電控及電機系統的動力來源。隨著電力需求不斷增加，發電機或電動機的輸出功率及電池儲能容量也愈來愈大，採取必要的措施對電池進行管理，避免電池的過放或過充電、過高溫度等異常狀況出現，以確保電力安全與延長電池壽命。

目前車輛電池主要是由鉛元素與鋰元素所製成的鉛酸蓄電池及鋰離子電池為汽車主流蓄電池，電池容量以安培小時（Ah）或瓦特小時（Wh）標示。表 5-1 為乘用車電池典型規格表。

表 5- 1 乘用車電池典型規格

電力系統	額定電壓（V）	典型容量（kWh）	電池型式
ICE	12	0.7 ~ 1.2	鉛酸
MHEV	48	1 ~ 1.2	鋰離子
HEV	200 ~ 300	1 ~ 2.5	鋰離子 / 鎳氫
PHEV	300 ~ 600	4 ~ 20	鋰離子
EV / FCEV	300 ~ 600	40 以上	鋰離子

1. 鉛酸蓄電池

西元 1859 年，法國物理學家普蘭特所發明的鉛酸蓄電池（lead-acid batteries），為汽車的用電創造優良的條件。鉛酸蓄電池是蓄電池的一種，cell（分電池）電極主要由鉛製成，電解液是硫酸溶液的一種蓄電溶液，每個 cell 的電壓約 2.1 V，浮充電壓約 2.25 V，容量低但可輸出較大的功率。（浮充電壓是指在充電完成後，系統僅提供微小電流，能使 cell 維持的電壓值）

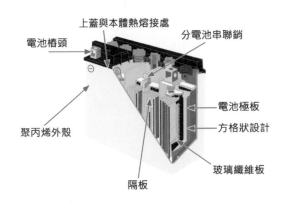

圖 5- 2 鉛酸蓄電池

鉛酸蓄電池分為開口型電池及封閉型電池兩種，前者需要定期注入稀酸維護，後者為免維護型蓄電池。傳統汽車電瓶主要指的是鉛酸蓄電池，由 6 個 cell 電極串聯起來，電壓普遍為 12.6 V（統稱 12 V），浮充電壓為 13.5 V。鉛酸蓄電池的發明，被譽稱為「意義深遠的發明」，如圖 5- 2 所示。

2. 吸附玻璃纖維電池

吸附玻璃纖維（absorbent glass mat, AGM）電池是一種先進的鉛酸電池，專為滿足配有 Start/Stop 車輛所需的高效能電力與壽命需求而生，電池在循環壽命、深度放電、大電流輸出以及充電受入性（快速充電性能）的表現十分稱職。

AGM 電池具有極強的抗振性，僅保留安全洩壓閥，因此完全密封。與傳統鉛酸電池相比，AGM 提供更好的循環性能、最小的洩氣和電解酸液洩漏，如圖 5- 3 所示。

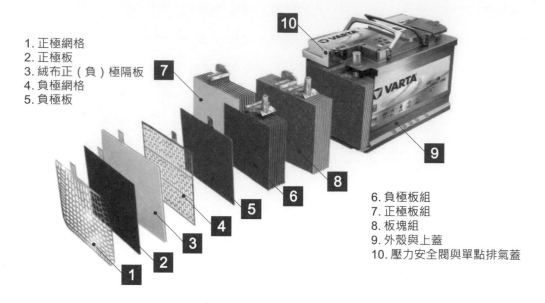

1. 正極網格
2. 正極板
3. 絨布正（負）極隔板
4. 負極網格
5. 負極板

6. 負極板組
7. 正極板組
8. 板塊組
9. 外殼與上蓋
10. 壓力安全閥與單點排氣蓋

圖 5- 3 吸附玻璃纖維電瓶（取自：VARTA）

3. 鋰離子電池

　　近幾年，鋰離子電池（lithium-ion batteries）開始應用於許多乘用車中。鋰是電化學電池的理想選擇，最常見的鋰離子電池是由石墨陽極，鋰金屬氧化物陰極以及鋰鹽和有機溶劑的電解質組成。對比鉛酸蓄電池，鋰離子電池有更高的能量密度，因此相同的容量，鋰離子電池的重量更輕。

　　鋰離子電池組裝後常見的有平板形與圓柱形兩種，由於陽（正）極材料、陰（負）極材料、電解液之間的化學反應，依電極材料不同，一般鋰離電池組的每一個 cell 電壓為 3.6～3.7 V，浮充電壓約 4.2 V（鋰鐵電池組的每一個 cell 電壓為 3.2 V，浮充電壓約 3.6 V）。在汽車應用中，鋰離子電池組是由數十到數千個單獨 cell 以複聯方式的矩陣電路組成，這些電池被封裝在一起以提供所需的電壓、功率和能量。圓柱形鋰離子電池構造，如圖 5- 4 所示。

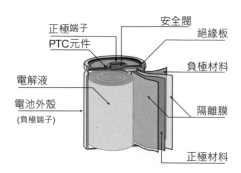

圖 5- 4 圓柱形鋰離子電池

4. 鎳氫電池

鎳氫電池有較低的環境污染（不含有毒的鎘），回收再利用的效率比鋰離子電池好，被稱為最環保的電池。但與鋰離子電池比較時，卻有一定的記憶效應（充放電次數）。鎳氫電池組每一個 cell 電壓約為 1.2 V，浮充電壓約 1.4 V。以 Toyota Prius 鎳氫電池組為例，6 個 cell 為一組，直列連接 28（14 × 2）組共 168 個 cell 串接，可產生 201.6 V 電壓，如圖 5- 5 所示。

圖 5- 5 鎳氫電池組

5. 燃料電池

如圖 5- 6 所示，燃料電池（fuel cell）是利用氫氣和氧氣化學反應（不會燃燒）過程，使正負電荷分離而形成電流的一種技術。在單一燃料 cell 中，氫氣在陽極（anode）觸媒處進行電離成氫質子和電子。質子能通過電解質膜或稱質子交換模，直接到達陰極（cathode）。而電子則是從陽極處繞過膜到達陰極產生電動勢。在陰極觸媒處的氫質子、電子和空氣中的氧氣進行氧氣還原反應。

在氧氣還原反應過程中，反應的產物是水和熱，氫氣約有 50％ 會轉化為電量，另外的 50％ 為熱量，因此仍需冷卻系統將燃料電池進行冷卻。上述整個過程基本上就是水電解的逆反應。

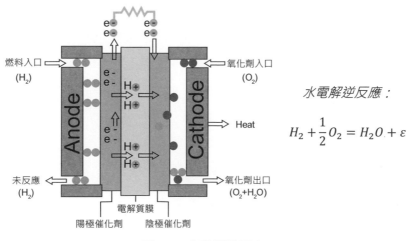

水電解逆反應：

$$H_2 + \frac{1}{2}O_2 = H_2O + \varepsilon$$

圖 5- 6 水電解逆反應

　　燃料電池的種類是依電解質膜材料區分，而汽車是以聚合物電解質膜燃料電池（proton exchange membrane fuel cell, PEMFC）為主要應用。與鋰離子電池相比，PEMFC 有更高的功率密度以及更高的儲存耐久性和更長的生命週期。燃料電池和燃油車一樣，直接補充燃料即可，所以充電方式和時間與燃油車一樣方便。

　　典型的單一燃料 cell 在開路電壓（open circuit voltage, OCV）理論值為 1.23 OCV，但由於催化過程的反應損失，大約只能輸出 0.9～1 OCV，在全額負載下，電壓會降至 0.6～0.8 V。所以燃料電池為了增加其電壓，會是以堆疊串聯方式構成，工作溫度低於 100 ℃。若以 450 cells 所架構的燃料電池組（fuel cell stacks）為例，在負載操作下，終端兩極之間約莫可產生 270～360 V 電壓，典型乘用車最大輸出功率為 120 kW。電池組結構，如圖 5- 7 所示。

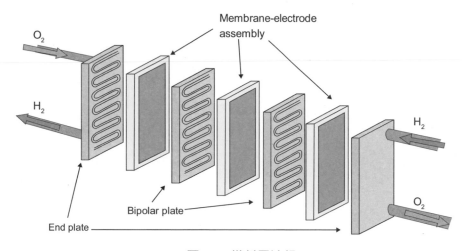

圖 5- 7　燃料電池組

6. 電池內阻

　　電池內阻是指當電流流過電池內部時，所受到的阻力。電池內阻並非是一個常數，在充放電過程中隨時間不斷變化，這是因為活性物質的組成，電解液或電解質膜的濃度和溫度都不斷在改變，並隨電流密度增加而增大。不同元素的電池內阻不同，即便是相同元素的電池，由於內部化學特性的不一致或離子遷移路徑退化，內阻也會有所差異。

電流密度：

$$S = \frac{I}{A} \qquad\qquad (5\text{-}1)$$

S：電流密度（A/mm²）　I：電流強度（A）　A：截面積（mm²）

對鋰離子電池而言，較大的電池內阻會產生大量焦耳熱引起電池溫度升高。在放電過程會導致電池兩側間的電壓降低，放電時間縮短。在充電過程，則必須提供更高的電壓，才能達到相同的電流，整體對電池的性能與壽命等造成嚴重影響。

電池的內阻很小，我們一般用毫歐姆的單位來定義它。內阻是衡量電池性能的一個重要技術指標。正常情況下，內阻小的電池，大電流放電能力強；內阻大的電池，則放電能力弱。

7. 電池管理系統

電動車高壓電池組是由鋰離子或鎳氫電池多個 cell 以複聯方式的矩陣電路組成，而電池管理系統（battery management systems, BMS）則是避免電池受損及延長壽命，並能確保安全使用高壓電池的控制系統。當系統啟動後 BMS 就全時監控電池使用狀態，透過必要措施控制電池組 cell 間，因內阻不同所造成電量不平衡的過充或過放電，有效延長電池壽命並優化電池效能。

如圖 5- 8 所示，RLPF 迴路為 BMS 對電池組各 cell 的監控與電壓取得電路。RDIS 迴路則是力線，透過 L9963E 晶片內的電晶體 on，使各 cell 間電壓進行平衡，改善各 cell 間的電壓不一致性，並在系統休眠時電晶體 off，減少電壓平衡時的電流消耗。RISENSE 迴路為電流監測電路，透過 RSENSE 與車體接地間的分流器，在電池放電與充電過程中 ISENSEP 與 ISENSEM 會產生電壓差，進一步放大後取得電流值，並採用庫倫計量法與電池開路電壓，計算電池壽命與電量。

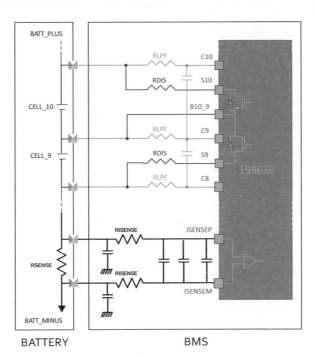

圖 5- 8 電池管理系統（取自：STMicroelectronics L9963E）

BMS 系統藉由監控各 cell 最大及最小電壓，電池組的輸出及輸入電流，以及電池與冷卻液溫度，透過軟體可計算出的資訊及保護功能如表 5- 2 所示。

表 5- 2 電池資訊與保護功能

	電池資訊	保護功能
項 目	分電池總充放電循環次數	OC（Over current）：過電流保護
	當前電量狀態（State of charge, SOC）	OV（Over voltage）：過電壓保護
	電池的內部阻抗	UV（Under voltage）：低壓保護
	最大放電電流作為放電電流限制 DCL（Discharge current limit）	OT（Over temperature）：高溫保護
	最大充電電流作為充電電流限制 CCL（Charge current limit）	UT（Under temperature）：低溫保護 漏電／短路偵測保護

8. 電池的充電時間

根據國家標準（CNS）15511-2 中之規範，交流型式下充電之電壓及電流規格：110V／12A、16A；220V／12A、16A、80A，在理想條件下，充完 50 kWh 電池的可能最快時間，分別約為 37.88、28.41、18.94、14.21、2.84 小時。

$$電池容量（W）＝ 電壓（V）電流（A）時間（h）$$
$$時間（h）＝ 電池容量（W）／電壓（V）／電流（A）$$

9. 能量密度

動力系統本身的零組件，無論是機構、電子或能源所產生的重量，稱之為「寄生重量」。以燃油車及電動車而言，燃料及電池就是該動力系統能源的寄生重量。電池能量密度高低取決於製作電池的材料，材料之間電子參與化學變化的參與度（價電子數與總電子數之比）越高，其能量轉換效率越佳，也就意味著該材料適合製作成電池，如表 5- 3 所示。

表 5- 3 元素能量參與度之比較

元素	總電子數	價電子數	參與度
鉛	82	4	4.8 %
鋅	30	2	6.7 %
鋰	3	1	33.3 %
碳	6	4	66.6 %
氫	1	1	100.0 %

除了化學變化參與度高之外，仍須考量其它材料特性，如成本、安全性等，並非參與度高的材料都適合來製作電池，圖 5-9 為鉛與鋰原子軌道模型。

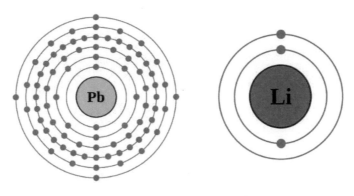

鉛的電子層（2, 8, 18, 32, 18, 4）　　鋰的電子層（2, 1）

圖 5-9 鉛與鋰原子軌道模型

生活中鉛、碳、鋅與鋰是常見的電池材料，實際上汽油與柴油就是典型的碳氫化合物，也就是能量密度第一和第二高的組合。根據汽油車 BMW M760 Li 與電動車 Tesla Model S 官方所公佈的相關數據，在車重相近，並於 90 km／h 定速巡航與相同的續航里程下進行比較，單位能量物質所能提供的續航里程，汽油是鋰電池的 12.5 倍（625 kg／50 kg），即使在比較中還包含了內燃機燃燒時的損失，汽油的能量密度仍然遠勝於鋰電池，相關數據如表 5-4 所示。

表 5-4 汽油車與電動車的能源重量

車型（2020 年份）	能源重量	車重	續航里程	備註
BMW M760 Li	汽油 50 kg	2220 kg	664 km	約 67.6 L，高速油耗 9.83 km／L 98 汽油／L = 0.737 kg
Tesla Model S	電池 625 kg	2250 kg	663 km	long range 版本

資料來源：u-car.com.tw

5-1-2 ICE 電力系統

內燃機（ICE）所提供的機械能經由驅動皮帶帶動發電機轉換成電能，發電機將電能供應給整車電器以及對電瓶進行充電，唯有發電機電量無法滿足電器負載時，才由電瓶補足供電。正常情況下，電瓶只在車輛未發動、起動時及電器負載過大時，才提供電流給電器，如圖 5-10 所示。

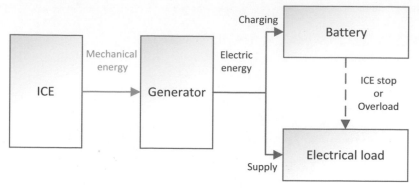

圖 5- 10　ICE 電力系統

5-1-3 MHEV 電力系統

　　由一個小於 20 kW 的整體式起動馬達發電機，結合起動馬達與發電機（starter and generator）功能的電動機輔助 ICE 一些扭矩及煞車回收動力。

　　48 V 輕油電系統電瓶容量小，電壓低，有別於一般乘用油電車或純電車電力總線動輒 200～400 V 的高壓，造成電池又大又重，48 V 輕油電系統不但電壓低，鋰電池的體積與相關零組件重量皆小很多，且 48 V 輕油電系統具備 DC／DC 變壓器，可讓車上同時供應 12 V 與 48 V 兩種電源。電動機配置可集成於變速箱內（ISG）或透過皮帶驅動（BSG）二種方式，如圖 5- 11 所示。

ISG　　　　　　　　　BSG

1. 48V 電動機
2. 張力器
3. 驅動皮帶輪
4. 皮帶
5. A/C 壓縮機

圖 5- 11　48 V 電動機（取自：Continental automotive）

1. 提升電器效率

　　近年汽車控制逐漸由液壓或機械能轉換為電子操控，高耗電的系統如電子轉向輔助、電子水泵浦、電子冷卻風扇、起動馬達、氣壓懸吊與空調壓縮機以及電子渦輪增壓等，這些系統或電機皆採用 48 V 電力，以提升電器效率。如此一來 48 V 電動機能減輕 ICE 在車輛起步以及電力需求時的負載，達到節能的目的。

至於車內照明、車燈與影音娛樂系統等小功率電器，仍採用傳統 12 V 供電，避免因全車電壓規格驟然改變，造成對汽車零組件相關業者過大的影響，如圖 5- 12 所示。

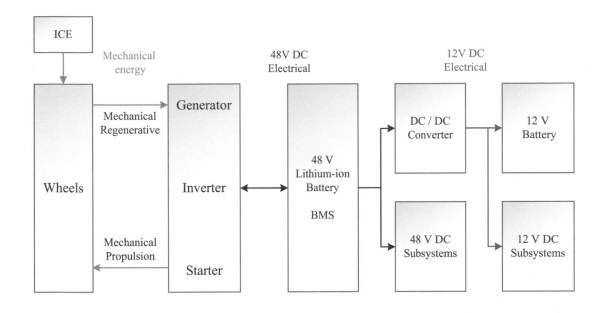

圖 5- 12　MHEV 電力系統

2. 降低啟動時的震動

配置有引擎怠速啟閉系統也會因電壓提高使 ISG／BSG 啟動電動機時，起動扭矩增加，從而降低運作時令車內乘員不舒服的震動感。天氣炎熱時怠速啟閉系統會根據車內溫度，停止怠速熄火或啟動車輛，使空調正常運作，維持車內溫度舒適性。

5-1-4 HEV 電力系統

由一個或多個大於 20 kW 的電動機與 ICE 一起供應動力及煞車回收動力，電瓶容量小，電壓高，可以在低速輕負荷情況下純電行駛。由於高電壓電動機能有扭矩大的優勢，所以 HEV 車型在車輛起步、上坡、以及急加速這種需要大扭矩輸出的時候，電動機便會輔助內燃機來工作，從而幫助車輛減少能源的消耗，達到節能的目的。

HEV 的鋰離子電池儲能量較小，所以靠 ICE 以及制動時產生的回收能源就能充滿電池，就可以驅動電動機來協助車輛行駛。當 HEV 電池電量過低時，即使在車輛靜止停車狀態，引擎會繼續運轉來驅動電動機，對 HEV 電池進行充電。因此，這類車並沒有設置外接的充電口，傳統 12 V 系統也與高壓系統分離外，仍保留 12 V 電瓶，以增加電力穩定性，如圖 5- 13 所示。

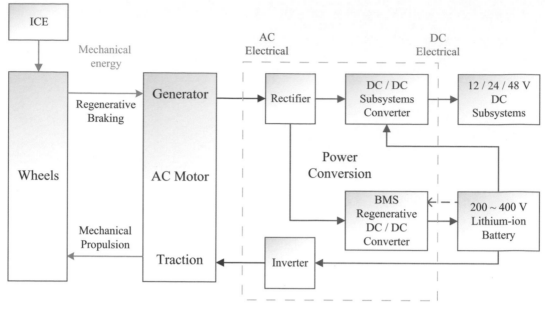

圖 5- 13　HEV 電力系統

5-1-5 PHEV 電力系統

　　由一個或多個電動機與內燃機一起供應動力及煞車回收動力，並可經由市電提供充電，電瓶容量中，電壓高。PHEV 車型和 HEV 架構大致一樣，會有傳統 ICE 和電動機的存在。但 PHEV 和 HEV 不同的是，PHEV 的電池容量更大，並且能夠支持較長時間純電行駛，時速更可高達 100 km 以上，同時還會額外多出一個管理 AC 電源對高壓電池組充電的車載充電模組（OBCM）。所以 PHEV 既能當純電動車行駛，也可以當成傳統燃油車行駛。

　　目前市面上大部分 PHEV 車型的滿電續航里程數大部分都在 50～80 km 左右，基本上可以滿足城市上下班里程需求，而如果長途的話還是需要傳統 ICE 的介入，如圖 5- 14 所示。

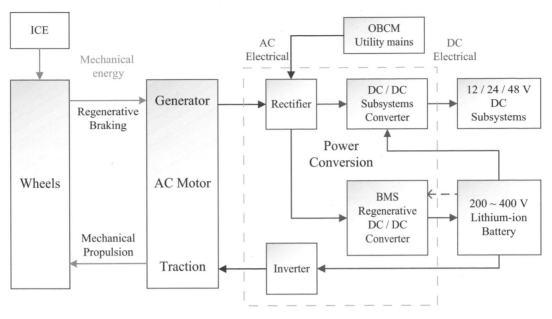

圖 5- 14　PHEV 電力系統

5-1-6 REEV 電力系統

增程型電動車是配置有「增程器」的電動車，動力完全是由電動機所供應。增程器可以是內燃機和發電機組合的發電模組或是燃料電池，系統以串聯方式提供電力驅動電動機。當電池的電力耗盡後，轉由發電模組或燃料電池繼續提供電力給電動機，藉此增加總行駛里程，如圖 5- 15。

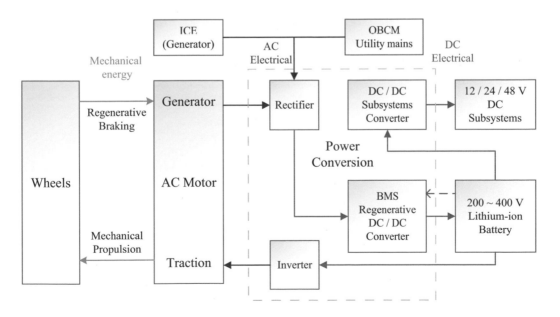

圖 5- 15　REEV 電力系統

另一種類似 REEV 也是以串聯方式提供電力給電動機的電力系統，主要差異是移除了 OBCM，使車輛不提供車載充電。車輛採用較大功率的增程器，譬如日產汽車的 e-POWER 系統。

5-1-7 EV 電力系統

純電動汽車，由一個或多個電動機，供應動力及回收動力，並可經由市電提供充電，電瓶容量大，電壓高。電瓶由一個堅固的外殼保護，除了電池組單元外，還包括電池與溫度管理系統及高壓斷路器，整體構成一個可充電式儲存系統（rechargeable Energy Storage System, REESS）。

EV 車型和 PHEV 電力架構大致一樣，但已無傳統 ICE 的存在，完全靠電動機行駛。乘用車 EV 的電池容量大於 40 kWh 以上，部分車款甚至已達 100 kWh，無論是性能或續航力都能滿足大多數使用者的期待，美中不足的還是充電所需的等待時間以及便利性問題等。

如圖 5- 16 所示，目前市面上大部分 EV 車型的滿電續航里程數都有 400 km 以上的水準，基本可以滿足短程的旅程，如果長途行駛的話還是需要中繼充電。電力系統架構，如圖 5- 17 所示。

圖 5- 16 續航里程（資料來源：U Car）

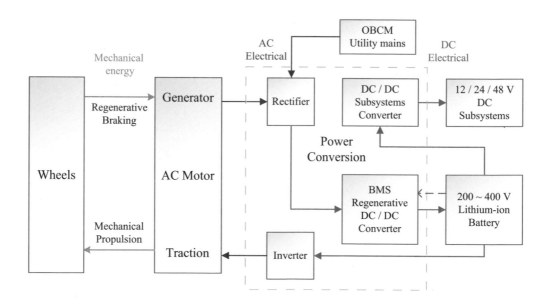

圖 5- 17 EV 電力系統

1. 交流充電電力分配

如圖 5- 18 所示為 2019 年 BMW i3 雙馬達動力系統電路架構圖，其電瓶（總線）電壓為 DC 353 V，電池容量 42.2 kWh(120 Ah)，前逆變器整合整流器(rectifier)與變壓器(DC / DC converter)，再將高壓直流電分配給各系統。

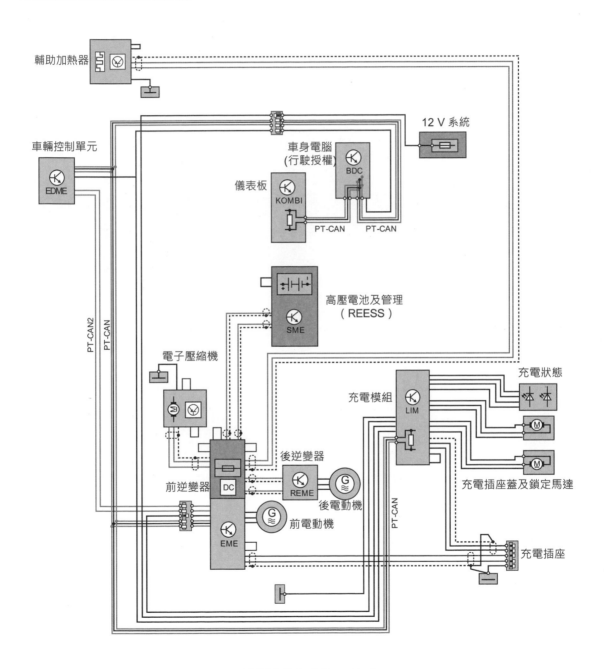

圖 5- 18 BMW i3 雙馬達動力系統 （取自：BMW TIS）

2. 交直流充電電力分配

如圖 5- 19 所示為 2021 年 Volvo XC 40 雙馬達動力系統高壓電路架構圖，其電瓶電壓為 DC 400 V，電池容量 78.2 kWh（190 Ah）。OBCM 整合整流器與變壓器（AC/DC），提供高壓直流給予高壓電瓶充電與分配給各系統。充電插座並多了直流接口，可將供電（充電）設備的 DC 直接給予高壓電瓶進行快速充電，該架構為目前 EV 車的主流架構。高壓電力分配，如圖 5- 20 所示。

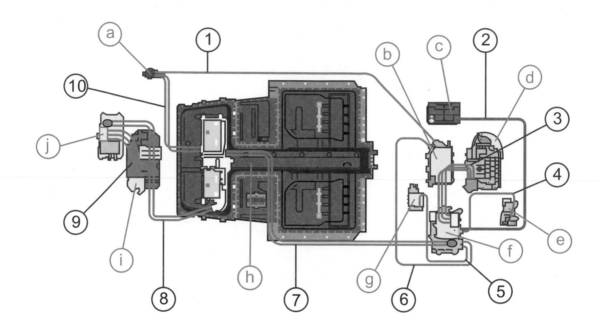

1. 車電接口至車載充電模組（OBCM ），120 ~ 240 VAC
2. DC / DC 變壓器至電瓶，12 VDC
3. 前逆變器至前電動機，400 VAC
4. 前逆變器至空調壓縮機模組，400 VDC
5. 前逆變器至高電壓電池（冷卻液）加熱器，400 VDC
6. OBCM 至前逆變器，400 VDC
7. 高電壓電瓶至前逆變器，400 VDC
8. 高電壓電瓶至後逆變器，400 VDC
9. 後逆變器至後電動機，400 VAC
10. 車輛接口至高電壓電瓶，400 VDC

a. 車輛接口
b. OBCM
c. 12 V 電瓶
d. 前電動機
e. 空調壓縮機模組
f. 前逆變器
g. 高壓電池（冷卻液）加熱器
h. 高壓電池（REESS）
i. 後電動機
j. 後逆變器

圖 5- 19 交直流充電架構

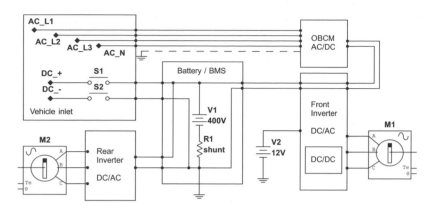

圖 5- 20 高壓電力分配

3. 預充電迴路

　　電動車的高壓總線 HV P 與 HV M，在車輛休眠一段時間後，該總線上相關模組內部電容器電壓會逐漸放空，譬如：逆變器與 DC/DC 模組。因此，當系統再啟動時，車輛控制單元（vehicle control unit, VCU）藉由系統啟動初期先控制預充電（pre charge）繼電器，使其迴路透由電阻 R 限制最大電流（乘用車約莫在 5～30 Ω之間），避免電容器在充電初期的電容器暫態短路，瞬間產生過高的突波電流，造成路徑元件、高壓電池或電容器本身受損。其電路架構，如圖 5- 21 所示。

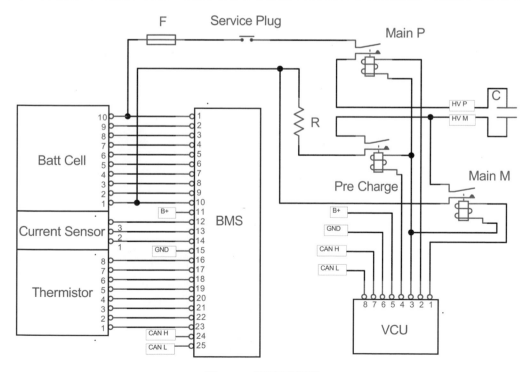

圖 5- 21 預充電迴路

5-1-8 FCEV 電力系統

氫燃料電池電動車（FCEV）之動力來自於儲存在車上的氫氣與燃料電池進行化學反應，進而產生電力以驅動馬達，行駛過程中僅排放水，因此被稱為「終極環保車輛」。加氫很簡單，就像在加油站一樣，使用加氫槍注入氫氣，大約 3～5 分鐘即可完成加氫。傳統加油站要增加氫氣站，在工程上，也要比架設供電設備（充電樁）來的容易。

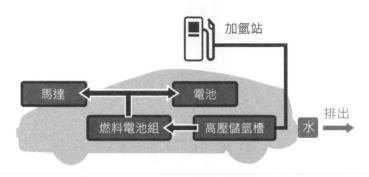

圖 5- 22 燃料電池電動車

如同 EV 車以樣，FCEV 由一個或多個電動機，供應動力及回收動力，但不經由市電充電，而是進行加氫氣的動做，並將氫氣儲存在高壓儲氫槽內。燃料電池組則是將儲存在車上的氫氣與燃料電池進行化學反應產生約莫直流 200~300 V 電壓。有別於 EV 高壓電瓶與電力總線為並聯設計，FCEV 是需透過燃料電池升壓器將電壓轉換成 650 V 電壓到電力總線上，如圖 5- 23 所示。

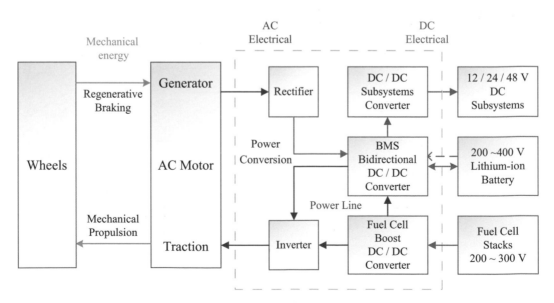

圖 5- 23 FCEV 電力系統

鎳氫或鋰離子高壓電瓶，也必須透過雙向 DC / DC 轉換器升壓到 650 V 電壓到電力總線上。在整車負載低的時候可以單獨用燃料電池組的 Boost 升壓器，提供電力給電動機驅動車輛，與此同時也可以給高壓電池充電。當車輛有更大動力需求或高壓電池電量不足的時候，燃料電池組就直接提供電力給電動機，實現雙重供電來滿足需求，提升電力總線穩定性。而在車輛減速行駛過程，電動機轉化為發電機來回收動能，電量藉由雙向 DC / DC 轉換器直接對高壓電池進行儲能。

5-1-9 電力安全規範

於聯合國歐洲經濟委員會（Economic Commission For Europe, ECE）ECE R100 車輛法規中有關電動車電力安全規範。針對四輪含以上及車速大於 25 km / h，屬於 M 類載運乘客與 N 類載貨物之電動車輛。在人員安全保護規定對於電機裝置外的高壓線或電纜，必須使用橘色絕緣材料作為警示避免誤觸。並且高壓電纜在 30 VAC 或 60 VDC 以上時，依規定程序量測後絕緣層所釋放的總能量應小於 2 焦耳。以及連接器分離後 1s 內，帶電體之電壓要 ≤ 30 VAC 或 60 VDC。（ECE R136 則針對四輪以下及車速大於 6 km / h 之 L 類電動車）

1. 警告標識與接地線

如圖 5- 24 所示，若移除相關電機裝置外殼及屏障處時，帶電體含有高電壓電路之可能時，應於該處附近標示可見的警告標識。又為了避免因裝置外殼內部絕緣損壞或單相接地故障時，裝置外殼產生電壓，導致間接接觸性觸電風險。因此，需在外殼與車體接地間，以電線、焊接或以螺栓等方式加以連接（小於 0.1 Ω），避免產生危險的高壓電於外殼上。

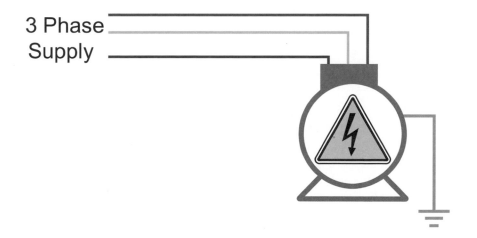

圖 5- 24 高壓危險標識與接地線

2. 絕緣電阻

　　基於人體直流安全電流 10 mA，交流安全電流 2 mA 限制（人體阻抗會隨著交流頻率的增加
而降低）。高壓電總線與電路介面間應有適當之絕緣電阻。直流電路絕緣電阻需求至少要 ≥ 100
Ω/V，交流電路絕緣電阻需求則至少要 ≥ 500 Ω/V。如果電機裝置或高壓電纜出現絕緣故障，根
據程度不同，會造成漸進的後果。

　　若電路只有些微絕緣故障，暫時不會對系統造成明顯影響。如果絕緣繼續惡化，洩漏的電流
會在兩點之間流動，熱量會聚集在周圍的材料上，在某種程度上，會造成系統效率降低或失效，
嚴重時還可能引發火災。量測絕緣電阻可使用絕緣電阻測試設備，在車輛沒有電源環境下進行量
測。亦可在車輛有電源環境下，根據電壓分配定則，跨接一個測試電阻後，使用高阻抗電錶電壓
計算出絕緣電阻值，如圖 5- 25 所示。

　　絕緣電阻：

$$Ri = Ro(\frac{E}{Va} - \frac{E}{Vb}) \qquad\qquad (5\text{-}2)$$

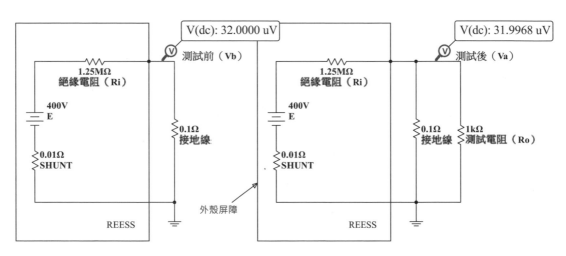

圖 5- 25 絕緣電阻測試

5-2 供電設備

　　充電標準是影響電動車普及發展的因素之一，然而電動車供電設備（electric vehicle supply
equipment, EVSE）與充電電纜（cable）在各國及不同車款的標準都有所差異。EVSE 與充電電纜
各為不同主體，充電電纜包含插頭（plug）與連接器（connector），其電纜必須能可靠的將 EVSE
所供應的電流輸入到車輛接口（vehicle inlet）。因此，實際能供應給車輛的最大負載電流量（載流
量）則是取 EVSE 與充電電纜兩者能提供載流量的最小者。供電設備與電纜，如圖 5- 26 所示。

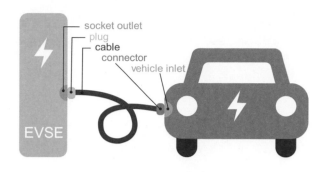

圖 5- 26 供電設備

如圖 5- 27 所示，台灣目前公共交流充電站皆使用美國汽車工程協會所規範的 SAE J1772 連接器規格。電動車品牌特斯拉則是採用自建支援直流超級充電的 CCS type 2(CCS2)連接器規格。在車端接口端子為公（male）腳，充電電纜端口端子則為母（female）腳。

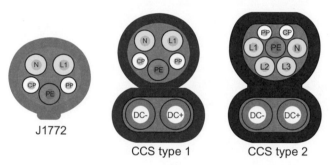

L1~L3：交流線
N：中性線
PE：地線
PP & CP：與充電站通信線
DC- & DC+：直流線

圖 5- 27 充電連接器（male）

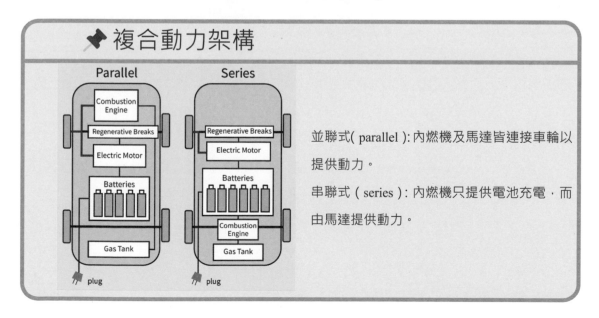

並聯式(parallel)：內燃機及馬達皆連接車輪以提供動力。
串聯式（series）：內燃機只提供電池充電，而由馬達提供動力。

5-2-1 交流與直流充電

　　無論是交流（AC）或直流（DC）充電，EVSE 電力來源均是 AC 電壓。由於電動車電池是 DC 電壓，所以就必須將 AC 轉換成 DC 電壓才可對電池進行充電。然而 AC 轉換 DC 需透過各種電路進行「切換」與「整流」，整個過程就會有轉換功率與發熱問題。對於 AC 充電車輛而言，這些電路就必須設計在空間狹小的控制器內，使得轉換功率受限於空間與散熱因素而大幅降低，其 AC 轉換 DC 流程，如圖 5- 28 a 所示。

　　如圖 5- 28 b 所示，DC 充電優勢就是不需要考慮車輛空間與零件重量，可將大功率 AC 轉換 DC 電路配置在 EVSE 內，轉換過程的發熱問題也容易解決，最終直接將供電設備所產生的大電流 DC 電壓提供給車輛電池充電使用，大幅提升充電效率，這就是為何 DC 充電快於 AC 的主因。

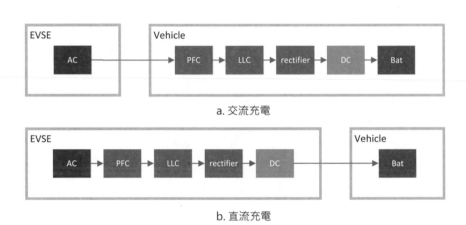

a. 交流充電

b. 直流充電

圖 5- 28　交流與直流充電架構

5-2-2 通信協定

　　SAE J1772 標準有多層級的安全保護，在連接器還沒有接上時，EVSE 的充電電纜線上的端子不會有任何大功率電壓輸出，必需由車輛送出充電請求訊息後才會輸出，避免發生觸電危險。亦可確保在連接器接好之後 EVSE 才提供充電，也在中止充電後才能安全的脫離連接器，避免連接器接觸與脫離過程產生電弧現象，進而縮短連接器壽命與著火風險。

　　SAE J1772 在 AC 等級 1 及 2 充電規範的各種對接情況下，EVSE 與車輛（vehicle）之間的控制導引（control pilot, CP）及接近導引（proximity pilot, PP）通信線協定如下所示：

1. 待機狀態

　　如圖 5- 29 所示，當電纜連接器未連接至車輛時，EVSE 與車輛分離。EVSE 透過 R1 電位提升，使 CP 端電壓為 12 V，車輛 CP 端開迴路，電壓則為 0 V，EVSE 處於待機狀態，無 AC 電壓

輸出。而車輛 PP 端透過 R4 與 R5 的分壓,電壓為 4.46 V,車輛未顯示與 EVSE 對接訊息。

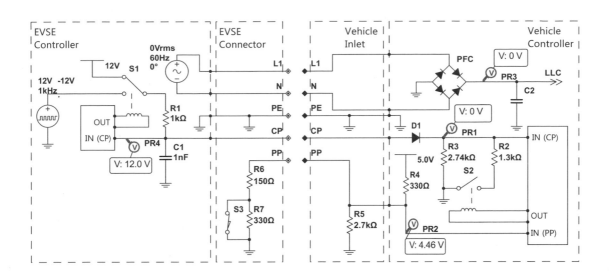

圖 5- 29 待機狀態

2. 車輛偵測

　　如圖 5- 30 所示,當電纜連接器連接至車輛時,EVSE 與車輛連接。由於 R1 與 R3 分壓,使 EVSE 與車輛 CP 端電壓降約為 8.96 V 與 8.33 V,EVSE 偵測到車輛。而車輛 PP 端透過 R4 與 R5 及 R6 並聯電阻的分壓,電壓為 1.51 V,車輛顯示與 EVSE 對接訊息。

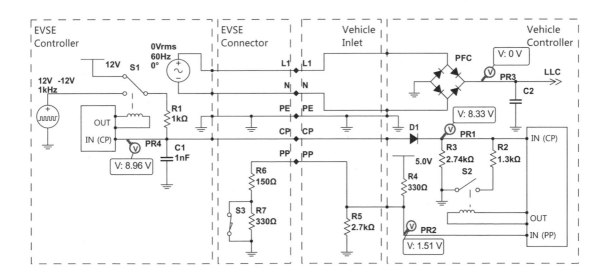

圖 5- 30 車輛偵測

3. 控制導引

　　如圖 5-31 所示，當 EVSE 偵測到車輛時，S1 電路切換至 1kHz 之 PWM 訊號，使 CP 端電路藉由不同的頻率及工作週期傳遞 EVSE 可提供的最大負載電流量訊息給車輛。PWM 訊號為正負 12 V 方波，其 EVSE 與車輛 CP 端最大電壓仍維持 8.96 V 與 8.33 V。工作週期範圍介於 10～80 %，1kHz 之 PWM 訊號每小時載流量為 6～48 A。

EVSE 最大負載流量：

$$載流量（Ah）= 0.6 \times PWM（\%）\qquad\qquad（5\text{-}3）$$

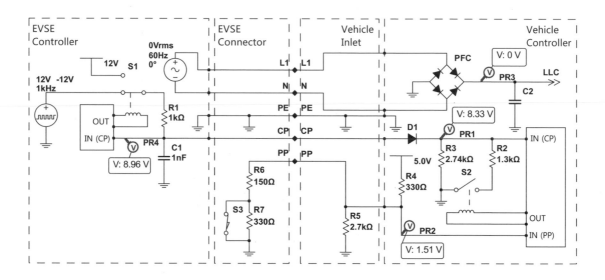

圖 5- 31　信息傳遞

　　如圖 5- 32 a 所示，PWM 負方波主要目的是做安全測試用。由於 PWM 訊號必須經過 D1 後與 R3 分壓，因此只會截掉正方波（8.96～-12 V），EVSE 的 CP 端最小電壓恆等於 -12 V。如此 EVSE controller 可區分電壓降是透由車輛接口進行分壓或是人的手指阻抗接觸而分壓，避免錯誤判斷而輸出 AC 電壓，造成觸電危險。車輛 CP 端接收到 1kHz 之 PWM 工作週期為 50 %，因此得知，EVSE 可提供的最大負載電流為 30 A，如圖 5- 32 b。

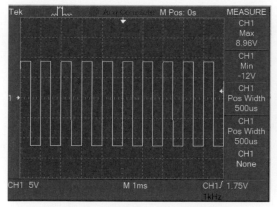
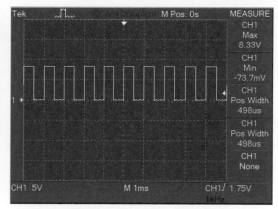

a. EVSE_CP 端（PR4 量測點）　　　　　b. 車輛 CP 端（PR1 量測點）

圖 5- 32　傳遞波形（一）

4. 接近導引

　　充電電纜所能承載的最大電流是藉由連接器內 R6 及 R7 的電阻組合編碼（Rc），透過接觸導引 PP 端電路取得 Rc 值。最終車輛將取 EVSE 與充電電纜兩者能提供最大載流量的最小者做為供電設備的實際載流量。其 Rc 值與最大載流量之關係，如表 5- 5 所示。

表 5- 5 電纜最大載流量

最大載流量（A）	Rc 電阻值（Ω）	PP（V）
13	1k ~ 2.7k	3.443~
20	330 ~ 1k	2.356~
32	150 ~ 330	1.505~

5. 數位通信

　　SAE J1772 控制導引訊號除了上述使用不同電阻編碼所產生的電壓值讓 EVSE 來區分 12 V、9 V、6 V、-12 V 等對接狀態，以及透過 PWM 傳送供電設備的電力資訊給車輛外，在新版本的協定中還加入單線 LIN-CP（本地互聯網路控制導引）來與車輛進行雙向通訊，並保留電壓碼通信方式，使新舊車款得以相容。

　　電動車品牌特斯拉所自建的 CCS type 2 連接器與充電設備則採用單線 CAN-CP（控制器區域網路控制導引）來與車輛進行雙向通訊。在全球電動車市場對供電設備以及連接器規格統一前，當前是以連接器轉接器方案，來解決連接器規格與通信協定不同等問題，以便在不同規格供電設備下，還是能對車輛進行充電，如圖 5- 33 所示。

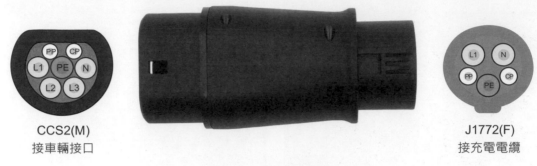

CCS2(M)
接車輛接口

J1772(F)
接充電電纜

圖 5- 33 連接器轉接器

5-2-3 進行充電

　　如圖 5- 34 所示，當車輛取得供電設備的載流量後，車輛會透過致動器將連接器與車輛接口互鎖，避免充電過程電纜被外力勾到而脫落，隨之將 S2 接通，使 R2 與 R3 電阻並聯，其等效電阻約為 881Ω，EVSE 與車輛 CP 端最大電壓分別降為 5.99 V 與 5.33 V，CP 端波形如圖 5- 35 所示。

　　EVSE 藉由此 CP 電壓值得知車輛請求充電訊息後，便開始輸出 AC 電壓供應給車輛，並經車輛 PFC（功率因數校正）整流電路將 AC 轉換成 DC 電壓，最後透過 LLC 共振與同步整流電路控制給電池的充電電流，其最大充電電流不會高於供電設備所能提供的載流量。

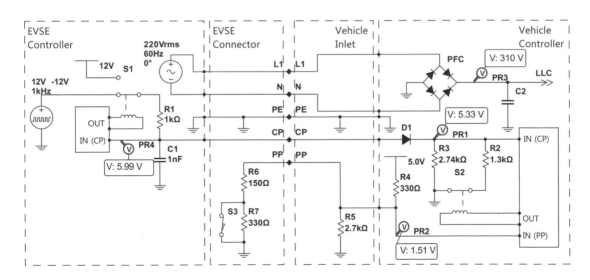

圖 5- 34 進行充電

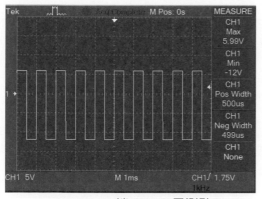

a. EVSE_CP 端（PR4 量測點）

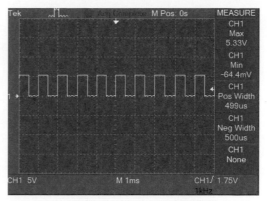

b. 車輛 CP 端（PR1 量測點）

圖 5- 35 傳遞波形（二）

5-2-4 中止充電

　　當供電設備異常或中斷、車輛異常或充電完成以及人員拔出連接器過程都會中止充電。整個中止充電程序，EVSE 會先關閉 AC 電壓輸出後，才會將連接器與車輛接口互鎖打開，人員才能順利將連接器拔出。

1. 供電設備異常或中斷

　　當 EVSE 電力異常或人員執行中斷，無法正常供應電力給車輛時，S1 開關會切換回 12 V。車輛由於無法正確接收到 EVSE 的 PWM 訊號，而檢測出 EVSE 中止，如圖 5- 36 所示。

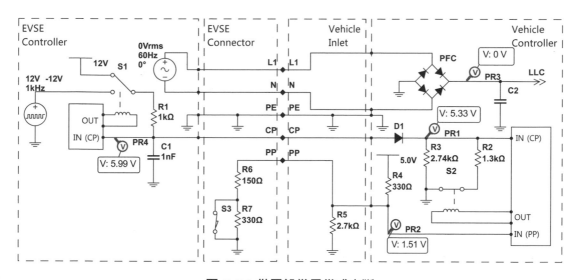

圖 5- 36 供電設備異常或中斷

2. 車輛異常或充電完成

當車輛充電異常或已完成充電時，車輛端的 S2 開關會打開，EVSE 的 CP 端偵測到 8.96 V 電壓時（必須在 6 V），進入中止充電程序，通信狀態如圖 5- 37 所示。

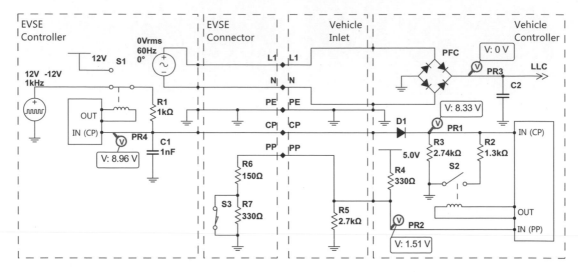

圖 5- 37 車輛異常或充電完成

3. 拔出連接器

當人員壓下連接器的拔出開關時，機構的連動使得 S3 開關打開，連接器的 R6 與 R7 形成串聯，使電阻增加，PP 端電壓上升為 2.76 V，車輛藉此得知連接器要拔出，S2 開關接續打開，EVSE 的 CP 端偵測到 8.96 V 電壓，進入中止充電程序，通信狀態如圖 5- 38 所示。

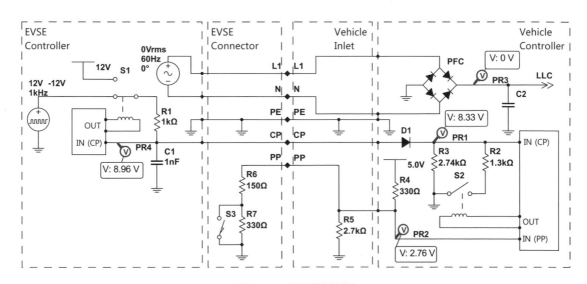

圖 5- 38 拔出連接器

5-3 電動車冷卻系統

在大功率的複合動力或純電動車中，行駛過程電池的放電會發熱，放電越快速所產生的熱量越大。即便車輛未行駛而在充電過程中，也會造成電池溫度的上升，尤其是快速充電。純電動車冷卻系統主要以能量角度為設計考量，如何透過電機餘熱利用，盡可能減少能量消耗，確保整車的熱性能。本節將以部份市售車款系統架構及規格參數為例進行說明。

1. 電池理想工作溫度

電池基於電壓差原理工作，並且在高溫下內部電子被激發，從而減小電池兩側之間的電壓差。一般鋰電池理想工作溫度範圍在 0～40℃，最佳充放電溫度則在 15～30℃，並保持電池組內部溫度差不超過 5℃。

2. 系統失效

如果電池組內部溫度分布不均勻，可能導致每個分電池的充電和放電速率不同，不只降低電池組的性能，還可能會發生潛在的熱穩定性問題。例如 0℃ 以下低溫，會使容量及輸出效率下降，40℃ 以上高溫時會使電池壽命縮短。分電池電阻也會隨著溫度上升而上升，於是造成惡性循環的溫度上升。因此，冷卻系統若無法將溫度維持在工作範圍內，當溫度達到 50℃ 以上時，控制器或車載充電模組將會限制電動機的功率輸出與充電，甚至停止工作，避免高溫造成電池膨脹、著火甚至是爆炸等熱失控危險。

5-3-1 系統架構

大功率電動機以及充電時電壓或電流越高，代表就會有大量的熱產生，高溫會使得相關電力系統的效率降低，甚至失效。因此，電力系統的冷卻就如同 ICE 冷卻系統一樣的重要。電池組冷卻方式，分為空氣及液體冷卻二種。由於 EV 車電池功率大，主要是採用液體冷卻為主，空氣對流與冷媒蒸發潛熱（物質從液態轉汽態所需的熱）為輔的方式。液體冷卻迴路包括：管理 AC 電對高壓電池組充電的車載充電模組（OBCM）、AC / DC 電壓整流器（rectifier）、提供 12 V 系統電源的 DC / DC 轉換器、電動機以及電動機逆變器（inverter）均會在工作時產生大量的熱。

液體冷卻有較好的冷卻效果，而且可以使電池組的溫度分布均勻，但是液體冷卻對電池組或上述模組密封性有很高的要求，在整體冷卻系統的複雜度及成本都要提高許多。

如圖 5- 39 所示為福特汽車在電動車的液體冷卻方案架構圖。共有 3 個液體迴路，包括：藍色線的電機迴路、綠色線的電池迴路以及橘色線為暖氣迴路，此外還有 1 個連接至空調系統的冷媒迴路，系統元件說明如表 5- 6 所示。

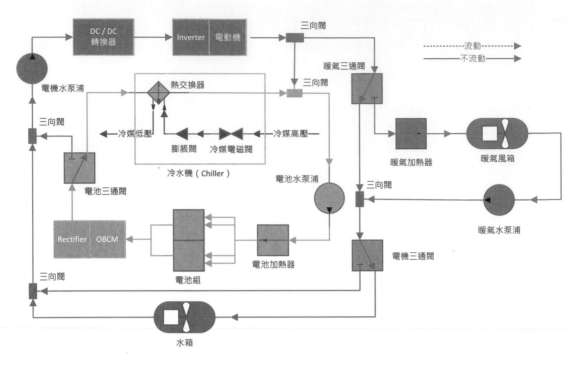

圖 5- 39　EV 液體冷卻迴路

表 5- 6　液體冷卻迴路元件說明

元件	功能
三向閥	三個相通孔製成，使水道互相連通
三通閥	透過電磁原理由控制器控制閥門位置，使其改變水道流通路徑（圖 5- 40）
加熱器	由控制器控制的正溫度係數（PTC）材料製成的加熱元件，藉此提升冷卻液溫度
水泵浦	無刷馬達設計，使冷卻迴路內的冷卻液藉由泵浦的抽送達到循環流動之功能
冷水機	由冷媒電池閥、膨脹閥及熱交換器所組成（圖 5- 41）。藉由電池閥開啟使冷媒通過膨脹閥進入熱交換器管道吸收冷卻液的熱量，使冷卻液溫度下降

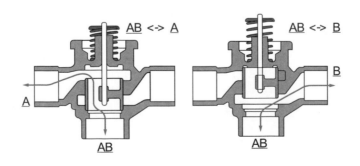

圖 5- 40　三通閥

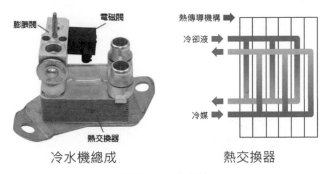

冷水機總成　　　　　　　　熱交換器

圖 5- 41　冷水機

5-3-2 電機迴路

一般電動機的理想工作溫度為 -10 ~ 50℃，電子零件的轉換器及逆變器則為 40℃ 以下，在上述溫度範圍時，能達到最佳的輸出及轉換效率。但事實上當環境溫度上升至 35℃ 時，流經電機迴路的液體溫度隨著動力輸出負載的增加，很容易攀升至 50℃ 以上。

1. 電機低溫液體迴路

當電機溫度在 40℃ 以下低溫時，電機三通閥切換到左側水道，此時液體迴路不經過水箱，直接回到電機水泵浦，目的是使迴路降低冷卻效果，以利迴路溫度上升，如圖 5- 42 所示。

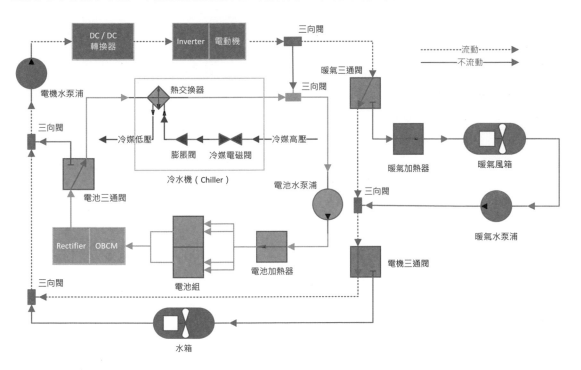

圖 5- 42　電機低溫液體迴路

2. 電機高溫液體迴路

當電機溫度在 40℃ 以上溫度時，電機三通閥切回到右側水道，迴路經過水箱，再回到電機水泵浦，水箱利用空氣對流進行散熱，系統透過對電機水泵浦的流速調節，以利對液體的熱轉換進行控制，若溫度持續上升到 60℃ 時，使水箱風扇轉動，促使溫度的下降，如圖 5- 43 所示。

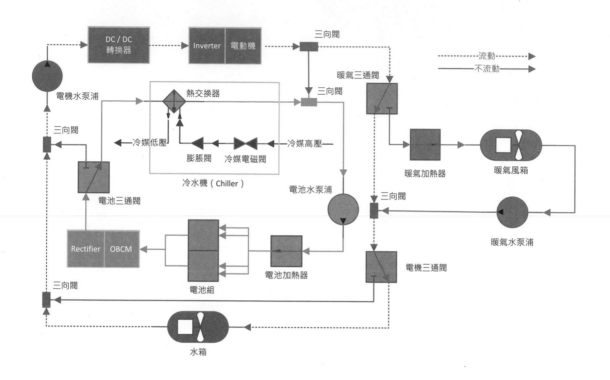

圖 5- 43 電機高溫液體迴路

5-3-3 電池迴路

鋰電池最佳充放電溫度在 15～30℃，當處於低溫時，迴路透過電池加熱器與電機迴路的餘熱進行加熱；而在高溫時，則藉由冷水機進行冷卻。

1. 電池低溫液體迴路

當電池溫度處於低溫時（ 10℃以下 ），透過電池加熱器將冷卻液加溫，其目的是將溫度控制在良好的工作溫度範圍內。由於電池三通閥門預設位置在右側水道，電池迴路形同封閉的迴路，電機迴路液體是無法透過三向閥進入電池迴路。避免當電機迴路處於高溫時，高溫液體流入電池迴路，導致電池的損壞甚至是熱失控，如圖 5- 44 所示。

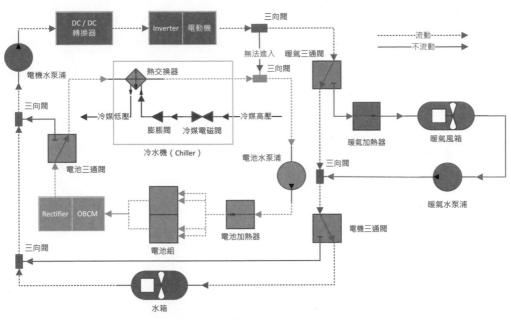

圖 5- 44 電池低溫液體迴路

2. 允許電機迴路進入

　　如在車輛行駛中，電池迴路處在低溫當下，電機迴路溫度比電池迴路溫度高時，此時控制器透過控制電池三通閥，使閥門切換到左側水道，允許電機迴路的液體進入電池迴路，協助電池加熱，如此可利用電機系統的餘熱，減少電池加熱器的電力消耗，如圖 5- 45 所示。

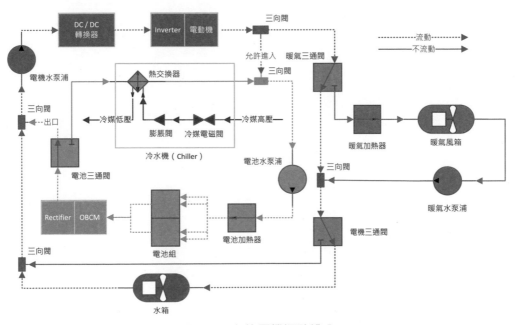

圖 5- 45 允許電機迴路進入

3. 電池高溫液體迴路

電池箱內的電池組溫度在 36℃ 以上時，空調系統壓縮機會自動啟動並開啟冷媒迴路的冷媒電磁閥。高壓管的液態冷媒透過膨脹閥產生低壓低溫氣態冷媒進入熱交換器，電池迴路就藉由熱交換器的吸熱對電池進行降溫，並由控制器對電池水泵浦的冷卻液流量進行調節，達到溫度調控功能，如圖 5- 46 所示。

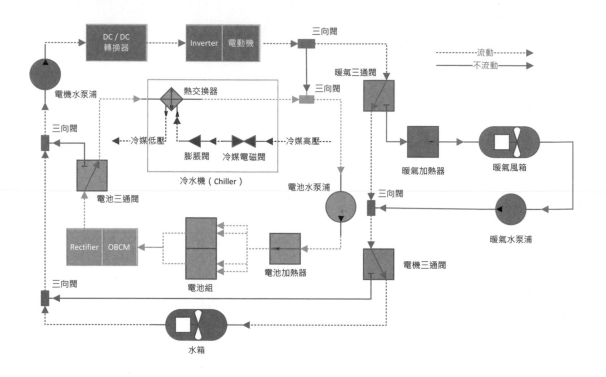

圖 5- 46 電池高溫液體迴路

5-3-4 暖氣迴路

續上圖，在空調只需要冷氣時，暖氣三通閥的閥門預設位置在左側水道，使電機迴路的液體無法進入暖氣迴路，避免電機迴路的高溫影響冷房效果。而當有暖氣需求時，透過控制暖氣三通閥，使閥門切換到右側水道，允許電機迴路的液體進入暖氣風箱，若暖房溫度還不夠，系統才會開啟暖氣加熱器，藉以提升暖氣溫度，如圖 5- 47 所示。

當電機迴路走的是水箱路徑，此時液體進入暖氣迴路時，會使得整體迴路長度增加許多，形成一個大循環。此時需透過暖氣水泵浦運轉，除了可調節暖氣風箱的溫度，亦可協助液體流動，避免流速過慢，影響冷卻系統的正常工作。

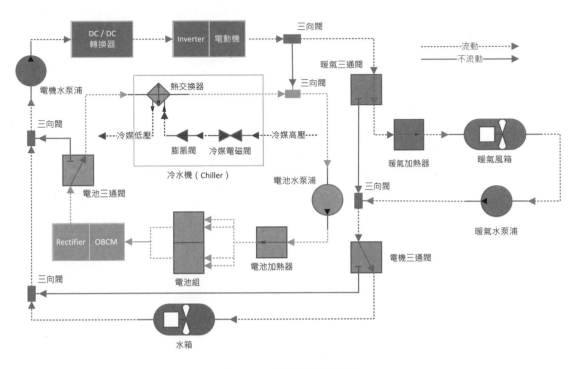

圖 5- 47 暖氣迴路循環

5-4 暫態響應

　　大部分電子零組件都是共用同一來源電源迴路。在車輛運行過程中，當有消耗較大電流的致動器被驅動及中斷時，經常會發生大電流開關瞬時所產生的突波（surge），使來源電壓在短暫時間內突然不正常陡降或陡升的響應現象。譬如：電動機與起動馬達、高功率馬達與燈光、線路故障等。上述暫態響應現象，可能會造成車輛電控系統的短暫錯誤或失效，嚴重時還可能會造成 ECU 等精密電子元件被擊穿而破壞。因此，必須針對可能會發生的各種響應現象，做出因應與對策。

5-4-1 瞬態電壓降

　　由於 ICE 會隨著轉速高低，影響發電機輸出效率，加上電瓶以及電器負載等因素，正常情況下 12 V 系統最高電壓約在 13.6～14.6 V 之間，而當車輛關閉停止（發電機停止工作）一小時後，電壓約落在 12.2～12.8 V（視電瓶壽命而定）。

　　如圖 5- 48 所示，在車輛冷啟動時，1.6 L 汽車，起動馬達峰值電流會超過 200 A 以上，並持續 20～30 ms，在完成啟動前，該大電流負載導致整車電源急遽下降 3 V 以上，甚至瞬態電壓降（voltage drop）幅可能到 4～5 V（電瓶電壓 7～9 V），直到起動後會再恢復至標準電壓，這種現象也稱為瞬時欠壓（undervoltage, UV）。因此，ECU 電源輸入設計需要能承受更寬域的工作電壓。

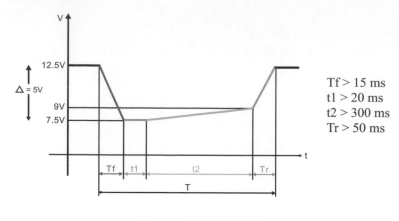

圖 5-48 冷起動電壓降

上述電壓降說明的是電瓶在承受大負載電流下的電瓶電壓降現象，另一種則是導線自身的阻抗、接點、觸點的氧化或鏽蝕所導致電路之間產生電阻，而因負載電流所產生該電路電壓降。譬如：連接器的接點及繼電器或開關觸點。減少電瓶電壓降必須使用瞬時輸出電流(cranking Amperes, CA)更大的電瓶；減少電路電壓降則需使用更寬直徑的銅導線。如果是接點或觸點的氧化或鏽蝕，則需對機構的防潮進行加強或改善。

5-4-2 逆向電壓

在電磁學裡，法拉第定律說明線圈（電感）受磁通量變化率愈大，電動勢愈大。楞次定律則說明線圈受磁通量增減，電流方向為反抗磁通量改變的方向。因此，當電器在開啟或關閉的過程，電器與線束（harnesses）的電感性負載變化過程，容易造成逆向電壓（電動勢）等暫態突波，如此惡劣的電源環境，ECU 必須針對異常的過給與逆向電壓瞬變進行保護設計。

1. 正極性突波

如圖 5-49 所示，低端開關控制電路是將負載的電源端，施予直接電源或是經過點火開關所供應的電源，控制負載搭鐵端到 GND 需經過一個開關來加以控制 ON 或 OFF。

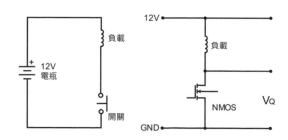

圖 5-49 低端負載控制電路

如圖 5- 50 為 12 V 電磁閥所產生的突波。由於是低端（負源）控制，所以在開關 OFF 的瞬間，開關與負載間會感應出正極性突波過電壓，其突波 V_Q 值等於電磁閥自感應電動勢加上 12 V。

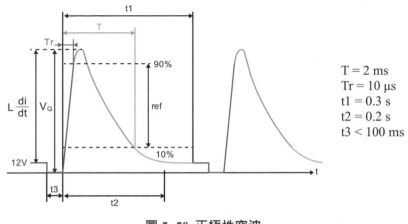

$T = 2$ ms
$Tr = 10$ μs
$t1 = 0.3$ s
$t2 = 0.2$ s
$t3 < 100$ ms

圖 5- 50 正極性突波

2. 負極性突波

如圖 5- 51，高端開關控制電路是將負載的搭鐵端，直接接地於車體受於 GND，負載電源端到直接電源或是經過點火開關所供應的電源，需經過一個開關來加以控制 ON 或 OFF。

如圖 5- 52 為 12 V 電磁閥所產生的突波。由於是高端（正源）控制，所以在開關 OFF 的瞬間，開關與負載間會感應出負極性突波過電壓，其突波 V_L 值等於電磁閥自感應電動勢。

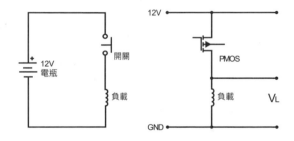

圖 5- 51 高端負載控制電路

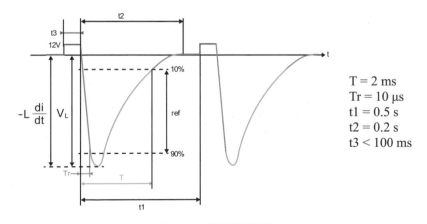

$T = 2$ ms
$Tr = 10$ μs
$t1 = 0.5$ s
$t2 = 0.2$ s
$t3 < 100$ ms

圖 5- 52 負極性突波

3. 突波對系統的影響

　　根據歐姆定律，電壓突波將會伴隨電流變化，進而產生電流突波；相對也有可能會因為電流的改變而使電壓產生突波。下面將以電壓調節電路，說明突波對系統的影響。

　　如圖 5-53 所示，當正極性突波發生在電力總線上時，在沒有保護的情況下，極高的正極性突波經由 D1 二極體順向偏壓至 Vin 端，這可能會使得 Q1 電晶體的 V_{DS} 電壓超過所能承受的最大額定值，而造成 Q1 電晶體源極與汲極崩潰而擊穿。此時源極與汲極直接導通，並不經由調節電路控制，導致 Vin 等於 Vout 的嚴重錯誤發生。

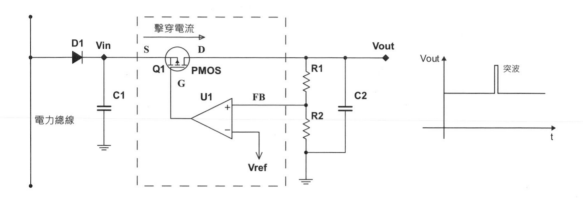

圖 5- 53 正極性突波的擊穿

　　如圖 5-54 所示，當負極性突波發生在電力總線上時，在沒有保護的情況下，可能會使得 D1 二極體兩端的電壓超過 D1 所能承受的最大逆向電壓額定值，而造成 D1 二極體的陽極與陰極崩潰而擊穿，進一步使得 Vin 端 C1 電容器所儲存的電流經由 D1 二極體逆向偏壓流入電力總線上。此時 Vin 端電壓的急速下降，將導致 Vout 的輸出電壓無法滿足負載，而使系統失效或重置。

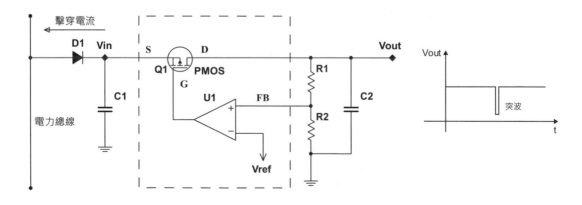

圖 5- 54 負極性突波的擊穿

5-4-3 拋載效應

在汽車電子設備中，這是由於發電機對電瓶充電時，電瓶突然斷開時所引起。上述情況會導致發電機轉子的磁滯效應，使轉子磁場仍持續維持靜止線圈發電功率（P），電能全部集中到電器負載（L），導致電壓（V）升高。當產生 560 W 發電機能量瞬間斷開 30 A 的電瓶充電負載時，系統電壓將會瞬時來到 56 V。這種現象就稱之為拋載或負載傾注（load dump），如圖 5- 55 所示。

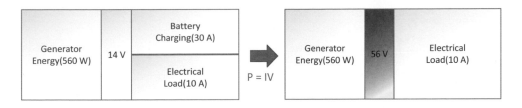

圖 5- 55 拋載效應

5-4-4 突波與拋載保護

如圖 5- 56 所示，目前汽車在突波及拋載保護設計，同時採用集中式（centralized）與分布式（distributed）二類。

集中式保護是在發電機內使用齊納二極體取代傳統整流二極體。正常情況下齊納二極體就如同二極體整流功能一樣，將交流電整流成直流電。當突波或拋載效應發生導致電壓高於齊納二極體的齊納電壓時（12 V 系統約為 25～30 V），其電路會將電壓截波到指定的電壓範圍，電流方向（視當下發電機轉子電場方向）由其中一相定子繞組流到另兩相定子繞組，抑制電壓的升高。

分布式保護是在各 ECU 內部配置齊納二極體執行保護功能，當突波或拋載效應發生導致電壓高於二極體齊納電壓時，其電路將電壓截波到指定的電壓範圍，電流方向則是由正極到負極，抑制電壓的升高。當逆向電壓產生時，如負極性突波或電瓶極性安裝錯誤，保護電路中的齊納二極體則順向偏壓短路，使反向電流接地或保險絲燒斷。因此在實務上，若車輛有大量保險絲同時燒斷時，可能原因就會是電瓶極性安裝錯誤所造成。

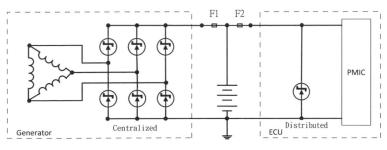

圖 5- 56 保護電路

5-4-5 靜電放電與保護

　　靜電放電（ESD）是在接觸、摩擦及剝離這三種模式下造成電荷的逐漸累積與失去。通常靜電會因溼度與接觸材質的不同，產生 100 V～35 kV 不等放電電壓，並且只會在相當短的時間（奈秒）內發生。因此，採用一般的二極體並無法承受過高的放電電壓以及在極短的時間能將電壓箝制到指定的電壓範圍。

1. 對半導體的影響

　　事實上，ESD 事件在我們的日常生活中經常發生，大多數人都有被 ESD 電到的經驗，人體本身也很容易累積電荷，而且這種靜電荷積聚的程度可以高達 15 kV。通常，大部分精密製程的半導體元件都耐不住這樣的高壓，即使只有短短的百奈秒，一次 ESD 事件對於半導體元件和電路來說，可能會造成災難性的破壞。

2. 保護方法和技術

　　如圖 5- 57 所示，採用高性能的暫態電壓抑制器（transient voltage suppressor, TVS）二極體或陣列，以箝制或限制 ESD 電壓為目標，將電壓抑制在不會對系統造成破壞的準位，是當前最有效的 ESD 保護方法和技術。其極性分為單向與雙向極性。單向 TVS 一般用於直流電路，雙向 TVS 則可在正反兩個方向將暫態脈衝電壓箝制到預定準位，因此雙向 TVS 適合應用於交流電路。

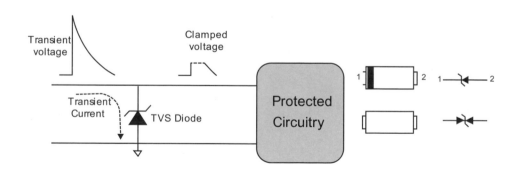

圖 5- 57 ESD 保護電路

　　如圖 5- 58 所示，規格中的 V_{RPM} 是對該保護電路工作時所容許的電壓值，只要不超過這個值，電壓或波形並不回有任何的改變。 V_{BR} 是 TVS 的崩潰電壓，也就是當電路上的電壓達到這個值時，TVS 就會導通產生反向偏壓，電壓將被箝制在 V_{BR} 值內。 V_C 則是當 TVS 上的反向偏壓到達到這程度時，TVS 可以通過最大的反向峰值電流（I_{PP}）。

ELECTRICAL CHARACTERISTICS
(T_A = 25°C unless otherwise noted)

Symbol	Parameter
I_{PP}	Maximum Reverse Peak Pulse Current
V_C	Clamping Voltage @ I_{PP}
V_{RWM}	Working Peak Reverse Voltage
I_R	Maximum Reverse Leakage Current @ V_{RWM}
V_{BR}	Breakdown Voltage @ I_T
I_T	Test Current
I_F	Forward Current
V_F	Forward Voltage @ I_F
P_{pk}	Peak Power Dissipation
C	Max. Capacitance @V_R = 0 and f = 1 MHz

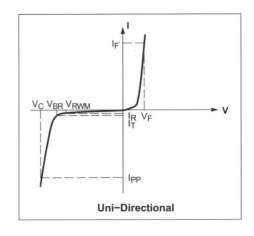

圖 5-58 暫態電壓抑制器電氣特性

5-5 電源管理

電源管理 IC（power management IC, PMIC）又稱電壓調節器（voltage regulator）或穩壓器，主要是將傳統的單或多路輸出電源封裝在一個晶片裡的特定用途積體電路。其功能主要是管理 ECU 電源等工作，在 ECU 的電路設計中，依系統的需要，至少會使用一個或多個 PMIC。

車用 PMIC 需克服諸多電源暫態響應以及工作溫度等挑戰。這與一般消費性電子有穩定的電力來源以及工作環境對比有很大的差異。因此，典型 12 V 輸入，5 V 輸出的車用 PMIC 需要高可靠性和良好的安全保護，如表 5-7 所示。

表 5-7 車用 5V 電壓調節器特色

特色	說明
input voltage range from -42 V to 45 V	寬域工作電壓
output voltage 5 V ± 2 %	低誤差輸出
very low current consumption	自身損耗功率低，轉換效率高
very low dropout voltage	非常低的輸入與輸出電壓差
output current limitation	輸出電流過載保護
reverse polarity protection	逆向極性（電壓）保護
overtemperature protection	溫度過高保護
wide temperature range from -40 ℃ up to 150 ℃	寬域工作溫度
ESD absorption	靜電放電吸收保護

5-5-1 線性調節器

　　如圖 5- 59，線性調節器（linear regulator）是車用電子中最常見也最易應用的電壓調整方式，不過此作法只能用於降低供應電壓，所以也經常稱為線性降壓。線性調節器的優點是封裝體積小，需要搭配的外部元件少，只需幾個輸入及輸出電壓位置的濾波電容，這在電路佈局空間極有限的汽車電源應用設計時特別有利。此外線性降壓電源品質極佳，電壓漣波小（voltage ripple），無電磁干擾等好處。由於調節器輸出電壓會隨著負載及輸入電壓變化而改變。因此，必須不斷的進行調節，使輸出維持在額定電壓值，其方式是控制調節器內的輸出電晶體放大率。

　　線性降壓也有其缺點，當輸入（IN）及輸出（OUT）電壓間的壓差（dropout voltage）過小時，其電源轉換效率也會變差，且壓差部分的能量都會轉成熱能消散掉。當轉換效率差時散熱量也會增加，這對於內部空間狹窄的汽車控制器來說，熱能不易消散，控制器內部溫度提升，進而讓電子系統運作不穩。

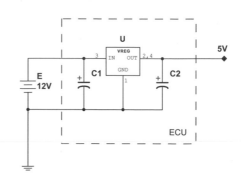

圖 5- 59　線性調節器

　　今日線性降壓技術已高度成熟，多數線性降壓元件幾乎都標榜可在低壓差（low dropout, LDO），有的甚至會強調超低壓差（ultra low dropout）情況下工作，藉此表示有高轉換效率。此外部分線性降壓元件也強調可自外部操控的管理性以及具有重置（Reset）輸出。

　　外部操控即是在降壓元件上增設一個名為 EN（Enable）的輸入控制端，由其它控制電路或 MCU 對此 EN 端作出高或低的訊號，即可控制線性降壓元件啟動電壓轉換或者是要進入休眠，此控制通常是由系統的 MCU 並搭配控制韌體來對元件進行開關操控，以更方便地實現智慧型省電機制。重置則是當調節器的輸出電壓尚未達到額定值前，給予 MCU 重置控制，直到輸出電壓達到額定值後中止重置，MCU 才會進入啟動及運行，如圖 5- 60 所示。

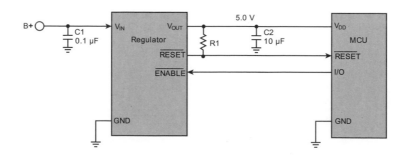

圖 5- 60　智慧線性調節器

1. 大電流線性調節器

調節器控制外接 PMOS 或 PNP 電晶體的基極（B）電流，進而讓集極（C）穩定輸出 5 V 電壓。由於電晶體是外接方式，最大調壓輸出電流大小就與電晶體所能提供之功率大小成正比，若需較大電流時可採用較大功率的電晶體，所以相當適合較大輸出電流需求的電路使用。

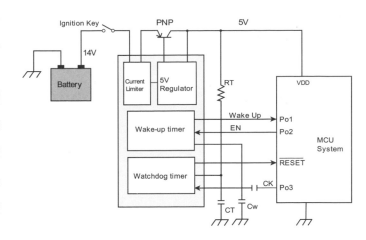

圖 5- 61 外接電晶體電壓調節器

由於此種外接電晶體的調節器能提供較大調壓電流。因此經常被設計在需較大電流的控制器，如早期的引擎電腦及自動變速箱電腦就常常可以看到此設計的存在，如圖 5- 61 所示。

2. 多電源線性電壓調節器

車用 PMIC 不僅在控制管理上多了許多功能，具有雙電源或多電源輸出也成了基本需求。若能將一些較容易受干擾的輸入和輸出介面以及需要電源需求的 sensor 設備，獨立使用一個較大電流的 VMO（voltage main output）電源，而讓 MCU 使用另一個較乾淨的 VSO（voltage sub output）電源，這樣一來可讓對電源敏感度相當高的 MCU 具有更高的穩定性，如圖 5- 62 所示。

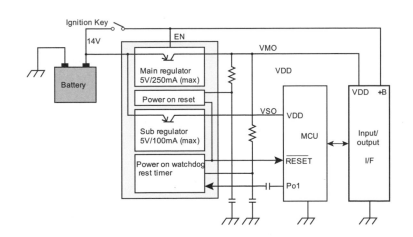

圖 5- 62 多電源線性電壓調節器

5-5-2 切換式調節器

切換式亦可稱為交換式或開關式，英文原文都是指「switch」。切換式調壓可分為電感型切換以及電容型切換，切換式能行使升壓、降壓或反相等供電調整及轉換，這比起線性調節式只能降壓來說，在電源的應用上，電壓範圍要來的更加寬域。但由於切換式調節器主要是以電容或電感為主，在體積上要比線性調節式要來的大很多。因此，在內部空間狹窄的汽車控制器來說，設計上還是需考量到切換式調節器是否有其必要。線性與切換調節器之比較，如表 5-8 所示。

表 5-8 電壓調節方式之比較

	降壓	升壓	反相
線性	●		
電感型切換	●	●	●
電容型切換	●	●	●

1. 電感型切換

電感型切換調節器通稱為 switch regulator，利用電感器的自感應或互感應所產生的能量來進行電壓轉換。且在多數情況下，我們希望電感器的能量可在一個切換週期內，以連續導通模式（continuous conduction mode, CCM）操作下，連續提供電流給輸出負載及電容。電感型切換依電路設計方式也能行使升壓、降壓或反相等供電調壓及轉換，且電源轉換效率高於電荷泵，同時不像電荷泵需要以簡單倍數式調升或調降才能讓電源轉換率提高。

電感型切換也有其缺點，其轉換元件的外部不僅需要用上電容也要用上電感，還要有 MOSFET 與開關二極體。由於外部元件過多，且多是功率型的大元件，使得電感型切換在電路佈局設計上較佔空間，同時電磁干擾的嚴重性也高於電荷泵，這又讓佈局設計的規劃更加困難，必須避免讓電感型切換的切換雜訊影響到其它電路的運作。即便如此，電感型切換挾著高轉換效率及高輸出功率優點，加上轉換元件材料與控制技術的提升，外部元件大幅縮小，今日已取代早期需較大電流電子模組的線性式外接 PNP 電晶體調節器，成為主流調節器。

(1) 降壓型調節器（buck）

降壓型切換式調節電路又稱為步降（step-down）調節電路，輸出電壓（V_{OUT}）小於輸入電壓（V_{IN}）。switch（on）時，輸入電壓經過電感器流入濾波電容以及負載上，電感器進行儲能，V_{OUT}等於 $V_{IN} - V_L$。當 switch（off）時，儲存在電感器上的電能極性反轉，V_L 等於 $-V_{OUT}$，此時開關二極體就提供一個續流路徑，將電感器上的電能釋放給濾波電容以及負載，如圖 5-63。

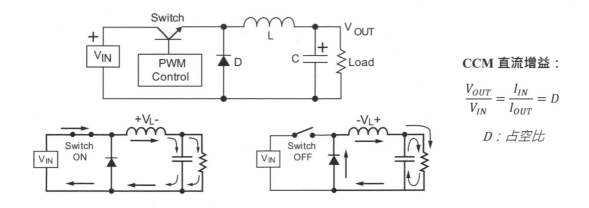

CCM 直流增益：

$$\frac{V_{OUT}}{V_{IN}} = \frac{I_{IN}}{I_{OUT}} = D$$

$$D : 占空比$$

圖 5- 63 降壓型切換式調節電路

需注意的是，當電感器進行儲能時，視為一個負載，此時電流的輸入端為電感器的正極。而當電感器進行釋放能量時，視為一個電動勢，此時電流的輸出端則為電感器的正極。

(2) 升壓型調節器（boost）

升壓型切換式調節電路，輸出電壓（V_{OUT}）大於輸入電壓（V_{IN}）。switch（on）時，輸入電壓把電能儲存在電感器上，V_L 等於 V_{IN}。當 switch（off）時，儲存在電感器上的電能極性反轉，$V_{IN} + V_L$ 電壓就經由開關二極體供電給濾波電容以及輸出（V_{OUT}）給負載，如圖 5- 64 所示。

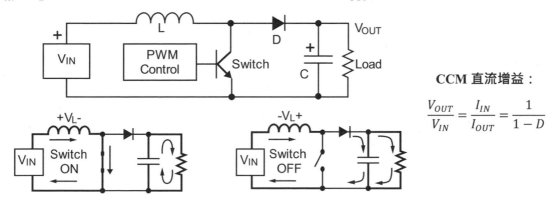

CCM 直流增益：

$$\frac{V_{OUT}}{V_{IN}} = \frac{I_{IN}}{I_{OUT}} = \frac{1}{1-D}$$

圖 5- 64 升壓型切換式調節電路

(3) 反相型調節器（inverting）

反相型切換式調節電路，輸出電壓（V_{OUT}）極性與輸入電壓（V_{IN}）極性相反。Switch（on）時，輸入電壓把電能儲存在電感器上。當 switch（off）時，儲存在電感器上的電能極性反轉，反相電壓經由開關二極體與濾波電容以及輸出負載形成迴路，$V_{OUT} = V_L$ 如圖 5- 65 所示。

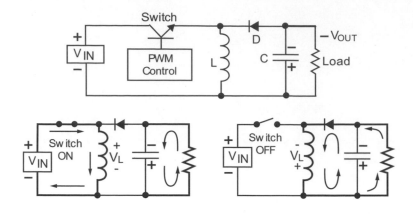

CCM 直流增益：

$$\frac{V_{OUT}}{V_{IN}} = \frac{I_{IN}}{I_{OUT}} = -\frac{1}{1-D}$$

圖 5-65 反相型切換式調節電路

(4) 返馳型調節器（flyback）

返馳型切換式調節器，屬多功能切換調節系統，利用變壓器的互感應電動勢，提供輸出電壓及能量，可進行升壓、降壓或反相調壓。返馳型調節器在切換式系統中，轉換效率最高，可提供的能量也最大。採用返馳式調節器可在不增加開關導通週期的情況下，獲得較高的電壓增益比。因為電壓增益可藉由變壓器匝數比的設計來提升。

返馳型調節器對瞬態電壓突降問題，仍可保持良好的調壓效果。多數車用電子元件在瞬態電壓降過程中都需要一個良好調壓的恆定輸出電壓（如 5V），返馳型調壓的高效率能確保瞬態電壓降過程中電壓突降時期的可靠性。返馳型切換式調節電路如圖 5-66 所示。

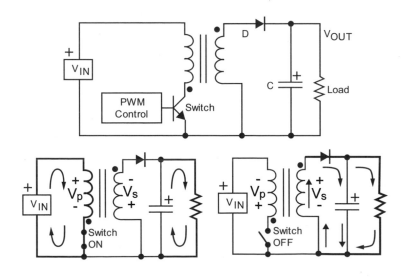

CCM 直流增益：

$$\frac{V_{OUT}}{V_{IN}} = \frac{I_{IN}}{I_{OUT}} = \frac{1}{N} \cdot \frac{D}{1-D}$$

圖 5-66 返馳型切換式調節電路

(5) 開關頻率

由電感器時間常數 $\tau = L / R$ 得知，電感係數愈大，時間常數愈長，且因頻率與時間成倒數關係，故電感係數與開關切換調節頻率成反比。因此，在相同的輸出負載（R）下，只要提高開關頻率，就能使用體積（電感係數）較小的電感，又因較高的開關頻率能有較小的輸出電壓漣波，使得電容器的體積（電容量）也可以更小。

2. 電容型切換

電容型切換又稱為電荷泵（charge pump）切換式調壓，除了調壓元件本身外，還要在外部搭配電容元件才可，不過其外部電容是用來儲能而非濾波，需要較大的體積，因此電荷泵的電路佔用面積比線性式大。電荷泵不像線性式只能用於降壓，也能用於升壓及電壓反相。

(1) 電荷泵倍壓電路

當用於升降壓時，其升降幅度最好為原輸入電壓的簡單倍數，如 2 倍或 3 倍等。如此電源轉換效率才會高，理想情況可達 90% 以上，倘若調整的不是簡單倍數，則轉換效率就會降低，最差可能會低 70%，一般而言為了避免轉換程序的無謂耗能，設計上都盡可能使用簡單倍數性的升降壓。但須注意的是，即便是以簡單倍數來升降調整，也不可能是無限度的升降。電荷泵的倍壓電路常被應用於 N-MOS 的閘極電壓提升用，藉由時鐘（clock）振盪切換，當 VCC 輸入電壓為 5V，輸出接近 1 倍的電壓 9.96 V，如圖 5- 67 所示。

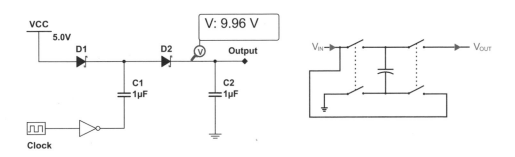

圖 5- 67 電荷泵倍壓電路

(2) 轉換能量

電荷泵雖能夠升壓、降壓或反相，但多數的運用情況皆在升壓。電荷泵的電源轉換率較線性式高，但由於運用切換電容技術來調整電壓準位，所以 EMI 影響較線性式大，且電壓準位的振盪也較線性式大，電源潔淨度未如線性式來得理想。電荷泵切換過程中只使用電容器，未用及電感，因此轉換效率仍不如電感型切換，在相同體積電路下，電荷泵供電能量也小於電感型切換。

電荷泵升降倍數取決於外部的儲能電容，由於汽車控制器的置納空間有限，也因此限縮電容可用的體積，進而讓倍數受限，就務實面來看很少有超過 3 倍的升降調整。同時，電容體積與電容蓄電能量的大小不僅影響輸出電壓的倍數，也影響可輸出的最大電流，使得電容型切換在汽車控制器應用中，每組轉換系統不易提供超過 300～400 mA 的電流量。

(3) 自舉電路

如圖 5-68 所示，自舉電路（bootstrap circuit）是將訊號控制脈衝來源充當振盪。因此，無需額外的時鐘振盪源。利用源極輸出時的電位上升，將儲存在二極體及電容器之間的電壓推升，使閘極電壓升高，確保 V_{GS} 始終能高於 $V_{GS(th)}$。

此電路廣泛應用在週期性不斷輸出的控制上，如 PWM 或三相電動機的 N-MOS 高端輸出控制。並不適合常態性的開啟高端應用上，如燈光照明或系統電源等。

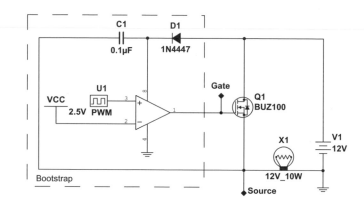

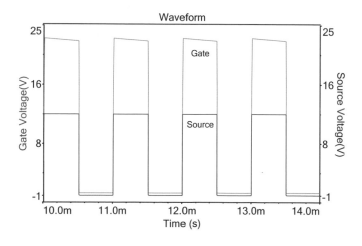

圖 5-68 自舉電路

3. 綜合分析

(1) 效率比較

切換式的電源轉換率最高可達 95 %以上，無用的廢熱消散較少，加上佔用面積、空間大，所以散熱方面的問題也少於線性調壓，但缺點除了 EMI 雜訊發散強之外，供電電壓的漣波因素也較大，大過線性調壓及電容型切換，這表示其在電源潔淨度上的表現也最不理想，電源品質較差。在相同功率輸出條件下，三種壓調節器輸出效率之比較，如表 5- 9 所示。

表 5- 9 電壓調節器效率之比較

	效率	品質	空間
線性	低	高	小
電感型切換	高	低	大
電容型切換	中	中	中

(2) 優缺點

三種電源調壓，轉換技術各有其優缺點，線性技術的優點是佔用空間小及供電品質佳，但轉換效率差（視壓降程度）。相對的電感型切換式技術的優點是轉換效率高（視負載功耗），但供電品質較不理想，佔用空間也大。而電容型切換技術則在各項表現上都居中。此外散熱也與轉換效率相關連，EMI 雜訊也與空間性有所關連。

(3) 調變方式

電感型切換式電壓調節器為了隨時保持在高轉換效率的狀態，在用電的負載大小，耗用的電流改變時，切換式通常有兩種方式可以因應，一是使用 PWM（脈波寬度調變）法，另一則是使用 PFM（脈波頻率調變）法，兩者只要擇一而用便能維持轉換效率，如圖 5- 69 所示。

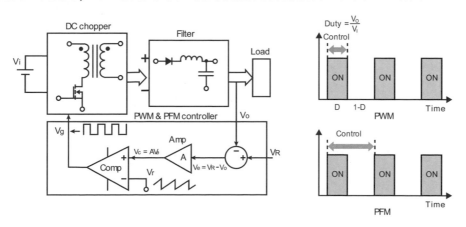

圖 5- 69 切換式電壓調變方式

(4) 應用選擇

　　在應用面的調節型式選擇上，主要是依據控制器的消耗電流大小以及升壓或降壓等因素。大型控制器或升壓模組採用切換式，中小型控制器則使用線性式，如表 5- 10 所舉例。

表 5- 10　調節型式選擇

	線性	切換
動力系統		●
資訊育樂系統	●	●
胎壓監控系統	●	
電池管理系統	●	
車身電腦		●
車門電腦	●	
儀表板	●	●
安全氣囊電腦		●
中央閘道網關	●	
室內燈模組	●	
座椅模組	●	
空調面板或控制器	●	●
電子動力方向盤	●	●
ABS 控制器		●

5-5-3 系統基礎晶片

　　隨著汽車 ECU 日益小型化，對低功耗和可靠性的電源管理要求越來越高。因此，汽車電子集成電路中的系統基礎晶片（system basis chip, SBC），有別於 PMIC 僅在電源上進行管理，其功能除了既有的電壓調節功能外，還包括：喚醒、通訊、診斷、監控以及通用型輸入輸出（GPIO）等特性的獨立晶片。

　　SBC 具有欠壓復位功能、看門狗（watch dog）、喚醒與診斷電路、多組電壓調節以及多組網路通訊。複雜程度依需求設計皆有不同，簡單的可以是單純硬體設備，複雜的可以進行組態設定。除此還可透過 SBC 串行外圍設備接口（serial peripheral interface , SPI）來控制 GPIO 和監控，實現具有重置（reset）及晶片各接口的故障診斷功能。其應用電路，如圖 5- 70 所示。

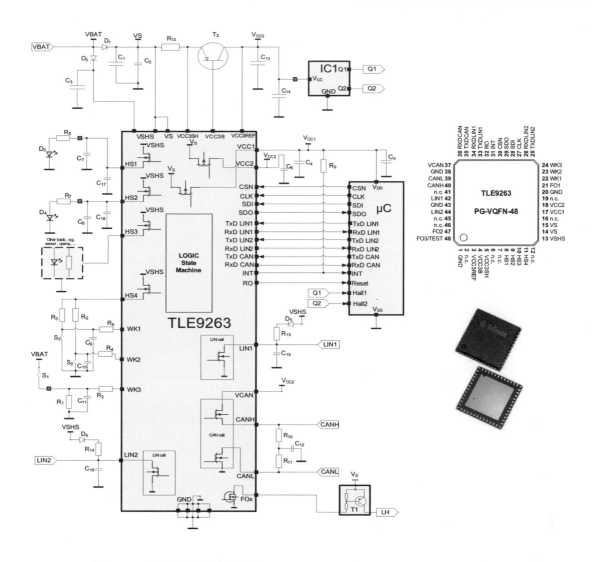

圖 5- 70 系統基礎晶片（取自：Infineon Technologies AG TLE9263）

5-6 電源分配

　　如表 5- 11 所示，汽車電源依分配（distribution）源頭分類，各車廠名稱定義或代號也不盡相同。傳統 ICE 汽車電源是透過點火開關（ignition switch）控制分配，現今大都採用智能鑰匙進入及啟動系統。因此，電源分配總是由帶有繼電器或保險絲於一體的智能電源分配模組（IPDM）或整合在車身電子控制模組（BCM）控制分配，又或是由區域控制單元（ZCU）來負責兼具智慧與冗餘電力架構的節點聚合器。而燃油車與電動車最大差異是，電動車沒有第三階段的起動電源。

　　計時電源（30G）則為半永久性電源，主要是供應給室內燈或閱讀照明燈，於車輛休眠後一段時間後自動中斷，避免因車門或閱讀燈未關閉，造成車輛電源耗盡。

表 5- 11 電源分配類別

名稱	代號	說明
永久電源	30x	在任何情況下，此電源都存在，無需任何控制
計時電源	30G	於車輛停止，系統休眠一段時間後中斷
附屬配件	75	第一階段電源供電，資訊娛樂或點菸器等使用，於第三階段時中斷
點火電源	15a	第二階段電源供電，動力總成系統使用
系統配件	15b	第二階段電源供電，動力總成以外之系統使用，於第三階段時中斷
主繼電器	87	透過繼電器後輸出供電，時機與 15a 或 15b 相同
起動電源	50	第三階段電源供電，起動馬達使用（ICE）

如圖 5- 71 所示為無怠速啟閉系統車輛的電源分配連接圖。當電源進入第三階段，車輛進行起動時，IPDM 會將附屬配件（75）與系統配件電源（15b）中斷，主要目的是希望將電力全部集中到起動馬達（50）與動力總成系統（15a），以利車輛發動。

圖中第二階段的紅火是民間技師較為慣用的俗語，正確第二階段狀態可分為鑰匙開啟引擎停止（key on engine off, KOEO）以及鑰匙開啟引擎運行（key on engine running, KOER）。

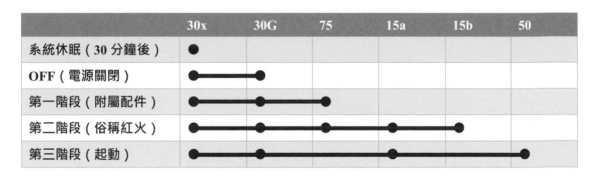

圖 5- 71 電源連接圖

5-6-1 電源分配網路

如圖 5- 72 所示，傳統電磁繼電器與合金材料的保險絲盒，一直擔任電源分配重責，甚至因為電子元素的加入，使得繼電器與保險絲逐漸被功率型電晶體以及電流保護或監控電路所取代而成為模組。它們主要都裝置在引擎室、車內的 A 柱或電瓶附近，主要架構大致分為：ECU 遠程控制分配、智能電源分配以及由 ZCU 所構成的聚合器三種。

5

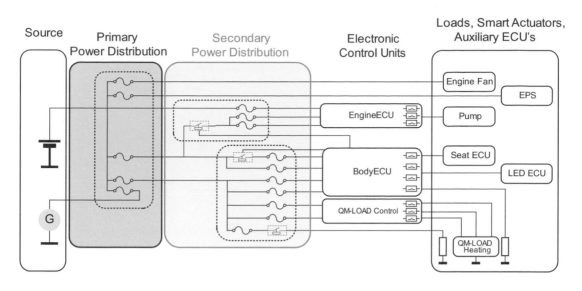

圖 5- 72 電源分配網路

1. 遠程控制分配

　　如圖 5- 73 所示，繼電器是由遠端的 ECU 所控制，電流再透過保險絲及繼電器的觸點輸出。
此架構的保險絲盒，完全無任何電子元素。

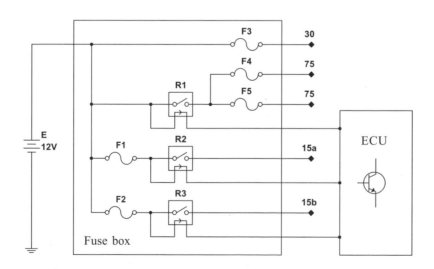

圖 5- 73 遠程控制分配

2. 智能電源分配

　　如圖 5- 74 所示，保險絲盒儼然已是一個 IPDM，繼電器及區域電源大多是由該模組直接透過
匯流排訊息直接控制，僅有少部分繼電器還是藉由遠端 ECU 以電流方式控制。

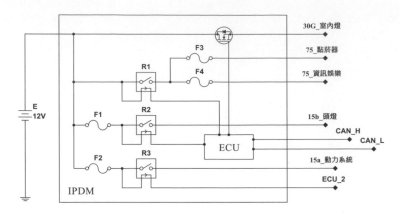

圖 5- 74　智能電源分配

3. 節點聚合器

　　如圖 5- 75 所示，兼具智慧與冗餘電力架構的節點聚合器，內部已完全無繼電器的存在，甚至連保險絲也大多由電流保護及監控電路取代。除了輸出區域內的電源外，也負責驅動域內致動器以及接收感測器訊息。因此，由 ZCU 所構成的聚合器，就像是人體四肢，聽取大腦指令後執行動作與施力，並將觸覺神經傳回大腦，而這個大腦就是車輛的 HPC。

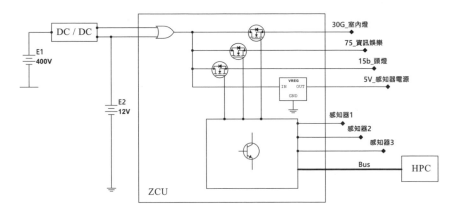

圖 5- 75　節點聚合器

5-6-2 怠速啟閉電源分配

　　為了使燃油車在車輛停止時達到零排放，以及提高燃油經濟性，愈來愈多車款開始配有怠速啟閉系統（Stop/Start）。當車輛停止以及相關條件皆符合時，內燃機會自動熄火，此時藉由內燃機所帶動的發電機會停止工作，整車電子裝置轉由電瓶進行供電。待車輛起步時，內燃機會自動啟動，而每次啟動時，起動馬達也會對電瓶抽取大電流，所以具備 Stop/Start 的車輛，其電瓶使用規格以及電路架構會與一般車輛有所不同。

頻繁的啟閉內燃機，對於電瓶的反覆充電與放電，甚至是深度放電所造成的大充大放等特性，使得電瓶使用負荷提高。如果使用傳統鉛酸電瓶於配有 Stop/Start 車輛上，將會造成電瓶壽命急遽縮短，且在電力系統不穩定情況下，亦會造成車輛油耗增加或其它異常。因此，具有 Start/Stop 功能的車輛均配有二個 12V 吸附玻璃纖維電瓶。主要的強力電瓶用於啟動，給予 15a 及 50 號電力，另一個支援電瓶則會在 Start/Stop 功能的啟動程序中提供輔助 75 及 15b 電力。

傳統燃油車輛從旅程出發直到到達目的地，可能只需啟動車輛 1 次或少次。而配有 Start/Stop 車輛在擁擠的交通市區，則可能因為 Start/Stop 系統的作用，使得啟動次數變得相當頻繁。如此可能造成許多電子系統，因每次啟動時的瞬態電壓降，迫使系統必須重新啟動。

多數系統都能在車輛（系統）啟動後的 2 秒內開時工作，但有些系統則需要更多的時間。譬如在執行中的 ACC 系統，重新啟動後將必須重新收集與融合前方車輛資訊，並重新鎖定前車，使得再起步後的跟車失效；而車載資訊娛樂系統則需重新載入作業系統、圖資及資訊，快則至少也需 10 秒以上。因此，必須將配有 Start/Stop 車輛的起動馬達電源與電子裝置電源，在啟動過程中，進行分離，並藉由支援電瓶提供適時的輔助。

1. 電力架構

典型的 Start/Stop 電力架構主要是由 2 個 AGM 電瓶、3 個繼電器、二極體所構成。B sensor 與 monitor 電路連接至車身電腦，分別可對主電瓶與支援電瓶進行評估。起動馬達（starter）則由引擎電腦控制。若主電瓶健康狀況不佳或支援電瓶電壓偏低，則 Start/Stop 系統將自動關閉。架構如圖 5- 76 所示，相關說明如表 5- 12 所示。

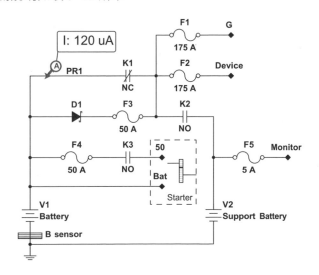

圖 5- 76 系統架構

表 5- 12 架構說明

代號	說明	規格
V1	主電瓶	電量 70 A，冷啟動 760 A
V2	支援電瓶	電量 10 A，冷啟動 180 A
K1	常閉繼電器（NC），用於主電瓶與系統的連結	穩定 80 A，峰值 300 A 以上
K2	常開繼電器（NO），用於支援電瓶與系統的連結	穩定 40 A，峰值 150 A 以上
K3	常開繼電器（NO），用於驅動起動馬達	穩定 40 A，峰值 150 A 以上
D1	二極體，用於主電瓶電壓順向至系統	順向 60 A，峰值 300 A 以上
G	發電機，於引擎啟動後進行供應整車電力	100 A 以上
device	連接至整車的電子裝置	0～100 A 以上
starter	起動馬達，用於啟動引擎	300 A 以上
monitor	連接至車身電腦，用於監控支援電瓶電壓狀況	直流電壓
B sensor	電瓶感測器，訊號連接至車身電腦，採用庫倫計量法與開路電壓，計算主電瓶健康狀況	LIN 匯流排

2. 系統休眠

如圖 5- 76 架構所示，系統於休眠狀態時，主電瓶與 device 透由繼電器 K1 的常閉接點所連結，device 僅有微小的靜態電流消耗。

3. 系統待命

如圖 5- 77 所示，系統於運行中，但未發動時，主電瓶依舊透過 K1 與 device 連結，此時整車 device 由主電瓶供應。若支援電瓶電壓低於主電瓶，則 K2 繼電器將作用連結，使主電瓶可對支援電瓶進行充電。

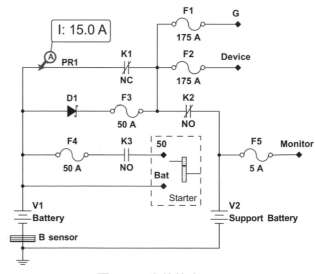

圖 5- 77 系統待命

4. 系統啟動

如圖 5- 78 所示，系統於啟動過程中，先作用 K1 常閉繼電器，使主電瓶與整車 device 分離，以及維持或作用 K2 繼電器，使支援電瓶與 device 結合，再作用 K3

繼電器,使起動馬達驅動引擎,過程中若主電瓶電壓仍高於支援電瓶,則主電瓶電源仍可透過 D1 供應給 device,若低於則由支援電瓶供應電源給 device,以確保 device 的正常工作。

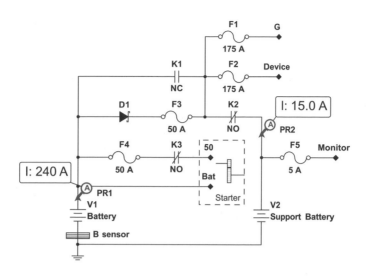

圖 5- 78 系統啟動

5. 引擎運行

如圖 5- 79,引擎啟動後 K3(常開)與 K1(常閉)繼電器中止,使起動馬達停止以及使主電瓶與 device 結合,並轉由發電機(G)供應電流給 device 以及對主電瓶與支援電瓶進行充電。

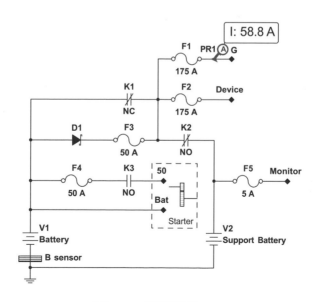

圖 5- 79 引擎運行

6. 自動熄火與啟動

　　當車輛停止以及相關條件皆符合時，內燃機會自動熄火，此時藉由內燃機所帶動下的發電機會停止工作，整車 device 又回到由主電瓶進行供電（圖 5-77）。待車輛起步時，內燃機會自動啟動（圖 5-78）。自動熄火與啟動流程，如圖 5-80 所示。

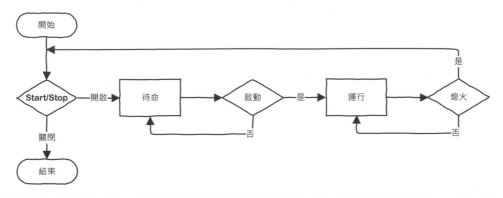

圖 5-80　流程圖

5-6-3 控制系統電源與接地

1. 單電源

　　單電源意指 ECU 僅有一條電源供應，此電源依系統功能可以是 30 也可以是 75 或 15 號電。整個 ECU 的內部電子元件，從 PMIC 到輸出給致動器的電源，均由此輸入電源供應。若採取的是 30 號電，在車輛停止，系統進入休眠時，則需確保低靜態電流，也就是自身在待命時的功率消耗。一般而言，30 號電的單電源 ECU 都會具有匯流排通訊接口，以利進行系統的休眠及喚醒工作，如圖 5-81 所示。

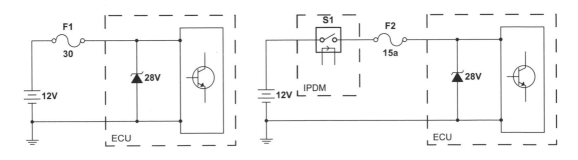

圖 5-81　單電源

2. 致能電路

致能電路（enable circuit）是一個訊號來源，使 ECU 得知某些訊號 0 或 1 的邏輯狀態，是開啟或關閉，並根據電腦內部控制邏輯去決定工作程序。依系統功能需求，致能電路可能會有一個或多個。ECU 內部電子元件以及輸出給致動器的電源，仍由單電源供應，如圖 5- 82 所示。

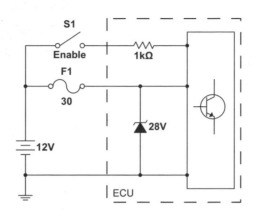

圖 5- 82　致能電路

3. 源極電路

源極電路（source circuit）是專屬於致動器輸出相關的「電源」或「負極」電路，主要是將電子元件與功率元件電路隔離，如功率晶體或繼電器等輸出電路。目的是減少致動器負載所產生的電壓降或電磁干擾對 ECU 等其它電子元件的影響，提高電路穩定性，如圖 5- 83 所示。

當有多個電源或負極電路時，除了提高電路穩定性外，主要是要對電路分流，不同電源路徑有不同的保險絲，避免因一個保險絲故障，造成多功能失效，如圖 5- 83 (a)。

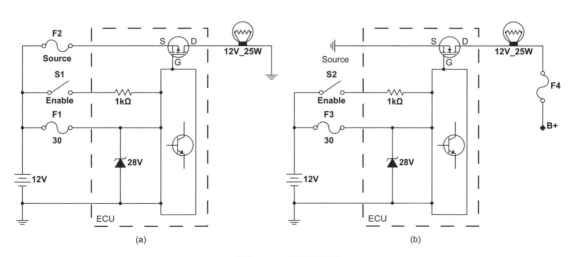

圖 5- 83　源極電路

4. 系統接地

控制系統與電路之間透過連接器的連接，以
利兩者之間可進行分離（移除）。然而連接器在系
統電源未完全關閉(中斷)情況下移除或插上連接
器，插拔過程中若「接地」先中斷，就有可能會造
成控制器內部電子元件的飄移電流所影響，使電
路產生不可預期的工作，甚至是進一步造成 IC 或
晶體的故障。

圖 5- 84 控制系統接地

因此，在插拔控制系統的連接器前，原廠規範
都會要求先行拆除電瓶線的流程。為降低疏忽所造成的損害，部分連接器在接地端子的長度設計
上會較長，如此可使得連接器插拔過程，確保接地在連接過程會是第一個先連接上，而在分離過
程則會是最後一個中斷，如圖 5- 84 箭頭所示。

如圖 5- 85 (a) 所示，ECU 內部 IC 接地來自於 source，因此 IC 端電壓為 5V。若插拔連接器
導致 source 端先中斷或最後連接上，就可能造成如圖 5- 85 (b) 所示，使 F4 的 B+（12 V）電源透
過相關迴路的輸入阻抗流入 IC，若電壓高過於 VCC，就會產生逆向電壓及電流，造成 ECU 不可
預期的影響或損害。

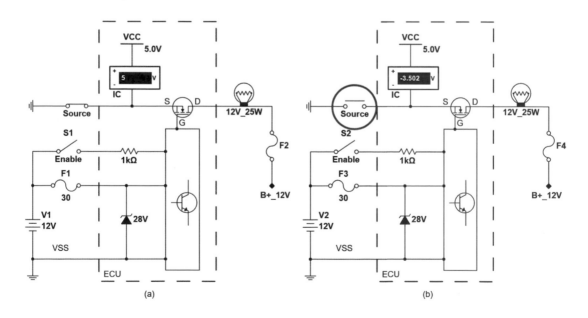

圖 5- 85 接地的開路

5-7 智能進入及啟動

車門進入或啟動系統是喚醒整車電源的開端，系統在無線電射頻辨識基礎上進行延伸，透過遠程接收器（remote receiver）對鑰匙進行密碼（password）驗證程序（部分車款將遠程接收器整合至車身電腦內），通過授權後各項控制器便會開始執行任務。

現今汽車進入及啟動系統，主要是整合無線電射頻與智能鑰匙的傳輸技術，取代傳統機械鑰匙。系統休眠則是當系統電源在 off 時，即便是車門或車窗未關閉，在一定時間內，各控制器將會逐一進入休眠，進入低功耗狀態。

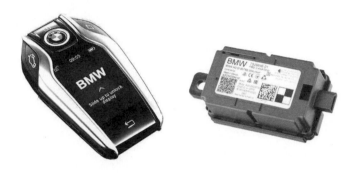

a. 智能鑰匙   b. 遠程接收器

圖 5- 86 智能進入及啟動

5-7-1 無線電射頻辨識

無線電射頻辨識（radio frequency identification, RFID）控制器透過控制通過線圈天線電流所產生的磁場，使感應範圍內的標籤（裝置）內的天線因電磁感應現象產生電流，以啟動標籤內的晶片。電流控制的過程，可藉由調變機制，將資料訊息透過空氣進行傳播。

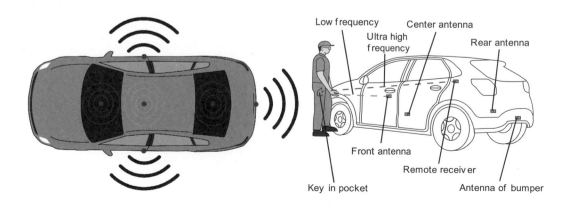

圖 5- 87 天線感應範圍及佈局

1. 無線電調變機制

如圖 5-88，所示，汽車典型的調變機制有幅移鍵控（amplitude-shift keying, ASK）與頻移鍵控（frequency-shift keying, FSK）二種。前者是透過振福改變，後者是透過頻率的改變，調變機制使標籤透過電磁感應取得電流的同時也獲取資訊。

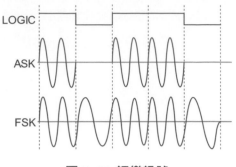

圖 5- 88　調變訊號

2. 無線電傳輸架構

無線射頻傳輸技術的主要架構包括：資料訊號、載頻（carrier）訊號、調變（modulation）電路、解調變電路及天線等。典型的車用載頻低頻（LF）段為 125 或 134.2 kHz，超高頻（UHF）段為 315，434，868，915 MHz。單向傳輸是指設備天線一端為調變電路，另一端則為解調變電路。雙向傳輸意味著設備同時具有調變與解調變電路。

現今車輛的免鑰匙進入或啟動系統，是採雙向傳輸架構。智能鑰匙內含低頻的解調變與超高頻的調變電路，車輛端則有低頻的調變電路與超高頻的解調變電路，如圖 5- 89 所示。

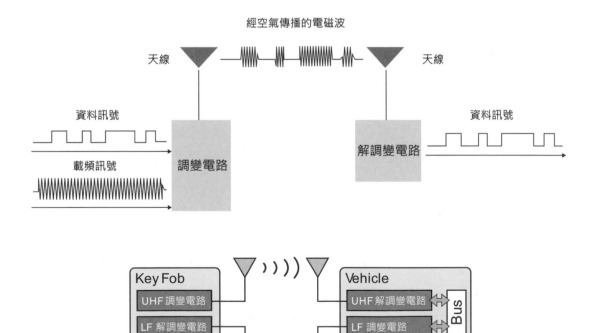

圖 5- 89　無線射頻傳輸架構

5-7-2 智能進入

智能鑰匙進入也稱為智能進入或免鑰匙進入(keyless entry)。當系統獲取門把手要求開門狀態 0 或 1 觸發,系統便透過感應天線的無線電射頻(RF)低頻段訊號,對車外傳送感應在範圍內(1 m 內)智能鑰匙的服務識別碼(SSID ; ID)。如果鑰匙被感應到且 ID 及密碼正確後,則鑰匙會被激活並將其 ID、密碼及指令透過 RF 超高頻段(20 m 內)電路發送給車輛的遠程接收器,至此車輛仍處於低功耗狀態。

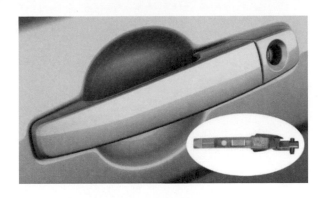

圖 5- 90　車門外部天線

環境中常會有與系統相同頻段訊息,正在透過空氣進行傳播。因此,遠程接收器必須識別 ID 正確後,才會透過匯流排「喚醒」相關系統以及驗證密碼,並根據指令控制車門解鎖,各項控制器便會開始進行任務。

能決定車輛喚醒及開啟車門的關鍵在於「進入系統」、「智能鑰匙」及「遠程接收器」三方 ID 識別與密碼驗證需通過,故遠程接收器與智能鑰匙一樣都需與系統進行匹配後才可正常工作。智能進入系統流程,如圖 5- 91 所示。

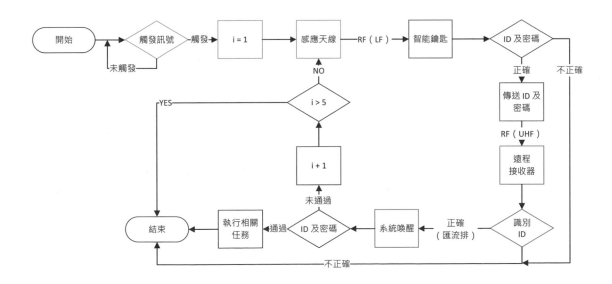

圖 5- 91　智能進入流程

5-7-3 遙控進入

　　智能鑰匙依然支援手動遙控（remote control）功能。當按下鑰匙上的按鍵時，將會觸發鑰匙直接激活並將其 ID、密碼及指令透過 RF 超高頻段電路發送給車輛（10 m 以上）的的遠程接收器。遠程接收器識別 ID 正確後，透過匯流排「喚醒」相關系統以及驗證密碼，並根據指令控制車門解鎖，各項控制器便會開始進行任務。手動遙控進入流程，如圖 5- 92 所示。

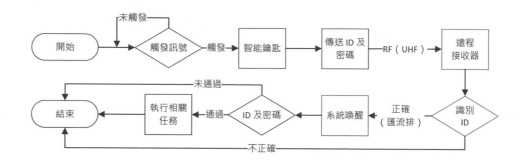

圖 5- 92 手動遙控進入流程

5-7-4 智能啟動

　　智能鑰匙啟動也稱為智能啟動或一鍵啟動(keyless go)。接續智能鑰匙或手動遙控進入程序，無線感應鑰匙部分是共用控制器，但仍然歸屬在不同系統。當按下啟動開關時，除了將已休眠的車輛喚醒外，行駛授權（driving authorization）程序會被執行，其目的主要是要解除動力總成模組（powertrain control module, PCM）的防盜鎖止（immobilizer）。

1. 啟動程序

　　當按下啟動開關要求啟動電源被觸發時，系統便被喚醒。接著透過車內天線 RF 低頻段訊號，傳送感應在範圍內智能鑰匙的 ID。如果鑰匙被感應到且 ID 及密碼正確後，則鑰匙會被激活並將其 ID、密碼及指令透過 RF 超高頻段電路發送給車輛的遠程接收器。

圖 5- 93 車內天線

　　遠程接收器識別 ID 正確後，再透過匯流排通訊與系統驗證密碼後，各項控制器便會開始進行任務，並執行行駛授權程序，授權通過後電源才會進入 KOEO(key on engine off)或 KOER(key on engine running)，智能啟動流程，如圖 5- 94 所示。

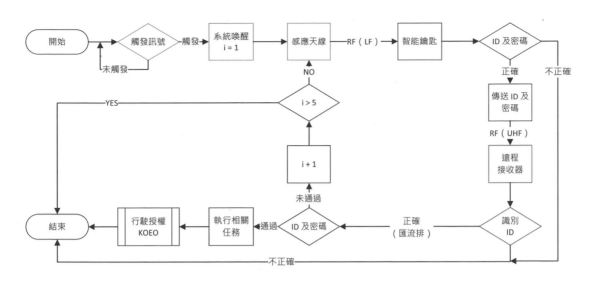

圖 5- 94 智能啟動流程

2. 行駛授權

由於智能啟動並沒有傳統的方向盤鎖機構，取而代之的是電子方向盤鎖（ESL）。因此，行駛授權將會與 ESL 以及 PCM 串聯在一起。整個流程會是先驗證 ESL，成功後才會到 KOEO 狀態，最後才會驗證 PCM。授權是採用模組與模組之間的匯流排通訊，大部分車款的授權密碼或資料都會加密或者是滾碼，以增強其安全性。行駛授權流程，如圖 5- 95 所示。

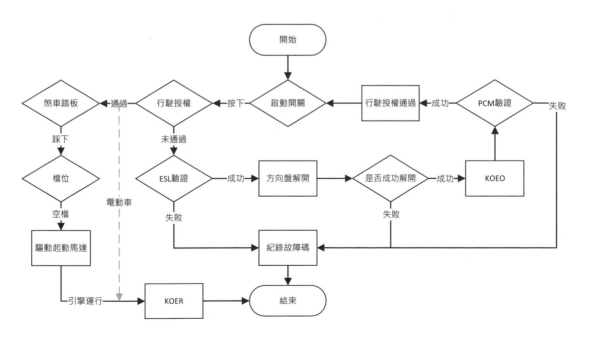

圖 5- 95 行駛授權流程

3. 授權系統密碼

現今車輛的防盜鎖止或稱防盜器（immobilizer）歸納在行駛授權系統內。系統內部記憶體存放服務識別碼（SSID）、加密金鑰（key）、同步碼（sync）及認證碼（certification code）等，其認證碼類似 BMW 的 immobilizer serial number。然而授權系統的密碼，就是以加密金鑰與同步碼生成而來，上述功能說明如表 5- 13 所示。

表 5- 13 授權系統內部資料

名稱	功能說明
SSID	用來標示不同的鑰匙，每隻鑰匙都有獨一無二的識別碼
key	用於加密演算法的密文組合
sync	系統內的同步計數器數值，用來與加密金鑰生成密碼
認證碼	系統初始化過程中，用於參與加密金鑰或同步碼的生成
授權密碼	Key / Sync → 演算法 → 密碼

為了增加破譯的難度，加密金鑰不會直接被發送出去。系統內的同步計數器則用來抗截獲，在每次完成密碼驗證程序後，進行同步更新智能鑰匙與系統內的計數器值，即同步碼都被更新，所以每次發送的密碼都不一樣，這就稱為「滾碼」。典型車輛授權系統對智能鑰匙進行同步碼更新的流程，如圖 5- 96。

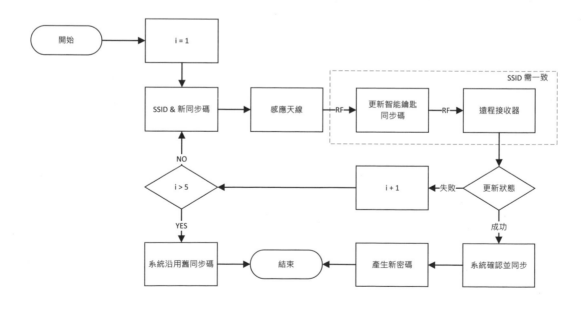

圖 5- 96 同步碼（新密碼）更新流程

5-7-5 系統休眠流程

喚醒後的系統，即便車門開啟後，在電源未啟動及無其它觸發事件（車門打開或關閉）發生一段時間後，整車電力系統會從關閉之初再進入「休眠」狀態。系統休眠流程，如圖 5-97 所示。

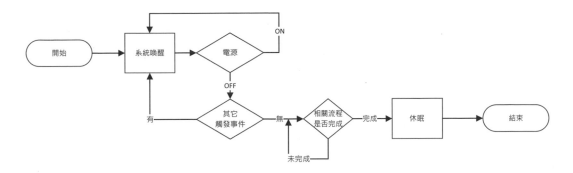

圖 5-97 系統休眠流程

5-7-6 電源休眠控制與管理模式

1. 電源休眠控制

休眠（sleep）是指車輛在關閉鑰匙電源一段時間後，整車 ECU 自動進入一種用電量非常小的狀態，因此也稱低功耗模式（low power mode）。當所有應用程序結束或停止、網路不再有任何訊息以及無任何喚醒電路被觸發時，藉由控制 PMIC 的致能（En）電路，使 PMIC 中斷電源調節及輸出（Vo），ECU 進入休眠模式，如圖 5-98 所示。

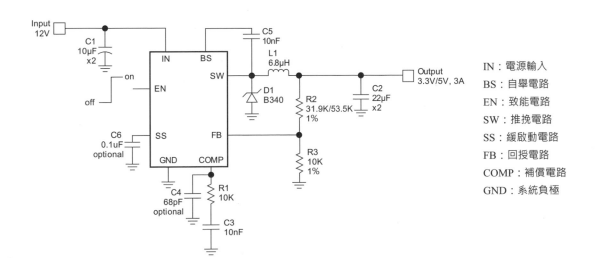

圖 5-98 帶致能 PMIC

2. 電源管理模式

　　ECU 軟體核心依循各種程序下的電源管理模式，確保啟動時工作的運行與最後進入低功耗模式的休眠，電力系統都能在正確的時機開啟與關閉（表 5- 14）。

表 5- 14　電源管理模式

狀態（state）	說明
啟動（startup）	此一狀態分為兩部分，一是通上電源時在系統初始化之前，二是系統初始化之後
運行（run）	微控制器（MCU）應用程序層的軟體組件（software component, SWC）已將運行環境（runtime environment, RTE）與基礎軟體（basic software layer, BSW）初始化，ECU 狀態管理器固定模塊進入運行狀態
關閉狀態（shutdown）	系統休眠或重置前的狀態。此狀態下會關閉所有的應用，並將重要的數據寫入記憶體內，完成後再進入休眠或重置
休眠狀態（sleep）	低功耗省電狀態，ECU 已不執行任何工作，僅有永久電源供應與極低的靜態電流

匯流排通訊

6-1 導論

汽車電子化趨勢,使得一輛汽車所配置的 ECU 數量已來到 2 位數,其資料傳輸量大幅增加,若採用傳統「一線一用」的訊號配線設計,3 個感測器與 3 個 ECU 共用情況下,將大幅增加電線使用總長度及重量,如此一來將會佔據車輛許多空間和成本,如圖 6- 1 所示。

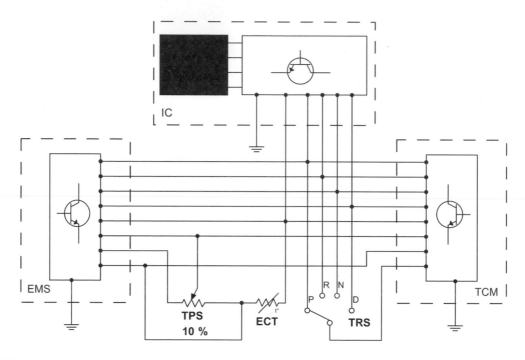

ECU	sensor / owner
EMS (engine management system)	TPS (throttle position sensor) / EMS
TCM (transmission control module)	ECT (engine coolant temperature) / EMS
IC (instrument cluster)	TRS (transmission range sensor) / TCM

圖 6- 1 一線一用電路配置

如圖 6- 2 所示,車廠為達成簡化整車電控系統配置、減輕車身重量與訊息整合目標,透過「一線多用」方式,大幅減少電線的使用,提高可靠度與維護性。因此,ECU 利用匯流排(bus)進行彼此間通訊,以數位資料取代類比電壓訊號方式,傳送相關感測器數值與致動器啟動訊號。

譬如:EMS 傳送 TPS 與 ECT 感測器訊號以及 TCM 傳送 TRS 感測器訊號。而 TCM 除傳送 TRS 感測器訊號,還會傳送抑制起動馬達的致動器訊號給 EMS。各系統可依傳輸需求,選擇匯流排數量及適合的車輛網路通訊技術。

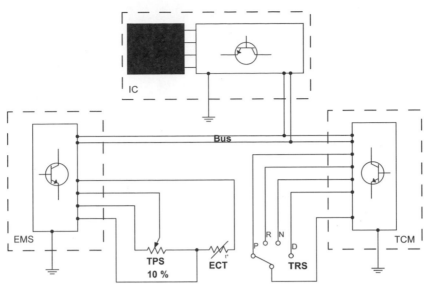

圖 6- 2 一線多用匯流排配置

6-1-1 匯流排通訊型式

汽車匯流排主流通訊型式依電纜數區分為「單線通訊」或「雙線差動」通訊。通訊方向則區分為「單線單向或雙向通訊」以及「雙線差動單向或雙向通訊」，如圖 6- 3 所示。

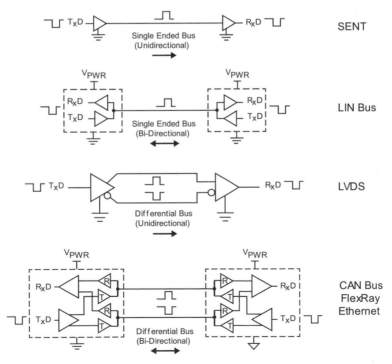

圖 6- 3 匯流排通訊型式（取自：NXP 半導體）

6-1-2 傳輸速率與通訊協定

數據通訊中用以描述資料傳輸速率（data transfer rate）有三個用詞，分別為：鮑速率（baud rate）、資料速率（data rate, DR）以及有效資料速率（effective data rate, EDR）。

1. 鮑速率

鮑速率簡稱鮑率（baud rate），為每秒可傳送信號變化的次數。包括：頻率、相位、振幅及上述混合型態的變化，可以用一個信號時距（time space, Ts）來代表一個碼元的傳輸時間，故鮑率是信號時間的倒數（1 / Ts）。碼元是數字系統中，用相同時間間隔符號來表示一個 N 進制的碼元。

如圖 6-4 所示，當碼元的離散狀態為 2 種狀態，也就是 0 或 1 符號，低位元或高位元時，碼元等於二進制碼元。若碼元離散狀態大於 2 時，此時碼元就為 N 進制碼元，例如，乙太網路的三元對，其符號為 0, 1, -1 狀態所形成的三級脈衝振幅調變。如圖 6- 34 所示。

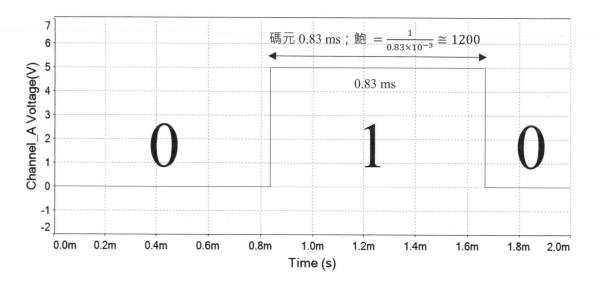

圖 6- 4 鮑速率

在車用通訊的離散狀態轉換過程，隨著鮑速率的提升，信號邊緣的上升時間與下降時間會愈來愈短，在 1M～10M 速率下，其時間會在 100 ns～10 ns 之間。

2. 資料速率

如一個資料封包（data packet）是由 N 碼元所組成時，我們可以說這是一個 N 位元資料封包。因此，可表示該通訊電路每秒可傳輸多少位元數（bits per second, bps）。例如：500 kbps（每秒五十萬個位元）或 10 Mbps（每秒一千萬個位元）。

由於車用通訊系統都採串列二進制，在一個信號的時距只傳出一個位元，故鮑速率會等於資料速率，雖然數值相同，但它們在並列通訊的意義完全不同。資料速率等於鮑速率與一次可傳出位元數的乘積。串列（serial）與並列（parallel）通訊電路概廓，如圖 6-5 所示。

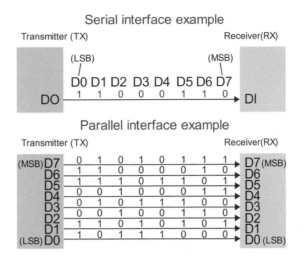

註：LSB：最低有效位元；MSB：最高有效位元

圖 6-5 串列與並列通訊

資料速率：

$$DR = baud \times bits \qquad (6-1)$$

【範例 6-1】

某鮑速率為 1200 的並列通訊系統，匯流排為 8 位元(8 條資料線)，資料調變階層變化有 256 種，因此資料速率為：

$$DR = 1200 \times 8 = 9600\ bps$$

3. 有效資料速率

串列傳輸時都會在訊框（資料封包）的前後加入一些其它訊息，有效資料速率是指扣除這些額外訊息後，實際傳輸資料的速率。其值是傳輸速率乘以資料位元數及訊框位元數之比。

有效資料速率：

$$EDR = DR \times 資料位元數 / 訊框位元數 \qquad (6-2)$$

【範例 6- 2】

如圖 6- 6 所示，一個資料速率 9600 bps 的 8 位元系統，資料前後 start、stop 各為 1 位元。因此，有效資料速率會少於資料傳輸率，因為處理一個 8 位元資料實際上要花 10 位元（start & stop），其有效資料速率為：

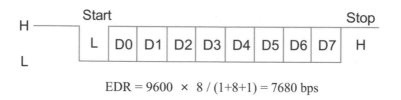

$$EDR = 9600 \times 8 / (1+8+1) = 7680 \text{ bps}$$

圖 6- 6 有效資料位元

4. 通訊協定與語意

　　協定（protocol）是定義控制器間互相通訊且受共同認定之標準，就如同人與人之間所對話語言的發音及文法，網域上所有控制器都必須依照此標準來互相通訊（communication）。而語意則是通訊內容的含意（meaning），就如同各種語言名詞及動詞的定義，能使網域上各個控制器間互相了解對方的意思，並能完成其共同任務。目前各車廠車款的通訊語意內容並未統一。

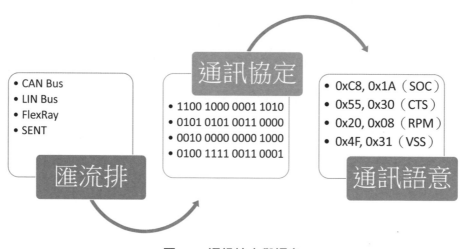

圖 6- 7 通訊協定與語意

6-1-3 匯流排的規劃與應用

　　並非所有控制器之間的網路都需要高傳輸速率，愈高的速率代表會有愈高電磁干擾。在匯流排的佈局規劃中，所考慮的因素還包括：成本、重量及可靠度，並以達到預期應用與整體效益為評估考量。

不要求傳輸速率及時效性可採用單線 LIN bus；通訊速率快，提供 ECU 彼此間大量數據傳輸，選擇雙線 CAN bus；電子線控（x-by-wire）或先進駕駛輔助系統（ADAS）的即時任務數據傳輸，FlexRay 可滿足容錯與精確時間的效能需求；Ethernet（乙太網路）早期是使用在車載診斷，如今陸續應用在 ADAS、媒體資訊以及不同網域彼此之間的大量資料傳輸；若只需單邊資料傳送給 ECU，低成本，非同步及點對點傳輸的 SENT，則適合應用在集成式感測器，如空氣流量計。各類匯流排通訊協定比較，如表 6-1 所示。

表 6-1 匯流排通訊協定比較

通訊協定	製造成本	通訊型式	傳輸速率	應用
LIN bus	低	單線	低	車身電器控制
CAN bus	中	雙絞線	中	動力總成控制
FlexRay	高	雙絞線	高	x-by-wire, ADAS
SENT	低	單線	低	集成式感測器
LVDS	低	雙絞線	極高	攝影機、媒體資訊
MOST	高	光纖	高	媒體資訊
Ethernet	中	雙絞線	極高	車載診斷與維護、ADAS、媒體資訊、網域間資料傳輸

MOST：media oriented systems transport

6-1-4 網路拓樸與配置

在電子控制系統通訊中，ECU 彼此之間的網路連結，利用電纜互相通訊交換資料，因為連結的方式不同，就會產生不同的連接形狀與資料流通形式，就稱為網路拓樸（topology）。因此，拓樸是指網路節點（node）「實體」或「邏輯」的連接形式。而當 2 網路節點實體電纜並沒有確實連接在一起時，即 2 節點為不同網域之匯流排。

1. 實體拓樸

實體拓樸（physical topology）是 ECU 真正在網路中實際佈線或各節點分布的結構。汽車 ECU 網路是以匯流排（bus）拓樸，以及星狀（star）拓樸所構成的混合拓樸（mixed）為主流。當 ECU 同時連接 1 個以上不同網域匯流排時，此 ECU 可為一個閘道器（gateway），因此一台車可能會有 1 個以上的閘道器。若集結多網域而形成星狀結構以及具有車輛的診斷接口，則可視為一個中央閘道器，如圖 6-8 所示。

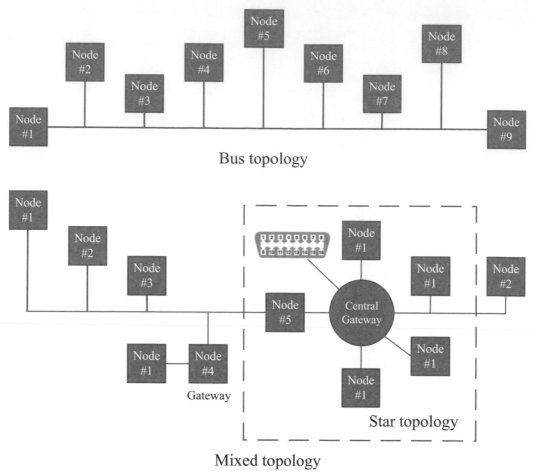

圖 6- 8 汽車網路實體拓樸

2. 邏輯拓樸

邏輯拓樸（logical topology）是形容匯流排資料在閘道上流通的形式。譬如：電路交換（circuit switching）、訊息交換（message switching）以及封包交換（packet switching），其中訊息與封包交換可在不同「傳輸速率」與不同「協定」的匯流排上進行。各定義如表 6- 2；架構如圖 6- 9 所示。

表 6- 2 流通形式定義

形式	定義
電路交換	在資料發送端與接收端建立（切換）一條實體的通訊路徑
訊息交換	並不在資料發送端與接收端建立一條實質的通訊路徑，而是透過閘道器重新轉發到其它匯流排。傳送訊息內容不變，但傳輸速率會因目標匯流排速率不同而改變
封包交換	交換方式與訊息交換相似，其差異是封包的內容會有所改變。譬如：將收到的一個或多個封包內容經過計算、排列、挑選後，再予以發送新的封包到匯流排上

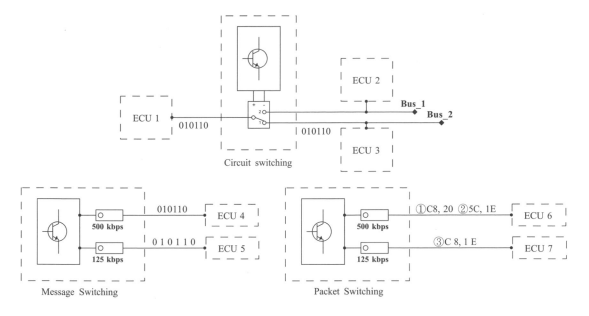

圖 6- 9 網路流通形式

　　邏輯拓樸是很難從電路佈局看出資料在閘道器上流通的情形，尤其是「訊息交換」與「封包交換」。僅有原設計團隊才能有正確交換資訊及內容，只有少數車廠會在系統維護手冊上，加註部分敘述與拓樸圖，如表 6- 3、圖 6- 10 所示。

表 6- 3 拓樸代碼敘述

code	description	code	description
1	Circuit 50, status	13	Camshaft Hall sensor, signal
2	Gear range, status	14	Fuel injectors, actuation
3	Starter circuit 50 relay, actuation	15	Electric machine, status
4	Starter, actuation	16	High-voltage battery voltage, signal
5	Fuel pump, request ON	17	High-voltage battery temperature, signal
6	Fuel pump, actuation	18	Electric machine motor torque, signal
7	Coolant temperature sensor, signal	19	Electric machine rpm, signal
8	Engine speed, signal	20	Transmission oil temperature, signal
9	Pressure regulator valve, actuation	21	Electric machine motor torque, request
10	Quantity control valve, actuation	22	Wet clutch, request
11	Fuel pressure, status	23	Wet clutch, status
12	Oil temperature sensor, signal		

註：匯流排資料流通訊息

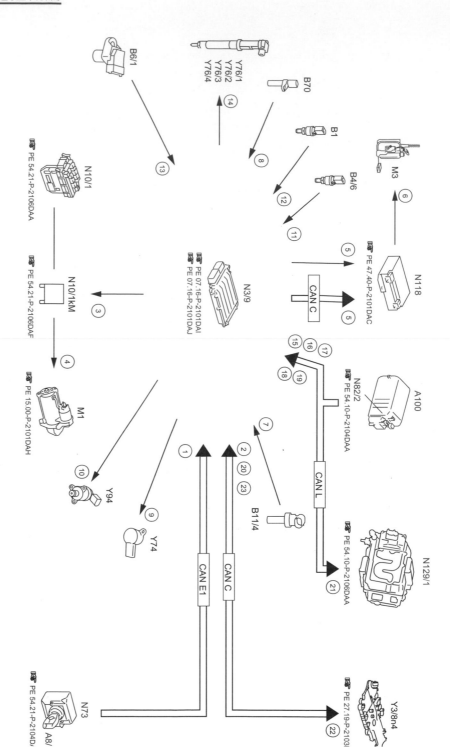

A100 High-voltage battery module, A8/1 Transmitter key, B1 Oil temperature sensor, B4/6 Rail pressure sensor, B6/1 Camshaft Hall sensor, B70 Crankshaft Hall sensor, B11/4 Coolant temperature sensor, CAN C Drivetrain CAN, CAN C Drivetrain CAN, CAN E1 Chassis CAN 1, CAN L Hybrid CAN, M1 Starter, M3 Fuel pump, N10/1 Front SAM control unit with fuse and relay module, N10/1kM Starter circuit 50 relay, N118 Fuel pump control unit, N129/1 Power electronics control unit, N3/9 CDI control unit, N73 Electronic ignition switch control unit, N82/2 Battery management system control unit, Y3/8n4 Fully integrated transmission control unit, Y74 Pressure regulating valve, Y76/x Cylinder 1-4 fuel injector, Y94 Quantity control valve

Mercedes Bena E Class W212 啟動系統

圖 6- 10 資料流通拓樸（取自：Mercedes 修護資料）

6-1-5 中央閘道與網域喚醒

  汽車電子化所涉及的是更複雜的電子與電機系統整合控制，導致 ECU 數量不斷增加。為了確保 ECU 彼此之間的通訊順暢、安全和正確，除了一般做為資料獲取與交換的控制器外，還必須有一個主控單元來協調車輛網路系統內的數據傳輸，並抑制網域之間的喚醒。中央閘道控制單元外觀，如圖 6- 11 所示。

圖 6- 11　中央閘道控制單元

1. 中央閘道

  中央閘道（central gateway）或稱中央網關（CGW），是車輛網路系統通訊的致能器。因此，可以充當數據路由器（資料流通）處理不同通訊協定以及車輛網域（動力總成、車身以及資訊娛樂系統等）之間的中央處理單元。除此之外，不同網域電氣實體層訊號的隔離，避免因電路故障造成整車網路癱瘓，提高網路系統結構安全性。新式網關還可支援 ECU 空中下載更新技術，即時過濾數據以保護其免受駭客攻擊。目前乘用車中央閘道主流架構，如圖 6- 12 所示。

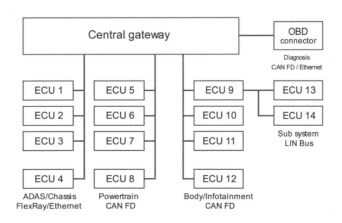

圖 6- 12　中央閘道架構

2. 網路喚醒與休眠

(1) 系統喚醒

匯流排始終處於兩種狀態之一,「活動」或「靜止」。所謂活動是指匯流排實體層電氣訊號有準位變換;反之則為靜止。處於活動狀態時,同一個匯流排上的所有節點均會喚醒,並觸發節點內部電源管理系統,使電源管理模式進入啟動與運行狀態以及開始篩選相關匯流排資訊。

中央閘道可依系統功能,決定是否喚醒不同網域的匯流排。譬如:電源僅開啟到第一階段的附屬配件時,只有車身或資訊娛樂系統網路喚醒,並不喚醒動力總成、底盤系統及其它網域,如此可減少電瓶的電力消耗。

(2) 系統休眠

而當系統進入關閉狀態時,匯流排資訊發出休眠訊框或在匯流排長時間(超過預定時間)未活動後,各節點將會逐一進入靜止,直到節點上最後一個節點也靜止後,匯流排上所有節點便會進入休眠狀態。之後匯流排上的節點,可被任何節點請求喚醒,或於匯流排上發出間斷(準位變換)欄位喚醒,如圖 6- 13 所示。

(3) 低功耗狀態

休眠後的 ECU 內部 IC 元件 Vcc 已完全無電源,僅剩下 PMIC 與控制喚醒元件(TJA1041)電路上永久電源 30 的極低靜態電流,這個電流在設計上,依不同功能規模的 ECU,一般介於 $20 \sim 50\mu$ A。典型帶有休眠與喚醒功能電路,如圖 6- 14 所示。

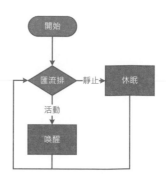

圖 6- 13 網路喚醒與休眠

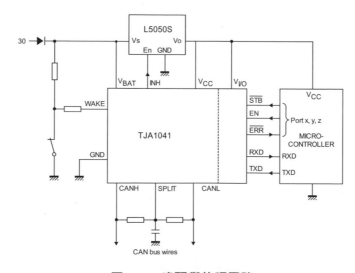

圖 6- 14 喚醒與休眠電路

6-2 控制器區域網路

控制器區域網路（controller area network, CAN），可提供低價位且可靠的雙向通訊網路，並同時可溝通多組 CAN 裝置。ECU 內部均配置了 CAN 收發器（transceiver），僅需單一的 CAN 介面，即可將配置於 ECU 周圍的類比與數位輸入訊號，按各週期時間傳輸於匯流排之間，如此即可降低汽車的整體成本與重量。若以 500 kbps 傳輸速率，11 位元標準 ID，有 8 個位元組資料的 CAN 計算，一個訊框可在 256 μs 內傳輸完畢。

6-2-1 實體層電路

CAN 在資料傳輸速率上分為高速與低速網路，在實體層電路有雙線差動（differential）或單線通訊兩種，以實現實體資料在匯流排上各節點之間的傳輸過程。

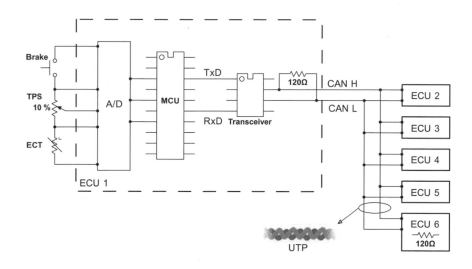

圖 6- 15　CAN bus 實體層架構

1. 雙線差動

(1) 無屏蔽雙絞線

如圖 6- 15 所示，雙線差動網路中所有 ECU 均可經由 CAN H 以及 CAN L 實體層的無屏蔽雙絞線（unshielded twisted pair, UTP）電纜傳送及接收相關訊息。雙絞線是由一對相互絕緣的金屬導線絞合而成。採用這種方式，不僅可抵禦一部分來自外界環境的 EMI，亦可以降低自身對其它訊號線的干擾。

如圖 6- 16 所示，在平行電纜中，電流「作用」過程中，會在纜線周圍產生磁力線，引起相鄰訊號線產生同向電流「感應」，進而使電壓變化而產生雜訊干擾。

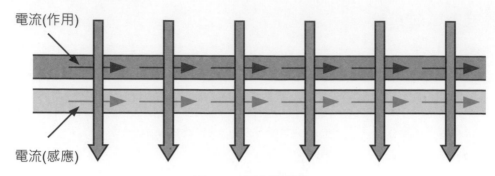

圖 6- 16　平行電纜線

　　如圖 6-17 所示，在差動訊號中，若將兩根絕緣銅導線按一定密度互相絞在一起，電流在「去向」與「返回」過程中，兩導線所產生的電磁波會相互抵消，有效降低訊號干擾程度。

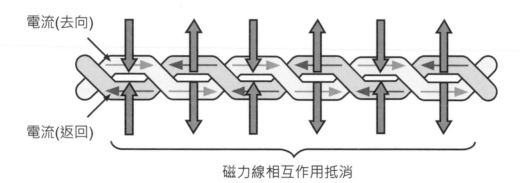

圖 6- 17　雙絞電纜線

　　另一方面，當 EMI 作用在差動雙絞電纜線上時，尤其是絞合的愈緊密的時候，對訊號所產生的影響是一致的，此現象稱之為共模訊號。在接收訊號的差動電路中，差模訊號會互相強化，而共模訊號則會彼此抵消，進而提取有效的差模訊號，使之產生正確的訊號輸出，如圖 6-18 所示。

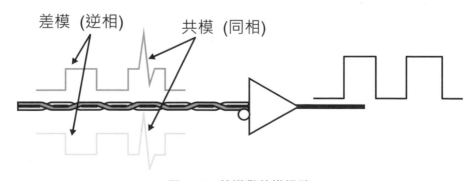

圖 6- 18　差模與共模訊號

(2) 終端電阻

在「高速網路」傳送資料過程中，會產生一波波的電動勢，當訊號傳送到終端時(termination)，易產生反向電動勢，造成訊號干擾。因此，在 UTP 電纜的頭尾兩端 ECU 內，各配置一個約 120 歐姆的終端電阻，可有效吸收反向電動勢。其並聯後有效電阻約為 60 歐姆，如圖 6-15 所示。

(3) 實體層電位

雙線差動 CAN 實體層依資料傳輸速率區分為高速網路（ISO-11898）125 kbps ~ 1 Mbps；低速網路（ISO-11519）10 kbps ~ 125 kbps 兩種規範。其電壓波形準位有所不同，且低速網路並無終端電阻的存在。當實體層訊號為顯性（dominant）時，收發器與 MCU 間的 RxD 邏輯值為 0，反之為隱性（recessive）時，邏輯值為 1，如圖 6-19 所示。

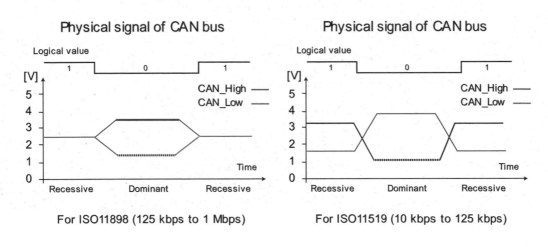

圖 6-19 雙線差動實體層電位

低速網路(ISO-11519)於 2007 年後，各車廠陸續停止使用，125 kbps 速率都改採 ISO-11898，讓整車 CAN bus 的實體層一致。

2. 單線通訊

單線通訊（SAE J2411）規範僅透過一條數據線就可進行雙向通訊，適用於傳輸速率介於 33.3 kbps ~ 83.3 kbps 之間以及線路長度較短的 CAN 應用，諸如：不需要及時性資料傳輸的車身舒適便利控制或電動車供電設備與車輛接口間的通訊等，其電壓準位波形如圖 6-20 所示。

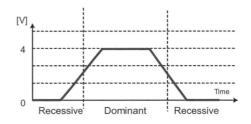

圖 6-20 單線通訊實體層電位

6-2-2 CAN 訊框

傳送資料和遠端（請求資料）訊框（frame），均在每個訊框的開始和結束處由起始（SOF）和停止（EOF）位元控制，並包括以下欄位：仲裁、控制、資料、CRC 以及 ACK 欄位。當連續出現 5 個高或低位元，後面需補上 1 個位元的反相位填充。訊框結束間隔（INT）3 位元後，匯流排上的控制器可再發出新的訊框。例為 ISO-11898 一個訊框的量測波形，如圖 6-21 所示。

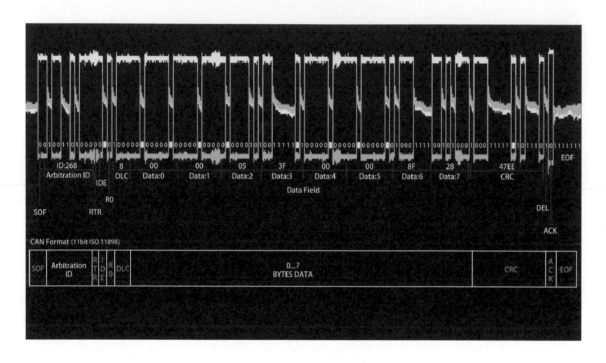

圖 6- 21　ISO-11898 量測波形

訊框架構如表 6- 4；欄位說明如表 6- 5 所示。

表 6- 4　CAN 訊框架構

header			data	trailer			
SOF 1 bit	仲裁 11 bits（標準 ID） 29 bits（擴展 ID）	控制 6 bits	資料 0~8 bytes	CRC 16 bits	ACK 2 bits	EOF 7 bits	INT 3 bits

表 6- 5　CAN & CAN FD 訊框欄位說明

欄位	說明
SOF	訊框會以與 CAN 和 CAN FD 相同的訊框（SOF）位元開始。
仲裁	包括識別符號（位址）和遠端傳輸請求（RTR）位元，用於區分資料訊框和資料請求訊框，也稱為遠端訊框。識別符號可以是標準格式（11 位元-版本 2.0A）或擴展格式（29 位元-版本 2.0B）。CAN FD 與標準和擴展格式共享相同的尋址方式，但會移除 RTR 位元並維持主導的 r1 位元。
控制	包括識別符號擴展（IDE）的 6 個位元，其區分 CAN 2.0A（11 位元識別符號）標準訊框和 CAN 2.0B（29 位元識別符號）擴展訊框。控制欄位亦包括資料長度代碼（DLC）。DLC 是 4 位元代碼，指示資料訊框的資料欄位中的位元組數量或遠端訊框請求的位元組數量。CAN FD 會使用在控制欄位中使用 8 位元或 9 位元，並使用 IDE、r0 和 DLC 位元。其中增加了 3 個額外的位元，包括用於確定封包是 CAN 或 CAN FD 的擴展資料長度（EDL），以及用於分隔資料階段與仲裁階段的位元速率交換（BRS），和錯誤狀態指示器（ESI）。在 CAN FD 中，相同的 4 位元 DLC 針對長度 ≥ 8 的情況有不同的用途。
資料	CAN 資料欄位由 0~8 個位元組的資料組成。CAN FD 支援 0~8 個位元組，但具有增加的有效負載能力以支援 12、16、20、32、48 或 64 位元組。
CRC	在 CAN 中會使用 15 位元循環冗餘檢查（cyclic redundancy check）代碼和隱性定界符位元。若有效負載 ≤ 16 位元組，CAN FD 會使用 17 位元（加 CRC 定界符位元)，而當有效負載 ≥ 16 位元組時，則會使用 21 位元（加 CRC 定界符位元）。還有 4 個額外的位元會用於 CAN FD。
ACK	確認回應欄位的長度為 2 位元。第 1 個是時間槽位元，以隱性方式傳遞，但是之後會由從成功接收傳送訊息的任何節點所傳輸的主導位元覆蓋。第 2 個位元是隱性定界符位元。當接收器將 2 個位元時間識別為有效 ACK 的狀況下，在 CAN FD 中會有微小的差異。
EOF	7 個隱性位元指示訊框（EOF）的結束。

取自：Tektronix

6-2-3 仲裁機制

　　匯流排資料透過收發器將實體層電路轉換成邏輯數值，顯性為 0，隱性為 1 傳送至 MCU。MCU 將邏輯數值連接後進行訊息的格式化、仲裁及回應等。在通訊過程中，每筆訊息均具有其優先性，若有 2 個 ECU 同時嘗試傳送訊息，經仲裁（arbitration）結果，具有較高優先性（ID 愈小者優先性愈高）的訊息將先行發出，低優先性的訊號將延後傳送。

如圖 6- 22 所示，3 個 Node 收發器的 TxD 同時發出 SOF，當 bus 的 RxD 來到 ID5 時，Node 3（ID_0x1B2）經仲裁中斷，當 bus 來到 ID1 時，Node 1（ID_0x18A）經仲裁中斷，最後僅剩下 ID 最小的 Node 2（ID_0x188）完成後續的資料傳送。

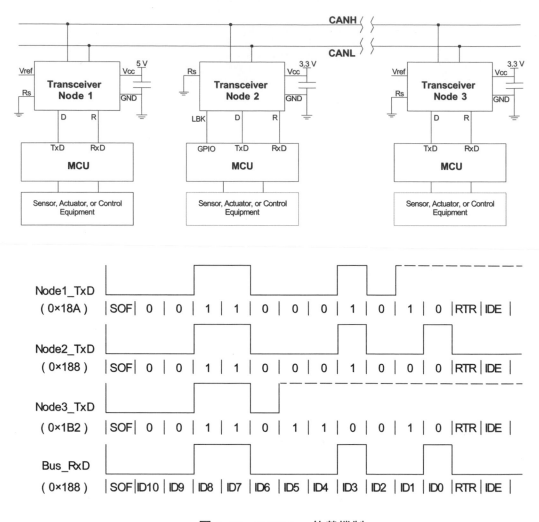

圖 6- 22　CAN bus 仲裁機制

6-2-4 可變速率控制器區域網路

可變速率控制器區域網路（CAN flexible data rate, CAN FD），ISO-11898-1。此協定是 CAN 的擴展版，在 2012 年推出，實體層與 CAN（ISO-11898）相同。為因應當今 ECU 通訊需求與安全性，需要更多的資料量以及更快傳輸速率，CAN FD 在資料區支持可變速率，傳輸速率擴展到 5 Mbps，也支持更長 64 bytes 的數據長度，並可藉由 MCU 硬體外設「數據加密」功能，避免資料被駭客竊取或竄改。CAN 與 CAN FD 訊框差異，如圖 6- 23 所示。

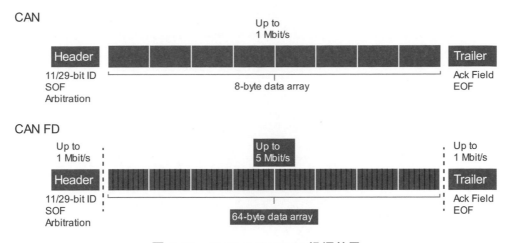

圖 6- 23　CAN & CAN FD 訊框差異

6-3 本地互連網路

　　本地互連網路（local interconnect network, LIN）匯流排，補充 CAN 擴展到應用中的「遠程分級子網路」，專為汽車網路建立的低價位初階多工通訊標準，主要應用在感測與致動器以及車身便利等相關通訊與控制。LIN 實體層架構與波形，如圖 6- 24 所示。

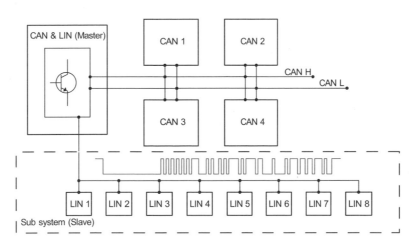

圖 6- 24　LIN 實體層電路

　　雖然 CAN 可因應高傳輸速率與進階處理網路等需求，但對電動車窗與座椅控制器等時效較低的裝置而言，高實作成本的 CAN 軟硬體反倒顯得大材小用。針對不需要 CAN 傳輸速率的應用而言，LIN 匯流排即可達到低速率高成本效益的通訊作業。網路中所有節點均可經由實體層的單線電纜傳送及接收相關訊息。其中包括 1 個主節點（master）和最多 15 個從節點（slave）。若以 19.2 kbps 傳輸速率，有 8 個位元組資料的 LIN 計算，一個訊框可在 6.46 ms 內傳輸完畢。

6-3-1 實體層電路

　　LIN 實體層是根據增強的 ISO-9141 標準所實作的低成本單線雙向匯流排,資料透過收發器將實體層電路轉換成邏輯數值。若使用標準序列通用非同步收發器(UART),並將 LIN bus 嵌入至最新的低價位 8 位元微控制器中,即可透過相對低廉的價格,傳輸速率從 1 kbps ~ 19.2 kbps。雖然這速率看起來很慢,但適用於預期應用,並可將 EMI 最小化。

　　實體層電氣準位電壓會隨著電瓶電壓(V_{BAT})而改變,且門檻(閾值)電壓,由隱性(高電平)到顯性(低電平)或是由顯性到隱性是不相等的(此電路稱為遲滯電路)。假設 V_{BAT} 為 13 V 時,發送器低電平應低於 V_{BAT} 的 20 %,高電平應達 V_{BAT} 的 80 %,則低電平需 < 2.6 V 與高電平 > 10.4 V;而接收器低於 V_{BAT} 的 40 %時為顯性,達到 V_{BAT} 的 60 %則為隱性,則門檻電壓顯性需 < 5.2 V 與隱性 > 7.8 V,如圖 6- 25 所示。

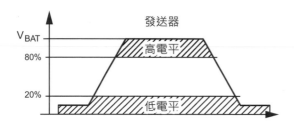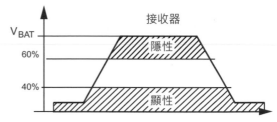

圖 6- 25　LIN 實體層邏輯準位

6-3-2 LIN 訊框

　　LIN 屬於一種廣播串行網路,常見是以週期性「輪詢廣播」為主要通訊方式。所有標頭(header)訊息都是由主節點開始發出,其中包含識別碼(identifier, ID),只會有一個從節點回應主節點特定 ID 的訊息。主節點也可以附帶訊息(命令),使從節點回應主節點要求及執行動作。由於所有的通訊都是由主節點開始,故不需有仲裁機制。傳送和回應資料訊框均在每個訊框的間斷欄位開始,並包括以下欄位:同步、識別碼、資料以及檢查總和,如表 6- 6,表 6- 7 所示。

表 6- 6　LIN 訊框架構

header			response / message		checksum
break 14 bits	sync 10 bits	ID 10 bits	data 10 ~ 80 bits		checksum 10 bits

表 6- 7　LIN 訊框欄位說明

欄位	說明
間斷（break）	用於傳送新訊框的開始，會啟用並指示所有從屬裝置聆聽標頭的剩餘部分。
同步（sync）	由從屬裝置用於確定主節點正在使用的傳輸速率，並相應地進行同步。
識別碼（ID）	指定哪個從屬裝置要採取行動。
資料（data）	指定的從屬裝置會回應 1～8 組資料，資料由 1 bit 開始位、8 bits 數據內容以及 1 bit 結束位組成。因此，1 組資料需傳輸 10 bits。
檢查總和（checksum）	計算欄位會用於偵測資料傳輸中的錯誤。LIN 標準已經發展了幾個版本，會使用兩種不同形式的檢查總和。傳統檢查總和僅在資料位元組中計算，並在 1.x 版 LIN 系統中使用。增強的檢查總和會透過資料位元組和識別符號欄位計算，並在 2.x 版 LIN 系統中使用。

取自：Tektronix

6-4 FlexRay

　　專為滿足汽車 ECU 彼此之間的資料傳輸速率、資料量與穩定度，而發展的通訊技術，於 2007 年推出。FlexRay 針對當今車輛電子線控（x-by-wire）系統，如煞車、轉向及主動式定速巡航等功能設計，屬於精確、高容錯以及高速率的雙線差動雙向匯流排。ECU 內部的 FlexRay 收發器，可支援雙通道高速傳輸，單一通道介面所傳輸的資料速率高達 10 Mbps。若以 10 Mbps 傳輸速率，有 32 個位元組資料的 FlexRay 計算，一個訊框最快可在 32 µs 傳輸完畢。

6-4-1 通道模式

　　Flex 為靈活可變之意，當網路架構採用雙通道時，其中一通道發生錯誤，另一通道則視為備援通道或稱冗餘，擔起全部通訊責任，如圖 6- 26（a）所示。而在一般通訊模式下傳輸速率則為單一通道的二倍，因此可達 20 Mbps，不僅傳輸速率高，而且還可以顯著增加通訊可靠度，如圖 6- 26（b, c）所示。

圖 6- 26　FlexRay 通道模式

6-4-2 實體層電路

　　FlexRay 實體層遵循 ISO-17458 規範，傳輸速率 2.5～10 Mbps。匯流排所有 ECU 均可經由 BP（bus line plus）以及 BM（bus line minus）的無屏蔽雙絞線（UTP）電纜傳送及接收相關訊息，與 CAN 相同需配置終端電阻，但阻值略有不同，在 UTP 電纜的頭尾二端 ECU 內，各配置一個約 80～110 Ω的電阻，可有效吸收反向電動勢，並聯後有效電阻約為 40～55 Ω。

　　實體層總線有 4 個電位級別，分配給隱性與顯性狀態。在 ECU 未傳送資料時為隱性，反之則為顯性。BP 與 BM 在 idle 時呈現三態（tri-state），即電位不拉高也不拉低，約為 2.5 V，若在低功率休眠時，偏壓（biasing）接近 0 V。BP 與 BM 在顯性時，BP 電位在上與 BM 電位在下時，邏輯資料為 1，反之時資料為 0，其電壓波形準位，如圖 6- 27 所示。

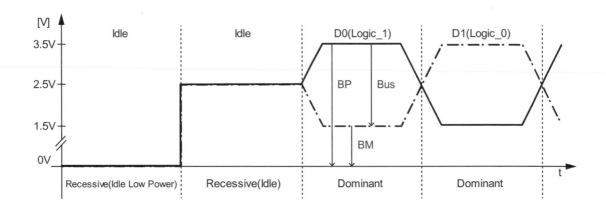

圖 6- 27　FlexRay 實體層電位

6-4-3 FlexRay 訊框

　　FlexRay 訊框由三大區段組成，架構包括：標頭區段、有效負載（payload）區段和訊框尾段，如表 6- 8。欄位說明表 6- 9 所示。

表 6- 8　FlexRay 訊框架構

header					payload	trailer
指示器 5 bits	ID 11 bits	有效負載長度 7 bits	header CRC 11 bits	cycle count 6 bits	資料 0~254 bytes	CRC 24 bits

表 6- 9 FlexRay 訊框欄位說明

欄位	說明
指示器位元	前五個位元表示正在傳送的訊框類型。包括正常、有效負載、空、同步和啟動等選擇。
訊框 ID	定義訊框應在其中傳輸的時間槽。訊框 ID 的範圍從 1~2047，任何個別訊框 ID 在通訊週期中每個通道上使用皆不超過一次。
有效負載長度	指示有效負載區段中的資料字詞（word）數量，1 個 word 為 2 個位元組。
header CRC	透過同步訊框指示器、啟動訊框指示器、訊框 ID 和有效負載長度所計算的循環冗餘檢查（CRC）碼。
cycle count（週期計數）	目前通訊週期數的值，範圍從 0~63。
資料	資料欄位包含最多 254 位元組的資料。對於在靜態區段中所傳輸的訊框，有效負載區段的前 0~12 個位元組可以選擇性地作為網路管理向量。訊框標頭中的有效負載前指示器會指示有效負載區段是否包含網路管理向量。對於在動態區段中所傳輸的訊框，有效負載區段的前兩位元組可以選擇性地作為訊息 ID 欄位，允許接收節點以根據該欄位的內容過濾或引導資料。訊框標頭中的有效負載前導指示器會指示有效負載區段是否包含訊息 ID。
CRC	在標頭區段和有效負載區段中所有成分計算出的循環冗餘檢查代碼。

取自：Tektronix

6-4-4 靜態與動態訊框區

　　FlexRay 同時使用時間觸發和事件觸發通訊協定，並結合先前的 CAN 高速雙向多控制器溝通和 LIN 順序通訊協定優點。可在一個通訊週期（communication cycle）長度時間（典型為 5 ms），將其分割成包括靜態（static）和動態（dynamic）訊框區，如圖 6- 28 所示。

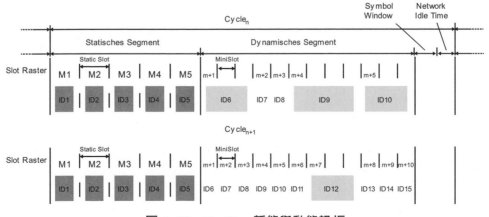

圖 6- 28　FlexRay 靜態與動態訊框

1. 靜態訊框

靜態區是匯流排上每個 ECU 在區內所預定時間槽（slot, M）進行常態性資料或訊號通訊，並從區內指定槽 ID1 訊框開始傳送訊息至每一個 Mn。

2. 動態訊框

匯流排中的每個 ECU 也有機會在每個通訊週期內透過在一個時間長度上所分割的動態訊框區微小槽（mini slot, m）進行通訊。微小槽 m 要比預定時間槽 M 要來的短許多，主要是做計數用，若靜態區總共有 5 個預定時間槽 M，那微小槽 m 就等於 5。在動態訊框區就以第一個微小槽 m+1（5＋1）的時間槽可送出 ID6 訊框，但由於 ID6 結束後 ID7 沒有送出，因此跳過，直到 m+4 的時間槽允許出現 ID9 訊框，後續以此類推。

倘若此週期動態 ID12 無足夠的時間槽可送出，則會排序到下一個週期（$Cycle_{n+1}$），直到對應的 ID 送出為止。此程序稱為通用仲裁網格時序，具有較小 ID 訊息將先行發出，較大 ID 訊息將延後傳送。動態區多為車輛診斷、下載或更新以及需時效性的資料或觸發。

3. 同步時基性與多方存取

綜合上述訊框說明，FlexRay 具有同步時基傳輸特性，各連接節點都依據相同的時序來運作，且每隔一段週期時間，就會自行確認時序的偏差性，自動對偏差進行修正。這項的傳輸特性，可將時序偏差限制於一定限度內，使時序的精確度介於 0.5～10 μs 之間，而一般多為 1～2 μs 之間。高精確的時脈傳輸特性，再搭配時間觸發（time triggered）以及分時多方存取（time division multiple access, TDMA）的協定作法，可使傳輸延遲時間限制在 50 μs 之內。

6-5 單邊節點傳送

單邊節點傳送（single edge nibble transmission, SENT）協定，是專為汽車智能感測器訊號值傳送到 ECU 建立的「點對點」（point to point）方案。譬如：檔位開關、節氣門位置、壓力訊號、空氣流量以及溫度等。解決高精密度感測器類比訊號在導線上因溫度係數或連接器接點產生阻抗而改變的電壓誤差值，並可同時傳輸多個感測器數值。

6-5-1 基本特色

SENT 採用低價位單工通訊（單向通訊）作業，由不同時間寬度（PWM）所組成的半位元組（nibble）數據構成。及時性的資料以高頻發送，主流傳輸寬度時間 3 μs，傳輸速率為 333 kbps。SENT 訊號較原本感測器的類比訊號相比，具有更好的電磁敏感度（electromagnetic sensibility,

EMS），即不受其它設備的電磁干擾，亦有傳輸故障訊息的自我診斷能力。基於上述等優勢，SENT 已成為集成式感測器訊號傳輸主流。

6-5-2 實體層電路

SENT 實體層遵循 SAE-J2716 規範，用於 ECU 與感測器之間的通訊。ECU 內無需專屬收發器，感測器採用三條電線，分別為 5V 電壓、接地以及訊號線（signal line）。訊號線邏輯準位低電平最大應 < 0.5 V 與高電平最小應 > 4.1 V，實體層架構與波形，如圖 6- 29 所示。

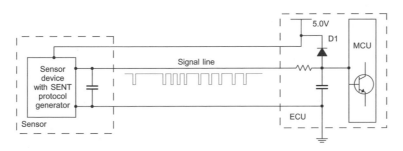

圖 6- 29　SENT 實體層電路

6-5-3 同步電平與時鐘刻點

如圖 6- 30 所示，SENT 區分為高電平同步或低電平同步。通常每個時鐘刻點（tick）約為 3 μs，典型容寬（tolerance）值為 20 %，而每個 FIXED 有 5 個 ticks 時間（15 μs）。

以高電平同步為例，SENT 訊框同步（sync）是以 1 個低電平的 FIXED 再轉為高電平開始（start），並持續共 56（168 μs）刻點後回到 FIXED。

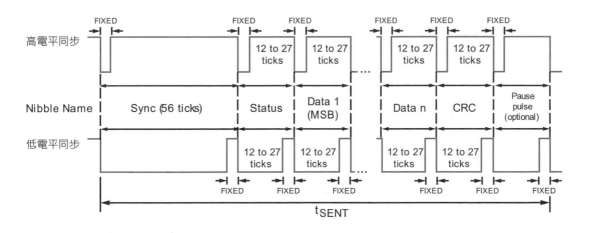

圖 6- 30 同步電平與時鐘刻點

6-5-4 SENT 的數據值

SENT 數據值由「時鐘時間」長度所決定。以高電平同步為例，連續 12 個 ticks 高電平時間（36 μs），該數據為二進制 0000；連續 13 個 ticks 高電平時間（39 μs），數據為二進制 0001。以此類推數據來到二進制 1111，則需連續 27 個 ticks 高電平時間（81 μs），每個數據值長度為 4 位元（半位元組；nibble），如圖 6- 31 所示。

SENT 數據：

$$Nibble_{(2)} = （時鐘時間 / 刻點時間）- 12_{(10)} \qquad （6-3）$$

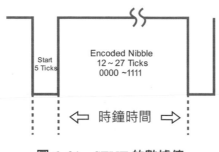

圖 6- 31　SENT 的數據值

6-5-5 典型 SENT 傳輸訊框

如上所述，SENT 訊框以 1 個 FIXED 開始，sync 時間為 56 個 ticks 後來到 status nibble。每個 nibble 都有間隔 1 個 FIXED 的 5 個 ticks 低電平時間。共有 1 至 6 個 data nibble，每個 data 為 4 位元，若分拆二個感測器數據，仍有 12 位元的精準度。

4 位元 Status 通訊信息內容，例如：故障指示和操作模式。亦可成為序列資料狀態列，位元 1 ~ 2 為保留位，位元 3 為序列資料，位元 4 為開始，如表 6- 10 所示。

表 6- 10　SENT 訊框架構

sync 56 ticks	status nibble 12~27 ticks	data nibble 1~6 12~27 ticks per data	CRC（data only） 12~27 ticks	pause (optional)

6-6 乙太網路

ADAS、主被動式電子控制及安全系統，以及不同網域彼此間的通訊，會需要大量資料在整車內進行傳輸。因此，為了提升車輛子系統和行車基礎架構整合度，而所形成的需求也有所變更。從較為簡單的匯流排或環形網路轉變為更複雜的混合型拓撲，包括連接到主骨幹的閘道也是如此。不同於其它匯流排，車用乙太網路（ethernet）實體層和邏輯層是點對點的網路結構（如圖 6- 32）。

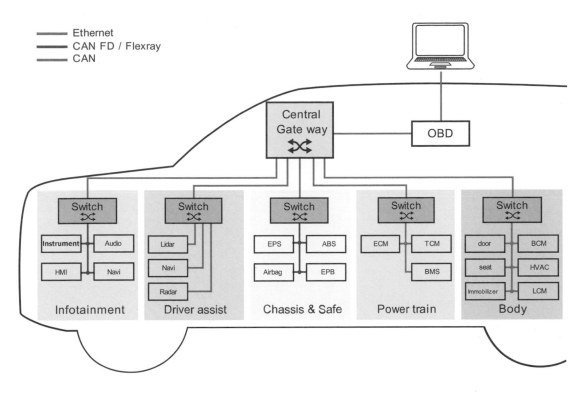

圖 6- 32 典型乙太網拓樸架構

6-6-1 佈線方式

　　車用乙太網路發源於已經過成熟而穩定發展的資訊技術（information technology, IT），可以提供極高的通訊速度與頻寬。不同於消費性電子乙太網路，車用乙太網路實體層使用單一無屏蔽雙絞線佈線方式，可同時用於發射及接收資料，以降低重量和成本，如圖 6- 33 所示。

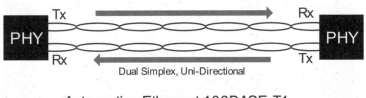

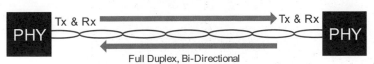

圖 6- 33 乙太網實體層佈線方式

6-6-2 實體層訊號

電氣實體層使用三級脈衝振幅調變（three level pulse amplitude modulation , PAM3）訊號來達到高資料速率和可靠度。UTP 電纜其中一條是 data＋，另一條則是 data－。

如圖 6- 34 為占空比失真（duty cycle distortion, DCD）測試 PAM3 訊號，該訊號由連續 4 個週期 t1 ~ t4 的三態 0, 1, -1 狀態形成，相鄰位元不會有相同的狀態。減掉上升及下降源時間，每個位元時間為 15 ns，速率為 66.667 Mb/s，故屬於 100 base。圖 6- 35 為 100 base-T1 / 66.667 Mb/s 實務量測下，波形檢測選擇無限累積模式，所形成的網眼圖（eye diagram）。

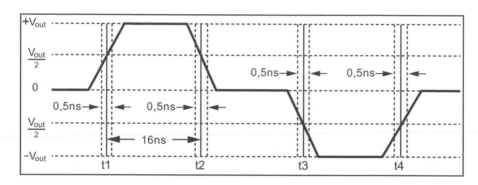

圖 6- 34 三級脈衝振幅調變

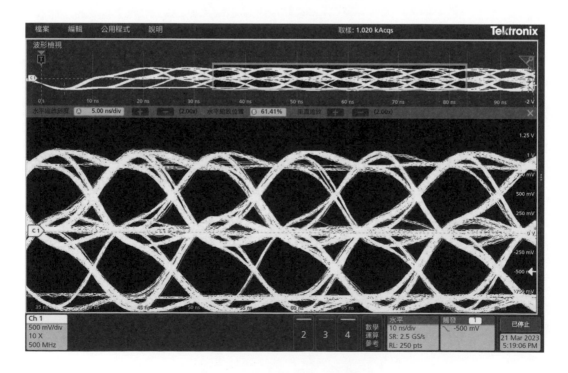

圖 6- 35 100 Base-T1 網眼圖

6-6-3 邏輯層訊號

PAM3 為三態訊號，進行邏輯訊號轉換時，採用三元對 (ternary pair, T) 資料編碼 (3B data)，需要 2 個三態位元 (2T ; TA, TB) 的組成，故亦稱為 3B2T 訊號映射 (圖 6- 36)。

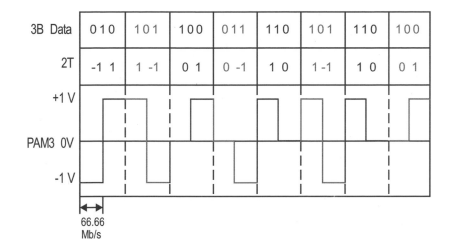

圖 6- 36　3B2T 訊號映射

乙太網每 1 幀為 8 位元 (octets)，因此 3B Data 還需轉換成 8 位元，重新排列組合後，如表 6- 11 所示。

表 6- 11　邏輯層資料轉換

	Data						
3B	010	101	100	011	110	101	110	100
4B	0101		0110	0011	1101	0111	0100
8B	01010110			00111101		01110100	
HEX	0x56			0x3D		0x74	

6-6-4 乙太網路訊框

如上所述，ethernet 每 1 幀為 8 位元，訊框以 1 個連續 7 個帶有 0x55 的前導碼開始，由於是點對點的通訊，在兩控制器訊框內有預設好的優先權代碼，彼此依照優先權進行順序發送並接收。訊框架構如圖 6- 37；欄位說明如表 6- 12。

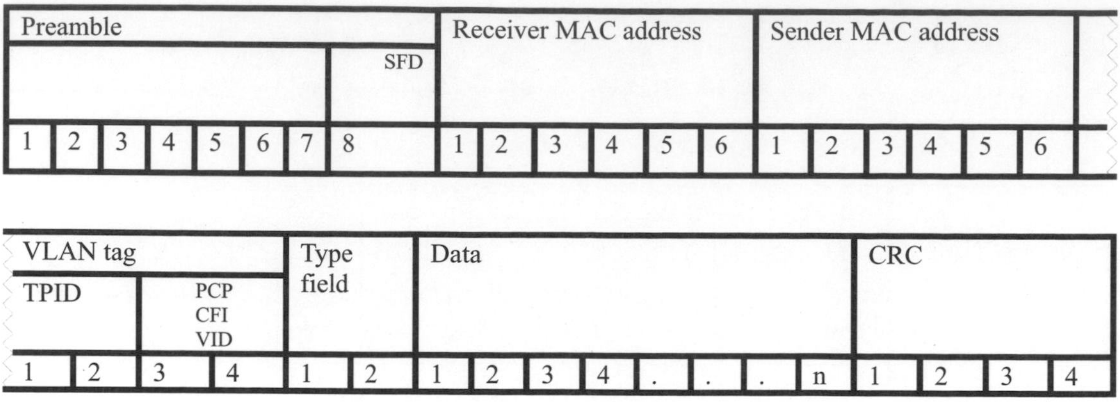

Preamble								SFD	Receiver MAC address						Sender MAC address					
1	2	3	4	5	6	7	8		1	2	3	4	5	6	1	2	3	4	5	6

VLAN tag				Type field		Data								CRC			
TPID		PCP CFI VID															
1	2	3	4	1	2	1	2	3	4	.	.	.	n	1	2	3	4

圖 6- 37 乙太網路

表 6- 12 訊框架構

欄位	說明
Preamble	由發送端送出前導碼連續 7 個 octets 都為 0X55，目的是讓接收端的硬體訊號同步，作為傳送、收發端之間的時序同步。
SFD	在標頭內的起始幀，以 0XD5 作為停止同步的結束傳輸的開始。
Receiver MAC address	目標接收者的位址，作用是指定要接收消息的網路節點。
Sender MAC address	發送者的位址，對於乙太網路來說，只能有一個發送方，但可以有很多個接收方。
VLAN tag	VLAN 標籤有固定格式，前 2 幀 16 bits 為標籤協定識別符(Tag Protocol Identifier, TPID)數值，車規預設在 0x8100；接續 3 bits 為優先權代碼點(Priority Code Point, PCP)，從 0 (最低)到 7 (最高)，用來對資料排定傳輸的優先順序；接續 1 bit 是標準格式指示(Canonical Format Indicator, CFI)，若這個值為 1 則 MAC 位址為非標準格式，反之 0 則為正常格式；最後 12 bits 是虛擬區域網識別符(VLAN Identifier, VID)用來具體指出這個封包是屬於哪個特定 VLAN 的。
Type field	註明這個封包為何種乙太網路的類型，車規內網主要是以 VLAN 類型為主，但保留對外通訊類型，譬如：無線聯網或 OBD 診斷設備的通訊。 0x0800：Internet protocol, Version4 (IPV4) 0x0806：Address Resolution Protocol (ARP) 0x22F0：Audio Video Transport Protocol (AVTP) 0x8035：Reverse Address Resolution Protocol (RARP) 0x8100：Virtual local area network (VLAN) 0x86DD：Internet protocol, Version6 (IPV6)

欄位	說明
Data	傳輸的資料內容，最少 42 octets 最多達 1500 octets。
CRC	冗餘校驗值，範圍從 SFD 後開始的所有資料，以確保整段訊息的完整性。

6-6-5 車用乙太網路規範

相較於一般的車載通訊技術，乙太網路與車聯網現有的基礎設施及網路技術有著更高相容性，這也意味著乙太網路將會是車輛對外通訊的主要骨幹。車用乙太網路規範，如表 6- 13 所示。

表 6- 13 車用乙太網路規範

	Ethernet 10 Base-T1S	Ethernet 100 Base-T1	Ethernet 1000 Base-T1	Ethernet 100 Base-TX
網路標準	IEEE 802.3cg	IEEE 802.3bw	IEEE 802.3bp	IEEE 802.3
資料速度	10 Mbps	100 Mbps	1000 Mbps	100 Mbps
訊號	PAM3	PAM3	PAM3	MLT3
速度	@ 12.5 Mb/s	@ 66.667 Mb/s	@ 750 Mb/s	@ 125 Mb/s
纜線長度	15 m / 25 m	15 m	15 m	100 m
電壓	1 Vpp	2.2 Vpp	1.3 Vpp	2.2 Vpp
佈線	單一雙絞芯	單一雙絞芯	單一雙絞芯	兩對雙絞芯
應用	非即時性需求資訊	資訊及 ADAS	資訊及 ADAS	車載診斷

註：多極傳輸（multi-level transmit, MLT）

6-7 低電壓差動信號

近幾年隨著車載娛樂、導航及 360° 行車環景等需求的日益普及，加上人工智能和車聯網等技術興起，消費者對於車輛座艙的功能要求，已不再局限於車輛的操控，而是能滿足駕駛、安全、休息、娛樂和工作等多方位的功能，於是有了智慧座艙概念的產生。

智慧座艙對於車載娛樂、攝影機、數位儀表板、抬頭顯示器及中控大螢幕彼此間的通訊需求大增。然而高清的影像資料需要極高的資料速率，但我們又不希望產生太大的 EMI 發散。點對點的單向低電壓差動信號（low-voltage differential signaling, LVDS），藉由低電壓振幅、恆定電流控制與差動架構，有效降低 EMI 發散。電路架構與實體層電位，如圖 6- 38 所示。

6-7-1 終端電阻與門檻電壓

LVDS 驅動器由一個定電流差動電路所構成，典型電流為 3.5 mA。接收器則是具有很高的輸入阻抗與一個緊鄰接收器介於 90～130 Ω 的終端電阻所構成，其差動門檻電壓最大約為 200 mV。

6-7-2 實體層電位與傳輸速率

　　由於驅動器所輸出的電流，幾乎都是流經終端電阻。車用 LVDS 實體層電位在 Idle 時約為 1.2V，若恆定電流為 3.5 mA，終端電阻值為 100 Ω，根據歐姆定律得知，接收器兩端的電壓振幅大約為 350 mV，將會大於 200 mV 的門檻電壓，藉此轉換為邏輯 1 或邏輯 0 的輸出訊號。

　　LVDS 實體層電位可設計在 250～450 mV 間，藉由低電壓的快速轉換時間技術，使控制器之間的通訊，能夠輕鬆達到 100 Mbps～1 Gbps 以上的傳輸速率。

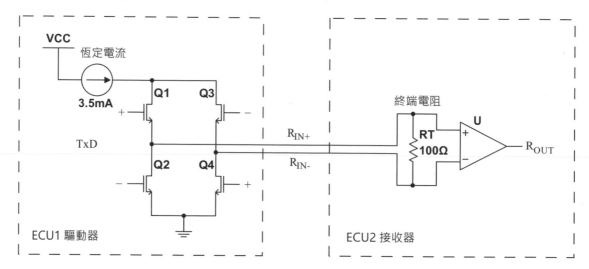

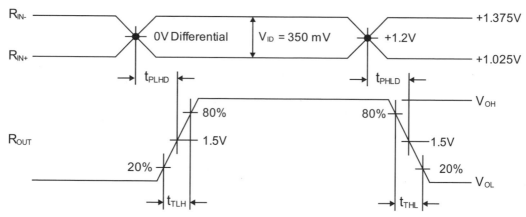

圖 6-38　LVDS 電路架構與實體層電位

6-8 空中下載與更新技術

　　空中（over the air, OTA）下載技術，不僅不用再使用電纜而是透過無線方式來執行 ECU 的韌體更新下載，而且還能提供語音和數據服務，這可應用蜂窩無線電和無線區域網路（wireless LAN, WLAN）在內的各種無線電標準來實現。

6-8-1 汽車 OTA 生態鏈

OTA 下載更新對消費性電子產品而言,已經是相當成熟的技術。如今為了提高汽車電控系統的可靠性,必須保持韌體的最佳狀態,減少車輛召回更新軟體時所增加的成本與時間效益。汽車 OTA 是透過雲端、通信渠道及車端等三方系統所組成的生態鏈。

1. 雲端伺服器

雲端(cloud)伺服器需要儲存 ECU 的韌體映像和相關資訊。由於一台車可能會有許多不同一階(tier 1)供應商的電控系統配置,因此,它們必須從許多不同供應商那裡收集所需要發佈更新的映像資料(譬如:Bosch、Continental 或 Denso),並將它們組合成一個統一的映像,並進一步發佈到車端系統。大多數車廠都採用第三方支持架構雲端系統,不會自己去創建雲端。

2. 通信渠道

通信渠道的硬體主要是由電信商的基礎措施所支持。然而通信渠道也需要安全的傳輸,否則可能會導致許多安全隱憂,因為信息可能會遭受駭客的攻擊或破壞。車廠利用各種技術或採用第三方安全解決方案來保護通信渠道,確保這些更新能順利到車端系統。

3. 車端系統

如圖 6- 39 所示,車端系統通常是透過遠程資訊服務控制單元(telematics control unit, TCU)內的用戶身分模組(subscriber identity module, SIM),允許車輛對通信渠道(GSM 或 CDMA)的空中接口或是經由 Wi-Fi 存取技術將雲端數據下載至中央網關進行遠程更新與管理。

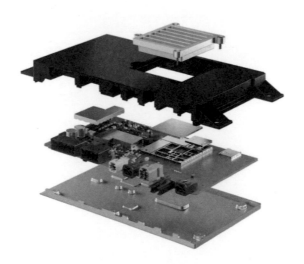

圖 6- 39 遠程資訊服務控制單元 （取自:Continental automotive）

6-8-2 汽車 OTA 更新流程

　　無論雲端的空中接口或車端的實體接口，在 OTA 更新下載過程中的資料都會進行加密。各 ECU 的韌體（firmware）與硬體的控制版本會記錄在網關內，以及定期透過 TCU 與雲端進行檢查，並將雲端新韌體儲存在網關內的 NAND storage 記憶體內，以提供相關 ECU 進行更新。

　　如圖 6-40 架構所示，當網關有已下載新韌體可供下載到 ECU C 時，藉由記憶體分區映射技術，可在行駛中進行更新流程。

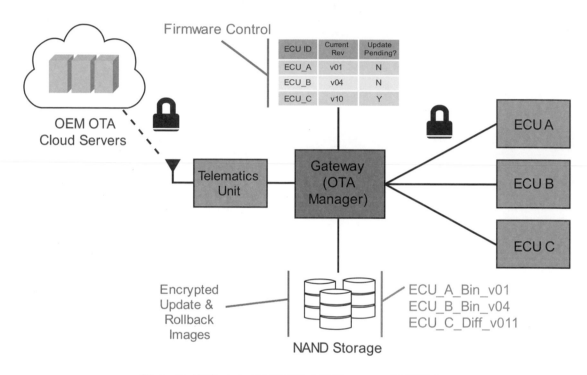

圖 6- 40　汽車 OTA 下載流程（取自：NXP 半導體）

6-8-3 記憶體分區與映射

　　如表 6-14 所示，ECU 最初在記憶體規劃時，會將實體（physical）記憶體分區。譬如：系統指定實體區 block A 映射（mapping）到邏輯區（logical）進行它的程序，新韌體更新則會被下載到 block B。當車輛電源關閉，系統會檢查下載在 block B 新韌體的正確性，若無問題，在下次車輛重新開啟電源時，系統則會重新指定新版本韌體 Block B 映射到邏輯區進行它的程序，以達到切換韌體版本的功能。如此就可以確保不會因為下載不完整的資料，造成更新失敗，必要時還可以指定回舊韌體的區塊，流程如圖 6- 41 所示。

表 6- 14 記憶體分區

	分區	位置	Size
bootloader	boot	0x000~0x3FFF	16 kbyte
physical	block A	0x100000~0x1FFFFF	1 Mbyte
	block B	0x200000~0x2FFFFF	1 Mbyte
logical	mapping (block A or block B or block A & block B)	0x900000~0xAFFFFF	2 Mbyte

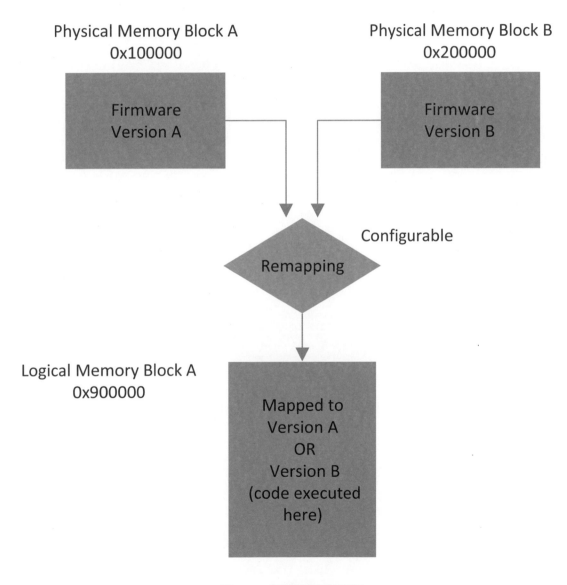

圖 6- 41 記憶體映射流程

控制器的輸入 7

如圖 7-1 所示，汽車感測層區分為「車內機構及環境」、「車外可視角環境」以及「車外不可視角環境」。各層面利用電纜線，以類比或匯流排通訊方式，將訊號傳回至 ECU 輸入介面。車內機構及環境，意指透過車輛各種感測器收集各系統機構位置或物理量訊號。譬如：溫度、光、壓力、速度及加速度等。車外可視角環境則是利用感測器透過人工智能（AI）運算，取得車外物體距離以及形狀。譬如：超音波距離感測器、攝影機、雷達或光學雷達（光達, LiDAR）等。

而利用車聯網技術，車對車、車對路、車對雲以及車對人，以無線電方式將汽車場域內的車輛與行人相對位置及速度、交通號誌及道路車況透過車上的遠程資訊服務控制單元（TCU）彼此傳輸到匯流排上，可視為車外不可視角環境感知層。

上述唯有車內機構及環境感測層(感測器)，還有使用類比或 PWM 通訊方式將訊號傳回 ECU 的輸入介面，其它感測層皆已使用匯流排通訊。

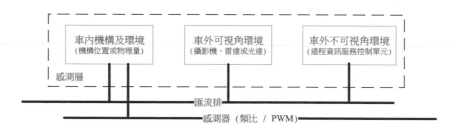

圖 7- 1 汽車感測層

7-1 邏輯感測電路

感測器的輸出電壓結果只有「高電平」或「低電平」兩種狀態，不存在其它中間狀態。而多少電壓以上是高，多少以下是低，這個多少指的就是門檻電壓(threshold voltage)。在數位電路中，跨過門檻電壓以上稱為邏輯 1；反之低於門檻電壓則稱為邏輯 0，省略的說法可以是 0 或 1。門檻電壓是多少則是要端看 ECU 內部晶片工作電壓、溫度以及 IC 設計製程而定，如表 7- 1 所示。

表 7- 1 典型邏輯門檻電壓

設計製程	邏輯狀態	工作電壓（V）	門檻電壓（V）
CMOS（74HC00）	1	2.0	1.2
		4.5	2.4
		6.0	3.2
	0	2.0	0.8
		4.5	2.1
		6.0	2.8
TTL（74HCT00）	1	4.5~5.5	1.6
	0	4.5~5.5	1.2

註：nexperia 半導體；測試溫度 25℃

如圖 7-2，汽車電路訊號高電平電壓接近於電瓶電壓，訊號輸入到 ECU 內會經過分壓限流保護電路處理後才會至 IC。因此，實際的輸入電壓與邏輯電壓會有落差。由分壓公式計算得出，S2 開關電路輸入電壓必須大於 6.5V 才可確保邏輯電壓大於 TTL 門檻電壓 1.6V，使邏輯狀態為 1。

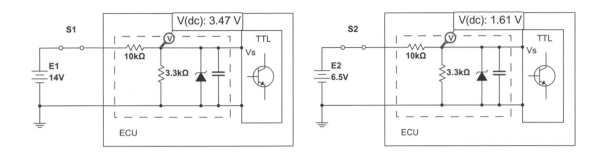

$$邏輯電壓(V) = \frac{3.3k}{10k+3.3k} 6.5 = 1.61\ V$$

圖 7- 2 邏輯電壓

7-1-1 PWM 控制與應用

訊號電路（signal circuit）以週期性的工作週期或 PWM，可做為對目標系統傳送的訊號或訊息以及經由放大電路將訊號轉換成驅動電路（driver circuit），譬如：可控制車輛的電磁閥開啟度、燈光的亮度以及馬達的轉速等。下列敘述為 PWM 訊號應用及控制方式。

1. PWM 檔位訊息

感測器內置 PWM 驅動器，可將檔位訊號轉以 PWM 訊息傳送給 ECU。ECU 則根據不同的工作週期藉此識別變速桿位置，如圖 7- 3 所示。

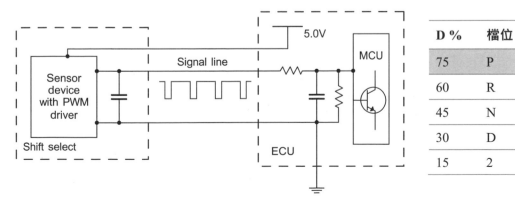

D %	檔位
75	P
60	R
45	N
30	D
15	2

圖 7- 3 PWM 檔位訊息

2. PWM 訊框

利用 PWM 可變頻率及工作週期，轉換成訊框成為一種通訊技術，但它並不屬於標準通訊協定，PWM 訊框架構可由開發者自行定義。因此，PWM 訊框歸類於一般輸入類別，由軟體來決定編解碼程序。譬如：將 A 和 B 感測器內置 MCU 及 PWM 驅動器，嵌入成一個集成感測器（S_1）。S_1 將 A 及 B 感測器數值轉換成 T1 及 T2 訊框（PWM）送給 ECU，ECU 則根據 PWM 內容，取得 A 和 B 感測器數值，如圖 7-4 所示。

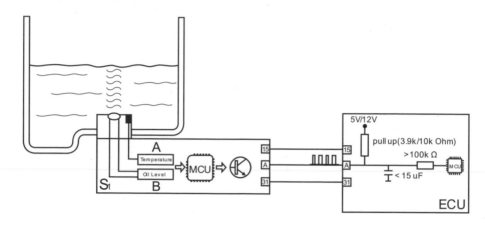

圖 7-4 機油溫度及油位電路架構（取自：HELLA group）

傳送資料訊框均在每個訊框的高電平欄位開始，訊框總時間為 9216 μs。並包括以下欄位：S_1 診斷訊號、T_1（A）感測器訊號以及 T_2（B）感測器訊號，如圖 7-5。訊框架構說明如表 7-2。

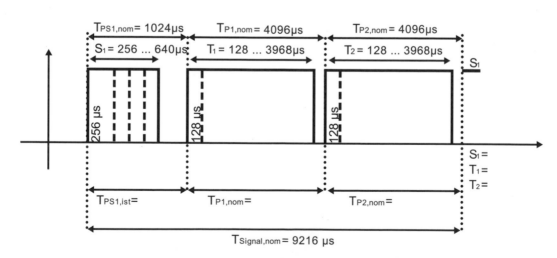

S_1 : signal　T_1 : temperature　T_2 : oil level or pressure

圖 7-5　PWM 訊框（取自：HELLA group）

表 7-2 PWM 訊框架構說明

S₁			T₁ / T₂ （value）
PWM	**time**	**status**	
62.5 %	640 μs	Hardware failure	
50.0 %	512 μs	T₁ failure	
37.5 %	384 μs	T₂ failure	
25.0 %	256 μs	normal	

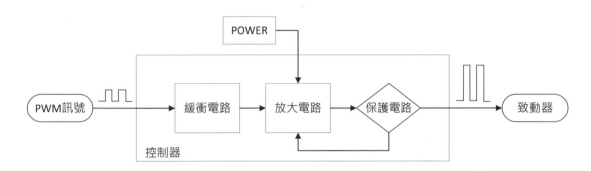

3. PWM 驅動訊號

控制器接收 PWM 訊號後，透過功率放大電路，如電晶體或 MOSFET 將微小電流的 PWM 訊號放大成大功率訊號輸出給致動器。故驅動電路也稱為放大電路，如圖 7-6 所示。

圖 7-6 PWM 驅動電路

7-1-2 開關型感測電路

開關電路是一個最簡單狀態的邏輯電路，很久以前便開始使用這種電路，將開關的 on 及 off 狀態轉換成邏輯訊號給 ECU。特別要注意的是，當開關 on 時，電路形成一個完整的迴路，即便是感測器的訊號，也會使電路產生電流消耗。

1. 電路的配置

如圖 7-7 所示，開關電路分為對地及對正兩種。採對地開關電路，ECU 內需配置 R1 電位提升電阻（pull-up resistor），以建立高電平準位，這個高電平準位，亦稱為「參考電壓」（reference voltage）。對正開關電路，則建議配置 R3 下拉電阻（pull-down resistor），避免開關 off 時，對於高阻抗的輸入端易受外界電磁場影響而出現電壓浮動（floating）現象，造成訊號不穩定的跳動。R2 及 R4 則為輸入電流限制電阻，避免外部電壓過高，造成晶片損壞。

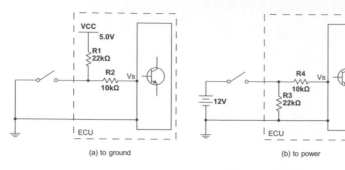

圖 7- 7 開關電路

2. 顯性與隱性

顯性狀態是指訊號結果符合啟用或觸發條件，例如：車門打開、煞車踏板踩下、安全帶扣上、喇叭按下以及雨刷水位不足等；反之訊息結果不符合條件則稱為隱性。開關的 on 及 off 透過電路轉換成 0 或 1 的邏輯狀態。而開關在顯性控制的邏輯狀態不一定是 0 或 1，要端看如何應用。

譬如：用於保全相關開關電路，開關的 off 被設定為顯性，當線路被破壞時，等同於開關 off 狀態，因此系統仍可觸發防盜。但此電路有一缺點，正常情況下引擎蓋是隱性關上的，而關關在 on 時，提升或下拉電阻與開關形成一個完整迴路，使電路產生電流消耗，如圖 7- 8 所示。

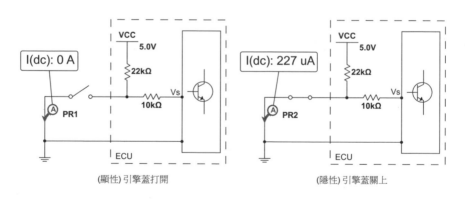

圖 7- 8 顯性與隱性

3. 工作週期開關電路

由於現在汽車感測電路數量已達數十個甚至上百個，為達到節省電力及自診功能，現今汽車開關電路多數已設計成工作週期（duty cycle, D）訊號來取代傳統電壓訊號。因此，在對地開關訊號電路，提升電阻的參考電壓來源改採工作週期供應，藉由有效的平均電壓，促使迴路電流降低，達到減少電流消耗之目的。

但由於工作週期的頻率高低，會影響 ECU 對開關訊號的「取樣時間」。頻率愈低，ECU 就須等待更多時間完成取樣，但無論多快的頻率，都仍需等待週期結束，故若是要求及時性的開關訊號，則不適合採用。但工作週期訊號對大多數的開關訊號而言，都能滿足預期的應用。

(1) 減少電流消耗

如圖 7-9 所示，左側為恆定參考電壓；右側為工作週期參考電壓。將電位提升電壓改以工作週期 5 % 輸出，則電流消耗降至 11.4 μA。若有 10 個開關電路，就能減少 2 mA 以上的電流。

註：本小段過後，後續圖文有關參考電壓皆以恆定電壓示意。

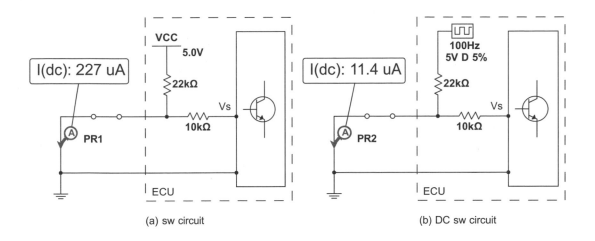

(a) sw circuit   (b) DC sw circuit

$$原始電流(A) = \frac{5}{22k} = 227\ \mu A$$

$$工作週期電流(A) = 227\ \mu A \times 5\ \% = 11.4\ \mu A$$

圖 7- 9　工作週期開關電路

(2) 取樣時間

如圖 7- 10 所示，工作週期頻率（f）100 Hz，D 5 % 訊號。故週期（T）為 10 ms。ECU 取樣時間必須為週期時間的 95 % 以上，因此應大於 9.5 ms。實務上為避免訊號遺漏以及便於程式設計，取樣時間至少是量測週期時間的 2 倍（20 ms）。取樣時間的倒數，即為取樣率。

取樣時間：

$$2T = 2\frac{1}{f} = 2\frac{1}{100} = 0.02\ s$$

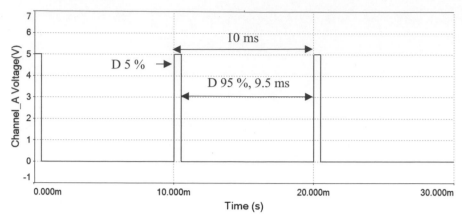

圖 7- 10 取樣時間

4. 開關診斷電路

在某些情況下，開關訊號攸關控制邏輯，當線路發生短路或斷路，都可能造成錯誤訊息的產生。因此，電路需有對訊號可靠度做診斷的能力。在開關或 ECU 內置一個對地電阻，當開關 on 時，迴路與提升電阻形成分壓，ECU 透過監控電壓值 Vs，即可測得開關電路狀態，如圖 7- 11。

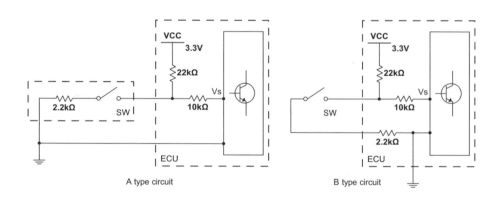

圖 7- 11 開關診斷電路

如表 7- 3 診斷結果所示，容許誤差為 10 %，當電路狀態異常時，故障碼就會被紀錄至 ECU 記憶體內。

表 7- 3 開關診斷結果

正常值（V）	電壓值（V）	電路狀態（診斷結果）
開關（OFF）3 ~ 3.6	Vs > 3.6	對正短路
開關（ON）0.27 ~ 0.33	0.33 < Vs < 3	開關訊號不可信
	Vs < 0.27	對地短路

5. 開關冗餘校驗

　　如圖 7-12 所示，為確保重要開關訊號可靠度，採用雙觸點開關，雙刀單擲（DPST）或雙刀雙擲（DPDT），可避免因觸點故障，造成狀態的誤判。多段式（multi segment）開關，如燈光、雨刷、檔位開關以及車窗上（下）及自動上（下）等，則會由軟體進行跳位檢測，確保開關訊號的可靠度。所謂跳位檢測是指，多段式開關的階段性觸點或電位器的線性變化特性，如 1, 2, 3, 4 數值，2 的前面一定是 1，後面就一定是 3，不會直接跳到 4。

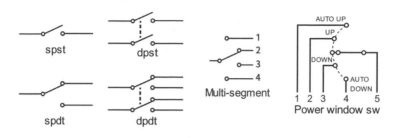

圖 7-12 觸點開關

(1) 煞車踏板開關

　　煞車踏板開關影響著動力系統的節氣門控制。當車輛滑行時，節氣門維持一定的開度，讓引擎保持順暢的進氣，一旦煞車踏板踩下，ECU 收到開關訊號，需立即減少節氣門開度，確保引擎煞車阻力以及真空輔助力道。

　　又或者是車輛執行定速巡航駕駛時，煞車踏板開關訊號是中止定速巡航重要的觸發條件。因此，煞車踏板開關電路必須採用二迴路的冗餘校驗設計，確保系統可靠度。當開關被診斷出故障時，停止啟用定速巡航功能以及相關應用，並紀錄故障碼，如圖 7-13 所示。

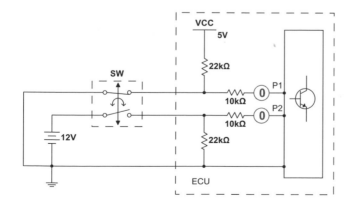

P1	P2	開關狀態
0	0	OFF
0	1	Err
1	0	Err
1	1	ON

圖 7-13 冗餘開關電路

(2) 啟動及駐車按扭開關

　　車輛於行駛中，人員不小心誤觸啟動開關或開關觸點故障產生跳動現象，有可能會造成引擎熄火。因此，除了在軟體設定增加一個觸發延遲時間，啟動按扭開關電路也必須採用冗餘校驗設計，確保系統可靠度。除此之外，如果在一個迴路故障時仍可發動引擎，但要熄火就必須在短時間內連按啟動按鈕多次。

　　在配有電機駐車系統車輛，也會因為駐車開關或線路的故障，可能會造成駐車功能的操作錯誤。因此，為避免故障造成的無預期作用，駐車按扭開關電路也必須採用冗餘校驗設計，確保系統可靠度。

7-1-3 霍爾感測器

　　霍爾感測器在開關速率感應上沒有傳統拾波感測器（pickup sensor）需速度切割磁場才能產生訊號的問題。因此，能滿足在任何高低速切換頻率環境下使用。在不過載電壓（overvoltage）及過高溫（overtemperature）的理論上，為長久壽命。霍爾開關已成為當今車輛廣泛被應用的邏輯感測器，諸如煞車油位、煞車踏板開關、起動按扭開關、速度以及角度位置等。帶有冗餘校驗設計的霍爾式煞車踏板開關，如圖 7- 14 所示。

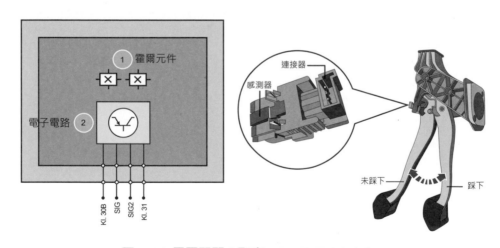

圖 7- 14　霍爾開關（取自：BMW TIS info）

1. 霍爾感測原理

　　感測器是一種採用霍爾（Hall）效應元件的集成電路無觸點開關。元件本身需工作電壓，電流會通過 P 型半導體，隨著磁場變化，正電荷會移動到 P 型半導體上方，負電荷則是移動到下方，使得導體表面產生電位差，如圖 7- 15 所示。

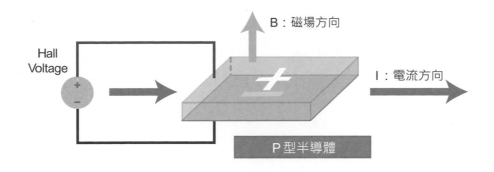

圖 7- 15　霍爾元件

　　如圖 7- 16 所示，當霍爾元件感應到磁場，透過放大電路，霍爾晶體便導通迴路。因此，感測元件無接點切換時間、跳動、結構疲乏與磨耗等問題。感測器電路內部幾乎都有穩壓電路，可提供寬域的工作電壓（ 4.5 ~ 24 V ）。

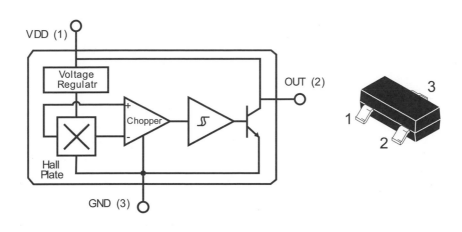

圖 7- 16　霍爾感測器電路架構

2. 電壓式霍爾感測器

　　霍爾感測器由於可切換頻率高，適合應用在速度及位置的感測使用上，應用包括車輪速率、確定動力總成系統中，內燃機角度的曲軸（ CKP ）、凸輪軸（ CMP ）或選轉機構及電動機轉子位置等。感測器由霍爾元件和永磁體組成，裝置於靠近旋轉軸上的齒盤附近。感測器與磁盤齒模之間的間隙非常小，每當一個齒模經過感測器附近時，會改變周圍的磁場，這將使得感測器的輸出電壓變高或變低。因此，感測器的輸出是方波訊號，ECU 可透過感測器輕鬆的用於計算轉軸的 RPM 及位置（ 或稱分度 ）。位置感測器可做為轉軸角度的零點，搭配 RPM 訊號就可準確計算出轉軸角度，如圖 7- 17 所示。

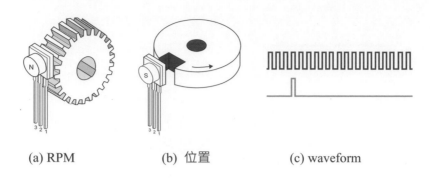

(a) RPM   (b) 位置   (c) waveform

圖 7- 17 電壓式霍爾感測器（取自：Allegro Micro Systems）

3. 電流式霍爾感測器

　　單迴路電壓式霍爾感測器，電路佈局為 3 線式，分別是電源、接地與訊號。電流式霍爾感測器，訊號與電源為同一條，透過 ECU 內部的電流檢測電路，將電流變化放大處理後轉換成方波。因此，採用電流式霍爾感測器，線路只需 2 條電線，大幅減少此類開關感測器電線的使用。2004年後，車輪訊號已陸續使用該設計，由於感測器內部阻抗大，因此，在工作時感測器的輸入電壓並不會有明顯的振盪變化，振幅會低於 0.1 V。典型的電流霍爾感測器，開關 off 時電流約 7 mA；開關 on 時約 14 mA，容許誤差 20 %，如圖 7- 18 所示。

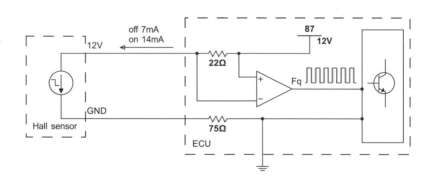

圖 7- 18 電流式霍爾感測器

7-1-4 二進制編碼器

　　二進制（binary）代碼或稱二位元代碼，是由兩個基本邏輯狀態 0 和 1 組成的代碼。其中，一個迴路的二進制代碼稱為一碼元或一位元，N 個迴路可以有 2^N 編碼組合，若以這樣嵌入多個邏輯訊號組合的感測元件亦稱為「編碼器」（encoder）。

　　編碼器依機構設計可分為線性與旋轉二類，編碼方式可分為絕對與增量編碼器，信號產生方式之不同則可分為觸點開關、霍爾開關（電磁）以及光電編碼器等。

1. 線性編碼器

典型汽車線性機構的編碼器,如檔位選擇開關。透過選擇開關上的觸點或霍爾元件編碼開關,將當前的變速桿位置轉換為四位元編碼。該檔位選擇編碼透過四條電線(L1～L4)傳輸到相關 ECU,如圖 7- 19 所示。

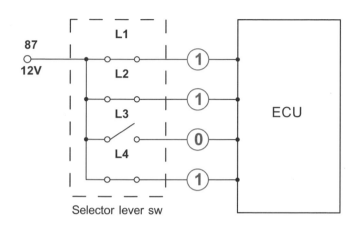

Selector level position			
L1	L2	L3	L4

	L1	L2	L3	L4
P	1	1	0	1
R	1	0	0	0
N	1	1	1	0
D	0	0	1	0
4	0	0	0	1
3	0	0	1	1
2	1	0	1	1

圖 7- 19 檔位選擇編碼開關

2. 旋轉編碼器

採用 2 個或以上的電壓或電流式霍爾感測器,並將各感測器安裝角度位置偏移,使轉軸在順時鐘旋轉時 B 相超前 A 相脈波;逆時鐘旋轉時 A 相超前 B 相脈波,藉此取得轉軸旋轉方向。而 ECU 可對轉軸角度進行「初始化」設定,設定程序可將轉軸角度重新學習設定為 0°。此後,透過轉軸方向及頻率,便可計算出轉軸位置或角度,如圖 7- 20 所示。

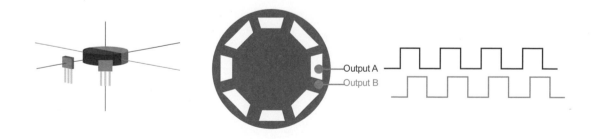

圖 7- 20 轉角感測器(取自:Texas Instruments)

ECU 取得 2 感測器訊號後,將其重疊電平訊號組合編碼成 0～3 的相位。如此,透過相位由低到高或由高到低,就可知道轉軸方向及速率。舉例相位差為 90°編碼訊號,如圖 7- 21 所示。

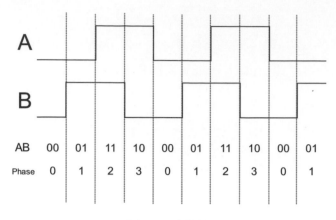

圖 7- 21 編碼器

　　轉角感測器除使用在感測與計算方向盤轉角外，也廣泛應用在馬達機構位置偵測上。譬如：車窗、天窗、電動椅位置等。該編碼器訊號設計在旋轉機構或移動路徑的背隙（backlash）或阻尼所產生的跳動或回彈情況下，保有良好的相位邊緣識別力，不會造成錯誤轉軸角度的計算。

3. 增量旋轉編碼器

　　採用霍爾感測器所能感應轉角角度的精準度與對應在轉軸上齒盤齒模數量有關。增量型角度感測器，常見齒模數可從 128 ~ 768 齒不等，若齒盤直徑夠大還沒什麼問題，但若是在空間的限制下，則信號適合採用光電式的編碼器。

　　如圖 7- 22 所示，隨轉軸一起旋轉的碼盤上有均勻刻製的光柵，分布著若干個透光區段和遮光區段。當 LED 每通過一個透光區時，光檢測體（photodetector）就會發出一個脈波訊號，該編碼器也是必須執行初始化設定，使 ECU 紀錄 0°位置。

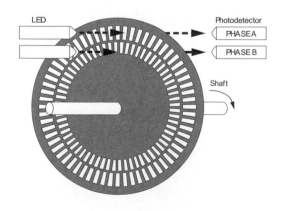

圖 7- 22 光電編碼器結構

4. 絕對旋轉編碼器

絕對旋轉編碼器簡稱絕對編碼器，其編碼方式不同於增量旋轉編碼器，碼盤光柵採用格雷碼編碼組合，每次都是唯一與循環性的設計，如圖 7-23 所示。

編碼盤產生循環性的二進制編碼，每個相鄰編碼組合都不同，N 個感測器最多可有 2^N 個數值，如圖 7- 24 所示。

(1) 格雷碼

格雷碼（Gray code）是一個數列集合，上一個數值與下一個數值之間只有 1 個位元產生變化。

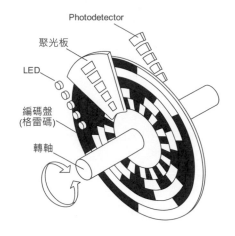

圖 7- 23 絕對旋轉編碼器

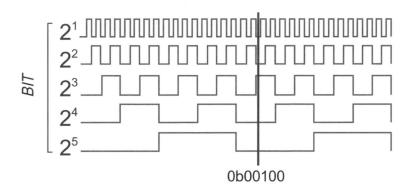

0b00100

圖 7- 24 二進制編碼

格雷碼的使用，可使得錯誤減到最低，亦可使機器的運轉速度增快。圖 7- 24 二進制所對應的格雷碼，如表 7- 4 所示。

表 7- 4 格雷碼轉換

十進制	二進制	格雷碼	十進制	二進制	格雷碼
0	0000	0000	8	1000	1100
1	0001	0001	9	1001	1101
2	0010	0011	10	1010	1111
3	0011	0010	11	1011	1110
4	0100	0110	12	1100	1010
5	0101	0111	13	1101	1011
6	0110	0101	14	1110	1001
7	0111	0100	15	1111	1000

(2) 特性

　　由於絕對編碼器在轉軸的任何角度下，只會有惟一的數值。因此，系統無須事先進行初始化設定，系統啟動時也無須復歸程序，就可以立即取得正確位置資訊。絕對編碼器價格要比一般編碼器昂貴許多，但選擇使用絕對編碼器來感測位置的原因，主要是在系統啟動及機構移動前，就必須立即取得位置資訊。譬如：內燃機的汽門揚程可變系統。如果從一開始就以錯誤的位置啟動系統或移動機構，可能會造成機構的損害或影響行車安全性。

7-2 電壓碼電路

　　在多個開關組合的總成裡，如燈光開關、風速開關以及檔位開關等，內部開關各個接點搭配一個專屬電阻值的電阻，使開關 on 時與 ECU 形成一個分壓電路。不同位置的開關 on 時有不同的分壓，可稱為電壓碼，在未使用 LIN bus 或 CAN bus 系統時，此電路可說非常實用。

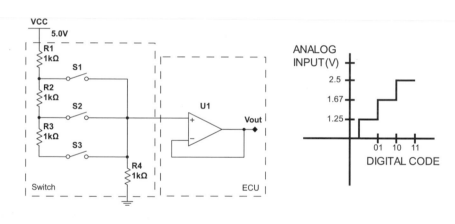

圖 7- 25　電壓碼

7-2-1 電阻的配置

　　分壓電阻配置分為「並聯」與「串聯」二類，由兩個或以上開關觸點所組成的電壓碼電路。電壓碼的電壓階層數量以不超過 5 個為佳，並允許二個或多個開關同時導通（按下）的情況，使開關的操作組合更加彈性。由於成本低，目前還是廣泛應用在新款車輛上，缺點就是當開關產生阻抗時，錯誤的分壓使 ECU 容易誤判狀態。

1. 並聯式

　　如圖 7- 26 為典型的並聯式電壓碼電路。透過 ECU 的 R5 電阻與開關所選擇的電阻(R1 ~ R4)進行分壓後取得 Vs 電壓數值，該電路共有 4 個階層。

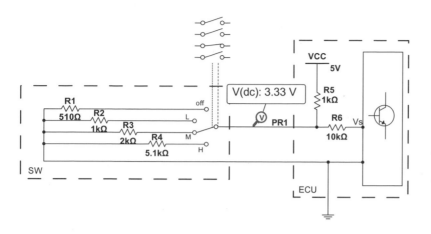

$$電壓(V) = \frac{2K}{1K+2K} \; 5 = 3.33 \, V$$

圖 7- 26 並聯式電壓碼

2. 串聯式

　　如圖 7- 27 所示，兩水位開關顯性狀態為 ON，並在開關內並聯一個電阻。當水位都正常時，R1 與形成串聯的 R2 + R3 電阻進行分壓。而當水箱水位不足時，S2 開關接通，僅剩 R1 與 R2 分壓。洗窗水不足時，S1 開關接通，R1 與 R3 分壓。ECU 則判斷 Vs 電壓值，即可得知兩水位是否過低。

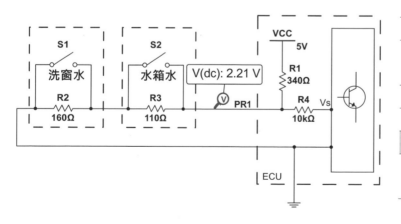

$$正常電壓(V) = \frac{270}{340+270} \; 5 = 2.21 \, V$$

圖 7- 27 串聯式電壓碼

7-2-2 優先權配置

　　根據克希荷夫電壓定律，在一個開關總成內，可由各開關節點取得串聯電阻之電壓。此電路的重點是具有「優先權」機制，譬如：定速的關閉（on /off）為最高優先權，即便是後面的開關故障，電壓碼依然能正確分壓出關閉的電壓值，如圖 7- 28 所示。

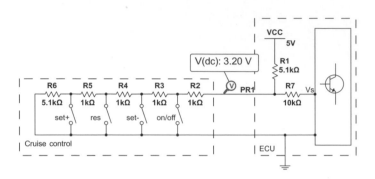

圖 7- 28　優先權配置

7-2-3 集成式電壓碼電路

　　系統除了配置並聯或串聯的電壓碼電路外，電壓碼透過 ECU 重新加以編碼後，將資料轉換成網路通訊方式傳輸至匯流排上。譬如：方向盤上的定速巡航或媒體資訊選擇開關，該開關採用電壓碼電路設計，然後將電路連接到下方的轉向柱 ECU 後，再將按鈕操作的狀態傳輸到匯流排上，提供給匯流排上的相關 ECU 應用，如圖 7- 29 所示。

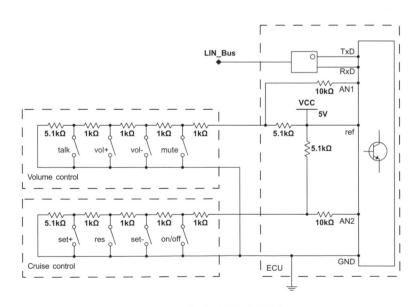

圖 7- 29　集成式電壓碼電路

7-3 電阻型感測器

電阻型感測器基本原理是將被測物理量變化轉換成電阻值的變化,再透過相應的測量電路顯示被測量物理量的數值。感測器與相應的測量電路組成的測力、測壓、秤重、測位移、測加速度、測扭矩、測溫度以及測光線強度等測試系統,目前已普遍使用在車輛各系統以及實現智慧化不可或缺的方法之一。主流的感測器有感測溫度的熱敏電阻與偵測角度或位置的可變電阻電位器。

7-3-1 溫度感測器

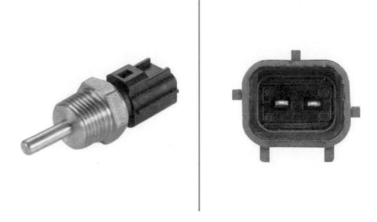

圖 7- 30 溫度感測器(取自:HELLA group)

汽車溫度感測器分為二類,第一種主要是由具有電阻性半導體材料製成,對溫度特別敏感,感測溫度範圍 - 55 ~ 300 ℃,一般通稱為「熱敏電阻」,成本低,規格種類多,以在 25℃ 的電阻值為規格分類。熱敏電阻的電阻值會在溫度上升時降低,此特性稱為負溫度係數(negative temperature coefficient, NTC)或在溫度上升時增加,則稱之為正溫度係數(positive temperature coefficient , PTC)。因此,藉由電阻的變化,即可測得溫度的變動。

另一種則是應用在極端環境下的電阻溫度感測器(resistance temperature detector, RTD),其電阻值隨著溫度改變而趨近線性變化的溫度感測器。與熱敏電阻不同的是,RTD 是以金屬材質的鉑金、鎳或銅繞線(PTC 特性)或合金材料(NTC 特性)所製成,感測溫度範圍 - 200 ~ 1000 ℃,在每單位溫度變化時的電阻變化很小,並以在 0℃ 的電阻值為規格分類。

習慣上熱敏電阻與 RTD 雖都稱為溫度感測器,但在溫度與電阻變化特性與工作溫度範圍有很大的差異。熱敏電阻與 RTD 的感測器特性,如表 7- 5 所示。

先進車輛電控概論

表 7-5 溫度感測器特性

變化曲線	使用材料	優點	缺點
熱敏電阻 Ω 200 K / PTC 曲線 / ℃ / -55 ~ 300	多晶半導體材料（鈦酸鋇）	1.反應速度快 2.價格便宜	1.非線性 2.溫度範圍小 3.脆弱
Ω 200 K / NTC 曲線 / ℃ / -55 ~ 300	半導體材料（金屬氧化物混合陶瓷顆粒）		
RTD Ω 200 K / PTC 曲線 / ℃ / -200 ~ 1000	鉑金、鎳、銅	1.穩定性高 2.溫度範圍大	1.價格昂貴 2.反應速度慢 3.單位溫度電阻值變化小
Ω 200 K / NTC 曲線 / ℃ / -200 ~ 1000	合金材料（金屬混合陶瓷顆粒）		

1. 相關應用

　　溫度感測器廣泛用於動力總成以及空調系統的溫度感測，如水溫、進氣溫度感測器、排氣溫度感測器、室內外溫度感測器、蒸發器出口溫度感測器等。測量電路簡單，藉由熱敏電阻數值變化，利用分壓電路轉換成電壓訊號給 ECU。當感測器異常時，ECU 會進入特殊的備援機制，但盡可能讓車輛還能行駛。

(1) 冷卻液溫度感測器

透過冷卻液溫度感測器（coolant temperature sensor, CTS）將動力總成或高壓電池組的工作溫度傳給 ECU。ICE 控制器根據工作溫度調整噴油時間、噴射與點火角度。當感測器發生故障，意味著動力總成系統，已無法正確取得冷卻液溫度，「迫使冷卻風扇高速運轉」。因此，常見故障症狀包括：較高的怠速、油耗增加以及冷車不易起動。除此之外，還會增加 CO 排放或中斷 Lambda 閉迴路控制，廢氣排放系統也可能出現問題。各車廠 CTS 規格落在 1 k ~ 6 kΩ 不等，溫度在 100℃ 以上時電阻就會降到 300Ω 以下。

(2) 空氣溫度感測器

根據感測器應用及安裝位置不同，名稱各有不同，該感測器屬於 NTC 電阻器。ECU 收集相關數值計算後，對控制做出修正。譬如：空調系統會在控制面板上選擇所設定的溫度與環境溫度（ambient temperature；裝置於車外如前保險桿或防火牆內）、車內溫度（interior temperature）、蒸發器溫度（evaporator temperature；裝置於蒸發器出口）和 CTS 來計算吹出溫度的設定值，閉迴路控制混合風門馬達（mixing air flaps motor）調節車內溫度。

還有常被忽略的進氣溫度感測器（intake air temperature, IAT），裝置在自然進氣 ICE 節氣門前或後氣流處。它的主要任務是為 ICE 控制器提供重要的量度。進氣溫度的高低，「影響著混合氣的燃燒速度」，必須根據溫度值，適時的修正混合氣和點火角度。因此，IAT 常見故障症狀包括：動力系統的功率降低以及油耗增加等。各車廠的 IAT 電阻規格與 CTS 相似。

(3) 排氣溫度感測器

如圖 7- 31 所示，排氣溫度（EGT）感測器配置在汽油和柴油車輛的排氣系統中。感測器檢測催化轉化器（catalytic converter）或柴油機微粒過濾器（particulate filter）前後的溫度，並將其轉為電壓信號傳送給 ICE 控制器。由於工作環境溫度相當高，故需採用 RTD。控制器需要此信息，以便控制空燃比或微粒過濾器的再生，從而有效地減少排放。此外，還可以保護熱廢氣流區域中的組件，因受嚴重的過熱而損壞，如圖 7- 32 所示。

NTC 特性的 EGT 感測器在常溫時阻抗非常大，各車廠規格落在 100 k ~ 6 MΩ不等，溫度在 800℃ 以上時電阻就會降到 500Ω 以下。

圖 7- 31 排氣溫度感測器

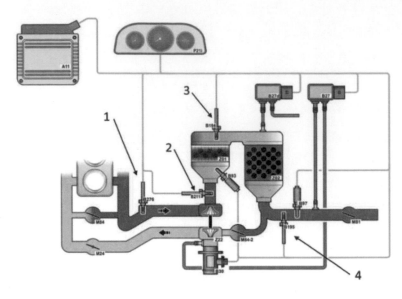

1. Exhaust gas temperature sensor in front of the turbocharger

2. Exhaust gas temperature sensor in front of the catalytic converter

3. Exhaust gas temperature sensor in front of the soot particulate filter

4. Exhaust gas temperature sensor after the soot particulate filter

圖 7- 32 排氣溫度感測器位置（取自：HELLA group）

2. 溫度感測器電路

如圖 7- 33 所示，電路配置採用電壓分配定律，除恆定參考電壓源外，以工作週期脈波方式供應參考電壓也是一種選擇。透過 ECU 自我診斷程序，可檢測出感測器或線路相關故障以及由此產生備援模式，並以不同的方式表現出來，故障代碼同時也會被寫入記憶體內。

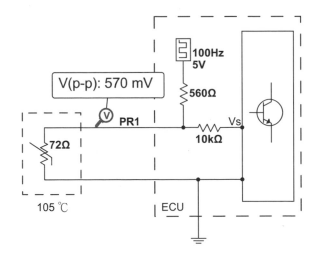

溫度 (℃)	電阻 (Ω)	電壓 (V)
25	1k	3.21
50	388	2.05
70	199	1.31
80	146	1.03
90	109	0.82
100	82	0.64
105	72	0.57
110	63	0.51

圖 7- 33 溫度感測器電路

7-3-2 電位器

　　電位器可使用可變電阻或線性霍爾元件與其它
電子元件集成，能將致動器或機構的位置轉換成電
壓訊號給 ECU。如節氣門或煞車踏板行程感測器、
馬達位置感測器以及油水高度等，ECU 由電壓值便
可得知致動器所在的位置或角度。汽車電位器電壓
訊號值，在設計上最小值不會是接近 0 V，最大值也
不會接近參考電壓或工作電壓。譬如：5 V 的工作電
壓，電位器的訊號值範圍會是在 0.3～4.7 V 之間，
過高或過低都會被自診系統檢測出來。

圖 7-34 電位器

　　在特殊情況下，某些電位器的數值，攸關行車安全性，如加速踏板感測器，為避免錯誤的訊
號導致車輛暴衝，感測器都會設計成「雙電位電位器」型，由 ECU 冗餘校驗比對訊號可靠性，以
確保感測器操作正確。

1. 單電位電位器

　　電位器只有一個位置電壓訊號輸出，電路佈局可採用二線以及三線方式，前者是 ECU 給一
個參考電壓電阻（R1）與電位器電阻（R2）分壓取得訊號。後者是需給一個工作電壓，透過電位
器位置觸點的兩邊電阻（R1 & R2）分壓取得訊號，如圖 7-35 所示。

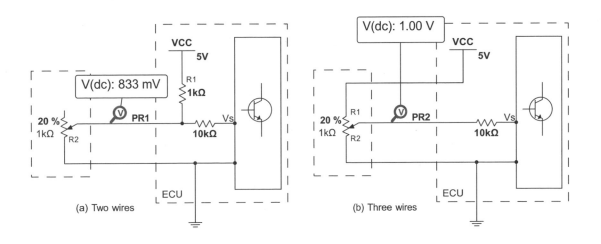

圖 7-35 單電位電位器

2. 雙電位電位器

電位器構造是由一個連動機構連動著二個電位計,產生兩個位置電壓訊號輸出。主訊號與子訊號刻意設計有所差異,其目的是當一組訊號故障時,若工程人員未依照正常維修程序排除故障,而是將好的訊號並聯過去,如此就會失去冗餘的功能,造成訊號錯誤的風險。因此,刻意設計訊號差異,再經過冗餘的歸一分析,就可避免上述問題發生,確保感測器電路的可靠性。訊號採用6 線電路佈局方式,如圖 7- 36 所示。

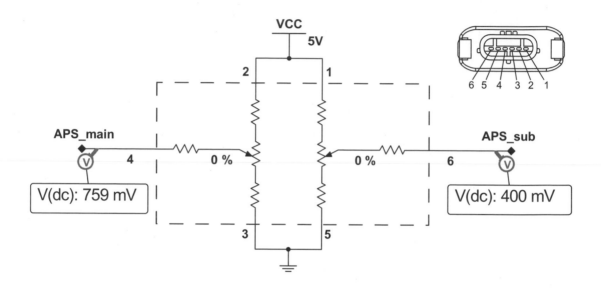

圖 7- 36 雙電位電位器電路

(1) 備援模式

當任何一組電位器或任一條線路故障時,仍有一組正常電位器訊號可供 ECU 執行備用模式。譬如:加速踏板位置感測器(APS)被檢測出一組電位器訊號故障,備用模式可將另一組「跳位檢測」正常訊號作為基礎訊號,並將訊號比例縮小到 20%,也就是踏板的行程角度只會有原本的20% 角度,讓車輛在備援模式下還是能維持小功率行駛,不至於完全失速。

(2) APS 冗餘值

APS 冗餘值採主訊號(main)與子訊號(sub)之比作為冗餘值。假設正常冗餘值為 2,誤差容許 -10%,因此範圍值介於 1.80 ~ 2.00,若超出範圍值,則校驗出 APS 訊號故障,避免因錯誤的踏板開啟訊號給 ECU,造成車輛暴衝。舉例 BMW E9x 系列 APS 實測訊號,如表 7- 6 所示。

表 7- 6　APS 訊號冗餘值

開啟度（％）	APS main（V）	APS sub（V）	冗餘值
0	0.76	0.40	1.90
10	1.12	0.58	1.93
20	1.47	0.76	1.93
30	1.83	0.94	1.95
40	2.19	1.12	1.96
50	2.55	1.30	1.96
60	2.90	1.48	1.96
70	3.26	1.66	1.96
80	3.62	1.84	1.97
90	3.98	2.02	1.97
100	4.33	2.20	1.97

(3) ETPS 冗餘值

　　ICE 的電子節氣門位置感測器（electronic throttle position sensor, ETPS）攸關引擎轉速高低，因此也採用 6 線式雙電位電位器。ETPS 冗餘值採工作電壓與主訊號及子訊號和之比。假設感測器工作電壓為 5V，正常比值為 1，負誤差 10％，因此範圍值介於 0.90～1.00，若超出範圍值，則檢測出 ETPS 訊號故障。此外，ETPS 回傳的開啟度需與 APS 相呼應，否則也視同故障。舉例 BMW E9x 系列 ETPS 實測訊號值，如表 7- 7 所示。

　　當偵測到故障情況下，ECU 則會關閉電子節氣門馬達電源，使節氣門靠彈簧回到預設微開角度，當下引擎怠速微高，僅提供發動及移車功能。

表 7- 7　ETPS 訊號冗餘值

開啟度（％）	ETPS main（V）	ETPS sub（V）	5／（ETPS main + ETPS sub）
0	0.84	4.20	5／5.04＝0.99
10	1.25	3.86	5／5.11＝0.98
20	1.62	3.52	5／5.14＝0.97
30	1.99	3.18	5／5.17＝0.97
40	2.36	2.84	5／5.20＝0.96
50	2.73	2.50	5／5.23＝0.96
60	3.10	2.16	5／5.26＝0.95
70	3.48	1.82	5／5.30＝0.94
80	3.85	1.48	5／5.33＝0.94
90	4.22	1.14	5／5.36＝0.93
100	4.59	0.80	5／5.39＝0.93

3. 雙燃油位置感測器

　　如圖 7- 37 所示，在油箱內左右二側各配置一個燃油位置感測器，並將浮筒移動方向各相差 180 度，其目的是補償當車輛未在水平道路上油位偏移所造成的量測誤差。每個感測器負責 50％ 的油量值，意味著當一個感測器訊號開路時，油量最多只顯示 50％。另一個做法是由正常的感測器數值覆蓋故障的數值，也就是回到單油位感測器的架構，電路如圖 7- 38 所示。

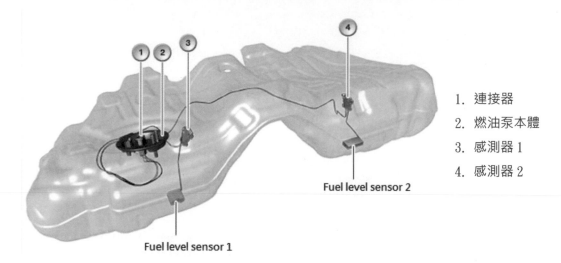

1. 連接器
2. 燃油泵本體
3. 感測器 1
4. 感測器 2

Fuel level sensor 2

Fuel level sensor 1

圖 7- 37 雙燃油位置感測器（取自：BMW TIS info）

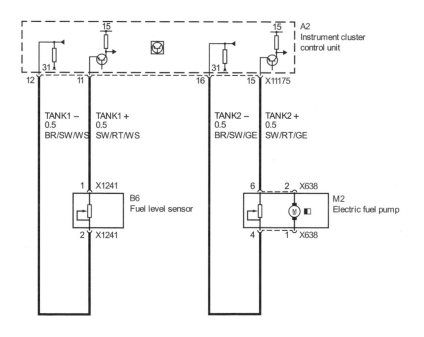

圖 7- 38 雙燃油位置感測電路（取自：BMW TIS info）

7-4 集成式感測器

如圖 7- 39 所示,無論是機構位置變化、扭力變化或物理量的變化,都可透過微機電系統(micro electro mechanical system, MEMS)的基礎感測與電子元件組成一個特殊應用積體電路(application specific integrated circuit, ASIC),其訊號輸出方式不外乎類比電壓、PWM 以及匯流排等。集成目的是要減少「感測元件」與「感測電路」之間的距離,減少不必要的干擾。隨著半導體科技進步,集成感測器體積愈做愈小,工作溫度及防塵防水等級提高,可安裝於任何感測環境空間。

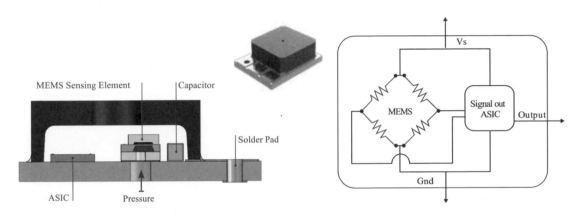

圖 7- 39 集成式感測器(取自 : Merit Sensor)

7-4-1 車身高度感測器

於底盤前橋和後橋分別安裝兩個車身高度感測器(ride height sensors),用於感測車身前後高底角度。集成電路採用線性霍爾感測元件,使旋轉角度將距離成比例地轉換為 0.5 ~ 4.5 V 電壓訊號。當感測器故障時,將會使自適應懸吊系統以及頭燈水平控制關閉。連接器主要有三條電路,5 V 或 12 V 工作電源、感測器接地以及高度電壓訊號,如圖 7- 40 所示。

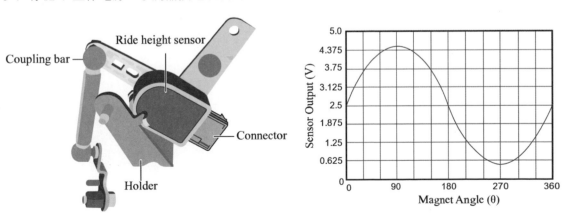

圖 7- 40 車身高度感測器

線性霍爾感測器 (linear Hall-effect sensor) 功能與訊號輸出方式與電位器相同，差異是霍爾元件與其它元件組成於一個集成電路，可以將磁場強度轉變爲連續變化的電壓訊號，適合應用在磁場強度與距離的感應。如今價格親民與良率穩定，汽車傳統電位器已漸漸被線性霍爾感測器所取代。其無觸點跳動及磨損等問題是最大優勢，但習慣上線性霍爾感測器還是被人們簡稱電位器。諸如：加速踏板感測器、電子節氣門位置感測器、轉角感測器、車身高度感測器、檔位選擇位置、伺服馬達位置等。感測器架構，如圖 7-41 所示。

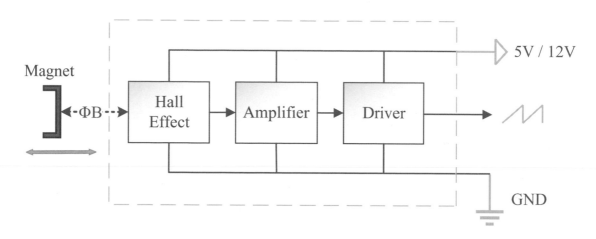

圖 7- 41 線性霍爾感測器

7-4-2 集成式電位器電路

電位器電路屬類比電路，透過電壓大小變化取得位置或角度，通常不會將單一電位器集合成一個控制器，畢竟電位器只有 2～3 條線路。集成式電位器常與馬達零組件做整合，ECU 透過匯流排通訊控制馬達作動及取得位置。電路上雖已無實體的電位器電壓訊號，但可以使用診斷電腦的資料流程讀取到單元電位器的實際位置。譬如：空調系統的伺服馬達單元，ECU 藉由 LIN bus 將各馬達單元並聯，減少電線的使用，如圖 7-42 所示。

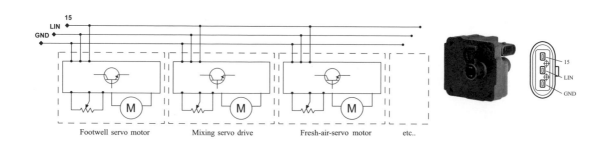

圖 7- 42 集成式電位器

7-4-3 扭力感測器

扭力（torque）量測方法是透過感測器量測施加於軸上之扭力所造成的扭轉形變量，再依材料剛性係數（κ）與扭轉形變量（θ）來推估施加扭矩值（τ＝κ*θ），感測器主要應用在旋轉系統或機構。譬如：動力總成的輸出扭力調節與限制以及轉向系統的輔助轉向力道調節等。考量到系統實務應用面，扭力桿會透過直徑尺寸與扭轉剛性之機構設計方式，藉以使扭力桿兩側可產生較大扭轉角度變形量，如圖 7- 43 所示。

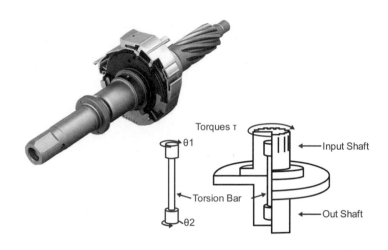

圖 7- 43 扭力量測方法

1. 感測器架構

扭力感測器內的兩個線性霍爾感測器，分別感應輸入軸與輸出軸兩側，藉由量測扭力桿兩側之角度差所產生的電壓相位差，得到該軸扭力值。部分系統增設 1 個霍爾元件做為分度（index）感測用，並結合到扭力感測器總成內，當轉軸每轉一圈，分度感測器就會向 ECU 發送一個顯性信號。總成架構，如圖 7- 44。

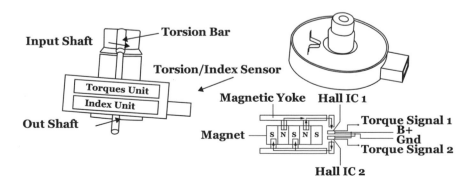

圖 7- 44 扭力感測器架構

2. 感測器訊號

　　如圖 7- 45 所示，從兩個線性霍爾感測器訊號相位差明顯看出，當轉軸正轉及反轉時，扭力值呈現不同交錯方式(相位差)。若將示波器顯示選擇 XY 模式則更容易看出扭力值大小變化以及方向，如圖 7- 46 所示。

　　事實上，扭力感測器的本質就是一個旋轉編碼器。但由於兩個線性霍爾感測器所設置的位置是在同一角度，並未偏移。在極其小的扭力情況下，相位差可能無法清楚識別出轉軸是正轉或反轉。因此，若將感測器所設置的角度偏移，再將起初偏移所產生的相位差減掉，就能同時兼具旋轉編碼器的功能。

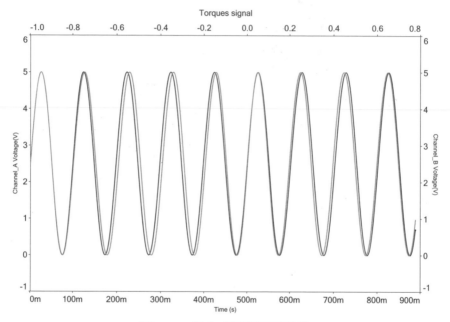

圖 7- 45 扭力感測器電壓訊號

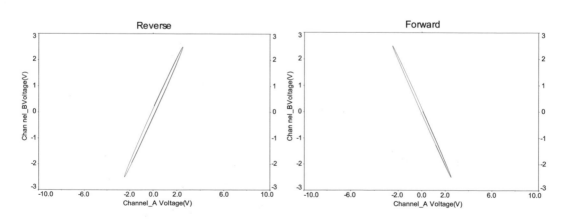

圖 7- 46 扭力感測器 XY 訊號

3. 感測器應用

電子動力方向盤（electric power steering，EPS），結合集成式扭力感測器於 EPS 內，透過 CAN bus 或 FlexRay 通訊。除了將扭矩訊號送出給匯流排上相關 ECU 應用（如駕駛者是否有握住方向盤），也可透過匯流排上的車速訊號以及 ADAS 指令，改變 EPS 的輔助力道特性曲線、主動方向盤返回、緊急迴避修正、自動停車輔助、自動變換車道以及道路維持等功能。

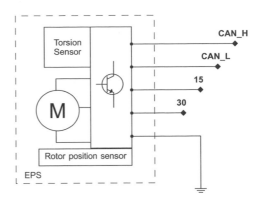

圖 7- 47　EPS 總成硬體架構

如圖 7- 47 為 EPS 總成硬體架構。EPS 工作電壓當前主流還是以 12 V 為標準，配置有 48 V 輕油電車款，未來將改 48 V 工作電壓，除可提高工作電源效率也可大幅縮小 EPS 總成體積及重量。

7-4-4 加速度及傾角感測器

如圖 7- 48 所示，加速度（a）感測器基本原理是在固定框架內利用運動量感測方式，設計出一個與框架方向平行的可移動式結構，此微機械結構包括可移動的質量塊（proof mass, m）連接彈簧（k）與阻尼器（b）所組成。根據牛頓第一運動定律：框架運動與前方平行作用於該系統時，使得質量塊產生反向慣性力（ma）。框架的運動（x）減去質量塊的運動（y）就相當於該感測器的加速度（z）。當質量塊往後方移動為正加速度；反之質量塊速度大於框架的運動，往前方移動，則為負加速度。感測方式分為電容式及叉指式兩種。

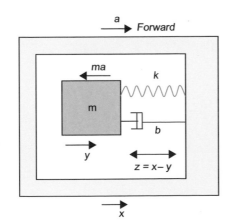

慣性力：

$$F = ma = m\frac{V - V_0}{t}$$

m：物體質量　　a：加速度

V：末速　V_0：初速　t：時間

圖 7- 48　加速度感測器移動結構

1. 電容式加速度感測器

如圖 7-49 所示，在框架設置靜止的電容兩電極，並相對應矽材料做成的質量塊。當外界因加速度而使得質量塊與彈簧固定端發生相對位移時，電極與質量塊微小間隙距離改變，使電容量產生變化，透過特殊電路可將此變化量轉換成相對應的輸出訊號，進而得到相對加速度值。

2. 叉指式加速度感測器

將配置在質量塊上的靜止雷射光，照射樣似手指的交叉支撐基板，透過因加速度使質量塊位移時，受光器（光電二極體）接收基板指縫的雷射光反射及亮度，進而計算出加速度，如圖 7-50 所示。

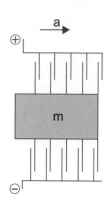

圖 7- 49 電容式加速度感測器原理

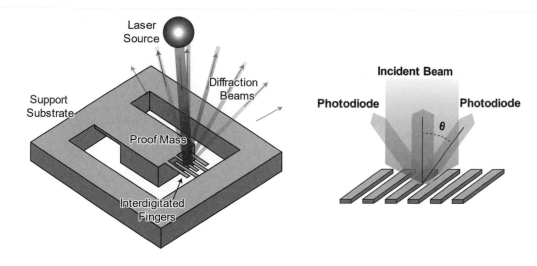

圖 7- 50 叉指式加速感測器原理

3. 傾角感測器

如果只有一個方向的加速度感測器，在應用方面來說相對是較少的，因此，為了適用於真實的行車環境，感測器再進一步將它擴增立體三個方向，並集成於一個 IC，也就是俗稱的傾角或三軸加速度感測器，亦可稱 G sensor。感測器能檢測 X、Y、Z 的加速度資料，並根據三軸資訊來判斷當前的車輛的運動狀態，進而衍生出大量的應用，如圖 7- 51 所示。

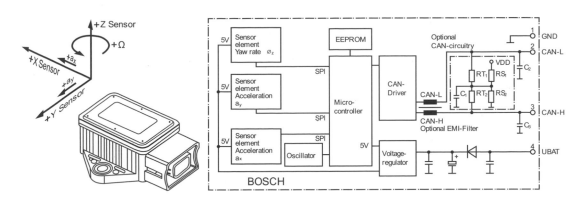

圖 7- 51 三軸加速度感測器（取自：Bosch）

(1) 傾斜角的計算

　　利用 G sensor 偵測 G 力的大小及動作方向，使 G sensor 擺水平時，會有地心引力（1g）產生在 Z 軸，隨著改變裝置傾角的同時，G 值會在不同軸向做變化，就可以知道姿態的變換。也因為這個特性，在 G sensor 靜止時，使 X 軸有傾角變化，相對的 Z 軸也會有變化；同理，Y 軸與 Z 軸也有相同作用。利用兩軸做補償，可以藉由反正弦與反正切之比去推導，就可計算出傾斜角度，如圖 7- 52 所示。

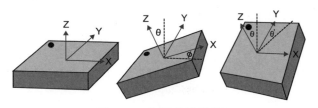

圖 7- 52 傾斜角的計算

(2) 集成式 G sensor

　　如圖 7- 53 所示，集成式 G sensor 將三軸加速度感測器封裝成一個 IC，且都被應用在安全氣囊電腦內，使氣囊控制器更能掌握當車輛發生碰撞時的撞擊力道及角度。除此，三軸的加速度及傾斜角訊號透過氣囊電腦高速網路的傳輸，如 FlexRay，可提供給車輛動態穩動系統（DSC）或稱電子巡跡防滑系統（ESP），藉由各車輪速度、方向盤角度、車輛行駛高度以及 G sensor，計算出車輛重心及車輪

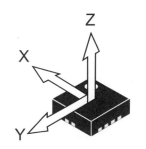

圖 7- 53 集成式 G sensor

抓地力，並適時地控制車輛扭力，甚至是減速，主動性預防車輛打滑的發生。如當車輛處於停止時，傾斜角資訊可提供自動駐車（auto hold）功能，避免車輛自行滑動。

7-4-5 電子羅盤

　　如圖 7- 54 所示，電子羅盤(e-compass)內部的感測原理結構為異向性磁阻(anisotropic magnetic resistance, AMR)。AMR 的製作過程是將鎳鐵合金薄膜沉積在矽晶體上，形成磁電阻條狀帶。四個磁電阻條連接成一個惠斯登電橋，可以測出沿著單一軸的地球磁場的強度和方向，如配合放大電路可檢測出單一軸的磁場方向。放大電路，如圖 7- 55 所示。

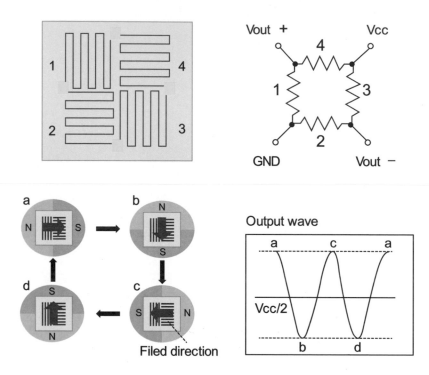

圖 7- 54　異向性磁阻及電橋

　　磁阻效應就如指南針一樣，不會受到諸如線圈和振盪頻率的電磁場影響，除非距離靠得很近。在集成 IC 內置入 2 個相差 45° 不同軸向角的 AMR 感測器及放大電路整合至控制器內，藉由 Vsin 與 Vcos 電氣訊號的相位差及振幅，進而計算出方向角。由於地球磁場方向與強度會受水平角改變而改變，因此控制器還必需根據傾斜角度進行補償，使之成為一個可以精確感測方向的電子羅盤(方向儀)。感測電路如圖 7- 56 所示。

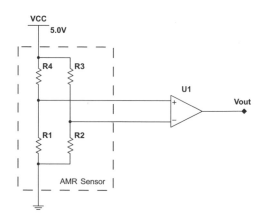

圖 7- 55　AMR 放大電路

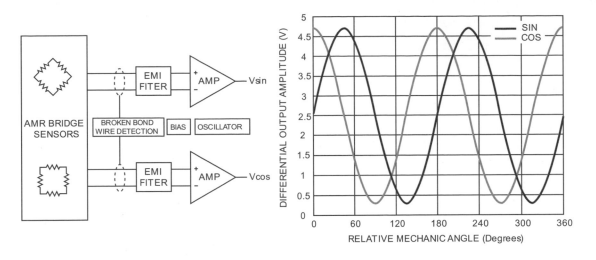

圖 7- 56 方向儀

7-4-6 方向盤轉向角感測器

　　如圖 7- 57 所示，方向盤轉向角感測器（steering angle sensor, SAS）配置 2 個巨磁阻效應元件，分別在 2 個不同旋轉速率機構將訊號以弦波電壓方式輸出，再經過 A/D 轉換和微控制器執行角度計算，取得方向盤絕對角度和速度，最後將方向盤絕對角度及速度資訊，傳輸到匯流排上。感測器總成是裝置在方向盤下方的轉向柱中央，需經過初始化設定，以校正零度角位置。

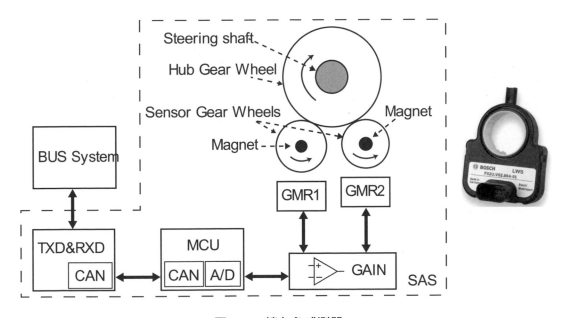

圖 7- 57 轉向角感測器

巨磁阻（giant magnetoresistance, GMR）效應元件是由兩層具磁性的金屬或合金以及一層無磁性的金屬所組成。工作原理與 AMR 類似，但磁場感應範圍要比 AMR 廣，且不受地球磁場所影響，適合當作轉角感測用途。對比傳統線性霍爾感測器而言，Hall 元件是測量與晶片表面垂直的磁場分量，GMR 元件則是測量與平面方向的磁場分量，如圖 7-58 所示。

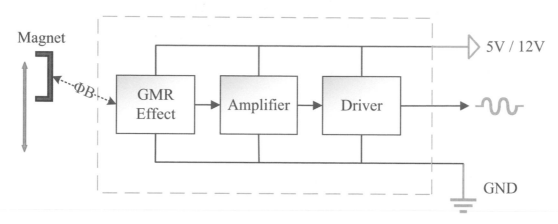

圖 7-58 巨磁阻效應元件

1. 旋轉方向識別

每個 GMR 元件內有 2 個感應電橋，不同方向的磁場感應，會產生不同相位差的正弦波形，藉由相位的超前或滯後，即可分辨旋轉方向。感測器電路與輸出波形，如圖 7-59 所示。

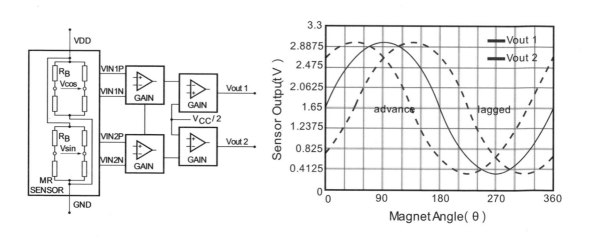

圖 7-59 選轉方向識別（KMZ60）

2. 絕對角計算

2 個 GMR 效應元件，分別在 2 個不同旋轉速率機構將訊號以弦波電壓方式輸出，由於速率

不同，就會使得 2 個 GMR 的 Vout1 或 Vout2 電壓，相位會隨著轉向角度的改變，而產生不同的相位差。譬如：GMR1 的 Vout1 與 GMR2 的 Vout1，在每個轉角都會有唯一的電壓值。微控制器藉由不同電壓值的座標，就能計算出絕對角度，如圖 7- 60 所示。

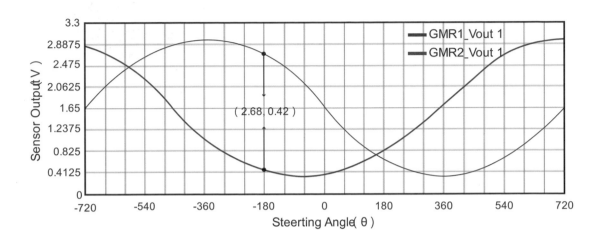

圖 7- 60 絕對角計算

7-4-7 壓力感測器

集成式電子壓力感測器（electronic pressure sensor）已完全取代過去電阻型壓力感測器。更精準的數值，重量更輕，體積更小以及妥善率更高是它的優勢。感測器將偵測的系統壓力轉換為電壓傳輸訊號送給 ECU。應用於 ICE 系統的機油及汽油壓力、液壓系統壓力及氣壓等。

工作電壓有 5V 以及內建電壓穩壓器，支持寬域電壓輸入 5 ~ 32 V。訊號輸出電壓，依各車廠規範不同約 0.5 ~ 4.5 V，如圖 7- 61 所示。

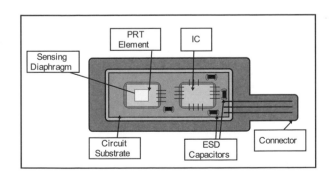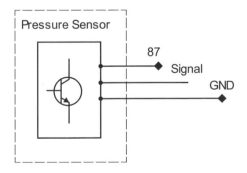

圖 7- 61 壓力感測器

1. 帶溫度氣壓感測器

　　帶溫度歧管絕對壓力感測器（MAP with temperature detection, T-MAP），結合歧管絕對壓力（manifold absolute pressure, MAP）與溫度之感測器，主要應用於排氣渦輪增壓器（exhaust turbocharger）車輛，與壓力感測器一樣使用三條電路，不同的是訊號採用 SENT 通訊，每筆資料回應時間小於 1 ms。

圖 7- 62　T-MAP 感測器

　　歧管絕對壓力訊號除了可使 ECU 得知進氣歧管壓力值外，亦可在廢氣再循環（exhaust gas recirculation, EGR）閥門打開或關閉過程，透過歧管絕對壓力的改變，進行合理性檢查。而溫度感測值主要是量測排氣渦輪增壓器進氣端口後或進氣歧管進氣溫度。感測器外觀，如圖 7- 62 所示。

2. 燃油壓力感測器

　　缸內直接噴射 ICE，汽油透過油箱內的電子低壓油泵建立低壓油壓，依各車款規範不同壓力約在 5.2 ~ 5.9 bar，壓力由泵內的壓力調節閥調節。高壓燃油泵則是由引擎凸輪軸推動的活塞壓縮泵，將低壓油壓增壓成燃油共軌（common rail）上的高壓燃油，壓力根據引擎負載以及共軌壓力感測器訊號給 ECU，並由 ECU 控制壓力調節閥的 PWM，進行壓力調節，壓力約在 50 ~ 200 bar。

　　正常情況下，噴油角度會是在活塞壓縮行程，因此需要高燃油壓力才可將燃油噴入燃燒室內。若共軌壓力感測器故障或燃油壓力過低時，ECU 備援模式將會採取進氣行程角度噴油，以確保 ICE 仍可發動及行駛。高壓燃油共軌系統，如圖 7- 63 所示。

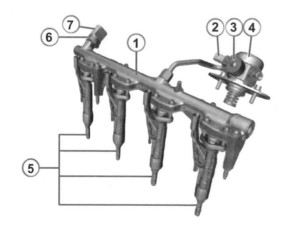

Index	Explanation
1	common rail
2	two-pin plug connection
3	pressure regulating valve
4	high pressure pump
5	solenoid valve injectors
6	rail pressure sensor
7	three-pin plug connection

圖 7- 63 高壓燃油共軌系統（BMW TIS Info）

7-4-8 空氣質量感測器

空氣質量感測器用於測量 ICE 進氣質量，俗稱空氣流量計。集成電路帶有整流器，感測器保護裝置和感測器模塊的管狀外殼組成。安裝在空氣濾清器殼體和進氣歧管之間的進氣管中，量測實際通過的空氣量，是 ICE 控制器計算基本噴油量的主要訊號。過往感測器有很多設計方式，如今熱膜空氣質量計（hot film air mass meters）以及熱線空氣質量計（hot wire air mass meters），已是各車廠所使用的主流。

感測器可量測流量範圍依車廠規範不同約 -60～850 kg/h，訊號輸出方式，根據流量大小分為電壓、頻率以及匯流排三種。電壓式約 0.3～4.5 V，頻率式約 1.5～15 kHz，匯流排則以 SENT 為主流。若感測器故障，ECU 備援模式會將 ETPS 與引擎轉速換算成進入引擎的空氣量代替空氣質量感測器數值。部分空氣質量感測器設計還會結合溫度感測器，主要感測節氣門之前的進氣溫度，等同於 IAT，如圖 7- 64 所示。

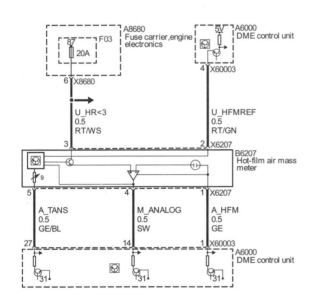

1. Hot-film air mass meter
2. Evaluation electronics
3. Intake air temperature sensor

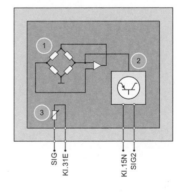

圖 7- 64 空氣質量感測器（BMW TIS Info）

7-4-9 水氣凝結感測器

水氣凝結感測器（condensation sensor）也可稱為結露感測器，通常帶有擋風玻璃溫度。主要使用於感測前擋風玻璃凝結水氣狀況（起霧），用於自動恆溫空調系統。當前擋風玻璃凝結水氣過高，空調系統會自動啟動壓縮機運轉，進而降低車內溼氣，使車內起霧狀況消散。車用凝結感測器由高分子類感濕材料做成，採用電容感應檢出法，在高溫的環境下仍可精準工作，並由諧振電路組成，頻率與擋風玻璃的水分成正比，訊號輸出主流為 LIN bus，如圖 7- 65 所示。

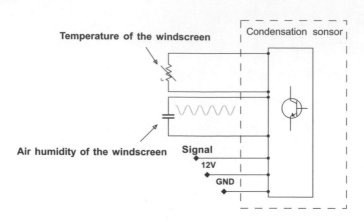

圖 7- 65 凝結感測器

7-4-10 雨量及光感測器

　　雨量感測器或稱雨滴感測器（rain sensor）。最初集成在後視鏡的鏡座中，安裝在駕駛員視野之外的前擋風玻璃內側。在感測器區域內，感測器會檢測到降水狀態，並將其訊息傳輸到雨刷相關控制系統。因此，雨刷系統的間歇或自動模式下的自動啟動頻率以及高低速，可以適應雨水的強度自動控制。

　　光感測器（light sensor）則是應用在自動外部照明、空調系統、防眩後視鏡及抬頭顯示器亮度控制應用。上述二感測器屬光學應用。如今，雨量、光感測以及凝結感測器，可被整合設計成一個總成，並整合多個感測器訊號傳輸於匯流排上進行相關應用。感測器通訊拓樸，如圖 7- 66。

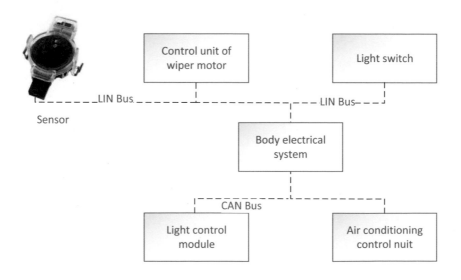

圖 7- 66 雨量及光感測通訊架構

1. 雨量感測器

如圖 7-67，雨量感測器使用光電測量方法檢測擋風玻璃上的降水。感測器元件包括一個或多個發光二極體（LED；發射器）、稜鏡和光電二極體（photodiode；接收器）。藉由發光二極體產生的光束透過稜鏡到達擋風玻璃，光束被擋風玻璃外表面反射多次，最後折射回到光電二極體。

當感測器和乾燥的擋風玻璃表面相結合，可以產生最大程度反射光束，若擋風玻璃上有降水，則光束會被水滴偏轉而改變反射特性，導致光束無法全部反射到目標。降水的強度越大，光束反射回接受器的光越少。感測器不斷的利用這樣的輻照度（irradiance）來計算當前在擋風玻璃上的降水量，並將相關訊息透過 PWM 或 LIN bus 送出，相關系統則根據降水量或噴霧自動進行控制。

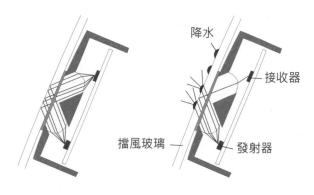

圖 7- 67 雨量感測器

2. 光感測器

如圖 7- 68 所示，受光面上游使用特殊濾鏡捕捉不同波長，以區分日光或人造光，並由兩個獨立的光電二極體進行測量計算後，透過 PWM 或 LIN bus 將環境光源相關訊息送出給相關系統應用。光感測器又稱為日光感測器（solar sensor）。

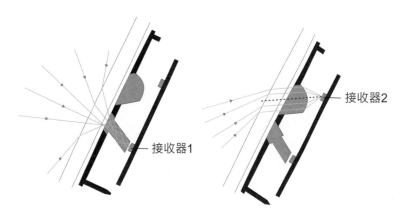

圖 7- 68 光感測器

(1) 自動燈光與空調控制

　　日光感測器主要是給自動燈光系統，在日光環境昏暗下自動開啟外部照明，避免夜間車輛行駛在都市因人造光太強而未能自動點亮（早期未使用濾鏡的光感測器，由於無法識別日光與人造光，因此需靠軟體增加時間延遲控制程序，來避免人造光影響到自動燈光的控制）。自動空調系統也需因應日光強度來調節空調的風量設定，使前座駕駛與乘客在不同的日光強度，均能感受舒適的空調環境。

(2) 防眩與抬頭顯示器控制

　　防眩後視鏡則需要日光與人造光兩感測器訊號，當來自「前方」日光及人造光強度同時都很弱時，此時駕駛者的瞳孔會放大，而當「後方」車輛光線照射到後視鏡片內的光感測器，則後視鏡控制電路會施加電壓到鏡面的電離層上，使鏡片變暗，避免駕駛者炫目。抬頭顯示器控制，則是在來自前方日光或人造光強度很強時，需增強顯示器的投射亮度。

7-5 可視角環境感測器

　　車外可視角環境感測器又稱為周圍環境感測器，屬於一種集成控制單元。單元利用感測器透過人工智能運算，取得車外物體距離以及形狀。譬如：超音波感測器、攝影機、毫米波雷達或光達等。

圖 7- 69 可視角環境感測器

7-5-1 超音波感測器

　　超音波感測器（ultrasonic sensor）是一種廣泛應用在乘用車上的停車輔助系統，主要是來測量車輛於周圍物體之間的距離。感測器安裝在汽車前後保險桿中，最多可各安裝 6 個感測器，透過超音波壓電換能器（transducers）先發射 23～40 kHz 超音波（音波的傳送媒介可以是空氣、液體甚至是固體），藉由音波接觸物體反射回來的飛行時間（time of flight , TOF），計算出感測器

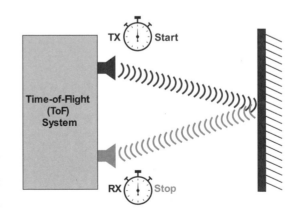

圖 7- 70 飛行時間（取自：德州儀器）

與物體間的距離，以幫助駕駛者停車，識別停車位或檢測駕駛者盲點中的物體，如圖 7- 70 所示。

1. 有效距離

　　音速在空氣中約移動 343 m/s（20℃），且該測距方式僅適用車輛與極低速行駛狀況下，有效測量距離介於 2 公分～5.5 公尺，水平視野（field of view, FOV）方向角，角度小於 120°，若車速過高，氣流的擾動將會使測距失去準度。

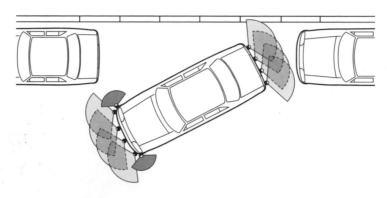

圖 7- 71 停車輔助系統（取自：Bosch Automotive Handbook）

2. 電路架構

　　壓電換能器通常用於將電壓訊號轉換為超音波，並將反射的超音波轉換為電壓訊號。壓電換能器的低接收靈敏度通常會在接收反射波時產生非常小的電壓訊號，因此需透過放大器將訊號放大後，再進行振幅之分析，最後計算出與物體間的距離。舉例德州儀器 PGA 450 超音波感測器訊號調節器電路架構，該調節器透過 LIN bus 與 ECU 進行通訊，如圖 7- 72 所示。

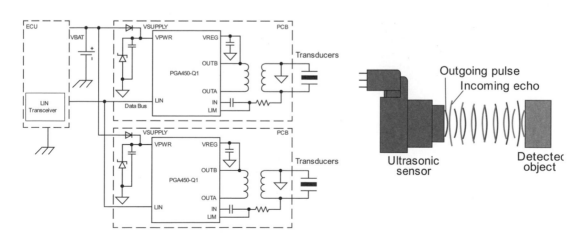

圖 7- 72 超音波感測器（取自：德州儀器）

7-5-2 毫米波雷達感測器

　　在雷達系統中，毫米波頻段為長度（波長）在 1～10 m 的電磁波，對應的頻率範圍為 30～300 GHz。主要採用短波長電磁波的特殊雷達技術（電磁波的速度約等同於光速，299,792,458 m/s）。雷達發射的電磁波訊號接觸到物體阻擋而會發生反射，透過捕捉反射的訊號，就可以計算出物體的距離、速度和角度資訊。目前汽車上所使用的毫米波雷達訊號，都是採用正弦波頻率隨時間以線性方式增加的調頻連續波（frequency modulated continuous wave , FMCW）訊號。

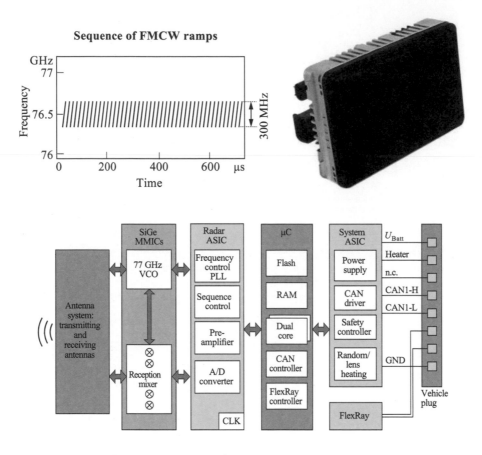

圖 7- 73 毫米波雷達架構（取自：Bosch Automotive Handbook）

　　毫米波雷達具有體積小、重量輕、高精準度、不易受天候因素影響和探測距離長等優點，且造價比起光達相對合理，因此常用於自動煞車系統（AEB）、自適應性巡航系統（ACC）、盲點偵測系統（BSD）。目前毫米波雷達主要規格可分為 24 GHz、77 GHz 及 79 GHz 等 3 種，其中 24 GHz、79 GHz 主要用於短距離物體偵測、77 GHz 則用於長距離物體偵測，不同頻段的毫米波雷達適用範圍及 ADAS 應用，如表 7- 8 所示。

表 7- 8 毫米波雷達規格及應用

	24 GHz	77 GHz	79 GHz
偵測距離	短（0.2 m～50 m）	長（10 m～300 m）	短（0.15 m～70 m）
水平視野（FOV）	60°	30°	120°
分辨率	75 cm	50 cm	10 cm
體積	大	小	小
成本	低	高	中
ADAS 應用	盲點偵測、車道偏移以及自適應巡航	自適應巡航、自動煞車以及前方碰撞	車道偏移、自動煞車、盲點偵測以及自適應巡航

取自：工研院 IEK、經濟部技術處、車輛中心整理

1. 短程雷達

短程雷達(short range radar)目前在 24 GHz 技術成熟度以及成本均較 79 GHz 雷達具有優勢。然而 79 GHz 雷達則是在偵測距離以及物體分辨率上皆更勝一籌。據美國 FCC 和歐洲 ESTI 的規劃，24 GHz 的寬頻段（21.65～26.65 GHz）將在 2022 年過期，日本以及新加坡等國家也陸續跟進。因此，為避免與其它設備使用頻段衝突，預期未來 79 GHz 雷達將取代 24 GHz 雷達，成為主流短距離偵測雷達，屆時將使汽車毫米波雷達頻率統一至 76～81 GHz 頻段，加速市場規模擴大。

2. 遠程雷達

遠程雷達（long range radar）使用 77 GHz 技術，感測器採用高分辨率驗算法，以改善包括道路邊界內的空間檢測，有助於更精確地檢測較小的物體，例如：破損的輪胎殘骸或掉落的排氣管等，其檢測距離目前最遠可達 300 公尺。該感測器設計用於安裝在車輛前方或後方（配有防追撞系統）區域的塑料蓋後面。

遠程雷達結合 LiDAR 及攝影機做感測器的融合，可以實現所有氣候環境下的進階輔助駕駛，大幅提高其系統的可靠性。

7-5-3 光達感測器

採用光學 TOF 計算技術的光檢測和測距感測器，光達感測器（LIDAR）應用於多種產品，包括測距儀，速度測量設備，測量設備，機器人技術，無人機，3D 映射以及汽車進階駕駛輔助系統（ADAS）。光達與雷達感測器都具有出色的 FOV 方向角，在仰角部分則光達要比雷達更具有優勢，其檢測距離分為短中長程規格，遠程最遠可達 300 公尺。

1. 光達感測原理

光達感測器通常為激光形式的光發射器和光接收器所組成。透過光發射器的光脈衝發射到物體上，而光接收器則從物體接收反射的光脈衝，藉由光線發射到接收的時間計算出感測器和物體之間的距離。由於是透過光作為測距的媒介，因此，在起霧或下雨的環境下，光束可能會受到若干折射偏移的影響，還必須融合毫米波雷達資訊進行修正。光脈衝在空氣中一秒鐘約移動 30 萬公里，代表光脈衝的反射時間在百公尺內以奈秒為單位，且該

圖 7- 74 環境建模（取自：Valeo）

測距技術可以獲得汽車周圍空間的三維點雲（3D point cloud），實現環境建模，如圖 7- 74 所示。

2. 光達的種類

(1) 機械光達

機械（mechanical）光達使用光學器件及旋轉組件來創建寬域 FOV 的資訊收集。2017 Audi A8 所使用的機械光達結構，如圖 7- 75 所示。

(2) 固態光達

如圖 7- 76 所示，固態（solid-state）光達則沒有旋轉機構。因此在只有一個光發射器情況下，必需控制微機電系統的掃描鏡或光學相控陣列（optical phased array, OPA），透過多通到的資訊整合，創建可與機械光達相媲美的 FOV。

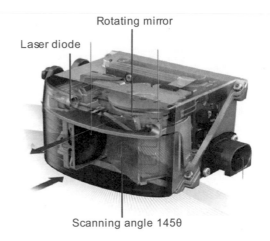

圖 7- 75 機械光達（取自：Valeo）

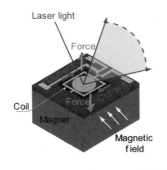

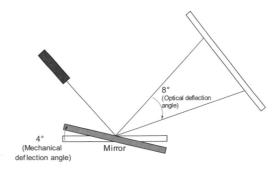

圖 7- 76 微機電掃描鏡（取自：hamamatsu S12237-03P）

(3) Flash 光達

如圖 7- 77 所示，flash 光達，本身亦無旋轉機構，是採用陣列所組成的雷射光，同時向多角度發射，並收集資訊。因此 flash 光達同時具有機械光達的寬 FOV 與固態光達的高度可靠度。

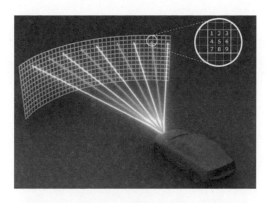

圖 7- 77　Flash 光達（取自：Opsys）

7-5-4 多功能攝影機

攝影機是唯一能辨識出物體顏色，也是車道維持功能的主要感測器。因此，集成式的感測器訊息融合系統，實現道路場景的語義化分割和理解，不僅能為駕駛者提供一系列主動安全性能，同時透過智能化設計實現了輕量化、小型化及成本低廉化，使整車廠商在進行車型的整體設計時獲益，其通訊方式以 FlexRay 或 Ethernet 為主流。其結合遠程毫米波雷達與攝影機於一體的多功能攝影機，如圖 7- 78 所示。

圖 7- 78 多功能攝影機一
（取自：Delphi RACam）

如圖 7- 79 所示，則是結合光達感測器與攝影機整合於一個模組的多功能攝影機。具夜視功能的攝影機辨識距離可達 150 m，FOV 為 32°。

多功能攝影機功能：
1. 自適應巡航控制系統
2. 前方撞擊預警
3. 全速域緊急煞車輔助
4. 車道偏移系統
5. 智能頭燈系統
6. 交通標示輔助

圖 7- 79 多功能攝影機二（取自：Continental automotive MFL4x0）

7-5-5 優劣勢比較

不同種類的感測器與待測物距離遠近、相對移動關係及待測物種類的分類程度、移動速度、未來軌跡及語意分析（semantic analysis），加上感測時的環境，如雨滴、霧霾、塵埃，系統需善用不同感測器的優勢，進行多種感測資訊的融合（sensor fusion），達到各種感測器相輔相成之功效。

在可視角環境感測融合技術還未能如同人類的視覺感官時，汽車永遠只會停留在進階駕駛輔助系統（ADAS）階段。各類感測器在各種偵測需求條件下的優劣比較，如表 7- 9 所示。

表 7- 9 可視角環境感測器比較

	光達	毫米波雷達	攝影機	超音波
物件分類	一般	差	非常好	差
物件障礙偵測	非常好	非常好	一般	非常好
物件邊緣偵測	非常好	差	非常好	一般
距離偵測能力	非常好	非常好	一般	差
車道線追蹤	差	差	非常好	差
可見範圍	非常好	一般	一般	差
惡劣天氣下偵測能力	一般	非常好	差	一般
惡劣光源下偵測能力	非常好	非常好	差	非常好

7-6 排放控制系統

汽油是一種很複雜的混合物，我們一般都用 C_8H_{16} 環辛烷或 C_8H_{18} 辛烷化學式來表示。要使汽油達到完全燃燒，空氣與環辛烷的理想空燃比為 14.7：1，辛烷則是 15：1。為了保持內燃機催化轉化器的最佳效率，廢氣排放系統以控制燃燒達成理想的空燃比（λ, Lambda = 1）為目標。因此，需分析廢氣中含氧量的高低，ECU 從數值中即能判定混合比的濃稀，進而修正噴油量。該系統使用裝置在催化轉化器上游的寬域 λ 感測器以及下游的窄帶感測器。

寬域 λ 感測器可以準確地檢測出大約 11.5：1 的濃空燃比（λ, Lambda < 1）和大約 24：1 的稀空燃比（λ, Lambda > 1）。寬域 λ 感測器亦稱為「恆定感測器」或 A/F 感測器。

7-6-1 窄帶感測器

最早期使用的含氧感測器（oxygen sensor）。窄帶感測器（narrow band sensor）因為電壓訊號根據 λ =1 只會有電壓高與低的變化，故又稱跳躍感測器。當 λ 大於 1 時混合氣稀，電壓為低；反之小於 1 時混合氣濃，電壓躍變為高。

感測器可有一線式、二線式以及四線式，其中一條電路始終是回應 λ 狀態的電壓訊號。第二條電路用於隔離訊號的接地，提高電磁耐受性（EMS）以減少訊號噪聲。三線和四線感測器增加了一個加熱元件，目的是使感測器快速達到工作溫度。窄帶感測器以元素分為二氧化鋯（ZrO_2）與二氧化鈦（TiO_2）二類，前者根據 λ 改變電壓，後者則是改變電阻。

1. 二氧化鋯含氧感測器

感測器由二氧化鋯與陶瓷元件組成，這種固體電解質的特徵在於，當處於熔融（熾熱）狀態時，它既能保持機械剛性，又能傳導電流，在高於約 300 ℃ 的溫度以上時可滲透氧離子。陶瓷的兩面都塗有一層薄薄的多孔鉑層，可作為電極（gas permeable platinum electrode）。廢氣流經過陶瓷元件的外部，而內部充滿參考空氣。陶瓷元件的特性意味著兩側的氧濃度不同會導致氧離子遷移，進而產生電動勢。當 λ 大於 1 時混合氣稀，電壓為 0 V；反之小於 1 時混合氣濃，電壓躍變為 1 V。ECU 以每秒重複幾次測量該電壓值用作根據廢氣排放物中的殘餘氧氣含量，以取得混合物變得更濃或更稀過程。感測器結構，如圖 7-80 所示。

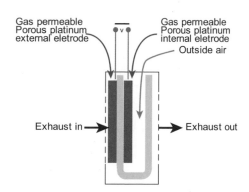

圖 7- 80　二氧化鋯含氧感測器（取自：Rick Muscoplat）

2. 二氧化鈦含氧感測器

二氧化鈦含氧感測器不同於二氧化鋯的含氧感測器原理是以產生電壓的訊號，二氧化鈦則是利用電阻的變化來判別 λ 狀況。感測器的陶瓷元件由二氧化鈦採用多層厚膜技術製成，具有電阻與廢氣排放中的氧氣濃度成比例地變化特性。氧含量越高（稀混合物 λ ＞1），形成高阻抗的氧化半導體；氧含量越低（濃混合物 λ ＜1），則形成低阻抗半導體。

因此，ECU 必須在訊號端提供一個參考電壓，藉由電壓的高低變化，得知當時混合比的狀況。譬如：5 V 的參考電壓，當混合比濃時電阻低所得到電壓接近 5 V，若混合比較稀時電阻高所得到的電壓將近 0 V，如圖 7-81 所示。

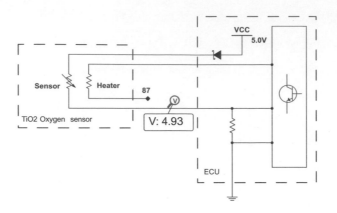

圖 7- 81 二氧化鈦含氧感測器電路

7-6-2 恆定感測器原理與電路

1. 感測器原理

如圖 7- 82 所示，恆定感測器原理是由兩個彼此疊置的二氧化鋯氧感測器組成，工作原理是廢氣通過泵單元(pump cell)中的一個小孔進入測量區域(sensor cell)，該孔稱為擴散間隙(diffusion gap)，將此處的氧氣濃度與參考空氣的氧氣濃度進行比較。為了使 ECU 可量測訊號，ECU 在泵單元上施加電壓，利用該電壓，可以將氧氣從廢氣泵中的擴散間隙流入或抽出。ECU 以這樣的方式調節泵電壓，使得氣體的比例在擴散間隙中始終為 $\lambda = 1$。

如果混合物稀薄，則氧氣將被泵單元向外抽出，正泵電流是由此產生的結果。如果混合物濃，則將從空氣中抽取氧氣向內泵送，由此產生負的泵電流。在擴散間隙中 $\lambda = 1$ 時，沒有氧氣被傳輸，泵電流為零。該泵電流由 ECU 評估，提供含氧量，從而提供有關空燃比的訊息。

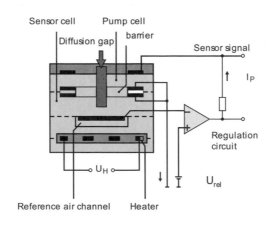

圖 7- 82 恆定感測器原理（取自：HELLA group）

2. 感測器電路

　　圖 7- 83 所示，恆定感測器電路是 ECU 參考一組「恆定電壓」量測（450 mV）。當 λ 大於 1 混合氣稀時（SC-SR 端電壓小於 450 mV），電流由 IA 流向 SR（氧向外抽出）；反之小於 1 混合氣濃時（SC-SR 端電壓大於 450 mV），電流由 SR 流向 IA（氧向泵內送）。ECU 量測 λ 感測器迴路 op+ 及 op- 之間分流器壓差取得相應「非線性電流值」而得到空燃比值。

　　外部分流器（R2）主要是校正 λ 用與 R1 並聯，意在配合 ECU 電路設計，此分流器配置在含氧感測器連接器內，感測器會成為 6 線式。若無外部分流器（無 TG 電路），則 ECU 內部分流器（R1）需配合該車輛感測器做匹配，因此，感測器為 5 線式含氧感測器。

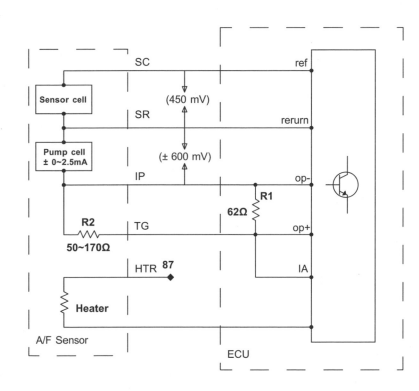

TG 分流器

Description：
SC, sensor cell
SR, sensor return
IP, pump current sense
IA, pump current control
TG, Tag resistor

λ & IP：

$\lambda = 0.8$, IP = -0.92mA

$\lambda = 0.9$, IP = -0.41mA

$\lambda = 1.0$, IP = 0.00mA

$\lambda = 1.1$, IP = 0.19mA

$\lambda = 1.18$, IP = 0.33mA

圖 7- 83　恆定感測器電路

7-6-3 閉迴路空燃比修正

在閉迴路控制過程中，運行狀態下監測系統廢氣中的空燃比，目標是大於或小於 $\lambda=1$ 的含氧感測器值，透過改變噴油時間長度來相對應修正空燃比。如果 λ 感測器發生故障，ECU 備援模式將採開迴路控制，以基礎噴油值進行排放控制。若 λ 感測器訊號正常，則噴油時間由基礎噴油值與 λ 在不同轉速、負載及溫度的目標值進行修正與控制，如圖 7- 84 所示。

RPM

LOAD	700	1500	2500	3500	4500	5500	6500
20	571	569	573	586	586	586	588
40	1133	1131	1149	1157	1157	1157	1158
60	1790	1790	1795	1796	1797	1797	1797
80	2369	2366	2369	2371	2371	2377	2377
100	3053	3050	3055	3058	3068	3068	3070

基礎噴油數值

RPM	700	1500	2500	3500	4500	5500	6500
λ	1	1	0.97	0.95	0.94	0.87	0.80

λ 修正目標值（105 ℃）

圖 7- 84　基礎噴油值與 λ 目標

內燃機的燃燒是非常複雜的過程，主要採用試驗研究的方法。不斷的對內燃機提取數據，並進行反覆的參數調整，以兼顧舒適、環保、耐久與性能之間做取捨，如表 7- 10 所示。

表 7- 10　λ 值對動力與排放的影響

λ	對動力與排放的影響
小於 0.8	混合氣過濃，燃燒速度慢且不完全，輸出功率低，油耗增加並產生大量的 CO 和 HC 排放，嚴重時還會造成後燃現象
0.8～0.9	混合氣濃，燃燒速度快，熱損失少。在其它條件相同情況時，輸出功率最大
1	內燃機受限於燃燒時間和空間因素，限制汽油與空氣進行絕對均勻的混合。因此，汽油有可能無法完全燃燒乾淨
1.05～1.15	混合氣稀，足夠時間讓汽油能夠完全燃燒，可以獲得良好的經濟性
大於 1.15	混合氣過稀，可完全燃燒但速度慢。由於燃燒時間長，熱通過汽缸壁傳給冷卻液的熱量相對較多，結果就是輸出功率低與油耗都變差

空燃比的修正，並非無上限，當修正比例來到軟體的限制時，也被視為故障，如圖 7- 85。

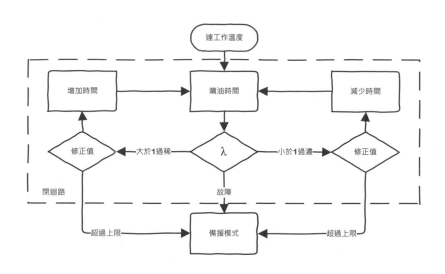

圖 7- 85　閉迴路空燃比修正

7-6-4 催化轉化器診斷

　　無論是催化轉化器上游的恆定感測器電流變化或下游的窄帶感測器電壓變化，都是根據排氣要求 λ = 1 要求而設計。由於量測原理不同，現在恆定感測器的主流電路會有 6 線，窄帶感測器電路則是 4 線。這些 λ 感測器可在內燃機運行時量測氧氣含量，並返回適當的訊號給 ECU。

　　ECU 將催化轉換器上游的感測器訊號與下游的感測器訊號進行比較，可分析催化轉換器「淨化效率」，若配合使用排氣溫度感測器於催化轉換器上下游溫度狀態，則可分析催化轉換器的廢氣「流通效率」。

7-7 爆震控制系統

　　內燃機引擎會造成爆震因素不外乎燃燒室積碳、過給的渦輪增壓、燃油品質差（辛烷值 RON 過低　）以及進氣和內燃機溫度過高等。爆震控制系統對點火正時進行所有與爆震相關的校正，並且即便使用普通等級的燃油（最低 RON 91）也能實現完美的運行。

7-7-1 爆震感測器

　　如圖 7- 86，爆震感測器（knock sensor）內置一個壓電晶體（piezo crystal），裝置於 ICE 缸體的外部，主要在監聽來自內燃機缸體的結構振動，並將其轉換為電壓振盪訊號。電路為二線式，一條是訊號，另一條是用於隔離訊號的接地。爆震感測器裝置位置以四缸引擎為例：只有一個感測器的需裝置在 2 和 3 汽缸中間；若是配有兩個感測器的則裝置在 1 和 2 以及 3 和 4 汽缸中間。

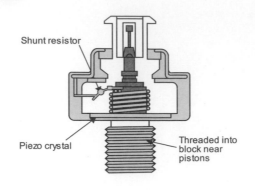

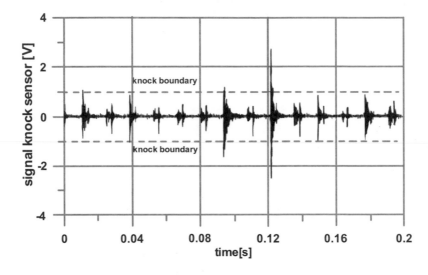

圖 7- 86 爆震感測器（取自：Wladyslaw Mitianiec）

7-7-2 爆震閉迴控制

　　ECU 的爆震控制系統，輸入介面對爆震感測器的電壓訊號進行抗混疊濾波處理後放大，系統再依點火順序將放大訊號分配給各氣缸，監控並評估內燃機運行狀態下的爆震情況。如果發生爆震，則修正該爆震氣缸的點火時間，直到不再發生爆震燃燒為止，防止內燃機受損。正常情況下，在整個較高負載範圍內，系統能與所使用的燃料品質相對應，將點火時間控制並紀錄在爆震邊界（knock boundary），使其擁有更低的燃油消耗和更高的扭力表現。透過爆震控制系統的閉迴路優化修正，使內燃機狀態保持在高效率。

　　若 ECU 無法收到感測器的監控電壓訊號，則故障被檢出，除故障碼被寫入記憶體內，爆震閉迴控制系統也會被關閉。備援模式下，即便是在 RON 在 91 也要能無損運行。因此，點火時間將會被設定到相對保守的基礎點火時間，引擎輸出功率將會降低，油耗增加。爆震的提前或延遲，並非無上限的修正，當修正比例來到設定的限制時，也被視為故障，如圖 7- 87 所示。

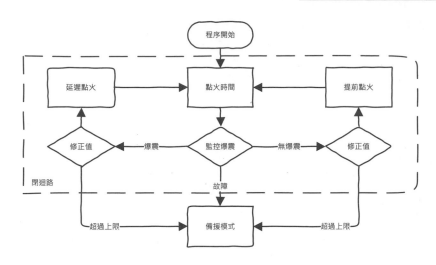

圖 7- 87 爆震閉迴控制

7-7-3 點火前的爆震

　　爆震控制閉迴系統並無法完全避免可能的爆震發生，其原因是汽門端口的雜質（碳顆粒）掉入燃燒室內或燃燒室內本身的積碳，在實際點火之前觸發了動力行程時的高壓高溫混合氣星火，特別是低轉速中高負載燃燒時間較長與壓力溫度較高時，導致焰火壓力敲擊還在上移的活塞，此現象稱為低速預燃（low speed pre-ignition, LSPI）。

　　因此，並無法透過爆震控制系統，解決因預燃而產生的爆震。唯有，減少雜質及積碳，才能避免此類型爆震發生。故現今有許多設計，採用雙燃油噴射器（twin fuel injection, TFI）。當引擎啟動（尤其是冷車）、高轉速以及輸出扭力大時，採用缸內噴射，減少壁磨損失；低轉速輕負荷則採用端口噴射，可有效清潔汽門端口，減少端口雜質的生成，如圖 7- 88 所示。

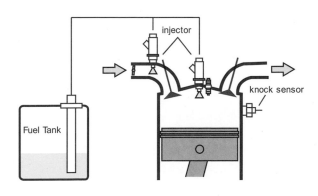

圖 7- 88 雙燃油噴射

7-7-4 感測器的返回電路

對於以類比電壓值呈現狀態的感測器，控制器是以自身的 VSS（控制器接地）做為量測類比電壓值感測器的基準點，即使控制器接地來源的 VSS 電壓偏移，也不影響其量測。這是由於，控制器 5 V 電壓調節器（VREG）輸出的參考電壓（Ref）會隨著 VSS 的偏移而偏移，使得 Ref 與 VSS 間電壓恆等於 5 V。因此，必須將感測器的負極返回（return）到控制器的 VSS，不可以將感測器負極，連接至感測器周圍接地，否則會使感測器參考分壓值（V_D）產生誤差。

就控制器負載接地線而言，電器負載的影響就是電壓升。我們無法確認控制器的 VSS 與其它接地處是否存在電壓差，另一方面是車輛在產生電器負載當下的電流瞬變，都會導致控制器 VSS 與其它接地間產生電壓差。如此偏移的電壓差，若將感測器負極連接至其它接地處，將導致感測器的類比預期電壓值產生誤差，特別像是空氣質量、含氧及爆震感測器，些微誤差將導致系統控制嚴重偏差。預期電壓 Vs 與錯誤電壓 Vs 之差異，如圖 7-89、圖 7-90 所示。

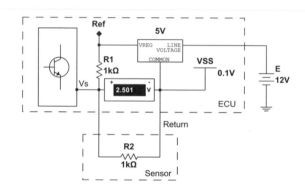

$$VREG = 5\,V$$
$$Ref = VREG + VSS = 5.1\,V$$
$$V_D = VREG + (Return - VSS) = 5.0\,V$$
$$Vs = \frac{R2}{R1 + R2}V_D = 2.50\,V$$

圖 7-89 預期電壓

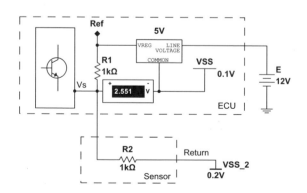

$$VREG = 5\,V$$
$$Ref = VREG + VSS = 5.1\,V$$
$$V_D = VREG + (Return - VSS) = 5.1\,V$$
$$Vs = \frac{R2}{R1 + R2}V_D = 2.55\,V$$

圖 7-90 錯誤電壓

控制器的輸出 8

電子控制系統取得匯流排通訊、感測器相關資訊及訊號後，根據系統功能及軟體核心的控制邏輯，計算出最佳時機及週期，最後透過 ECU 輸出介面線路對致動器下達執行或中斷控制訊號。其做法是透過多樣的驅動電路，選擇最適合的控制方式，完成控制致動器為目的。

因此，如何啟閉致動器、正向或反向移動控制，又或者比例式控制致動器達到線性控制，驅動電路考量的不只是單純的將電壓及電流給致動器，除需要有自我診斷能力外，還必須克服電源環境的電壓降與突波、拋載效應下還能正常工作。啟閉致動器過程所產生的反向電動勢、過載電流的限制與 ESD 保護以及熱發散等問題，都是 ECU 輸出電路設計要評估的因素。

今日汽車 ECU 與致動器位置上的配置以距離愈近愈好，不只能減少線路長度及重量，還可減少不必要的電磁干擾，降低開發成本。

8-1 低端控制電路

低端（low side）控制也稱為搭鐵控制，是目前採用最多的控制方式，以半導體的特性來看，有效率高及成本低的優勢。若以車輛安全規範來講，由於現在的汽車都是負極接車體的方式，造成短路引起火災的可能性就會大幅降低。伴隨著半導體的製程進步，集

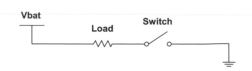

圖 8-1 低端控制電路

成式低端或高端控制驅動器已成為市場主流。不只能對輸出進行電流或過高溫保護，同時還能有多組輸出集成於一個 IC。

8-1-1 BJT 低端控制電路

簡單的低端控制可以用一個雙極性電晶體（BJT）直接驅動致動器開啟或關閉，或以 PWM 方式控制致動器的線性作動，如燈光的亮度、馬達的轉速或訊息等。電路中配置其它元件就可達到基本的控制及保護功能。保護功能包括：電流限制、ESD 與反向電動勢，如圖 8-2 所示。

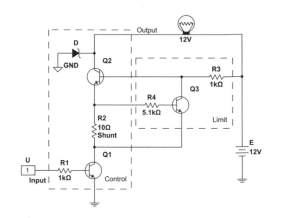

圖 8-2 BJT 低端控制電路

1. PWM 控制

控制若為 PWM 訊息傳送時，低端控制顯性為低電位。因此，PWM 為負工作週期，此時必須在低端輸出端配置一個電位提升電阻，使高電平產生，如圖 8-3 所示。

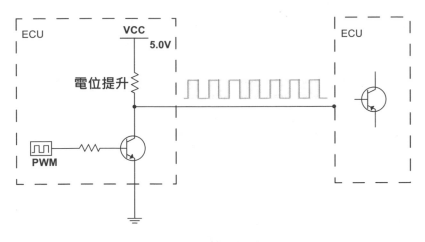

圖 8- 3 電位提升

2. 功率放大器

　　早期由於半導體製程較差，大電流的低端控制電晶體除了體積大，溫度高因素，故都會將這樣的電晶體配置在 ECU 外，並有散熱機構。如點火訊號放大器、空調系統鼓風機放大器以及冷卻系統風扇放大器等，如圖 8- 4 所示。

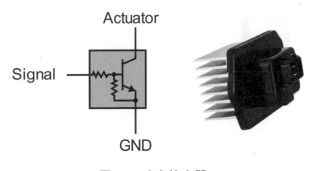

圖 8- 4 功率放大器

　　如今這類型功率電晶體在系統配置規劃上，與集成電路及致動器，已設計成一個總成件。如點火線圈、鼓風機總成及冷卻風扇總成，ECU 訊號控制則以 PWM 或 LIN 為主流。風扇模組及相關電路，如圖 8- 5 所示。

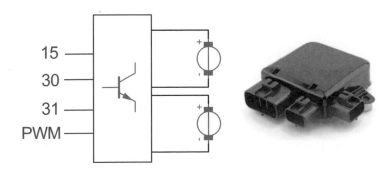

圖 8- 5 風扇模組

8-1-2 MOSFET 低端控制電路

　　場效電晶體 MOSFET 規格超過數萬種，幾乎可以滿足汽車任何輸出控制需求。當 N 型場效電晶體 $V_{GS} > V_{GS(th)}$（CH A），迴路導通，致動器產生電流而被驅動，CH B 電位將被拉低，如圖 8- 6 所示。

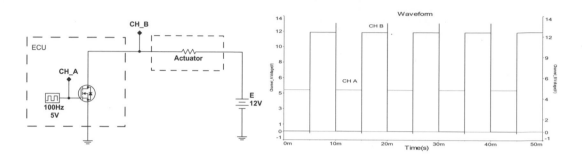

圖 8- 6　N-MOS 低端控制電路

8-1-3 帶診斷低端控制電路

　　如圖 8- 7 所示，若在電路加上一些保護或檢測電路擷取輸出電壓及電流值，ECU 透過 A、B 及 F 值進行自診，便可計算出，電路開路、短路或是電流異常等故障。不只有在診斷到短路或異常電流時，立即中斷低端輸出，避免電晶體損壞。當電路開路當下，輸出也需中斷，是確保當車輛發生撞擊時，不會因為開迴路電路接觸到地而產生火花。

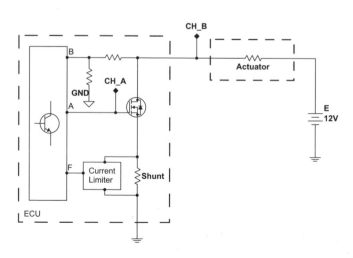

開關狀態	A	B	F	診斷結果
OFF	0	1	0	正常
OFF	0	0	0	對地短路或致動器開路
ON	1	0	0	正常
ON	1	0	1	電流過大
ON	1	1	1	對正短路或致動器短路

圖 8- 7　帶診斷低端控制電路

8-1-4 集成式低端控制驅動器

如圖 8- 8 所示，以 A2557 protected quad driver with fault detection 為例。A2557 專門為繼電器低端控制電路所設計，可提供 4 個通道輸出。集成電路包括：邏輯準位啟動（in）、致能控制（enable）、電流限制（current limit）及溫度限制（thermal limit）、反向電動勢保護電路（K）以及故障（fault）狀態輸出等。

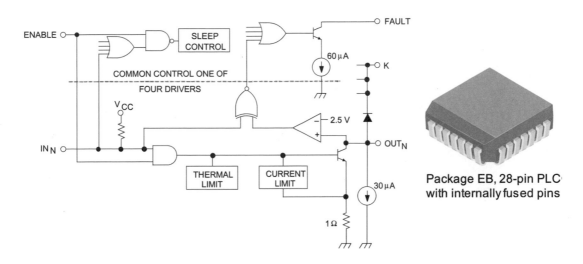

圖 8- 8 集成式低端控制驅動器（取自：Allegro Micro Systems A2557）

故障狀態輸出只有一個，故需在系統啟動初期或工作期間執行「輪詢測試」，每一通道測試時間必須小於繼電器的有效啟動時間，避免繼電器誤作動。反向電動勢 K 電路屬電壓箝制方法，需直接或緩衝後連接至電源。

8-1-5 安全電路

當低端控制電路發生故障時，特別是對地短路，意味著致動器直接被啟動，不被 ECU 所控制。某些情況下，不該啟動而啟動的致動器，可能會造成機構性的嚴重損壞，或是行駛安全問題。因此，必須在致動器的電源端，額外再設計一個電路或其它方式加以抑制，這樣的電路稱之為安全電路（safety circuit）。正常情況下，安全電路在系統啟動時就常保持閉合，只有在相關迴路發生故障時，才會被關閉（shut down）。

如圖 8- 9 為 BMW E46 320i 自動變速箱安全電路，當換檔電磁閥電路故障（對地短路），安全電路關閉電磁閥電源，避免造成檔位錯入，導致變速箱損壞或危及行駛安全。

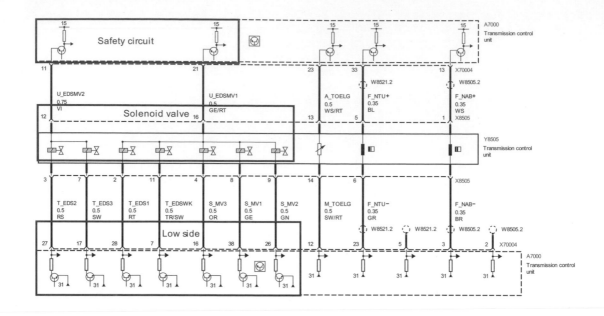

圖 8- 9 自動變速箱安全電路（取自 BMW TIS）

8-1-6 電平轉換電路

在全雙工的輸入及輸出電平電路，進行不同電平電壓的融合後輸出，其電路不影響兩邊原有的電平電壓。

如圖 8- 10 為簡單的電平轉換電路。當兩電路開關均 off 時，兩電路透過 R1 及 R2 的電位提升電阻，使電平電壓維持原有的 5 V 及 12 V。

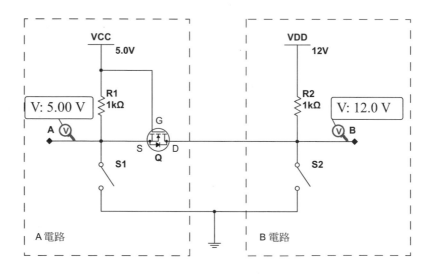

圖 8- 10 電平轉換電路

如圖 8- 11 所示，當 S1 開關 on 時，A 點電壓為 0 V，Q1 電晶體 V_{GS} 高於門檻電壓，促使 S
及 D 閘導通，電晶體 on，使 B 點電路透過 Q1 電晶體及 S1 開關後接地，B 點電壓趨近 0 V。

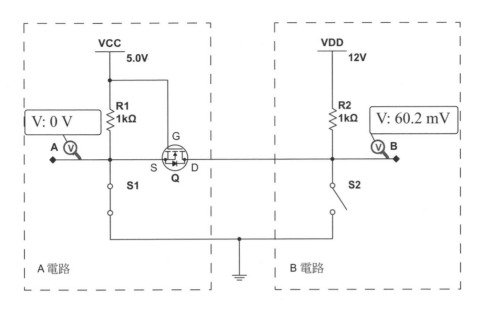

圖 8- 11 電平轉換 A 電路

如圖 8- 12 所示，當 S2 開關 on 時，B 點電壓為 0 V，A 點電路透過 Q1 電晶體內的寄生二極
體順向偏壓至 S2 開關後接地，A 點電壓趨近 0 V。

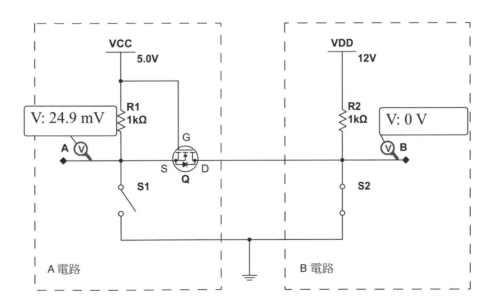

圖 8- 12 電平轉換 B 電路

如圖 8- 13 為積體電路之間（inter-integrated circuit, I²C）在不同電平準位下通訊的轉換電路。

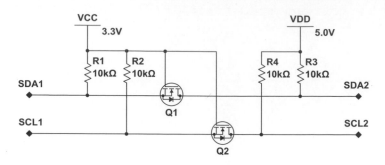

圖 8- 13　I²C 電平轉換電路

8-1-7 冷卻系統控制

在冷卻系統中的電子風扇或電子水泵浦，大都採用 PWM 低端控制或 LIN Bus 訊號。由於關係到冷卻系統能否正常工作，因此在總成內的執行程序，會對 ECU 來的控制訊號（SG）增設檢查及備援機制。譬如：系統開啟（15 on）時，風扇停止及最高速運轉，最小及最大的 PWM 值，並不會是 0％ 及 100％，正常的 PWM 範圍值，依各車廠規範約在 8～92％，LIN bus 則會彼此進行溝通，確認通訊或風扇是否正常。當訊號異常時，總成的備援機制將會被觸發，強制驅動風扇或水泵浦，避免冷卻系統溫度過高。

如圖 8- 14 為典型的 PWM 低端控制冷卻訊號，高電平訊號則是設計在風扇總成內，如此，ECU 能藉由回授（FB）電路，對訊號線做出開迴路診斷。

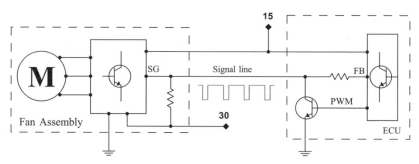

30	15	ECU' Signal	程序 / 備援機制
異常	開啟	X	ECU 透由 FB 電壓，檢測出風扇或水泵故障
正常	開啟	正常	風扇或水泵根據 SG 運轉或停止
正常	開啟	異常	風扇或水泵檢測出 SG 異常，強迫高速運轉
X	關閉	X	系統關閉

圖 8- 14 冷卻風扇控制電路

8-2 高端控制電路

高端（high side）控制也稱為電源控制，可使用 P-MOS 或 N-MOS 電晶體達到控制目的。N-MOS 在導電過程中是電子流動，P-MOS 在導電期間則是被稱為正電荷的電洞流，然而電子的流動性是電洞流的三倍。因此，在相同的 $R_{DS(on)}$ 條件下的驅動能力，N-MOS 通常比 P-MOS 所佔用的面積要小。

基於效率及成本因素，P-MOS 主要應用在小功率的相位轉換或半橋電路，大功率下的高端控制目前主流則採用 N-MOS 元件。車外的燈光由於距離 ECU 較遠，主要是採用高端控制。ICE 的燃油泵，除了線路長外，安全考量下，也採用高端控制，避免因車禍造成線路搭鐵，使油泵持續運轉，造成危險。

8-2-1 相位轉換電路

如圖 8- 15 為簡單的邏輯電平相位轉換電路，在邏輯電路輸入的高或低電平，進行相位反轉 180 度後輸出。當 input 電平為 1 時，N-MOS 將其轉換為 0 後輸出，P-MOS 可將 0 電平轉換為 1 後輸出。

8-2-2 N-MOS 高端控制電路

當 N-MOS 用於高端控制時，汲極為電源供應端，源極則為電源輸出端，由於閘極-源極之間的電壓控制（V_{GS}）需高於 $V_{GS(th)}$，故閘極電壓至少需大於「輸入電源電壓 + $V_{GS(th)}$」。因此，為使 N-MOS 能正常工作於高端開關電路，閘極電壓值需透過電荷泵或其它電路將其升高後，才能高於 $V_{GS(th)}$。

如圖 8- 16 為例：BUZ100 電晶體 $V_{GS(th)}$ 規格最大為 4 V，此時需將閘極電壓提升為 16 V，當源極輸出時，V_{GS} 才能高於 $V_{GS(th)}$。

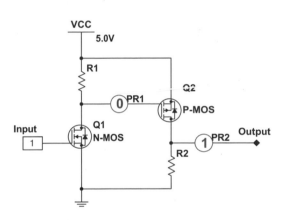

圖 8- 15 邏輯相位轉換電路

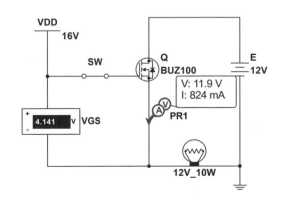

圖 8- 16 N-MOS 高端控制閘極電壓

8-2-3 高端檢測電路

如圖 8- 17 所示，高端控制電路在控制 off 狀態下，輸出端即便負載是呈現開路也都是處於低電平狀態。因此，除了採用輪詢測試電流方式外，可以在電路上加一個虛的高電平（MΩ）來測試負載是否開路。當負載開路時，輸出端電壓將會是 3.3 V（實際值端看電路實際設計）。

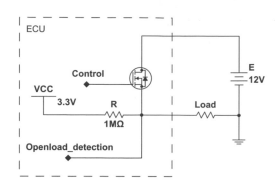

圖 8- 17　高端檢測電路

8-2-4 集成式高端控制驅動器

結合電壓箝位（clamp）、過高電壓（overvoltage）、欠電壓（undervoltage）、電流限制（current limiter）、負載開路（open load）、過高溫（overtemperature）保護，以及輸出狀態與電流值診斷等電路組成的高端控制驅動器。並在 N-MOS 閘極控制前端的 driver 內配置 charge pump 電路。集成式高端或低端控制驅動器又稱為智能功率驅動器（intelligent power drivers, IPD），在半導體產品類別屬於電源管理 IC（PMIC），如圖 8- 18 所示。

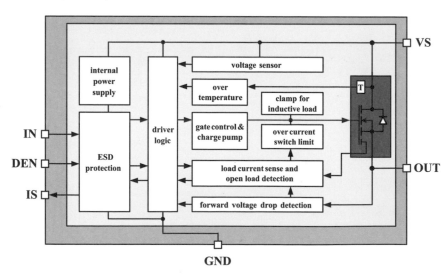

圖 8- 18　集成式高端控制驅動器（取自：Infineon Technologies BTS5200）

8-2-5 冗餘輸出控制

一個致動器的電源及搭鐵同時由 ECU 驅動器的高端及低端來控制輸出，主因是避免當一端電路故障時，使致動器誤作動，造成車輛行駛安全，或機構損壞。類似非同步控制的安全電路，而冗餘輸出控制是屬於高低端同步控制輸出，最典型的是安全氣囊電路。

1. 電路與連接器結構

如圖 8- 19 所示，為加快氣囊爆破速度，會在氣囊 ECU 內增設一個 DC/DC 升壓電路(VBOOST)，將高端輸入電源升高，使引爆線電流上升，縮短點燃火藥時間。依各車廠規範約 24～48 V 不等，這類型的高低端同步控制電路，稱之為爆管驅動電路（squib driver circuit）。另一方面，在氣囊爆管電路或氣囊控制器的連接器，大多設計當連接器連接時，2 條爆管電路會各自獨立對接，而當連接器分離時，內部短路鎖會將爆管電路短路，可避免意外電流使氣囊爆開。

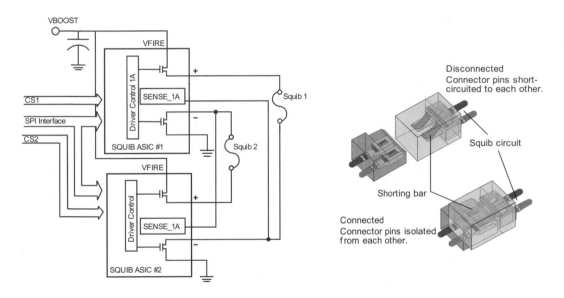

圖 8- 19 爆破驅動電路（取自：NXP 半導體 MC33797）

2. 非同步與同步電路差異

非同步（安全電路）與同步電路（冗餘輸出）最大差異在，非同步在正常情況下高端是被開啟輸出，低端則是致動器啟動訊號。而當低端電路發生短路時（如對地短路），再來中斷高端，但致動器可能已被啟動一個極短時間。

因此，中斷速度需高於致動器的無效工作時間，否則系統就會產生錯誤控制。而同步電路則是在電路都無異常時，才會同時輸出高端與低端訊號，避免錯誤控制的發生。

8-2-6 上升時間與下降時間

驅動電路是對訊號或致動器進行控制，其運作狀況會直接決定控制的可靠度與效率。為了確保開關切換電路的效能，可觀察上升時間與下降時間。在電晶體 on 時，高端控制將會由低電平轉換至高電平，而在低電

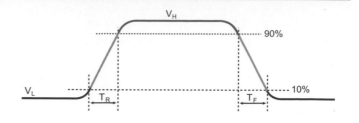

圖 8- 20 上升時間與下降時間

平的 10 % 轉移至高電平的 90 % 時間，稱為上升時間（ T_R ）。反之，低端控制將會由高電平轉換至低電平，而在高電平的 90 % 轉移至低電平的 10 %時間，稱為下降時間（ T_F ）。

正常情況下的轉換時間，都會在 μs 甚至是 ns 時間。時間會受所控制的致動器負載大小，以及驅動電晶體的導通阻抗而影響。過長時間可能會是驅動電晶體的 V_{GS} 電壓或 V_{BE} 電流太低，以及電晶體的功率無法滿足致動器負載等。在 PWM 的控制上，上升與下降時間盡可能縮短，可減少電晶體在轉換時期電阻變化所產生結溫與開關損耗增加的問題，如圖 8- 20 所示。

8-3 恆定電流控制

致動器中的電磁閥可以應用在簡單的啟閉控制以及線性或比例控制方式，透過彈簧型負載和螺線管磁場之間的力平衡來實現。然而，汽車電源環境的電壓變化，以及導體溫度上升，造成電磁閥及線路電阻增加，都將導致電磁閥作動的響應時間會有所差異。由於移動機械負載施加在電磁閥上的力與控制磁場力成正比，而磁場力又與流經線圈的電流成正比。透由必歐沙法定律得知，導體電流的大小決定磁場強度，故可透過測量電磁閥的「電流」來確定電磁閥的位置。

如上述得知，ECU 只要控制好電流，就能控制電磁閥開啟時間或開度，避免因電壓或導體溫度變化，而影響作動準度。因此，為達精準電磁閥的開啟時間及保持開啟電磁閥時的溫度上升，恆定的開啟峰值電流以及保持開啟電流，已成為 ECU 對電磁閥控制主流，並可籍由電流狀態，進行自我故障檢測。電流控制主要應用在液壓比例控制閥門，譬如；ICE 的噴油嘴、自動變速箱的換檔或油壓控制以及煞車系統的進出油閥門控制等。

8-3-1 高端輸出低端量測

電磁閥高端由 ECU 所控制輸出，低端則返回 ECU 透過分流器（shunt）後接地，ECU 則將 shunt 電壓放大後取得電流值。此電流檢測電路，存在一定的錯誤可能，因為電磁閥迴路，可能會在低端線路或電磁閥體與搭鐵產生對地短路，造成量測不準確的可能性。另一方面，若高端線路

對地短路，是無法被檢測出，而造成高端輸出元件故障。再者，大功率高端控制成本也較高，如圖 8- 21 所示。

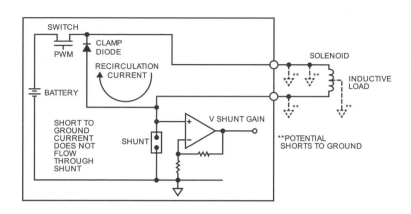

圖 8- 21 高端輸出低端量測（取自：Analog Dialogue, By Scott Beversdorf）

8-3-2 低端輸出高端量測

電磁閥低端由 ECU 所控制輸出，電流監控則在高端，ECU 將 shunt 電壓放大後取得電流值。此電流檢測電路，可檢測出線路或電磁閥對地短路，因為電磁閥迴路，在 ECU 尚未控制低端輸出時，就因對地短路而被檢測出電流。

此控制要特別注意的是，當低端對地短路時，會造成致動器無預期的作動。因此，在攸關安全的情況下，必須在高端增加一個開關（安全電路）加以抑制。低端輸出控制，元件及驅動成本也較高端輸出來的低，如圖 8- 22 所示。

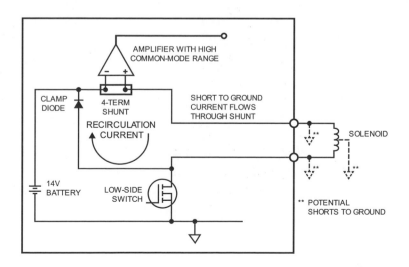

圖 8- 22 低端輸出高端量測（取自：Analog Dialogue, By Scott Beversdorf）

8-3-3 高端輸出高端測量電流

輸出與電磁閥電流檢測均在高端處,此電路優勢就是電磁閥接地可直接就近接地,並不一定要返回 ECU,缺點就是大功率高端控制成本較高,如圖 8-23。

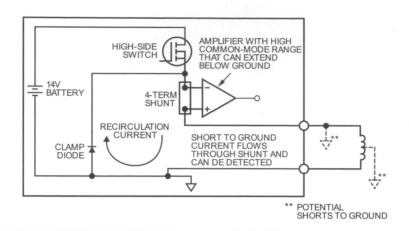

圖 8-23 高端輸出高端量測(取自:Analog Dialogue, By Scott Beversdorf)

8-3-4 空調壓縮機控制電路

如所示,可變排量壓縮機(variable displacement compressor)是當前燃油車空調系統主流之配置。其排量控制方式是藉由控制器輸出 PWM(電流大小)訊號,調節通過控制閥門(control valve)高壓氣體,使壓力移動旋轉盤(swashplate)機構,進而改變旋轉盤斜角,變換壓縮比大小。

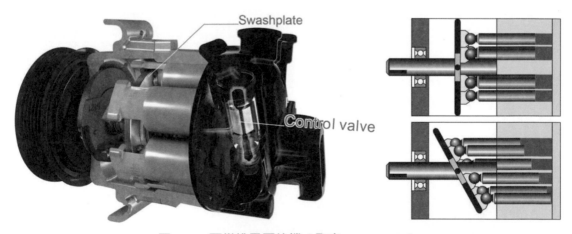

圖 8-24 可變排量壓縮機(取自:MAHLE)

如圖 8-25 為典型的可變排量壓縮機控制電路,當電磁離合器或控制閥門無訊號時,壓縮機轉軸不轉動或無壓縮力,因此冷媒完全不流動。

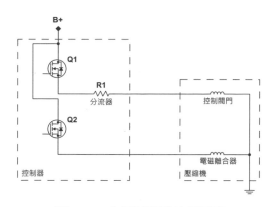

圖 8- 25 空調壓縮機控制電路

8-3-5 共軌缸內直接噴射

恆定電流技術也應用在汽油或柴油高壓燃油共軌缸內直接噴射（direct injection, DI）。為使 ECU 驅動電路能提供大功率使噴油嘴順利開啟，會在 ECU 內增設一個 DC / DC 升壓電路（boost），依各車廠規範電壓約在 48 V～190 V 之間，並限制開啟峰值電流以及保持開啟電流。近幾年由於噴油嘴及控制效率提升，電壓有往較低的趨勢設計。

1. 開啟峰值與保持電流

如圖 8- 26、圖 8- 27 所示，噴油嘴預先開啟時期（T1），由 HSS2 電晶體供應高端高壓電源，低端則由各缸噴油嘴的低端電晶體（LSx）控制，大功率迴路使噴油嘴開啟。噴油嘴開啟後，HSS2 關閉，改由 HSS1 電晶體接力供應高端低壓電源（電瓶電壓），使小功率迴路保持噴油嘴開啟（T2），ECU 則透過 shunt 監控噴油嘴電流，並由高端電晶體以 PWM 方式恆定電流大小。T2 直到噴油時間結束後，低端與高端關閉。

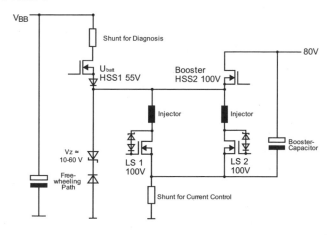

圖 8- 26 開啟與保持電流控制（取自：Infineon Technologies AG AP32029）

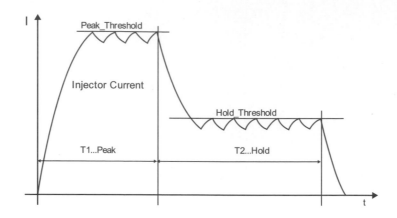

圖 8- 27 開啟與保持電流時期（取自：Infineon Technologies AG AP32029）

2. 共軌控制電路架構

　　如圖 8- 28 為 Fairchild Semiconductors 應用在六汽缸 ICE 高壓燃油共軌的高低端控制電路架構。VS1 為低壓，VS2 則為高壓。六缸系統將噴油嘴高端電源供應分為 2 組，1, 3, 5 汽缸一組，2, 4, 6 汽缸一組；四缸系統則是 1, 4 一組、2, 3 一組。分組設計可以在行駛過程中，故障一組高端時，仍可以繼續低速行駛。在噴油時間結束後，先關閉高端再關閉低端，使其高端所產生的反向電動勢透過齊納二極體（DxA），導通至接地。Dx 則是低端開關電路的電壓箝制保護，確保電壓不超過 VS2 電壓。

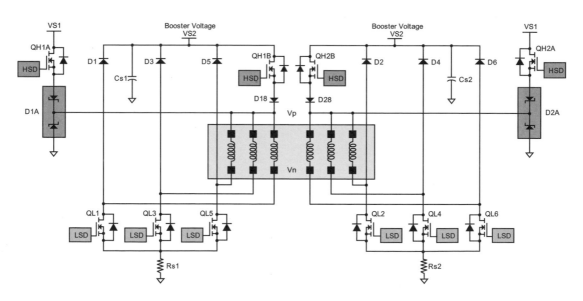

圖 8- 28 六汽缸直接噴射電路架構（取自：Fairchild Semiconductors）

8-4 半橋電路

在單線控制電路同時能存在高端與低端輸出控制。若該電路是應用在小電流通信訊號，則目的是縮短高電平與低電平轉換的上升及下降時間；若是在驅動致動器大功率電路上，則是應用在馬達的驅動及馬達煞車控制。譬如，雨刷馬達控制電路。

8-4-1 BJT 半橋電路

如圖 8-29 為簡易的 BJT 半橋或稱圖騰柱（totem-pole）電路，可採用 2 個共集（CC）電路或共集與共射（CE）電路組成一個半橋電路。

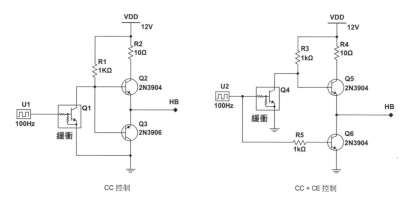

CC 控制   CC + CE 控制

圖 8- 29　BJT 半橋電路

8-4-2 雨刷馬達驅動電路

雨刷馬達的控制就是典型的半橋電路，馬達的驅動可使用集成式半橋電路或單刀雙擲(SPDT)繼電器控制。當 Q1 導通（繼電器 on），使驅動迴路形成，馬達轉動；而驅動中止時 Q1 關閉 Q2 導通（繼電器 off），迫使馬達兩端迴路導向同電平 (並聯)，使馬達產生動態制動作用，如圖 8-30 所示。

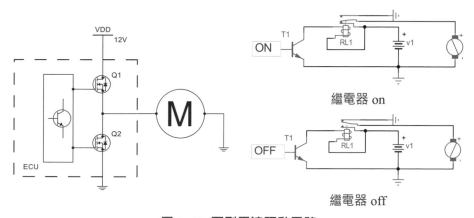

繼電器 on

繼電器 off

圖 8- 30　雨刷馬達驅動電路

8-4-3 動態制動

如圖 8- 31 所示，在雨刷的動態制動
（dynamic braking）電路中，當直流馬達與電
源迴路中斷後，馬達及機構因慣性，可能會持
續轉動（慣性定律），並且自轉過程會成為一
個發電機，但這樣的轉動是不被允許的，因為
雨刷必須準確的停止在擋風玻璃的下方。

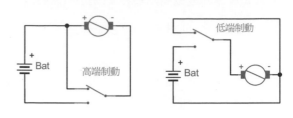

圖 8- 31 動態制動

因此，當電源迴路中斷後，將馬達的兩端並聯，使馬達自轉過程所發出來的電產生負載，迫
使馬達因磁阻增強而停止。當馬達並聯後兩端都為電源時，稱為「高端制動」; 若兩端都為接地時，
則為「低端制動」如圖 8- 31 所示。

8-4-4 雨刷控制系統

早期雨刷系統單純是透過方向盤前的組合開關（combination switch）或稱綜合開關內的開關
觸點與計時電路以及雨刷馬達與歸位接點所構成的電路架構。如今，雨刷系統整合至車身電子模
組，結合感測器及匯流排而來的綜合開關資訊，可控制自動模式下的間歇啟動頻率以及高低速切
換，並可將雨刷水位不足狀態，透過 CAN bus 給儀表顯示。

綜合開關採用多組電壓碼訊息給轉向柱模組，內容包括燈光及雨刷控制狀態。轉向柱模組再
將電壓碼轉換成 LIN bus 傳輸給前電子模組，如圖 8- 32 所示。

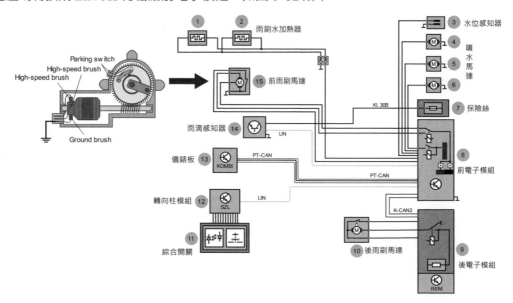

圖 8- 32 雨刷系統電路架構（取自：BMW TIS）

8-5 全橋電路

在需要正向或反向轉動的馬達驅動電路中，全橋或稱 H 橋電路，可提供多種組合控制方式。除了正反向驅動，亦可執行動態制動或開路狀態。全橋電路是由四個開關所組成的二線驅動電路，電路可使用集成式全橋電路或兩個單刀雙擲（SPDT）繼電器控制。汽車相關控制，譬如：電子節氣門、車窗、天窗、滑門、尾門或後行李箱蓋、電動椅、伺服馬達以及門鎖等。

8-5-1 傳統開關全橋電路

如圖 8- 33 所示，使用傳統機構元素所構成的開關元件，配置兩個 SPDT 開關組成一個全橋電路，藉此改變電流方向，可使馬達正轉（順時針 CW）及反轉（逆時針 CCW）。當開關都未被按下時，馬達兩端迴路並聯，產生動態制動。

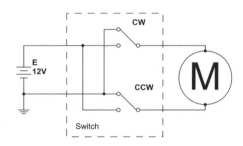

圖 8- 33 傳統開關全橋電路

8-5-2 全橋串聯及禁用開關電路

如圖 8- 34 所示，當馬達可由兩個控制點進行控制時，在傳統開關電路則採用全橋串聯方式。將主控及副控的全橋電路串聯，並在主控方增加一個禁用開關（inhibit），以限制副控的控制權，這類的電路主要是應用在電動車窗控制上。

此電路缺點就是電路數量多，主控與副控間的電路電壓降問題等。因此，現在的車窗系統幾乎都採用匯流排通訊與 ECU 內的全橋集成電路所控制，縮短開關電路與致動器之間的距離。

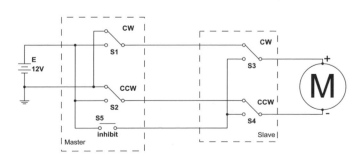

圖 8- 34 全橋串聯電路

8-5-3 繼電器全橋控制電路

如圖 8- 35 所示，使用兩個 SPDT 繼電器構成一組全橋驅動電路。早期這樣的繼電器與 ECU 是分離配置，ECU 透過電路來驅動繼電器或保險絲盒內的繼電器，繼電器再將大功率的全橋電路輸出致動器。但由於自動化生產及繼電器的體積縮小，在 ECU 生產打件過程中，就已將繼電器直接打焊至電路板。因此，這樣配置的繼電器不一定容易去查看到或做插拔更換。

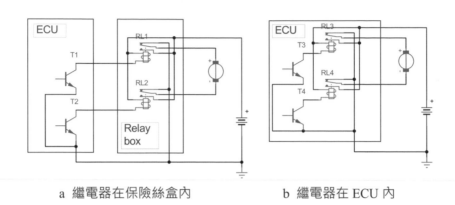

a 繼電器在保險絲盒內　　　　b 繼電器在 ECU 內

圖 8- 35　繼電器全橋控制電路

8-5-4 全橋安全電路

如圖 8- 36 所示為低端制動的全橋電路。當其中一個 SPDT 繼電器或電路產生故障（fault），使得共接點（COM）與常開點（NO）產生接合，這樣的錯誤會造成馬達無預期驅動，如圖 8- 36（a）所示。

如圖 8- 36（b），若在輸出電路上加上回授監控輸出訊號，當錯誤發生同時，ECU 只需立即控制（active）另一組正常的繼電器作動，使其 COM 與 NO 也呈現接合狀態，如此，全橋電路便形成高端制動迴路，馬達停止轉動。

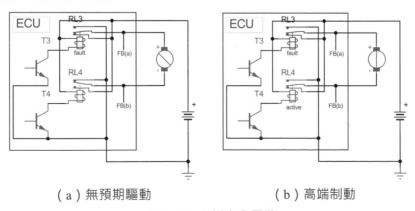

（a）無預期驅動　　　　　　（b）高端制動

圖 8- 36　全橋安全電路

8-5-5 集成式全橋控制電路

如圖 8- 37 所示，整合邏輯、電荷泵、負載電流、負載開路檢測以及全橋電晶體等電路於一 IC 上。由 ECU 內的 MCU 進行控制，透過 IN1 及 IN2 的二位元控制，可使馬達正轉、反轉、低端制動或高端制動。各一個高端 D1 與低端 $\overline{D2}$ 的 disable，可將全橋全部關閉呈現開路狀態。$\overline{FS}$ 為低電平時，則為電路故障。

全橋電路主要應用於馬達控制，在不驅動馬達時，電路幾乎都會處於低端制動狀態，也就是馬達二端輸出電路均為接地。如果其中一個輸出故障，導致電源直接輸出，而另一端為接地，此時馬達就會直接被驅動，$\overline{FS}$ 狀態將會呈現故障訊息，MCU 應立即 disable 全橋輸出或將控制改為高端制動，使馬達立即停止作動。

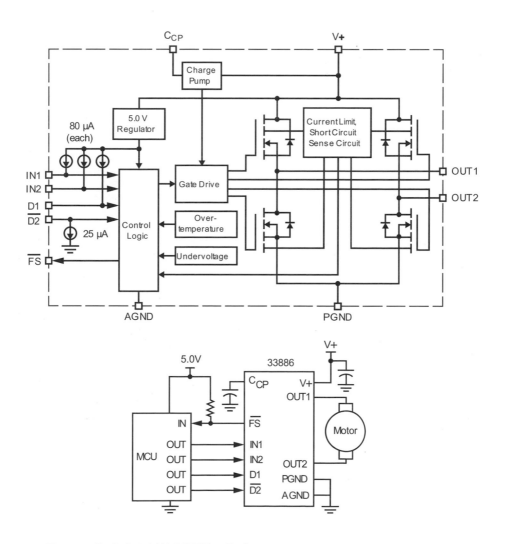

圖 8- 37 集成式全橋控制電路（取自：Motorola Semiconductor 33886）

　　集成式全橋控制電路，最初是應用在需要以 PWM 調節馬達扭矩以達到控制機構的開啟角度或移動速度，如 ICE 的電子節氣門或可變汽門行程控制以及電動滑門或尾門在到達極限位置前的放緩作動等。因此，傳統繼電器是無法以 PWM 方式進行控制。但由於集成全橋電路的普及與平價化，已漸漸取代傳統繼電器控制。譬如：車門鎖、電動窗、電動椅以及電動後視鏡等。

8-5-6 全橋並列配置電路

　　如圖 8- 38 所示，可以在三個馬達控制中並列兩組全橋電路，達成比實際馬達數量更少的全橋電路，有效減少元件與電路數量的使用。每個馬達都可透過全橋電路，控制其正轉、反轉以及動態制動或開路等。

　　由於全橋迴路採並列配置，在單一馬達的獨立控制上與一般全橋電路一樣，但若是同一時間要有複數以上的馬達同時驅動，就必須考慮到各開關迴路組合的邏輯性，如無法同一時間驅動欲想要驅動的馬達方向時，則必須分批次執行，這也是該電路的缺點。但對於不需要同時控制複數馬達的電動椅或電動後視鏡而言，是相當實用的電路。

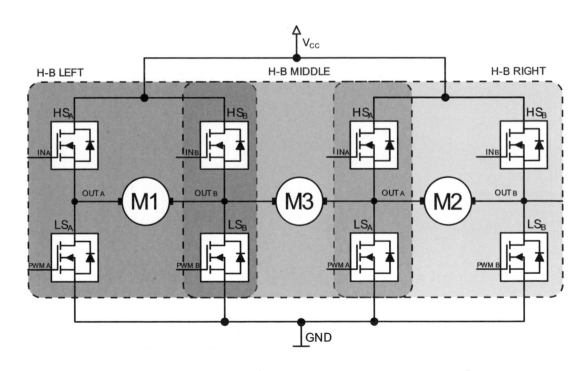

圖 8- 38　全橋並列配置電路

8-5-7 電動窗控制系統

　　電動窗控制結合轉角感測器以及 ECU 內的集成電流監測電路，不僅可自動降下或上升車窗功能，也提供防夾退縮機制。在 ECU 完成學習車窗的角度位置後，自動升降以及防夾功能才能正常工作。當自動升降訊號短暫觸發後，ECU 便會自動保持馬達的驅動，直到角度達到極限後停止。另一個狀況是偵測到電流突然變大或轉角頻率驟降則視為夾到物體，馬達會立即反轉一些角度，使物體鬆脫後停止。

　　如圖 8-39 為專屬於電動窗控制 IC 架構，其集成設計可將整個控制電路置於電動窗馬達機構內，大幅減少相關零組件之間的電路，並有著極低成本優勢。

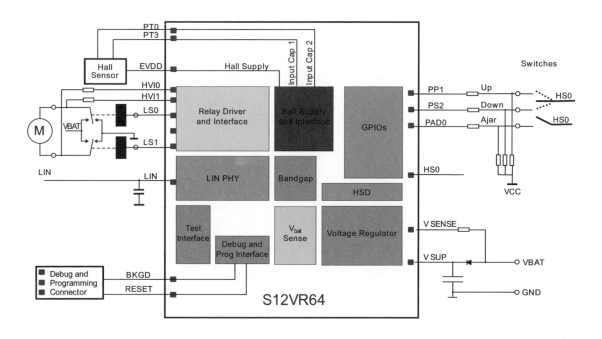

圖 8- 39 集成式電動窗控制器（取自：NXP 半導體 S12VR64）

　　如圖 8-40 為 BMW 3 系列由前電子模組（FEM）所控制的電動窗電路圖。駕駛者主控電動窗開關，由於開關狀態相當多，故使用 LIN bus 傳輸開關訊息給前電子模組，乘客座則採用電壓碼開關訊號以降低開發成本。馬達轉角為電流式霍爾感測器，ECU 的全橋電路則由繼電器控制。

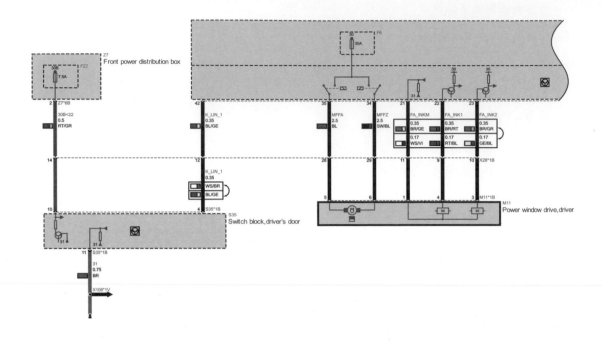

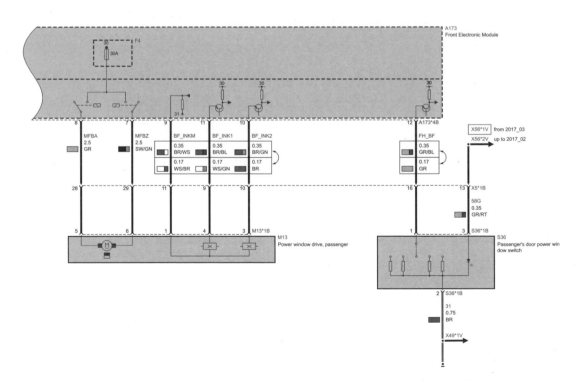

圖 8-40 電動窗系統電路（取自：BMW TIS）

8-6 無刷馬達控制

　　直流無刷馬達（brushless DC, BLDC）摒棄了電刷，採用「電子整流器」。因此，不會產生磨損與功率損耗，進而提升馬達的可靠度與效率。BLDC 優勢相比同功率輸出的有刷馬達體型更小、重量更輕，非常適合空間狹小的應用。不僅如此，BLDC 擁有比有刷 DC 馬達更多的優勢，藉由精準通電時機可達到準確的速度和扭矩控制，並可確保馬達以峰值效率運轉，更快的動態響應、無噪音操作以及更高的速度範圍。

　　與 BLDC 結構大致相同的永磁同步馬達（permanent-magnet synchronous motor, PMSM），都是藉由電激磁原理與內置永磁體間所產生相斥及相吸磁場作用力，而使馬達轉動，但 PMSM 在控制及整體效率有明顯優勢。因此，PMSM 已成為當今汽車電動機之主流。

8-6-1 電流的磁效應

　　傳統 DC 有刷馬達的控制，電源透過電刷（brush）傳送電力到轉子線圈（rotor coil），線圈通過電流後就會變成固定磁場。然而電刷及旋轉轉子上的換相器（commutator）轉動觸點之間會產生摩擦進而導致磨損。此外，換相器金屬觸點的不良刷動以及電弧都會導致電力損耗。

　　BLDC 雖無上述 DC 馬達有的缺點，但在控制零組件與成本上，高出 DC 馬達許多。譬如：馬達必須使用 ECU 接收來自於轉子位置感測器（rotor position sensor）的輸入來確認 BLDC 旋轉的位置，透過電子整流器將定子繞組（stator windings）通過電流產生電場，並令定子磁場隨永磁轉子以相同頻率旋轉，促使馬達轉動。也因為如此設計，使得 BLDC 不會有像感應馬達經常發生的「滑脫」現象，屬於「同步」型馬達。意味著「非同步」感應馬達，可以沒有轉子位置感測器。有刷與無刷馬達之差異，如圖 8- 41 所示。・・

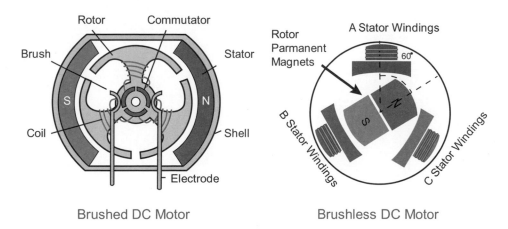

Brushed DC Motor　　　　　　　Brushless DC Motor

圖 8- 41　有刷與無刷馬達

1. 電氣換相角

在對稱系統中(每一相的定子繞組與彼此間格都相同),電氣換相角是指,使電流方向改變所需的驅動角度。三相無刷直流馬達電氣換相角分為 120° 與 180° 驅動兩種。120° 驅動是給予 2 相定子繞組電流,使馬達驅動。其中 1 相為電流輸入端,1 相為電流輸出端,另 1 相為開路。而 180° 驅動則是同時給予三相定子繞組電流,使馬達驅動。其中 1 相為電流輸入端,另 2 相為電流輸出端;或是 2 相為電流輸入端,另 1 相為電流輸出端,如圖 8- 42 所示。

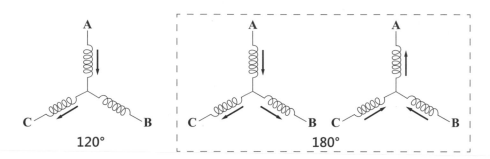

圖 8- 42 換相角

2. 電激磁極性

如圖 8- 43 所示,根據螺旋右手定則,線圈所纏繞方向與施加電流方向將決定電激磁極性。當電流由 A 輸入 A' 輸出,此時定子面對轉子的激磁將為 N 極,與轉子磁場相斥;而當電流由 A' 輸入 A 輸出,此時定子面對轉子的激磁將為 S 極,與轉子磁場相吸。(圖片省略背對轉子磁極)

由圖觀察可知,電流方向由 A、B、C 端所輸入,A'、B'、C' 端輸出的電激磁均會產生 N 極磁場;而電流由 A'、B'、C' 端所輸入,A、B、C 端所輸出的電激磁則會產生 S 極磁場。

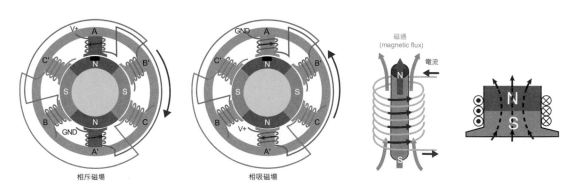

註:' 角分符號, Prime ; 相關變量名(譬如:A1 + A2 + ... + An = A→A')

圖 8- 43 激磁極性

3. 合成磁場與 DQ 軸

如圖 8- 44 所示，永磁的兩端，無論是 N 極或 S 極，是磁場極性最強的部份，在中央部份（兩極交錯處）極性最弱，稱為中性區，N 極與 S 極相吸會產生相連的磁力線。

在電激磁部份，相鄰定子繞組所產生的電場極性若相同，彼此會合成一個磁場。當電磁與磁場平行作用而產生的磁力線，稱為直軸 d（direct axis）；而與兩磁場交錯作用的磁力線，則稱為正交軸 q（quadrature axis）。根據庫倫磁力可得知，d 軸磁場作用力最大，q 軸磁場作用力則最小。

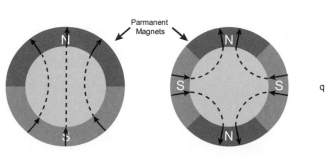

圖 8- 44 合成磁場

8-6-2 槽極組合

如圖 8- 45 所示，當放置定子繞組的槽數與永磁轉子的極數增加時，馬達可獲得較大的轉矩與較小的轉矩湧動。且在無電流驅動下的齒槽轉矩（cogging torque）也會來得比較小，但馬達最高轉速則隨槽極數的增加而下降。反之，當槽數與極數減少時，馬達可獲得較高的轉速，但轉矩湧動與齒槽轉矩也會較大，馬達最大轉矩則隨槽極數的減少而下降。因此，槽與極的組合必須根據實際驅動需求進行考量。

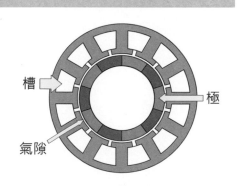

圖 8- 45 槽極組合

在三相系統中，為了使馬達能平順運轉，槽極組合必須能達成三相平衡電路，其三相平衡公式必須為 3 的倍數。譬如：12 槽 8 極為 3；12 槽 10 極為 6。

三相平衡：

$$\frac{N_s}{[GCD(N_s, N_p)]} = 3k \qquad\qquad (8\text{-}1)$$

槽數：N_s　　極數：N_p　　GCD：最大公因數　　k：任一整數

　　當每一個轉子磁極所對應的槽數為整數時，稱之為整數槽馬達；反之為分數時，稱之為分數槽馬達。整數槽馬達因為每個磁極相對於槽的位置相同，所以產生齒槽轉矩的相同相位，齒槽轉矩的總量會是每個磁極的齒槽轉矩總合。而分數槽因為每個磁極對應的槽位不同，因此齒槽轉矩會互相抵消，使其產生出齒槽轉矩比整數槽低。譬如：6 槽 2 極為整數槽；6 槽 4 極為分數槽。

槽磁極比：

$$N_{spp} = \frac{N_s}{m * N_p} \qquad\qquad (8\text{-}2)$$

N_{spp}：每磁極對應槽數　m：3（三相系統）

8-6-3 三相無刷馬達

　　如圖 8- 46 所示，多數車用三相 BLDC 電機都會嵌入了三個電壓霍爾感測器，裝置在電動機非轉動端的定子處。每當轉子磁極經過感測器附近時，感測器會送出高或低電平訊號，指示 N 或 S 極正穿過感測器附近。基於這 3 個霍爾感測器訊號的組合，可以確定轉子位置。

　　如馬達結構為三相 6 槽，故霍爾感測器為 60° 相移組態，永磁轉子有兩對磁鐵（4 極），因此可稱為，6 槽（slot）4 極（pole）無刷馬達。磁鐵極數（number of poles）在設計時相同外徑大小的馬達若氣隙（air gap）相同，則磁鐵極數越多，馬達的轉矩常數（Kt）愈大，代表起動扭力愈大，但無載速率（no load R.P.M）會降低。

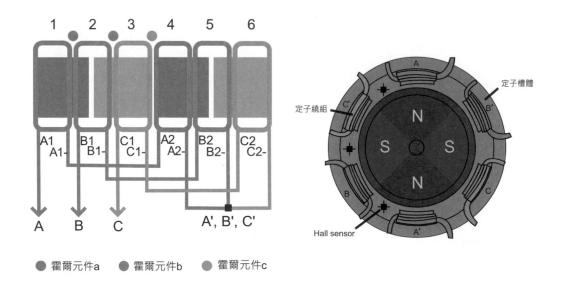

● 霍爾元件a　　● 霍爾元件b　　● 霍爾元件c

圖 8- 46　6 槽 4 極無刷馬達

1. 無刷馬達控制架構

如圖 8- 47 所示，對三相馬達而言，控制器根據配置在定子繞組旁的三個霍爾感測器指出轉子相對位置，透過 IGBT 驅動器，驅動 6 個 IGBT 所構成的三相全橋式逆變電路（電子整流器），以方波方式依序輸入正確的繞組電壓，使定子與轉子間產生相斥（推）及相吸（拉）磁場作用力，即可使轉子隨之轉動。在無載情況下，轉子和定子磁軸線相同，而在負載情況下，轉子磁極軸線將會滯後於定子磁極軸線。電源連接至汲極的 Q1, Q3, Q5 晶體稱為上橋臂；接地連接至源極的 Q2, Q4, Q6 晶體稱為下橋臂。三組定子繞組符號 A、B、C 則對應馬達 U、V、W 線圈。

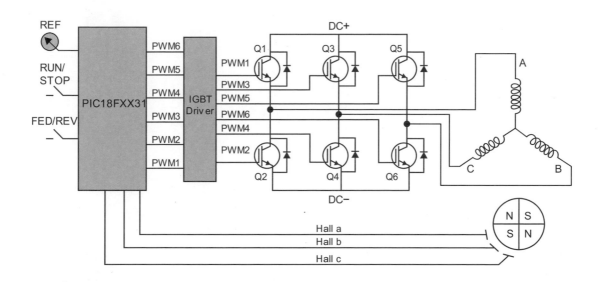

圖 8- 47　BLDC 控制架構（取自：Microchip Technology Inc AN885）

2. 電氣與機械循環

一個電氣循環是指逆變電路對各定子繞組完成一次換相激磁，若採用六步換相，每一步的激磁電氣角為 60°（360 / 6）。而機械循環則是指馬達機構旋轉一圈，一次的機械循環等於 N 個電氣循環，N 則代表轉子磁極對數量。BLDC 定子繞組方式主要採用集中繞組（concentrated winding）與分布繞組（distributed winding）。

電氣角轉換：

$$\theta_e = \frac{P}{2}\theta_m = N\theta_m \qquad\qquad (8\text{-}3)$$

θ_e：電氣角　θ_m：機械角

(1) 集中繞組

如圖 8-48 所示,三相 12 槽 10 極馬達,「集中繞組」所組成的展開圖。若每一步激磁電氣角為 60°,機械角則為 12°(60 / 5)。

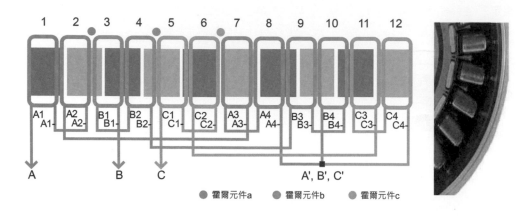

圖 8- 48 集中繞組

(2) 分布繞組

如圖 8- 49 所示,三相 12 槽 8 極電動機,「分布繞組」所組成的展開圖。若每一步激磁電氣角為 60°,機械角則為 15°(60 / 4)。

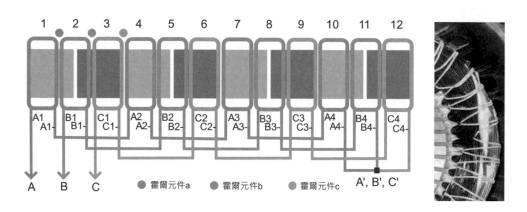

圖 8- 49 分布繞組

3. 旋轉方向

如圖 8-42 所示,將線圈的 A'、B'、C' 端並聯,電路成為 Y 結構,並採用 120°換相。電流由其中一相定子繞組流入,另一相線圈流出,使定子繞組所產生的磁場與轉子間產生相斥或相吸磁場的作用力,即可使轉子順時鐘或逆時鐘方向旋轉。

(1) 繞組配置

如圖 8- 50 所示為 6 槽 4 極 BLDC 定子繞組配置，每 1 相由 2 個繞組正負串聯而成，譬如：A 相的 A1-連接 A2（A 與 A'）；B 相的 B1-連接 B2（B 與 B'）；C 相的 C1-連接 C2（C 與 C'）。由於每相定子位置相差 180°，使繞組通過電流時，定子會產生與面對轉子面相同的電激磁極性。

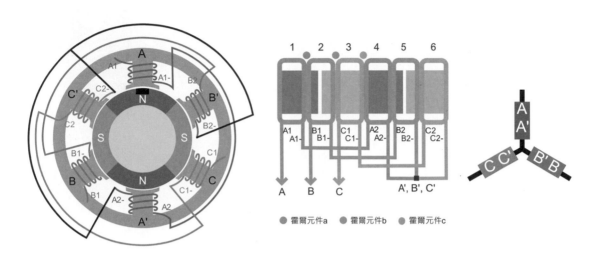

圖 8- 50 定子繞組配置（BLDC）

(2) 順時鐘旋轉

如圖 8-51 所示，將電流由 A 相輸入 B 相輸出，使 A 相線圈電流與 B 相線圈串聯。A 相定子面對轉子的磁場將為 N 極；B 相定子面對轉子的磁場將為 S 極，轉子往順時鐘旋轉。磁場與轉子作用力順序為：相斥（0°）、相斥與相吸（30°）、相吸（60°）。

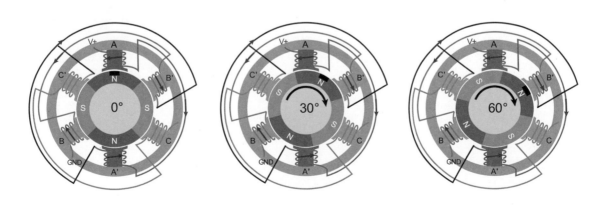

圖 8- 51 順時鐘旋轉（BLDC）

(3) 逆時鐘旋轉

如圖 8- 52 所示，將電流由 A 相輸入 C 相輸出，使 A 相線圈電流與 C 相線圈串聯。A 相定子面對轉子的磁場將為 N 極；C 相定子面對轉子的磁場將為 S 極，轉子往逆時鐘旋轉。磁場與轉子作用力順序為：相斥（0°）、相斥與相吸（30°）、相吸（60°）。

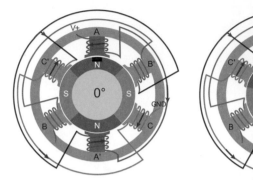

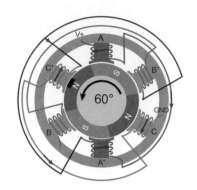

圖 8- 52 逆時鐘旋轉（BLDC）

4. 六步換相循環控制

假設電動機為三相 6 槽 4 極（2 磁對）分布繞組所構成，控制器利用霍爾訊號得到馬達轉子區間後，依序輸入正確的繞組電流即可產生電場驅動馬達。控制物件雖為「直流無刷馬達」與直流電壓控制，但實際是交流換相。因此，正確說法應為三相交流換相控制。換相電壓表，如表 8-1 所示。六步換相循環控制電路，如表 8- 2 所示。換相循環控制邏輯，如圖 8- 53 所示。

表 8- 1 換相電壓表

序號	開關狀態						電流方向	電氣角
1	SW4	SW1					A→C	0° ~ 60°
2		SW1	SW6				A→B	60° ~ 120°
3			SW6	SW3			C→B	120° ~ 180°
4				SW3	SW2		C→A	180° ~ 240°
5					SW2	SW5	B→A	240° ~ 300°
6	SW4					SW5	B→C	300° ~ 360°

表 8- 2 六步換相循環控制電路

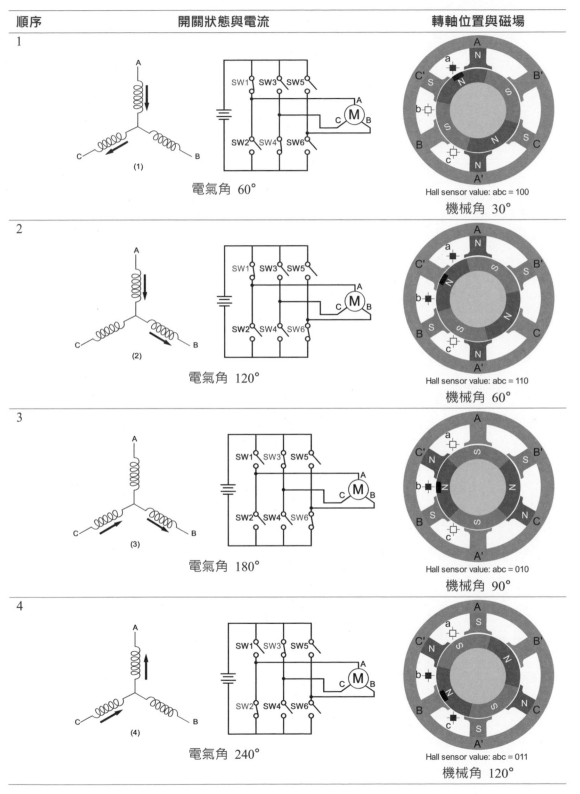

順序	開關狀態與電流	轉軸位置與磁場
1	(1) 電氣角 60°	Hall sensor value: abc = 100 機械角 30°
2	(2) 電氣角 120°	Hall sensor value: abc = 110 機械角 60°
3	(3) 電氣角 180°	Hall sensor value: abc = 010 機械角 90°
4	(4) 電氣角 240°	Hall sensor value: abc = 011 機械角 120°

順序	開關狀態與電流	轉軸位置與磁場
5	(5) 電氣角 300°	Hall sensor value: abc = 001 機械角 150°
6	(6) 電氣角 360°	Hall sensor value: abc = 101 機械角 180°
7	(1) 電氣角 420°	Hall sensor value: abc = 100 機械角 210°
8	(2) 電氣角 480°	Hall sensor value: abc = 110 機械角 240°

順序	開關狀態與電流	轉軸位置與磁場

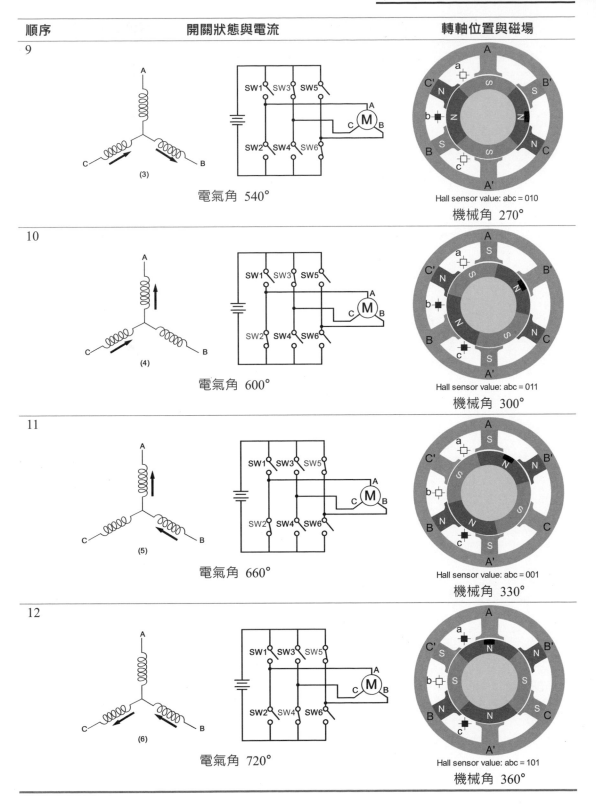

9

(3)

電氣角 540°

Hall sensor value: abc = 010

機械角 270°

10

(4)

電氣角 600°

Hall sensor value: abc = 011

機械角 300°

11

(5)

電氣角 660°

Hall sensor value: abc = 001

機械角 330°

12

(6)

電氣角 720°

Hall sensor value: abc = 101

機械角 360°

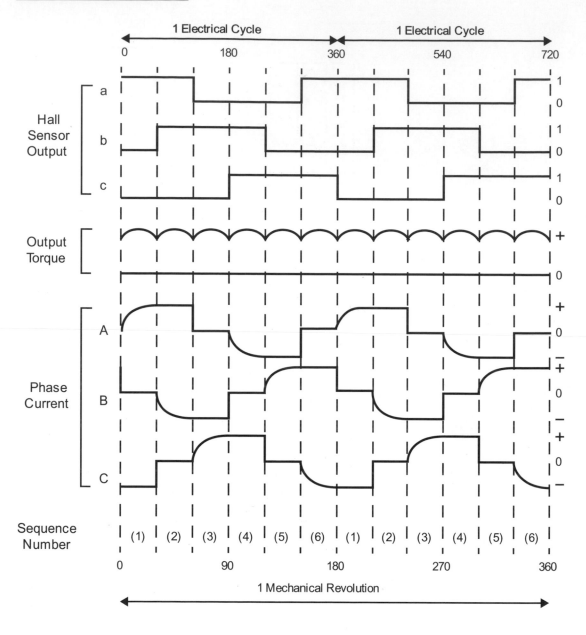

圖 8- 53 六步換相循環控制邏輯（120°）

5. 重點總結

　　霍爾感測器能在每一次電氣循環內提供馬達換相位置，但隨著轉子極對數增加，每次機械旋轉的電氣循環次數也會增加，以及無刷馬達效能要求不斷提升，馬達及時角度位置感測需求也隨之提高，就如同 ICE 需要精準的曲軸轉角才可以有精準的點火與噴油時間是一樣。位置感測器在沒有增量的情況下，每一步感測精準度就等於每一步的機械角度。

8-6-4 永磁同步馬達

　　永磁同步馬達（PMSM）的運行原理與 BLDC 相同，都是藉由電激磁原理與內置永磁體間所產生電場與磁場的交互作用力使馬達轉動。當定子繞組通入三相對稱電流時，利用三相定子配置在空間位置上的角度差，使三相定子電流向量與轉子扭矩軸對齊，因而在空間中產生旋轉磁場。

　　永磁轉子在旋轉磁場中受到電磁力作用而運動，此時電能轉化為動能，PMSM 作為電動機。若定子繞組「電流方向」與轉子磁極磁場方向為 90° 垂直或定子繞組「電場方向」與轉子磁極磁場方向為 180° 平行時，電動機產生最大互轉矩。

　　而當永磁轉子被動能所帶動（車輛滑行），永磁轉子產生旋轉磁場，三相定子繞組在旋轉磁場作用下透過磁通力，感應出三相對稱電流，此時轉子動能轉化為電能，PMSM 作為發電機。

1. 同步馬達控制架構

　　如圖 8- 54 所示，PMSM 電機和 BLDC 的基本電路架構相似，採三相全橋式逆變電路驅動。兩者均是由電動機本體、轉子位置感測器、微控制器、驅動級與 IGBT 逆變器所組成。

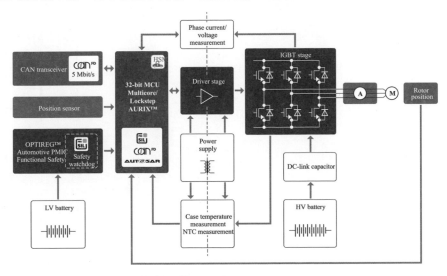

圖 8- 54 PMSM 控制架構（取自：Infineon Technologies AG）

2. 旋轉磁場

　　西元 1885 年，加利萊奧·費拉里斯，他在進行變壓器運行理論的試驗研究時，發現了旋轉磁場，並對旋轉磁場領域作出嚴謹的科學探討，為日後非同步（異步）與同步電動機發展奠定基礎。

　　西元 1888 年，尼古拉·特斯拉，利用旋轉磁場的概念，設計一個由 3 槽 2 極馬達，定子繞組分別以 120° 角分布在空間上，藉由控制三相交流電流所產生的磁場，使轉子對應出相同頻率的旋轉。電流與角度關係，如圖 8- 55 所示。

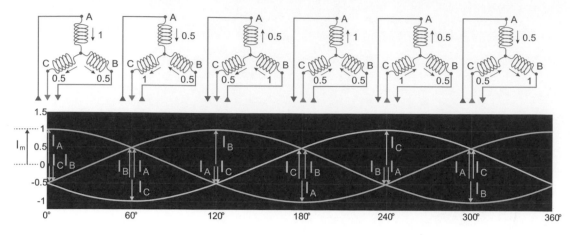

圖 8- 55 三相電流與角度

(1) 繞組配置

如圖 8- 56 所示為 6 槽 2 極 PMSM 定子繞組配置，每 1 相由 2 個繞組串聯而成，譬如：A 相的 A1-連接 A2- (A 與 A')；B 相的 B1-連接 B2- (B 與 B')；C 相的 C1-連接 C2- (C 與 C')。由於每相定子位置相差 180°，使繞組通過電流時，定子會產生與面對轉子面不同的電激磁極性。

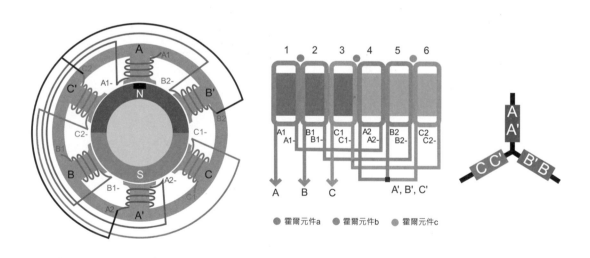

圖 8- 56 定子繞組配置 (PMSM)

(2) 順時鐘旋轉

如圖 8- 57 所示，電路採 180° 換相。將電流從 A 相輸入，由 B 相與 C 相輸出，使 A 相線圈電流與並聯的 B 相和 C 相線圈串聯。定子 A, B', C' 面對轉子的合成磁場將為 S 極；定子 A', B, C 面對轉子的合成磁場將為 N 極，定子磁場與轉子作用力為相吸 (0°)。

將電流從 A 相與 C 相輸入，由 B 相輸出，使 A 相和 C 相並聯線圈電流與 B 相線圈串聯。定子 A, B', C 面對轉子的合成磁場將為 S 極；定子 A', B, C' 面對轉子的合成磁場將為 N 極，轉子受磁場相吸作用力而向順時鐘旋轉（60°）。

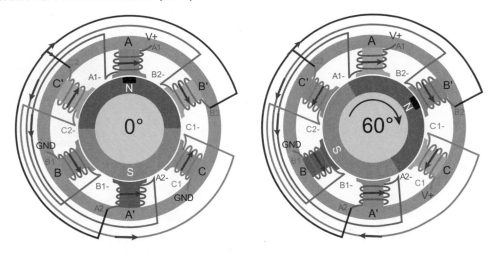

圖 8- 57 順時鐘旋轉（PMSM）

(3) 逆時鐘旋轉

如圖 8-58 所示，當轉子在 0° 位置時，將電流從 A 相與 B 相輸入，由 C 相輸出，使 A 相和 B 相並聯線圈電流與 C 相線圈串聯。定子 A, B, C' 面對轉子的合成磁場將為 S 極；定子 A', B', C 面對轉子的合成磁場將為 N 極，轉子受磁場相吸作用力而向逆時鐘旋轉（60°）。

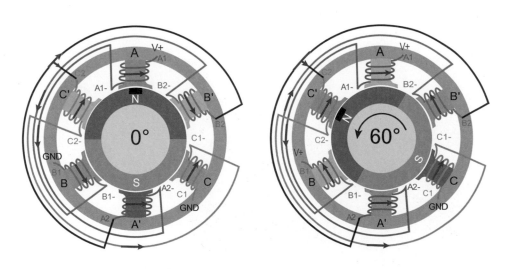

圖 8- 58 逆時鐘旋轉（PMSM）

3. 磁場導向控制

　　PMSM 電機設計則是正弦波氣隙，藉由馬達電阻及電感參數，採用電流向量控制（vector control）或稱磁場導向控制（field oriented control, FOC）。根據面積等效原理，透過正弦脈波寬度調變（sinusoidal PWM, SPWM）或空間向量脈波寬度調變（space vector PWM, SVPWM）法，控制逆變電路的脈衝寬度時間占空比變換速率及角度，以實現調節轉矩與調速。

(1) SPWM

　　如圖 8- 59 所示，SPWM 調變著重的是如何生成一個三相對稱正弦電源，寬度時間按正弦規律排列調變出正弦波電源，而且愈正弦愈好，並不顧及輸出電流波形。由於忽略定子繞組電阻的電壓降與繞組電感的電流遲滯現象，使得三相定子電場無法對齊轉子磁場，從而降低最大互轉矩。

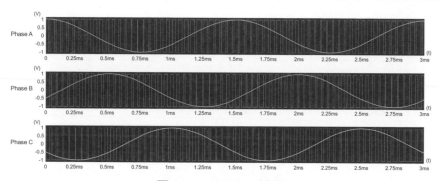

圖 8- 59　SPWM 波形

　　如圖 8- 60、圖 8- 61 所示，SPWM 在頻率不變情況下（14.3 kHz），隨著占空比變換速率的改變，使正弦電流頻率跟著改變，藉此調節馬達轉速。舉例：當馬達轉速在 300 rpm，7 個調變週期的平均時間變化值為 0.228μs。而馬達轉速在 900 rpm，相同調變週期的平均時間變化值為 0.685 μs。兩者的比值接近 3 倍，等於兩者的轉速差比。

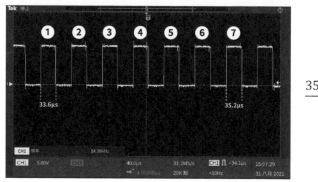

$$\frac{35.2 - 33.6}{7} = 0.228 \, \mu s$$

圖 8- 60　占空比變換速率（300 rpm）

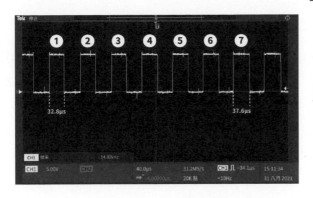

$$\frac{37.6 - 32.8}{7} = 0.685 \ \mu s$$

圖 8- 61 占空比變換速率（900 rpm）

(2) SVPWM

　　如圖 8- 62 所示，SVPWM 是將逆變器和電動機看成一個整體，用 6 個基本電壓向量合成期望的非零電壓向量，建立 IGBT 功率器件的開關狀態，並依據轉子位置和電壓關係，從而實現調節電動機轉矩與速率。當定子繞組施加理想的正弦電壓時，電壓空間向量為等幅的旋轉向量，氣隙磁通以恆定的角速度旋轉，軌跡為圓形。其向量符號以二進制開關代碼大小排序。

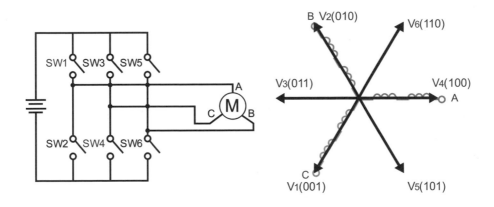

圖 8- 62 磁場導向控制

　　典型的 SVPWM 是一種在 SPWM 的相位調製波形中加入了定子電場與轉子磁場向量後進行規則採樣得到的結果，因此 SVPWM 有對應 SPWM 的形式。反之，一些性能優越的 SPWM 控制方式也可以找到對應的 SVPWM 算法，所以兩者在諧波的大致方向上是一致的，只不過 SPWM 易於硬體電路實現，而 SVPWM 更適合於數位化控制系統。電壓向量表，如表 8- 3 所示。磁場與旋轉角度如表 8- 4 所示。

表 8- 3 電壓向量表

序號	開關狀態					向量符號	開關代碼
1	SW6	SW1	SW4			V_4	100
2		SW1	SW4	SW5		V_6	110
3			SW4	SW5	SW2	V_2	010
4				SW5	SW2	SW3	V_3	011
5	SW6				SW2	SW3	V_1	001
6	SW6	SW1				SW3	V_5	101
7						V_0	000
8						V_7	111

註:向量開關代碼 $S_A S_B S_C$(1 上臂導通,0 下臂導通)

三相電流空間向量:

$$i_A(t) = i_S \cos(\omega_e t) \qquad (8\text{-}4)$$

$$i_B(t) = i_S \cos(\omega_e t - 120°) \qquad (8\text{-}5)$$

$$i_C(t) = i_S \cos(\omega_e t + 120°) \qquad (8\text{-}6)$$

表 8- 4 旋轉磁場控制電路

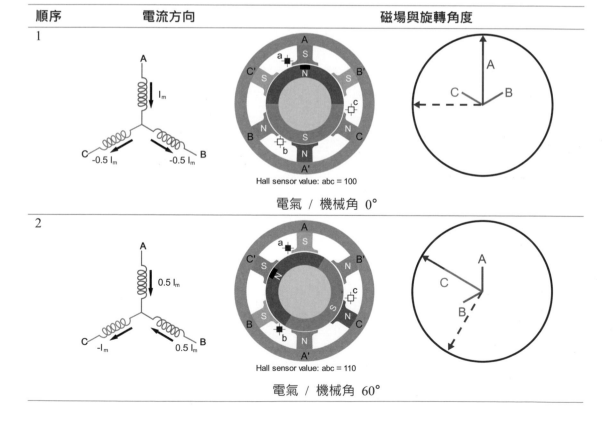

順序	電流方向	磁場與旋轉角度
1		Hall sensor value: abc = 100 電氣 / 機械角 0°
2		Hall sensor value: abc = 110 電氣 / 機械角 60°

順序	電流方向	磁場與旋轉角度

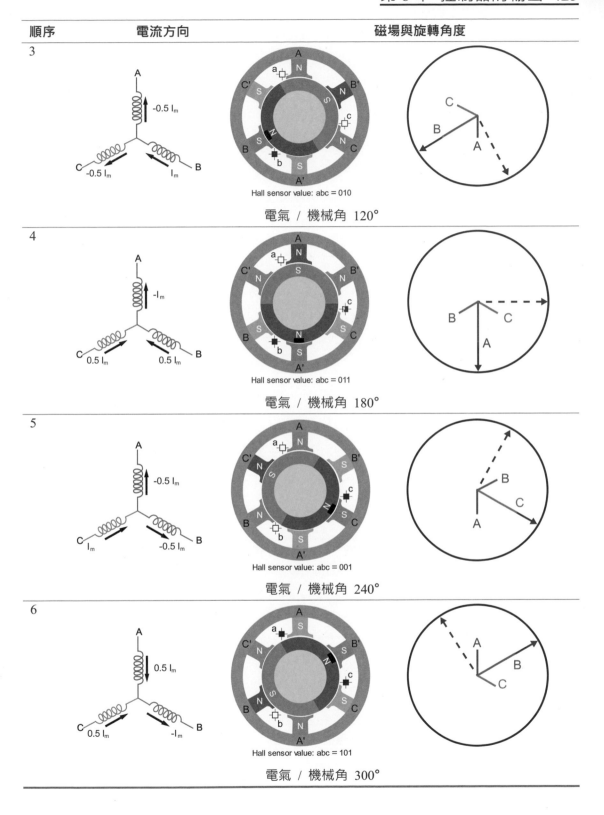

3

$-0.5\,I_m$

$-0.5\,I_m$　　I_m

Hall sensor value: abc = 010

電氣 / 機械角 120°

4

$-I_m$

$0.5\,I_m$　　$0.5\,I_m$

Hall sensor value: abc = 011

電氣 / 機械角 180°

5

$-0.5\,I_m$

I_m　　$-0.5\,I_m$

Hall sensor value: abc = 001

電氣 / 機械角 240°

6

$0.5\,I_m$

$0.5\,I_m$　　$-I_m$

Hall sensor value: abc = 101

電氣 / 機械角 300°

(3) 轉子位置檢測

如圖 8- 63 所示，PMSM 進行磁場導向控制需要正弦波電流，藉由永久磁鐵轉子（磁場）瞬時位置，決定占空比變換速率以及與定子磁場間的角度必須等於 90° 以獲得最高的互轉矩產出量，故要選用高解析度的增量型位置感測器對轉子位置進行及時檢測，以利控制器對馬達進行磁場導向控制，可以解耦出兩互相垂直的電流分量，提供高效率、低振動以及平滑的扭矩。

若感測器不是絕對位置感測器，則必須預設一個角度啟動 PMSM，以非同步方式驅動馬達。並需些許時間內旋轉到分度（ I ）點，才可以精準解析出轉子正確角度，但對整體效率影響不大。

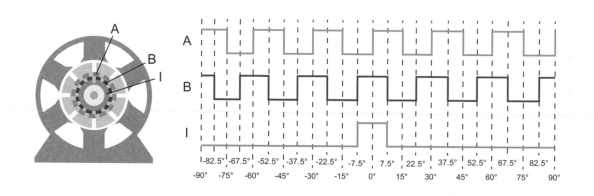

圖 8- 63 轉子位置感測器

4. PMSM 與 BLDC 差異

PMSM 與 BLDC 電機具有許多相似處，所用的材料大致一樣，但也存在一些差異。永磁無刷馬達具有損耗小、效率高、體積小、結構簡單、功率因數高、質量輕及成本低等優點。因此，廣泛應用在工業及汽車電機上，並具有很大的發展空間，下述針對 PMSM 與 BLDC 兩者在結構、控制及位置檢測方式、運行性能等方面進行比較。

(1) 結構差異

在本體磁鋼磁場線圈纏繞的方式兩者有些許差異，PMSM 電機定子繞組方式為分布繞組，與永磁轉子形成正弦磁場；BLDC 則為集中繞組，與永磁轉子形成方波磁場。

(2) 控制方式

PMSM 電機和 BLDC 的基本電路架構相似，採三相全橋式逆變電路驅動。兩者均是由電動機本體、轉子位置感測器、微控制器、驅動級與 IGBT 逆變器所組成。

PMSM 電機設計是正弦波氣隙，採用磁場導向控制，從而產生強度恆定並持續旋轉的定子磁場，創建與轉子磁通向量成 90° 的定子磁通向量，感應電動勢為正弦波。BLDC 電機設計則是方

波氣隙磁場,採用六步換相控制,目前主要是透過控制逆變電路超前換相來實現弱磁控制,從而達到調節轉矩以及擴展最高轉速,感應電動勢波形為梯形波,平頂的部分愈平愈好。

PMSM 電機需要正弦波電流,電流大小由轉子瞬時位置所決定。為了使控制器能追蹤更精準的行程距離與角度位置,在馬達中加裝增量旋轉編碼器,在每一圈的機械旋轉提供上百的脈衝數(PPR)。如此,控制器才能控制更精準的換相時間,使電場與轉子磁場產生最大的轉矩與高速旋轉。BLDC 電機使用的位置感測器方式較為簡單,解析度也比較低,只需指出轉子相對位置即可。

(3) 運行性能

BLDC 電機是有刷直流電機原理,只是反過來讓磁鋼轉動,用電力電子元件取代換相器,開關頻率低,轉矩脈動大。PMSM 則是同步發電機的原理,分布繞組與 SPWM 控制角度更為細膩,開關頻率高,轉矩脈動小。因此,PMSM 電機輸出的力量基本上沒有什麼波動,始終保持在一個力量,相當適合電動車的

圖 8-64　12 槽電子繞組（取自：BMW i3 Factory）

電動機使用。用於 BMW i3 的 12 槽定子繞組,如圖 8-64 所示。

8-6-5 感應式非同步馬達

三相感應馬達(induction motor)依轉子構造的不同,可分為鼠籠式轉子(squirrel cage rotor)與繞線式轉子,在此只針對汽車所使用的鼠籠式進行說明。該馬達轉子為鼠籠式導條,因為該導條形狀與鼠籠相似,故又稱之為鼠籠式非同步馬達,如圖 8-65 所示。

圖 8-65 鼠籠式轉子

1. 轉動原理

鼠籠式馬達的轉動原理是於三相定子繞組上施加三相對稱電流而產生旋轉磁場,轉子上的閉合導條會因為切割定子磁場的磁力線,在轉子感應出電動勢並產生電磁力,二個力因而形成力偶,即產生一個旋轉力矩,帶動轉子轉動。

2. 永磁與感應馬達差異

永磁同步馬達和感應非同步馬達這兩種馬達均為交流馬達，永磁同步馬達的轉子自帶磁場，而感應式非同步馬達的轉子只是導體，並不帶磁場，是通電之後產生了感應磁場才能與定子發生作用。永磁同步馬達有著效率高、體積小等優勢，但相對成本較高，受溫度變化影響大；感應非同步馬達有著成本低、可靠性相對較高的特點，但能耗高是其最大缺點。

電動車品牌 Tesla 2019 年的 Raven 改款前，雙馬達的 Model S／X 是前感應與後感應馬達，Model 3 則是前感應與後永磁。Raven 改款後，Model S／X 變為前永磁與後感應。Tesla 雙馬達的車輛，輕踩電門時只有一顆馬達輸出，實測後發現和前驅或後驅無關，而是以永磁馬達為主，故可推估永磁馬達效率較佳。

8-6-6 模組化電動機

PMSM 電動機儼然成為複合動力或電動車之動力核心。如今，電動車的電動機控制器整合MCU、軟體核心、驅動與煞車回充整流電路合成一個逆變器（inverter）。電動機與減速器集成在一個外殼上，並將水冷式逆變器裝置在電動機上方，使逆變器與電動機的三相電纜與霍爾感測器緊密的連接在一起，這樣模組化的電動機，只需對應輸出功率，改變電動機的縮放以及逆變器的電流輸出，能有效減少重量以及開發成本，如圖 8- 66 所示。

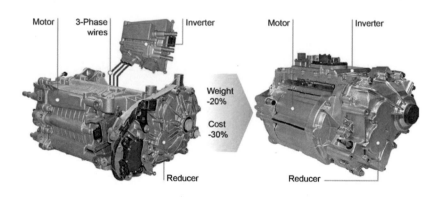

圖 8- 66 模組化電動機（取自：Continental automotive EMR3 Motor）

8-7 步進與伺服馬達控制

步進馬達（step motor）與伺服馬達（servo motor）透過間接或直接訊息的回饋與計算，使控制器可準確控制與掌握馬達機構所移動的位置。步進與伺服馬達兩者結構設計上有很大的差異，前者為無刷馬達，直接透過極限位置開關或間接取得極限位置馬達電流變化後，得以進行復位及定位程序；後者則是有刷或無刷設計都可，但必須直接透過電位器或位置編碼器取得位置資訊。

8-7-1 步進馬達

步進馬達屬於直流無刷馬達的一種，主要應用在內燃機的怠速控制閥門、廢氣再循環閥門以及主動式頭燈轉向或水平控制馬達等需要準確得知位置的系統。因此，在步進系統啟動之初，ECU會對馬達進行復位及定位程序，做法通常是驅動馬達使馬達機構移動到最極限位置後折返進行步進計數，而極限位置可透過機構系統所設置的「極限開關」或「馬達電流」的變化取得。

該系統由於硬體架構簡單，激磁對數少，控制也非磁場導向，有利於縮小體積與降低製造成本。但因「輸出轉矩與轉速成反比」，若馬達轉矩下降，而無法負荷外界負載時，容易造成小幅度的滑脫，甚至是失步現象。

1. 永久磁鐵型

如圖 8-67 所示，車用步進馬達以永久磁鐵（permanent magnet, PM）型為主流。馬達由激磁（定子）線圈與帶有磁性的轉子鐵芯組成，藉由切換流向定子繞組中的電流極性，以一定角度逐步轉動的馬達。PM 型步進馬達，它的步級角種類很多，構造以釹鈷系磁鐵的轉子，通常是用在45°或90°上，若使用鐵氧體磁芯作為多極的充磁，一般可有 7.5°～15°（24～48 步進/每轉）更細膩的步級角。

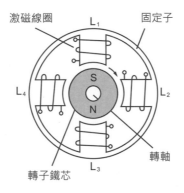

圖 8- 67　PM 步進馬達

2. 激磁方式

步進馬達的原理就是 1 次 1 步的激磁，使轉子轉動。激磁方式分為 1 相（1-1）激磁、2 相（2-2）激磁或混合（1-2）激磁。以 4 激磁線圈步進馬達為例，1 相與 2 相共 4 步完成一個電氣循環，步級角為 90°。1 相只有 1 個線圈被激磁，因此耗用的功率小，振動較大；2 相同時有 2 個線圈被激磁，能有較佳的旋轉扭矩；混合激磁步級角為 45°，需 8 步才能完成一個電氣循環，能提供較細膩的旋轉角度。各相激磁表，如圖 8- 68 所示。

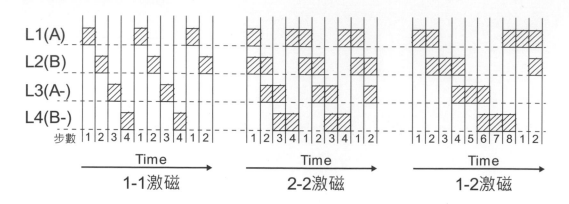

圖 8- 68 步進馬達激磁表

3. 單極性驅動電路

如圖 8- 69 為單極性（unipolar）4 激磁線圈步進馬達基本電路架構，電路總數為 6 線。轉子鐵芯一半為 S 極一半為 N 極，當施加電流於激磁線圈時，定子會產生磁性，在同性相斥異性相吸原理下，步進數和激磁關係，如表 8- 5 所示。

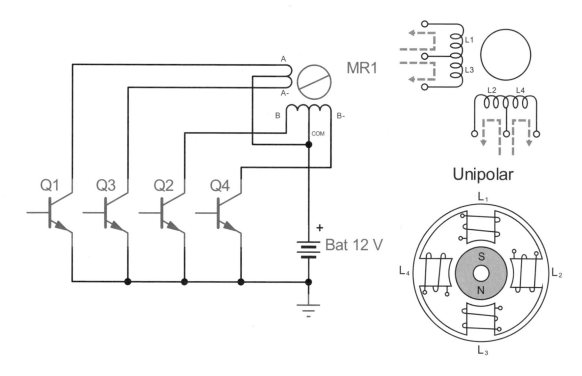

圖 8- 69 單極性驅動電路

表 8-5 單極性激磁表

步進數（激磁）			Q1	Q2	Q3	Q4	步級角	轉軸位置
混合	1 相	2 相						
1		1	ON	ON			45。	
2	1			ON			90。	
3		2		ON	ON		135。	
4	2				ON		180。	
5		3			ON	ON	225。	
6	3					ON	270。	
7		4	ON			ON	315。	
8	4		ON				360。	

順時針 ↓

↑ 逆時針

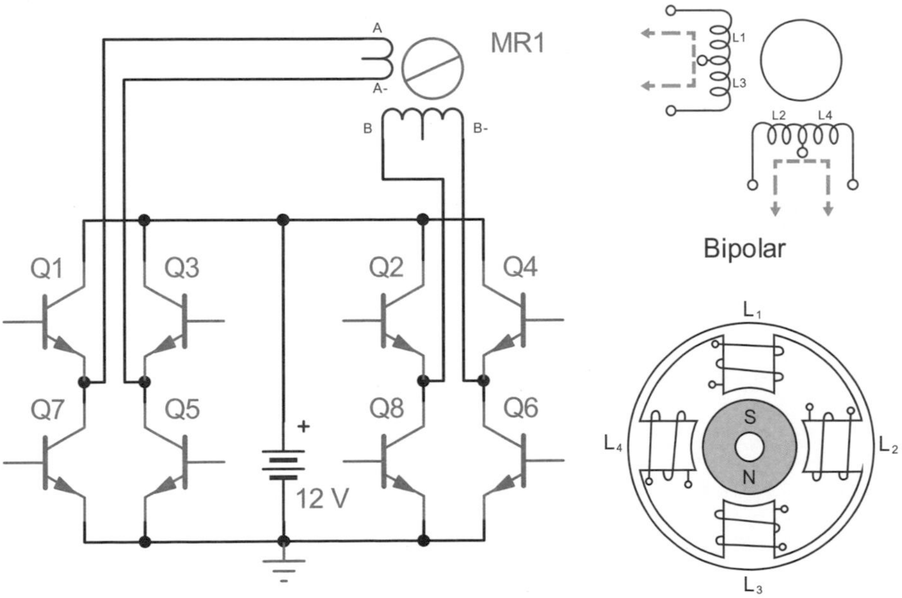

圖 8-70 雙極性驅動電路

4. 雙極性驅動電路

如圖 8-70 為雙極性（bipolar）4 激磁線圈步進馬達基本電路架構，將步進馬達 L1（A）與 L3（A-）與 L2（B）與 L4（B-）串聯各為 1 組線圈，使電路數為 4 線，並藉由全橋電路控制順向與逆向電流，使激磁線圈產生 N 極與 S 極磁性的雙極性電路，步進數和激磁相關係如表 8-6 所示。

表 8-6 雙極性激磁表

步進數（激磁）			Q1-Q5	Q2-Q6	Q3-Q7	Q4-Q8	步級角	轉軸位置
混合	1 相	2 相						
1		1	ON	ON			45。	
2	1			ON			90。	
3		2		ON	ON		135。	
4	2				ON		180。	
5		3			ON	ON	225。	
6	3					ON	270。	
7		4	ON			ON	315。	
8	4		ON				360。	

順時針↓　　　　　　　　　　　　　　　　　　　　　　↑逆時針

5. 微步級驅動控制

傳統步進馬達驅動方法是利用電流極性交互使 A 相或 B 相激磁來完成步進動作，每次均以一步為單位。為了滿足精密定位需求，4 激磁線圈的 PM 步進馬達最小步級角為 45°，若要有更小的步級角度除了增加激磁線圈對數外，可使用步級角電氣細分化技術。藉由控制激磁線圈電流比例達到微步級驅動，細分化出更小的步級角，並可減少馬達運行時所產生的震動及噪音。

如圖 8-71 所示，激磁線圈產生磁力強度與通過線圈的電流大小成正比。因此，將 L1 線圈施予 $\frac{9}{10}$ 的電流，L2 線圈施予 $\frac{1}{10}$ 的電流，L1 與 L2 所產生的磁力比例與電流的比例同為 9：1，相對於此電流比例，使轉子會朝向 L2 線圈 $\frac{1}{10}$ 的角度後停止。如此藉由變更通入電流的比例，將可

進行比以往更為小的步級角度運行。

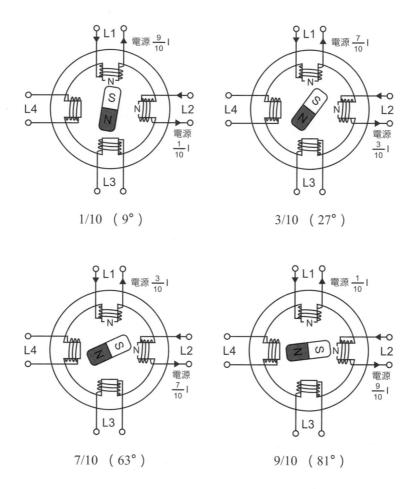

1/10 （9°）   3/10 （27°）

7/10 （63°）   9/10 （81°）

圖 8- 71 微步級驅動

如圖 8- 72 所示，ECU 透過分流器對電流進行檢測，除了可識別極限位置外，配合 PWM 控制馬達訊號輸出，達到電流限制目的。PWM 工作週期與電流關係，如圖 8- 73 所示。

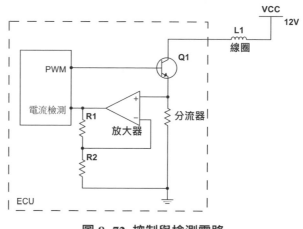

圖 8- 72 控制與檢測電路

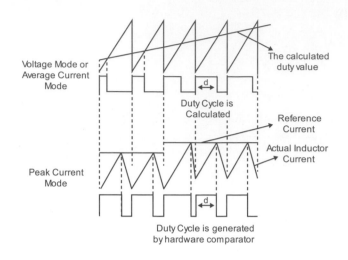

圖 8- 73 工作週期與電流關係（取自：Texas Instruments）

8-7-2 伺服馬達

如圖 8- 74 所示，伺服馬達除了本身馬達機構外，還增設感測器或集成式電路組成的閉迴路系統。感測器主要是位置檢測元件，通常是電位器或編碼器所構成。感測器根據目前馬達旋轉的位置、轉速及狀態等，將資訊回饋至控制器。控制器再將獲得的資訊依據事先的設定，轉換為不同動作的控制訊號，使馬達依照指示作動。

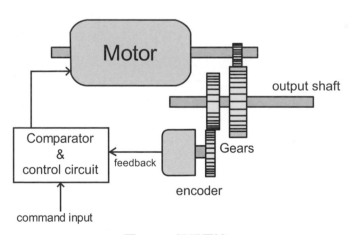

圖 8- 74 伺服馬達

伺服馬達可以精準控制馬達的速度及轉速控制範圍廣，亦可迅速做出加速、減速及正反轉，且輸出功率及效率高。主要應用於需要高精密度控制的環境，譬如：空調系統混合風門、內燃機的節氣門馬達與汽門揚程可變系統（valvetronic）角度控制及變速箱檔位切換等。

圖 8- 75 為 BMW N55 汽門揚程伺服馬達控制電路,伺服馬達由 BLDC 馬達以及絕對旋轉編碼器組成,驅動控制如同 BLDC 的六步換相循環控制。

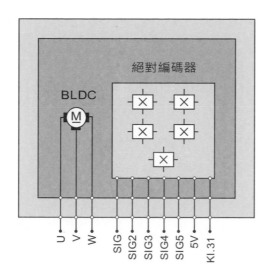

馬達訊號:U, V, W
編碼器訊號:SIG
電源:5V
GND:KL.31

圖 8- 75 汽門揚程伺服馬達電路

8-7-3 步進與伺服馬達比較

相較於步進馬達訊號輸入後馬達就移動,訊號停止馬達就立即停止的特性,伺服馬達的閉迴路系統在訊號停止後,馬達位置會有些微誤差,還會需要再微調整定,故對於動作頻率高的短距定位場合較不適合。伺服馬達與步進馬達特色比較,如表 8-7 所示。

表 8- 7 步進與伺服馬達比較

	步進馬達	伺服馬達
結構	無刷馬達	有刷 \ 無刷
位置取得	極限開關 \ 馬達電流	編碼器
初始化	需要	不需要
成本	低	高
控制迴路	開迴路	閉迴路
控制邏輯	簡單	複雜
轉矩特性	低速、高轉矩	高低速、定轉矩
定位精度	2 相 ±5 分(0.083°) 有滑脫可能	±1 pulse 取決於編碼器精度

—— note ——

訊號量測實務　9

　　汽車電氣（實體層）訊號是藉由電子工程技術將物理量轉換成電壓、電流、頻率、工作週期、數位邏輯等方式，並經由單線或多線電纜達到點對點的訊息傳輸或控制需求。因此，透過可量測實體層訊號之設備就可進行訊號的分析、比對、解譯及除錯等，所量測出來的結果可能會是一個或多個數值或波形。

　　面對現今電子控制系統的多種電氣訊號，基本的數字式多功能電表（俗稱三用電表）已不能滿足需求，還需示波器或帶有邏輯分析功能的混合型示波器，才能因應各種電氣訊號的量測。

9-1 示波器的規格

　　示波器（oscilloscope）是一種能夠將電壓訊號或動態波形顯示在視窗的電子測量儀器。它能夠將隨著時間變化的電壓訊號，轉換為時域上的曲線，原來不可見的電氣訊號，以轉換為在二維平面上直觀可見光訊號。因此，能夠分析電氣訊號的時域性質，藉以排解疑難電路或檢查訊號品質。

9-1-1 頻寬

　　系統頻寬（bandwidth）定義就是正弦輸入訊號衰減至原始振幅的 70.7％（即 -3 dB）點的頻率，具體的說，這決定了儀器可以準確量測的最大頻率。因此，頻寬決定了示波器量測類比訊號的能力與示波器價格。

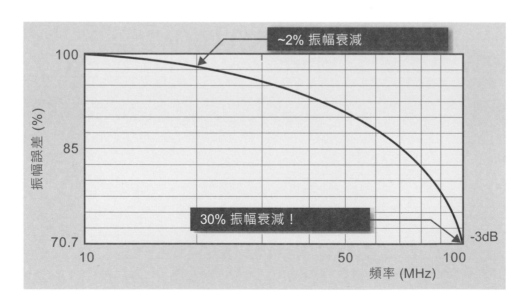

圖 9- 1　示波器的衰減（取自：Tektronix）

如圖 9- 1 所示，一般 100 MHz 的示波器通常可保證頻率在 100 MHz 下具有低於 30 % 的訊號衰減。為了確保優於 2 % 的振幅準確度，量測訊號應該低於 20 MHz 為佳。因此，建議使用量測訊號頻率 5 倍以上頻寬的示波器。如果示波器頻寬太低，將無法正確解析高頻率的變化。訊號振幅將會扭曲失真，邊緣放緩，如此將會遺失重要的細節。

9-1-2 取樣率

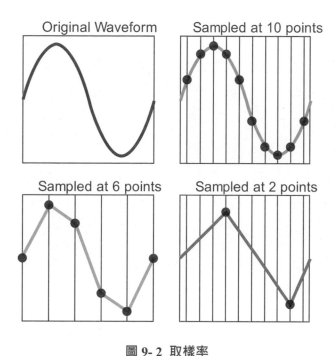

圖 9- 2 取樣率

如圖 9- 2 所示，取樣率（sample rate）定義了每秒從連續訊號中提取並組成離散訊號的取樣個數，單位為每秒取樣數（S/s），也就是示波器的類比轉數位轉換器將類比訊號數位化的速率。因此，這決定了示波器能擷取多少波形細節。目前 100 MHz 的示波器皆具有 1 ~ 2 GS/s 的最大取樣率。取樣的速度越快，就會遺失越少的細節，以及示波器將能更有效呈現待測訊號；但也就越快填滿示波器的記憶體，連帶限制可以擷取的總時間長度。

針對數位訊號，頻寬與取樣率決定量測關鍵上升和下降的最小時間。奈奎斯特（Nyquist）理論表示：避免混疊現象取樣率必須至少是量測訊號頻率 2 倍。然而奈奎斯特是一個絕對最小值，僅假設於連續訊號的正弦波。若要擷取突波，就需要更快的速度，根據定義，突波不是連續訊號，只以量測最高頻率分量速率的 2 倍取樣是不夠的，建議使用量測訊號頻率 10 倍以上取樣率的示波器。

9-1-3 記錄長度

記錄長度是擷取畫面中完整波形記錄的點數，而擷取時間等於記錄長度與取樣率之比。譬如：示波器具有 1 M 點的記錄長度，且取樣率為 1 GS/s 時，擷取時間為 1 ms。

$$擷取時間 = 記錄長度 / 取樣率$$

如圖 9- 3 所示，由於所量測的連續訊號可能無法在既有的擷取時間做觀察，若將量測時間拉長，當記錄長度不變下，所降低的將會是取樣率。因此，示波器的記錄長度越大越好。

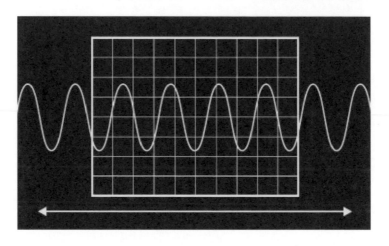

圖 9- 3 記錄長度（取自：Tektronix）

良好的基本示波器將儲存超過 2k 點，這對穩定的正弦波訊號（可能需要 500 點）而言綽綽有餘。但對於要找出複雜的類比或數位資料流中的時序異常問題，則需要 1M 點以上的記錄長度。透過縮放和向前或向後平移區域的時間功能，以良好的波形解析度，分析出可能的暫態響應現象。

9-1-4 輸入通道

在一般情況下，越多類比通道（channel, CH）越好，但這也意味著示波器的價格會增加。2 個 CH 可以用來比較 2 訊號的差異，4 個或以上的 CH 可以同時比較更多的訊號，提供更高的靈活性，甚至可以用數學方式來相乘取得功率，相減取得差動訊號。有些示波器會在通道之間共享取樣率以節省成本。如此一來，當開啟通道數量增加，取樣率可能也會跟著下降。所以在取樣率規格上，應注意是否為每通道取樣率。

混合型示波器增加數位計時通道，可指示邏輯高或低的狀態，並可解譯多種匯流排協議的邏輯分析儀功能。

9-1-5 探棒

　　探棒實際上是示波器量測輸入的一部分電路，包括：引入電阻、電容和電感負載等。因此，探棒和示波器組成一個具有整體頻寬的量測系統，為了盡可能減少影響，最好使用專屬於該示波器所搭配的探棒。各種應用與訊號量測探棒如表 9- 1 所示。

表 9- 1 示波器探棒

	功能說明
被動探棒	具有 10 倍衰減的探棒會呈現電路的受控制阻抗和電容，並適用於大多數接地參考的量測，大多數示波器均隨附此種探棒。針對每個輸入通道，您將需要具備一個被動式探棒。
電流探棒（勾表）	若增加電流探棒，可讓示波器量測電流，當然還能讓示波器計算並顯示瞬時功率。
差動式探棒	差動式探棒可讓量測目的接地參考與示波器進行安全隔離，且具有準確的浮動和差動式量測。
邏輯探棒	邏輯探棒會提供數位訊號至混合型示波器的前端，包括「浮動引線」與專為連接至電路板上微小測試點所設計的配件。

9-1-6 觸發

　　如圖 9- 4 所示，觸發（trigger）功能可提供穩定的顯示畫面，以利在複雜波形的特定部分上進行觀察與分析。目前示波器皆可提供邊緣觸發功能，且大多數亦可提供脈波寬度觸發功能。連續觸發會在訊號中的觸發點上同步化水平掃描；而單一觸發則會在觸發的同時，使畫面暫停。

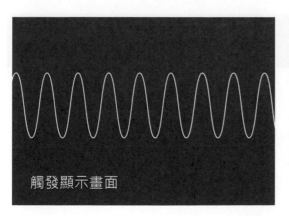
觸發顯示畫面

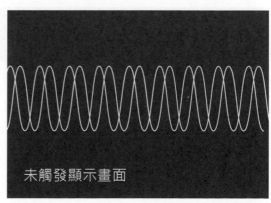
未觸發顯示畫面

圖 9- 4 示波器觸發（取自：Tektronix）

9-2 匯流排量測

　　使用混合型示波器量測匯流排訊號，在解譯其內容時，須先由波形的最小位元時間分析出「資料速率」，並根據該匯流排「通訊型式」及「應用」，選擇可能的「通訊協議」，最後進行設備的設定與量測。

9-2-1 CAN bus 量測

　　將示波器探棒或設備負極接至車身接地，探棒 CH1 與 CH2 分別接至匯流排上的 CAN H 與 CAN L 電纜線。CAN 實體層主要特徵是電壓在隱性時約為 2.5 V，通訊時平均電壓 CAN H 約 2.6 ～ 3.0 V；CAN L 約 2.4 ～ 2.0 V。

　　如圖 9-5 所示。由於受電氣訊號的顯性、隱性及占空比所影響，不同車款或網域平均電壓會有所差異。

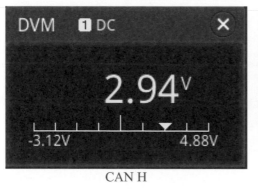
CAN H

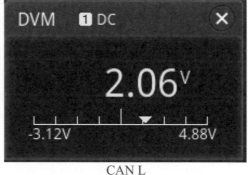
CAN L

圖 9- 5　CAN bus 實體層平均電壓

📌 混合型示波器（MSO）

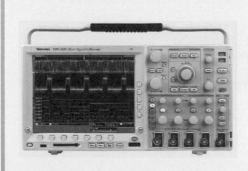

示波器是一個能將隨時間變化的電壓量測訊號，轉換成時間域上的曲線，並以動態波形技術顯示電壓訊號的電子測量儀器。因此，能夠分析電氣訊號的時域性質。除此 MSO 含邏輯分析儀功能，可進行簡單時序分析和匯流排解碼。

1. 資料速率及數據

　　如圖 9- 6 所示，由於訊框末端在其它控制器共同回應下，使得的 ACK 振幅較大。因此，觀察訊號只有一個位元回應的 ACK，就可取得最小位元時間（ΔT：2.04μs），最後取其倒數可得出資料速率（500k bps）。該 ACK 的振幅也是 CAN bus 實體層的主要特徵。

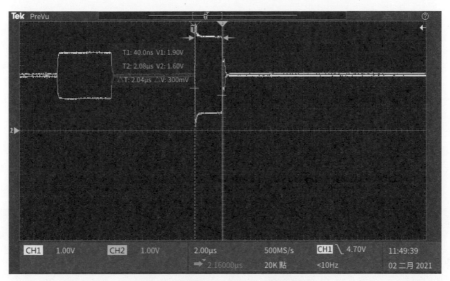

圖 9- 6　取得 CAN bus 資料速率

　　選擇 CAN Bus 匯流排通訊與所要對應分析的通道，並套用資料速率後，示波器就可正確的解譯出數據。其訊框 ID 值 0x049，資料長度為 8，資料分別是 0x20、0x83、0x99、0xF4、0xC4、0x01、0x00、0x00，CRC 值 0x2A3A，如圖 9- 7 所示。

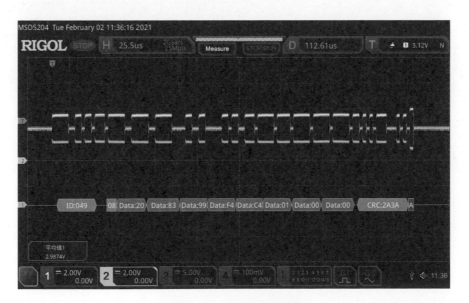

圖 9- 7　CAN bus 數據

2. 數據解碼

感測器透過 ECU 將其數值或狀態轉換成匯流排通訊方式，將數據傳送在總線上。只有原設計團隊才能有正確解碼內容，否則就需每個 ID 逐一進行數據解碼，並反覆驗證。在實務上較為及時性的數據，其 ID 值愈小（小於 300）以及更新週期時間短（小於 50 ms），譬如：車速及加速踏板。

如圖 9- 8 為 2020 Ford Kuga 檔位選擇模組所傳送到總線上的數據，其 ID 0x176 第 1 個資料為檔位狀態，當檔位選擇在 P 檔時，資料為 0x00；當檔位選擇在 R 檔時，資料為 0x1E，如圖 9-9 所示；當檔位選擇在 N 檔時，資料為 0x20，如圖 9- 10 所示；當檔位選擇在 D 檔時，資料為 0x31，如圖 9- 11 所示；當檔位選擇在 M 模式時，資料為 0x41，如圖 9- 12 所示。

相關控制器取得該資料後進行工作，譬如：儀表板顯示檔位狀態、車身或燈光電腦控制倒車燈以及動力系統則可抑制起動馬達等。

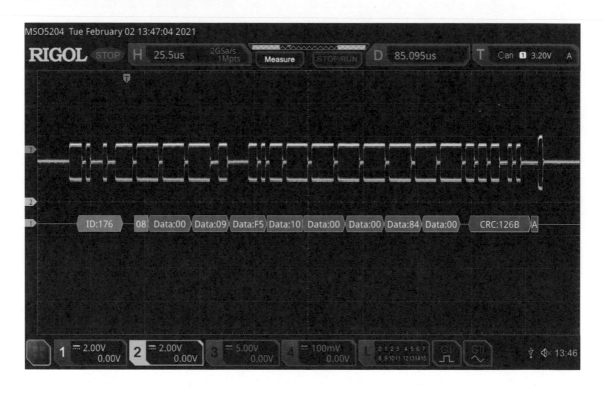

圖 9- 8 檔位選擇模組（P 檔, 0x00）

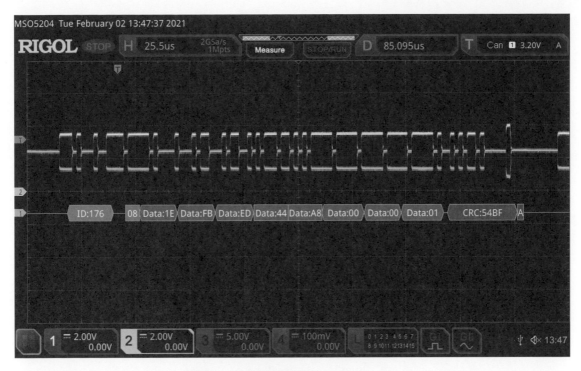

圖 9- 9 檔位選擇模組（R 檔, 0x1E）

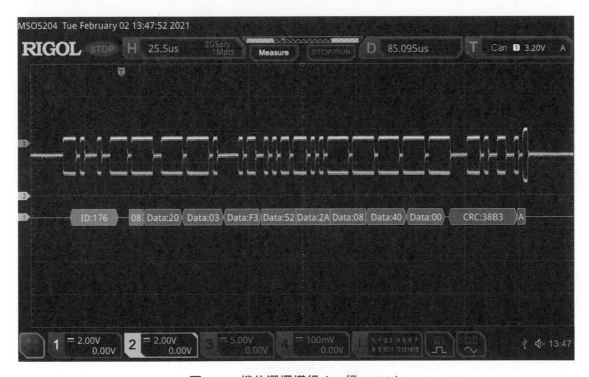

圖 9- 10 檔位選擇模組（N 檔, 0x20）

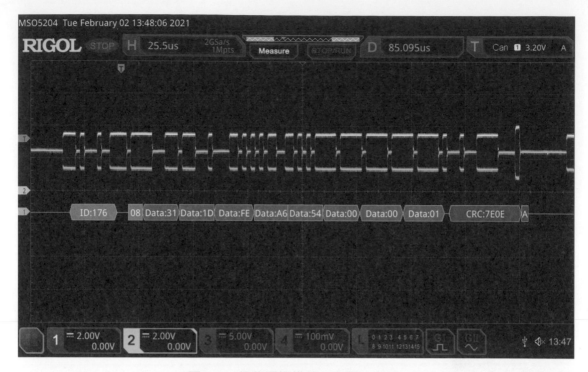

圖 9- 11 檔位選擇模組（D 檔, 0x31）

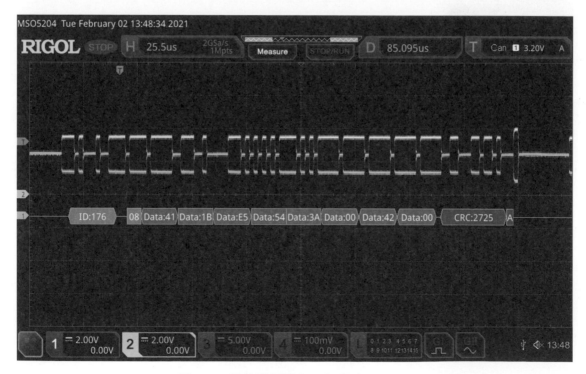

圖 9- 12 檔位選擇模組（M 模式, 0x41）

3. 電流解析法

在一個匯流排總線上必然包含了 1 個以上的控制器分別會在不同的時間將數據封包發送至總線。因此，在實體層量測時，是無法得知該封包數據是由哪一個控制器所送出。我們可藉由電纜頭尾兩端 ECU 內的終端電阻，利用高解析度的微電流勾表 (最小電流 1mA)，勾至欲分析控制器端的 CAN bus 線路，透過電流方向來區分，該數據封包是否為此控制器所發出。

如圖 9- 13 所示，當電流方向為反相時，代表該數據封包是由總線上其它控制器所發出，而當電流方向為正相時，則表示該數據封包是此控制器所發出。分析時電流勾表要確實勾對方向，否則量測出來的波形將會是相反的結果。從圖中也能清楚看出，正相波形的最後有一個反相電流，此反相電流就是由其它控制器所送出的 ACK。

熟悉每個控制器的工作原理及控制邏輯，就能大致掌握每個控制器涵蓋那些數據封包，再利用電流解析法，就能很快的解碼出數據。

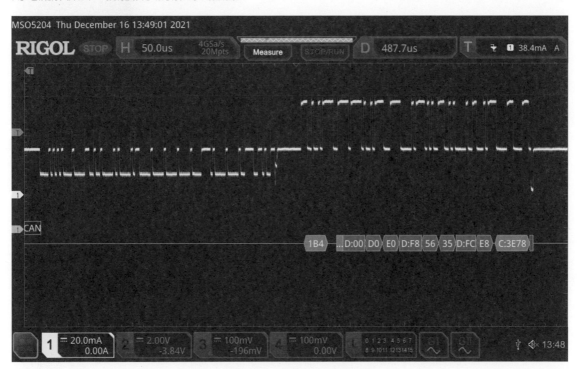

圖 9- 13　CAN Bus 電流方向

9-2-2 LIN bus 量測

將示波器探棒或設備負極接至車身接地，探棒 CH1 接至匯流排上的電纜線。LIN bus 實體層主要特徵是電壓在隱性時，有支援喚醒功能的約為電瓶電壓，譬如：燈光開關。無喚醒功能電壓接近 0 V，則在通訊時的平均電壓約 6 ~ 10 V，如圖 9- 14 所示。

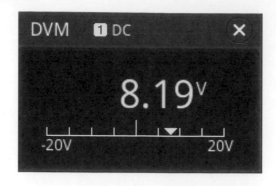

圖 9- 14　LIN bus 實體層平均電壓

1. 資料速率及數據

　　藉由封包標頭 10 bits 所構成的同步位元（sync）0x55 資料，觀察只有一個位元的高位元或低位元時距，計算 T1（常數 0.71 × 峰值電壓）與 T2（常數 0.554 × 峰值電壓）的時間差，就可取得最小位元時間（ΔT：89.2μs），並得出資料速率（11200 bps），如圖 9- 15 所示。

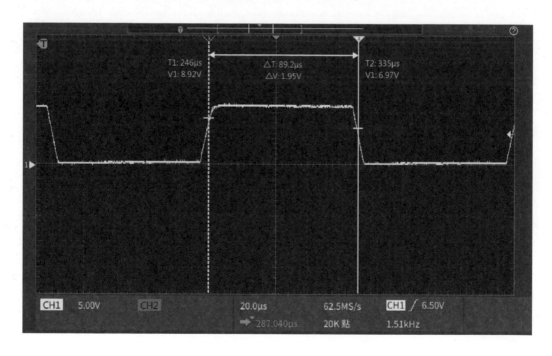

圖 9- 15 取得 LIN bus 資料速率

　　選擇 LIN Bus 匯流排通訊與所要對應分析的通道，並套用資料速率後，示波器就可正確的解譯出數據。其訊框 ID 值 0x2D，資料長度為 8，資料分別是 0x00、0x96、0x53、0x3B、0x49、0x55、0x68、0x14，checksum 值 0x12，如圖 9- 16 所示。

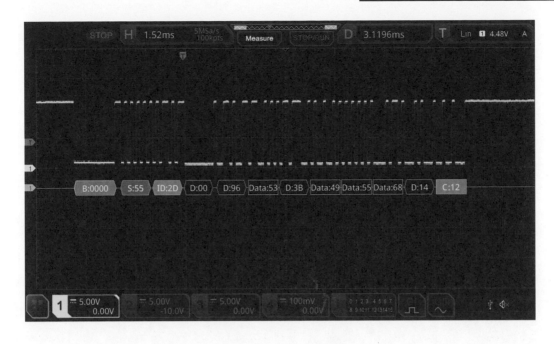

圖 9-16　LIN bus 數據

2. 數據解碼

　　如圖 9-17 所示，LIN 屬於低速率通訊，封包是由主機指令，以及從機回應而組成。因此，可由示波器就可明顯看出未回應的封包 (封包較短)。未回應的原因可能是某從機或電路故障，又或是系統配置在該位置是空的，也就是車輛本身沒有這項配備。

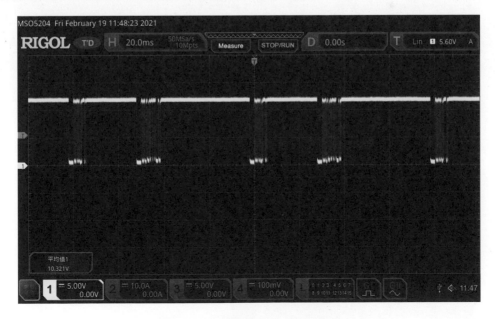

圖 9-17　無回應的 LIN bus 封包

　　如圖 9-18 為 2020 Ford Kuga 電瓶感測器所回應到總線上的數據。量測是將示波器探棒或設備負極接至車身接地，探棒 CH1 與 CH2 分別接至匯流排上的 LIN 電纜線與電瓶正極。其 CH1 所解譯的 ID 0x2D 第 2 個資料為電壓數值，當 CH2 平均電壓約在 12.8 V 時，資料為 0x99。0x99 換算為十進制為 153。

　　係數約為：

$$153 \,/\, 12.8 \cong 11.9$$

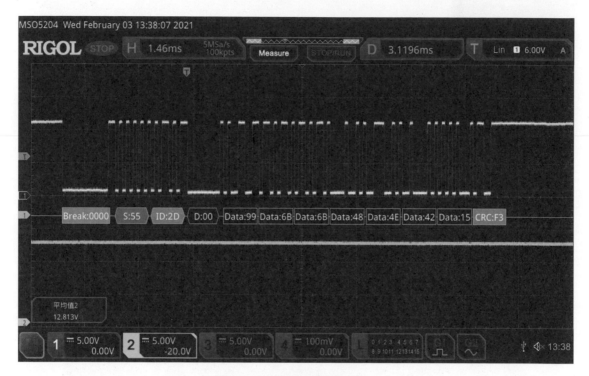

圖 9-18　電瓶感測器數值一

　　當資料為 0xAD，如圖 9-19 所示。將其轉為十進制後，代入係數 11.9。

　　平均電壓為：

$$AD_{(16)} = 173_{(10)}$$

$$173 \,/\, 11.9 \cong 14.5 \text{ V}$$

　　計算出來的平均電壓，與示波器畫面左下角所顯示的電壓接近。平均電壓量測時，其數值會與設備所選擇的振幅範圍及取樣時間不同而有所差異。

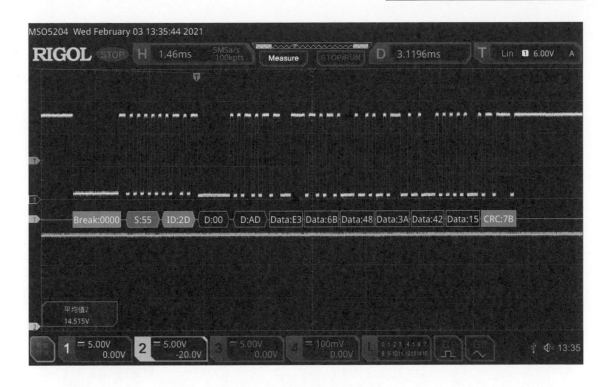

圖 9- 19 電瓶感測器數值二

　　如圖 9- 20 所示為電瓶感測器外觀與腳位定義，其感測器設計在電瓶的負極樁頭機構上。電源由電瓶正極直接連接過來，負極則是自身的樁頭，並透過 LIN Bus 將電瓶的電壓以及電流數值傳送至 ECU。

圖 9- 20 電瓶感測器（取自：HELLA group）

9-2-3 FlexRay 量測

　　將示波器探棒或設備負極接至車身接地，探棒 CH1 與 CH2 分別接至匯流排上的 BP 與 BM 電纜線，通訊時平均電壓 BP 約 2.5～2.8 V；BM 約 2.5～2.2 V。FlexRay 實體層主要特徵是電壓在隱性時呈現三態，故波形會些許上下飄移，如圖 9- 21 所示。

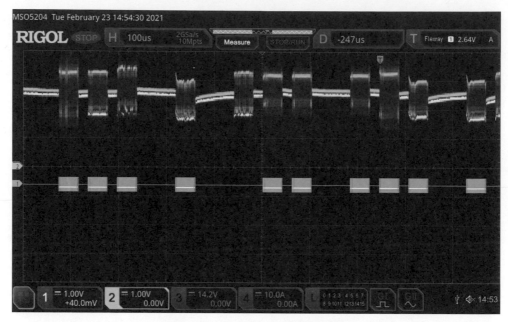

圖 9- 21　FlexRay 實體層訊號

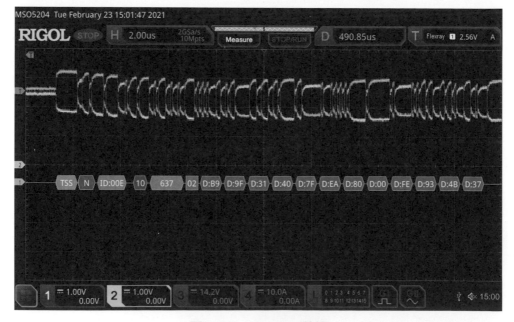

圖 9- 22　FlexRay 數據

1. 資料速率及數據

　　汽車 FlexRay 典型鮑率為 10 Mbps，套用速率後，示波器就可正確的解譯出數據，其訊框 ID 值 0x00E，資料長度為 $10_{(16)}$，由於 1 個資料字詞長度為 2 個位元組。因此 $10_{(16)}$ 共有 32 位元組的資料長度，資料分別是 0xB9、0x9F、0x31、0x40、0x7F、0xEA、0x80、0x00、0xFE、0x93、0x4B、0x37...，示波器垂直軸需向左移動才能再看到後面的數據，如圖 9- 22 所示。

2. 同步時基量測與電流解析

　　如圖 9- 23 所示，FlexRay 各連接節點都依據相同的時序來運作，且每隔一段週期時間，就會自行確認時序的偏差性，自動對偏差進行修正，以維持每個週期的相同時間，週期時間為 5 ms，隱性的部分為動態區資料。

　　在一個匯流排總線上必然包含了 1 個以上的控制器分別會在不同的時間將數據封包發送至總線。因此，在實體層量測時，是無法得知該封包數據是由哪一個控制器所送出。FlexRay 如同 CAN bus 以樣，可藉由電纜頭尾兩端 ECU 內的終端電阻，利用高解析度的微電流勾表(最小電流 1mA)，勾至欲分析控制器端的 FlexRay 線路，透過電流方向來區分，該數據封包是否為此控制器所發出。

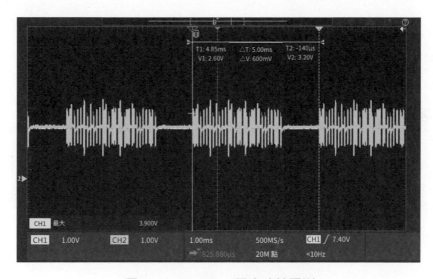

圖 9- 23　FlexRay 同步時基量測

9-2-4 SENT 量測

　　將示波器探棒或設備負極接至車身接地，探棒 CH1 接至匯流排上的電纜線。以 2016 年式 BMW B58 動力系統空氣流量計的低電平同步訊號為例，SENT 實體層主要特徵是振幅為 5 V，與 LIN bus 的電瓶電壓不同。SENT 在低電平同步通訊時的平均電壓約 1.1 V，如圖 9- 24 所示。

圖 9- 24　SENT 實體層平均電壓

1. 同步刻點

　　將示波器時間軸拉長，並觀看多個訊框循環，較為密集區塊則為狀態、資料以及 CRC，前面的低電平則為訊框的同步刻點，如圖 9- 25 紅色箭頭處。

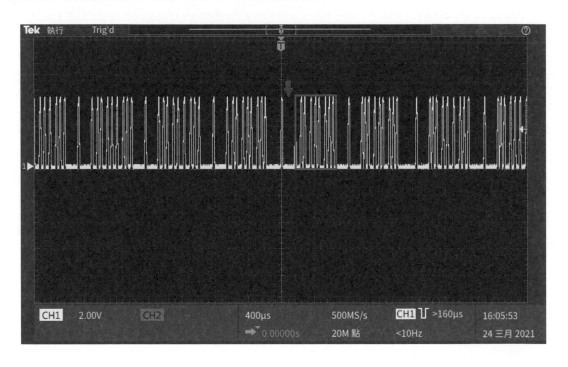

圖 9- 25　SENT 同步刻點

2. 資料速率及數據

　　如圖 9- 26 所示，將波形放大觀察，低電平同步時間為 163μs，同步刻點有 56 個，故每個刻點時間為 2.91μs，趨近 3μs，誤差 3 %，傳輸速率為 333 kbps。

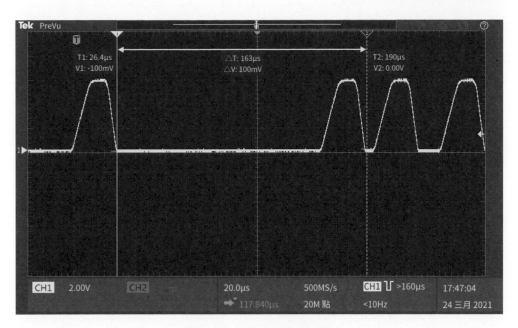

圖 9- 26　SENT 同步時間

　　如圖 9- 27 所示，將波形從同步刻點移至右側的 4 位元狀態通訊信息時間，根據量測值為 58 μs，Nibble$_{(2)}$ ＝（時鐘時間 ／ 刻點時間）－ 12$_{(10)}$，數據為：

$$\frac{58}{2.91} - 12 \cong 8 \ \rightarrow \ 8(10) = 0b1000$$

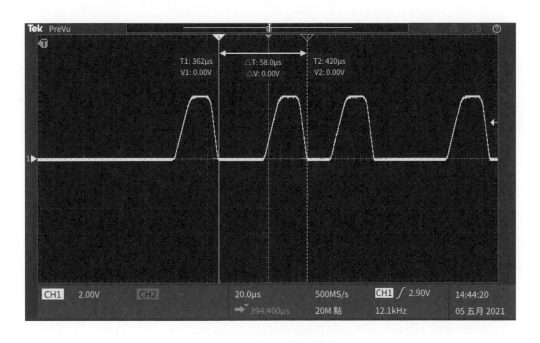

圖 9- 27　SENT 數據時間

9-3 瞬態與暫態的量測

如圖 9-28 所示,瞬態是由狀態突然改變引起系統中短暫的能量突發或消失。暫態(transient state)則是指系統離開穩態後,必須經過一些時間,才能再進入新的穩定狀態,這段短暫時間過程就稱之為暫態。通常在量測時間內所捕捉到一個瞬態與暫態的綜合波形變化時,習慣上都稱為暫態。

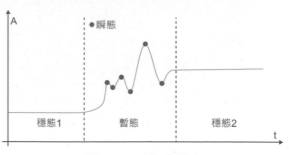

圖 9- 28 瞬態與暫態

由於現在的示波器記憶深度長,不僅可以錄製長時間的訊號進行觀察及分析,善用觸發功能,更可以記錄短暫時間的電壓或電流變化,有利於系統訊號暫態與瞬態的量測。

在量測前應先對致動器原理或感測器的物理以及電子訊號特性先行了解後,對量測工具進行電壓、取樣時間及頻率範圍的初步設定,才可快速及正確量取想要擷取的訊號。

9-3-1 觸發的應用

常用的觸發類形 (type) 為邊緣 (edge)、斜率 (slop) 分為上升 (rising) 及下降 (falling)。上升可記錄高於位準電壓或電流的突發以及接地線的電壓升,如圖 9- 29 所示;下降則可記錄低於位準電壓或電流的消失,如圖 9- 30 所示。

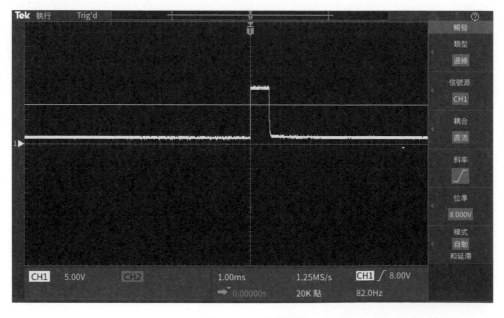

圖 9- 29 上升觸發

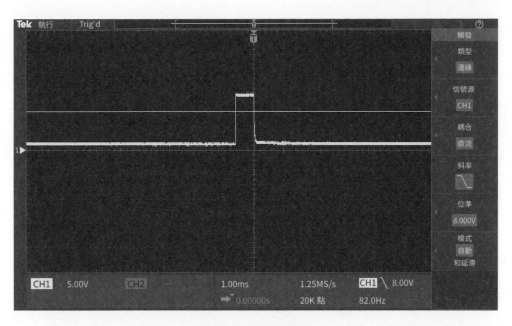

圖 9- 30 下降觸發

9-3-2 起動馬達電流

如圖 9- 31 為 2.0 L 內燃機使用電流勾表所量測的起動馬達瞬態電流值，瞬時的浪湧峰值高達 660 A 以上（事實上應高達 1000 A 以上，礙於筆者所使用的電流勾表上限），隨著引擎轉速的增快，電流也跟著下降而趨於穩定，此時穩態電流約 200 A。

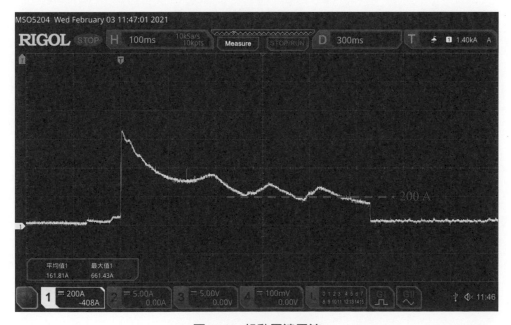

圖 9- 31 起動馬達電流

9-3-3 接地線的電壓升

高端控制下的大電流電氣訊號的作用當下，由於接地線仍存在些許電阻，使得電壓升現象產生。正常的電壓升是可以被允許的，但若是因為接地線接觸不良所造成電阻過大，譬如：連接器或電樁頭等。此時過高的電壓升就會產生，並影響電氣的正常功率，甚至造成電阻處溫度上升而發熱。

如圖 9-32 為正常 2.0 L 內燃機起動馬達啟動的瞬態電壓升約為 1.1 V；暫態電壓升則約為 660 mV，如圖 9-33 所示。

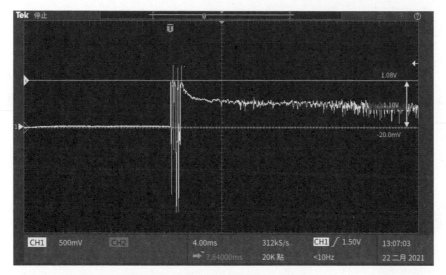

圖 9- 32 接地線的電壓升（瞬態）

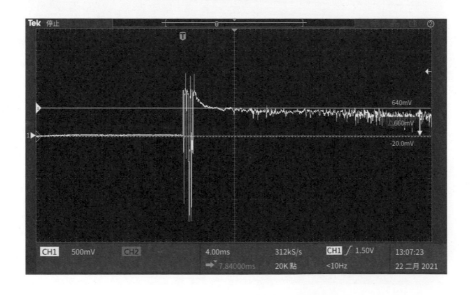

圖 9- 33 接地線的電壓升（暫態）

9-4 點火與噴油訊號的量測

內燃機的點火與噴油關係到引擎是否運行順暢，點火系統更是內燃機發生問題的故障榜首。因此，點火與噴油訊號的量測，對於內燃機而言格外重要。

9-4-1 點火訊號量測

如圖 9-34 為示波器同時接上電流勾表量測點火線圈電流（CH1）與點火觸發訊號（CH2），所量測到的多重點火訊號波形。在低轉速情況下，點火（動力）行程下會執行 2~3 次的點火觸發，其目的是提高燃燒效率。由電流上升的斜率可看出通過點火線圈（電感）的電流變化量，最大電流值約為 7.4 A。可同時與各缸交叉比較，電流斜率及電流值明顯不同者為不良。

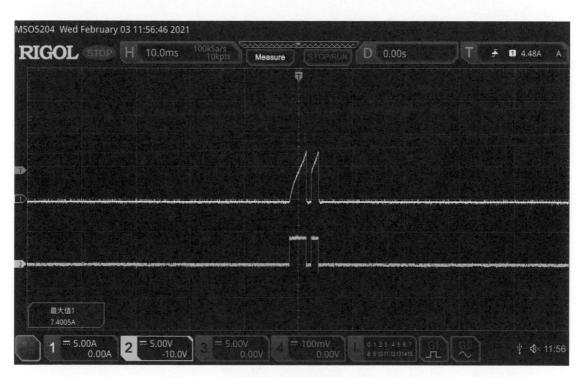

圖 9- 34 多重點火

9-4-2 噴油訊號量測

缸內直接噴射系統採高低端訊號同時控制，高端有兩只開關分別控制高壓與電瓶電壓；低端則是控制噴油嘴的接地。高壓的目的是產生大電流使噴油嘴開啟，電瓶電壓則是保持噴油嘴開啟以及定電流的控制。示波器同時接上噴油嘴高端訊號（CH1）與低端訊號（CH2）觀察，如圖 9-35 所示。

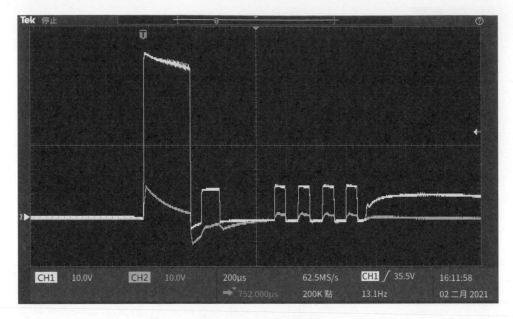

圖 9- 35 噴油嘴訊號

1. 高端電壓

　　如圖 9-36 所示，噴油嘴高端高壓瞬態約為 68.8 V。高端電瓶電壓暫態約為 12.8 V，在最後的開啟與關閉的振盪則是定電流的控制，其目的是維持開啟電流即可，避免噴油嘴過熱，如圖 9- 37 所示。

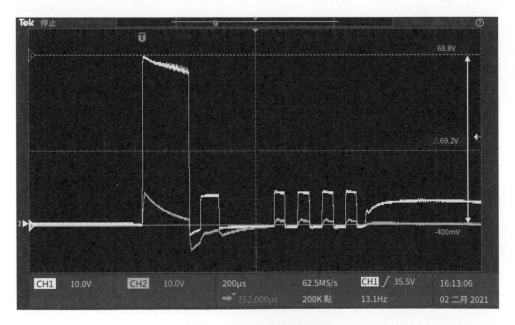

圖 9- 36 噴油嘴高端高壓

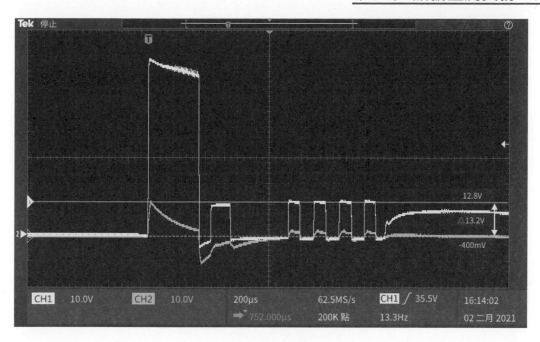

圖 9- 37 噴油嘴高端電瓶電壓

2. 噴油時間

如圖 9- 38 所示，從高端高壓至最後一個高端低壓的結束則為噴油時間，怠速時無開啟空調約為 1.43 ms，開啟空調則為 1.71 ms，如圖 9- 39 所示。

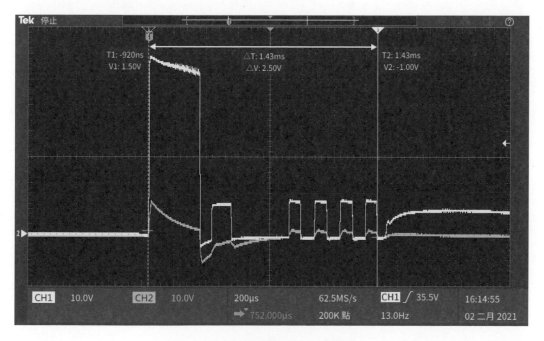

圖 9- 38 怠速噴油時間（無空調）

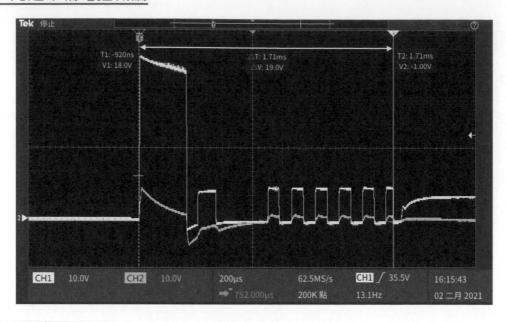

圖 9- 39 怠速噴油時間（有空調）

9-5 馬達的量測

馬達不外乎有刷與無刷構造，但在控制基礎上主要是以全橋、多相及 PWM，且具有安全電路機制下的混合控制。並藉由訊號邊緣的電壓升或電壓降，量測出訊號是否異常。

9-5-1 節氣門馬達

內燃機的電子節氣門（ET）在設計時，機構上有安全機制。在沒有作用的情況下，ET 的角度預設是開啟，如圖 9- 40 節流閥縫隙所示。

圖 9- 40 電子節氣門

　　若 ET 馬達或訊號故障時，引擎轉速會上升至 1000～1200 RPM 不等（各車種有所不同），其目的是確保仍有基本的扭力能使車輛移動至安全處。

　　將示波器探棒或設備負極接至車身接地，探棒 CH 1 以及 CH 2，分別接至 ET 馬達的兩條驅動電路。當車輛發動後，電腦會控制 ET 反相電壓使 ET 馬達反向轉動，使節流閥往關閉方向移動，引擎轉速下降至怠速區域，如圖 9- 41。

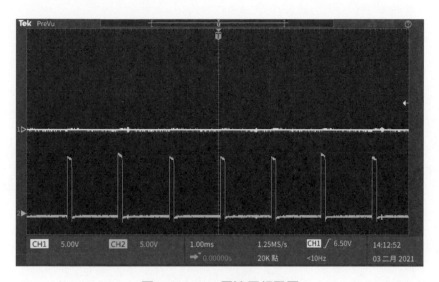

圖 9- 41　ET 馬達反相電壓

　　而當油門踩下時，隨著轉速需求變高，馬達的電壓從反相轉變成正相，馬達正向轉動，節流閥往打開方向移動，使得 ET 開啟更大的角度，如圖 9- 42 所示。

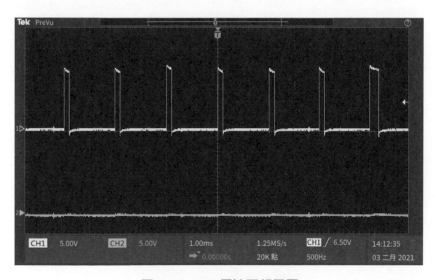

圖 9- 42　ET 馬達正相電壓

9-5-2 三相電動機

三相電動機為目前電動車動力系統主流控制架構，依各種輸出功率不同，控制電壓從 48～600 V 不等，量測時務必遵守相關安全規範。

如圖 9- 43 為 96 V，7.6 kW 三相電動機在停止不轉動時的訊號。U、V、W 三個相位角度均相同，無電流產生。

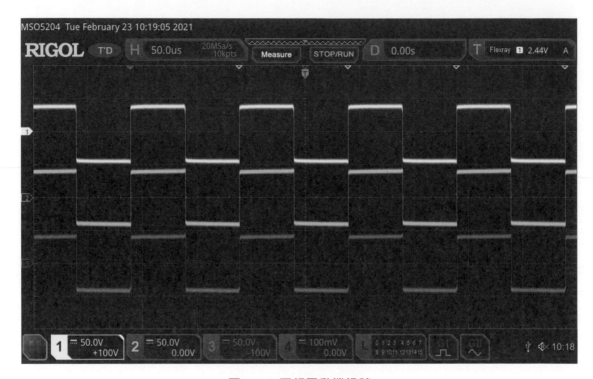

圖 9- 43 三相電動機訊號

電動機根據感測轉子位置的感測器，控制器採用 SPWM 訊號依序對三相線圈進行換相循環控制，使馬達運行。將示波器探棒或設備負極接至車身接地，探棒 CH 1、CH 2 以及 CH 3，分別接至馬達的 U、V、W 電路。

CH 4 則接上電流勾表，量測 V 電路的電流，明顯看出電流為弦波，且馬達線圈因電感特性阻止電流的變化，使得電流滯後電壓或稱為電壓超前電流，如圖 9- 44 所示。

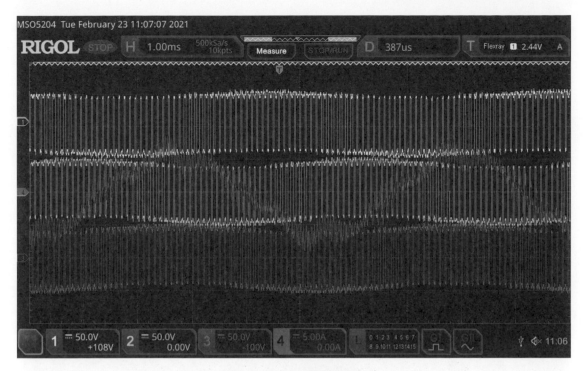

圖 9- 44 換相循環控制

　　如圖 9- 45 是使用三個電流勾表，於一個電氣循環控制電流週期變化，則三相 U、V、W 電流相位角各差 120 度。由三個相位的電流波形，可觀察逆變器與電動機的工作狀況，每相的電流變化都很接近，過大或過小電流都是異常。

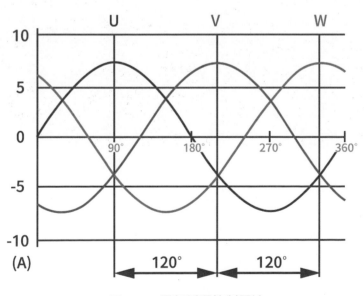

圖 9- 45 電氣循環控制電流

9-5-3 步進馬達量測

步進馬達控制分為單極性與雙極性設計。典型單極性控制電路為 6 線式,雙極性則為 4 線式。在系統啟動之初或關閉的同時,控制器為了要確實掌握馬達的位置或角度,都會進行復位程序。因次,可藉由開啟及關閉電源的時間點,量測到步進馬達的控制訊號。

1. 單極性

將示波器探棒或設備負極接至車身接地,探 CH 1 接至馬達 A 線路,CH 2 ~ CH 4 分別 B, A-, B-電路。12 V 系統建議量測時間每格 5 ~ 10 ms,電壓每格 20 V,並將 4 個訊號的基準點平均分布到示波器畫面 4 個等分。馬達訊號為低端控制,因此當訊號為 0 時,代表該線圈被激磁。

如圖 9- 46 所示為 1 個步進馬達電氣循環訊號,藉由每個訊號波形邊緣作為相位的區隔,每個相位激磁各相差 90°,並且每個訊號皆連續激磁 2 個相位,因此該步進馬達為 2 相控制。

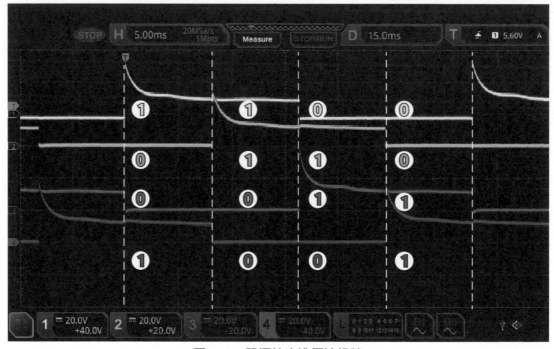

圖 9- 46 單極性步進馬達訊號

2. 雙極性

將示波器探棒或設備負極接至車身接地,探 CH 1 接至馬達 A 線路,CH 2 ~ CH 4 分別 A-, B, B-電路。12 V 系統建議量測時間每格 5 ~ 10 ms,電壓每格 10 V,並將 4 個訊號的基準點平均分布到示波器畫面 4 個等分。馬達訊號為全橋控制,因此觀察 A 相(CH 1, CH 2)與 B 相(CH 3, CH 4)極性變化時,就可知道線圈激磁後的磁極性變化。

如圖 9- 47 所示為 1 個步進馬達電氣循環訊號，藉由每個訊號波形邊緣作為相位的區隔，每個相位激磁各相差 90°，並且每個訊號皆連續激磁 2 個相位，因此該步進馬達為 2 相控制。

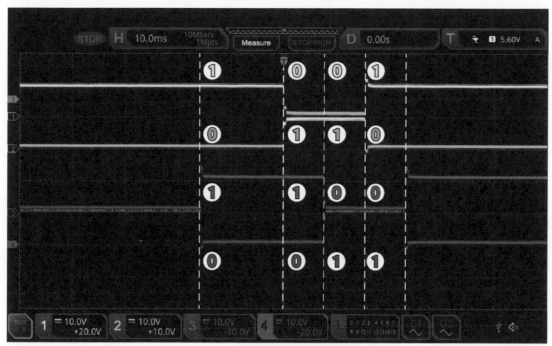

圖 9- 47 雙極性步進馬達訊號

9-6 感測器的量測

感測器將物理現象轉換為可量測的電子訊號，ECU 則根據此感測器的電子訊號，對致動器進行控制，異常的訊號會使控制錯誤，造成系統不穩定或失效。感測器訊號除了匯流排通訊方式，不外乎數位邏輯或類比線性電壓訊號。

9-6-1 曲軸及凸輪軸感測器

曲軸位置（crankshaft position, CKP）及凸輪軸位置（camshaft position, CMP）感測器為 ECU 計算內燃機主要點火時間的速率及分度感測器。示波器探棒或設備負極接至車身接地，探 CH 1 接至 CKP 感測器，CH 2 分別接至進氣（INT）凸輪軸或排氣（EXT）凸輪軸感測器。量測時可將記憶深度設大與時間拉長，並將波形匯出進行觀察。

如圖 9- 48 及圖 9- 49 為 2018 Luxgen S3，CKP 與 INT 及 EXT 怠速時的對應位置。隨著引擎轉速的提升，對應位置會跟者改變，ECU 則根據對應位置可測得可變氣門正時（variable valve timing, VVT）兩個 CMP 的提前角度。當對應角度不可信或錯誤時，VVT 也會失效，動力系統將

會進入備援模式。

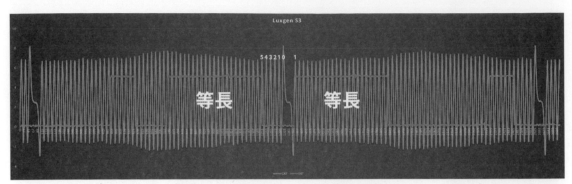

圖 9- 48 曲軸及進氣凸輪軸感測器訊號

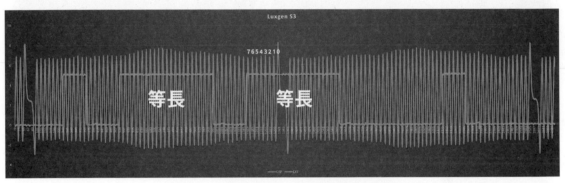

圖 9- 49 曲軸及排氣凸輪軸感測器訊號

9-6-2 爆震感測器

　　感測器內置一個壓電晶體，當內燃機點火燃燒過程產生撞擊而使缸體的結構振動，感測器便會產生電壓訊號。示波器探棒或設備負極接至車身接地，探棒 CH 1 接至感測器訊號線。新式的 ECU 會在訊號端發送隨著點火正時週期的頻率訊號於電路上，其目的是提高抑制 EMI 能力。量測結果如下所示。

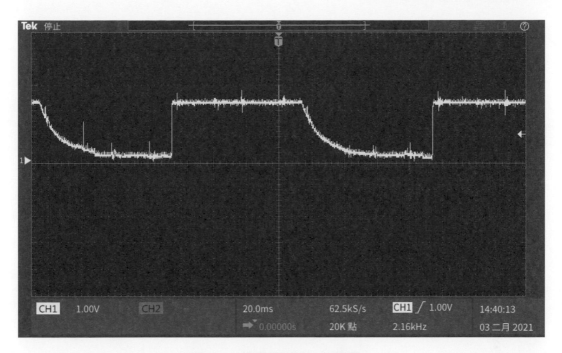

圖 9- 50 爆震感測器（無爆震）

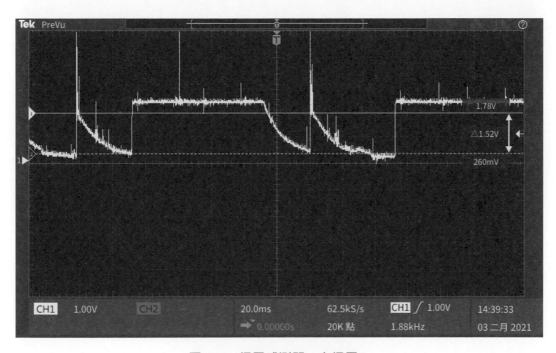

圖 9- 51 爆震感測器（有爆震）

— note —

參考網站及書目

	網址	相關內容
1.	https://www.allegromicro.com/	Allegro microsystems 汽車晶片、感測器、致動器、電源解決方案
2.	https://www.bmwtechinfo.com/	BMW 技術資訊系統
3.	https://www.borgwarner.com/technologies/	BorgWarner 汽車動力電子產品解決方案
4.	https://www.bosch-mobility-solutions.com/en/ http://www.bosch-semiconductors.com	Bosch 汽車電子控制系統、晶片解決方案
5.	https://www.continental-automotive.com/	Continental 汽車電子控制系統解決方案
6.	https://www.denso.com/global/en/	DENSO 汽車電子控制系統、晶片解決方案
7.	https://electricdrive.org/	電動汽車運輸協會
8.	https://www.hella.com/hella-com/en/index.html	Hella 汽車電子控制系統解決方案
9.	https://www.hitachiastemo.com/en/	Hitachi 汽車電子控制系統解決方案
10.	https://www.infineon.com/cms/en/	Infineon 汽車晶片解決方案
11.	https://www.lear.com/technology	Lear 汽車電子控制系統解決方案
12.	hhttps://www.microchip.com/	Microchip 汽車晶片解決方案
13.	https://www.mitsubishielectric.com/bu/automotive/	Mitsubishi 汽車電子控制系統解決方案
14.	https://www.nxp.com/	NXP 汽車晶片解決方案
15.	https://www.omron.com.tw/	Omron 感測器解決方案
16.	https://www.onsemi.com/	ON semiconductor 汽車晶片解決方案
17.	https://www.renesas.com/us/en	Renesas 汽車晶片解決方案
18.	https://www.sae.org/	美國汽車工程師協會
19.	https://www.schott.com/	Schott 汽車電子產品、晶片解決方案
20.	https://www.st.com/en/applications/automotive.html	ST 汽車晶片解決方案

21.	https://www.tek.com/	量測儀器解決方案
22.	https://www.ti.com/motor-drivers/overview.html	Texas instruments 汽車晶片解決方案
23.	https://www.trwaftermarket.com/en/	TRW 汽車電子控制系統解決方案
24.	https://www.vishay.com/company/brands/semiconductors/	Vishay 汽車晶片解決方案

	書名	出版社	作者
1.	Automotive Handbook 11th	Wiley	Robert Bosch GmbH
2.	Introduction to electric circuits 9th	Wiley	James a. Svoboda Richard c. Dorf
3.	Fundamentals of Automotive Technology 3rd	Jones & Bartlett Learning, LLC	VanGelder Kirk
4.	Fundamentals of Power Electronics 3rd	Springer	Robert W. Erickson Dragan Maksimovic
5.	基本電學	台科大圖書	黃仲宇 梁正
6.	電子學	三民書局	黃世杰

關鍵索引

英文縮寫

ABS：anti-lock braking system（防鎖死煞車系統）

AC：alternating current（交流電路）

ACC：adaptive cruise control（自適應巡航控制）

ADAS：advanced driver assistance systems（先進駕駛輔助系統）

AEB：autonomous emergency braking（自動緊急煞車）

ALU：arithmetic and logic unit（算術邏輯單元）

Amp：Ampere（安培）

AMR：anisotropic magnetic resistance（異向性磁阻）

APAS：auto PAS（自動停車輔助系統）

APS：accelerator pedal position sensor（加速踏板位置感測器）

ASIC：application specific integrated circuit（特殊應用積體電路）

ASK：amplitude-shift keying（幅移鍵控）

AWG：American wire gauge（美國線規）

B：byte（位元組）

BCM：body control module（車身電子控制模組）

BIN：binary（2 進制）

BLDC：brushless DC（直流無刷馬達）

BLIS：blind spot information system（盲點資訊系統）

BMS：battery management systems（電池管理系統）

bps：bits per second（每秒可傳輸多少位元數）

BSW：basic software layer（基礎軟體）

CAN FD：CAN flexible data rate（可變速率控制器區域網路）

CAN：controller area network（控制器區域網路）

CCM：continuous conduction mode（連續導通模式）

CH：channel（通道）

CKP：crankshaft position（曲軸位置）

CMP：camshaft position（凸輪軸位置）

CRC：cyclic redundancy check（循環冗餘檢查）

CTS：coolant temperature sensor（冷卻液溫度感測器）

D：duty cycle（工作週期）

DAP：dielectric absorption（介質吸收）

DC：direct current（直流電路）

DCD：duty cycle distortion（占空比失真）

DEC：decimal（10 進制）

DI：direct injection（直接噴射）

DIP：dual in-line package（雙列直插封裝）

DR：data rate（資料速率）

EBCM：electrical braking control module（電子煞車控制模組）

EBD：electronic brake force distribution（電子煞車力分配）

ECM：engine control module（引擎控制模組）

ECU：electronic control unit（電子控制單元）

EDR：effective data rate（有效資料速率）

EGR：exhaust gas recirculation（廢氣再循環）

EMF：electromotive force（電動勢）

EMI：electromagnetic interference（電磁干擾）

EMS：electromagnetic sensibility（電磁敏感度）

EMS：engine management system（引擎管理系統）

EPB：electromechanical parking brake（電機駐車）

EPS：electric power steering（電子動力方向盤）

ESD：electrostatic discharge（靜電放電）

ETPS：electronic throttle position sensor（電子節氣門位置感測器）

EV：electric vehicle（電動車）

FB：feedback（回授）

FCEV：fuel cell electric vehicle（燃料電池電動車）

FEM：front electrical module（前電子模組）

FET：field effect transistor（場效電晶體）

FMCW：frequency modulated continuous wave（調頻連續波）

FOC：field oriented control（磁場導向控制）

FOV：field of view（水平視野）

FSK：frequency-shift keying（頻移鍵控）

GMR：giant magnetoresistance（巨磁阻）

GPIO：general purpose input / output（通用輸入及輸出）

HEMT：high electron mobility transistors（高電子遷移率電晶體）

HEV：hybrid electric vehicle（複合動力電動車）

HEX：hexadecimal（16 進制）

HUD：head up display（抬頭顯示器）

Hz：Hertz（赫茲）

I²C　：inter-integrated circuit（積體電路之間）

IAT：intake air temperature（進氣溫度感測器）

IC：integrated circuit（積體電路）

ICE：in-circuit emulator（線上仿真器）

ICE：internal combustion engine 內燃機引擎（內燃機引擎）

ID：identifier（識別碼）

IDCU：intelligent drive control unit（智慧駕駛控制單元）

IGBT：insulated gate bipolar transistor（絕緣柵雙極電晶體）

IOV：internet of vehicle（車聯網）

IPD：intelligent power drivers（智能功率驅動器）

ISG：integrated starter-generator（整體式起動馬達發電機）

ISO：international organization for standardization（國際標準化組織）

IT：information technology（資訊技術）

ITS：intelligent transportation system（智慧交通運輸系統）

JFET：junction-FET（接面場效電晶體）

KCL：Kirchhoff 's current law（克希荷夫電流定律）

KOEO：key on engine off（鑰匙開啟引擎停止）

KOER：key on engine running（鑰匙開啟引擎運行）

KVL：Kirchhoff 's voltage law（克希荷夫電壓定律）

LCM：light control module（燈光控制模組）

LDO：low dropout（低壓差）

LED：light-emitting diode（發光二極體）

LIN：local interconnect network（本地互連網路）

LKA：lane keeping assist（車道維持輔助）

LSPI：low speed pre-ignition（低速預燃）

LVDS：low-voltage differential signaling（低電壓差動信號）

MAP：manifold absolute pressure（歧管絕對壓力）

MCU：microcontroller（微控制器）

MEMS：microelectromechanical system（微機電系統）

MHEV：mild hybrid electric vehicle（輕複合動力電動車）

MLT：multi-level transmit（多極傳輸）

N-MOS：N-MOSFET（N 型金氧半場效電晶體）

NTC：negative temperature coefficient（負溫度係數）

OBCM：on board charging module（車載充電模組）

OBD：on-board diagnostics（車載診斷）

OCT：octal（8 進制）

OCV：open circuit voltage（開路電壓）

OP：operational amplifier（運算放大器）

OPA：optical phased array（光學相控陣列）

OTA：over the air（空中）

OV：overvoltage（過電壓）

PAM：park assist module（停車輔助模組）

PAM3：three level pulse amplitude modulation（三级脈衝振幅調變）

PAS：park assist system（停車輔助系統）

PC：program counter（程式計數器）

PCM：powertrain control module（動力總成模組）

PEMFC：proton exchange membrane fuel cell（聚合物電解質膜燃料電池）

PF：power factor（功率因數）

PHEV：plug-in hybrid electric vehicle（插電式複合動力電動車）

PM：permanent magnet（永久磁鐵）

PMIC：power management IC（電源管理 IC）

P-MOS：P-MOSFET（P 型金氧半場效電晶體）

PMSM：permanent-magnet synchronous motor（永磁同步馬達）

PTC：positive temperature coefficient（正溫度係數）

PWM：pulse-width modulation（脈波寬度調變）

RAM： random access memory（隨機存取記憶體）

RCTA：rear cross traffic alert（後方路口交通警示）

REESS：rechargeable Energy Storage System（可充電式儲存系統）

REEV：range extended electric vehicle（增程型電動車）

REM：rear electrical module（後電子模組）

RFID：radio frequency identification（無線電射頻辨識）

RMS：root mean square（均方根值）

ROM：read only memory（唯讀記憶體）

RTD：resistance temperature detector（電阻溫度感測器）

RTE：runtime environment（運行環境）

SAS：steering angle sensor（方向盤轉向角感測器）

SBC：system basis chip（系統基礎晶片）

SCM：suspension control module（懸吊控制模組）

SENT：single edge nibble transmission（單邊節點傳送）

SIM：subscriber identity module（用戶身分模組）

SMD：surface mount technology（表面貼裝技術）

SOC：state of charge（充電狀態）

SoC：system on a chip（系統晶片）

SPEC：specification（規格）

SPI：serial peripheral interface（串行外圍設備接口）

SPWM：sinusoidal PWM（正弦脈波寬度調變）

SVPWM：space vector PWM（空間向量脈波寬度調變）

SWC：software component（軟體組件）

TCU：telematics control unit（遠程資訊服務控制單元）

TDMA：time division multiple access（分時多方存取）

TFI：twin fuel injection（雙燃油噴射器）

T-MAP：MAP with temperature detection（帶溫度歧管絕對壓力感測器）

TOF：time of flight（飛行時間）

TVS：transient voltage suppressor（暫態電壓抑制器）

UTP：unshielded twisted pair（無屏蔽雙絞線）

UV：undervoltage（欠壓）

VCU：vehicle control unit（車輛控制單元）

VVT：variable valve timing（可變氣門正時）

WLAN：wireless LAN（無線區域網路）

ZCU：zone control units（區域控制單元）

ZD：Zener diode（齊納二極體）

附錄

元素週期表

族→ 週期↓	1	2	3	4	5	6	7	8	9	10	11	12	13	14	15	16	17	18
1	1 H 氫																	2 He 氦
2	3 Li 鋰	4 Be 鈹											5 B 硼	6 C 碳	7 N 氮	8 O 氧	9 F 氟	10 Ne 氖
3	11 Na 鈉	12 Mg 鎂											13 Al 鋁	14 Si 矽	15 P 磷	16 S 硫	17 Cl 氯	18 Ar 氬
4	19 K 鉀	20 Ca 鈣	21 Sc 鈧	22 Ti 鈦	23 V 釩	24 Cr 鉻	25 Mn 錳	26 Fe 鐵	27 Co 鈷	28 Ni 鎳	29 Cu 銅	30 Zn 鋅	31 Ga 鎵	32 Ge 鍺	33 As 砷	34 Se 硒	35 Br 溴	36 Kr 氪
5	37 Rb 銣	38 Sr 鍶	39 Y 釔	40 Zr 鋯	41 Nb 鈮	42 Mo 鉬	43 Tc 鎝	44 Ru 釕	45 Rh 銠	46 Pd 鈀	47 Ag 銀	48 Cd 鎘	49 In 銦	50 Sn 錫	51 Sb 銻	52 Te 碲	53 I 碘	54 Xe 氙
6	55 Cs 銫	56 Ba 鋇	鑭系	72 Hf 鉿	73 Ta 鉭	74 W 鎢	75 Re 錸	76 Os 鋨	77 Ir 銥	78 Pt 鉑	79 Au 金	80 Hg 汞	81 Tl 鉈	82 Pb 鉛	83 Bi 鉍	84 Po 釙	85 At 砈	86 Rn 氡
7	87 Fr 鍅	88 Ra 鐳	錒系	104 Rf 鑪	105 Db 𨧀	106 Sg 𨭎	107 Bh 𨨏	108 Hs 𨭆	109 Mt 䥑	110 Ds 鐽	111 Rg 錀	112 Cn 鎶	113 Nh 鉨	114 Fl 鈇	115 Mc 鏌	116 Lv 鉝	117 Ts □	118 Og □

鑭系元素	57 La 鑭	58 Ce 鈰	59 Pr 鐠	60 Nd 釹	61 Pm 鉕	62 Sm 釤	63 Eu 銪	64 Gd 釓	65 Tb 鋱	66 Dy 鏑	67 Ho 鈥	68 Er 鉺	69 Tm 銩	70 Yb 鐿	71 Lu 鎦
錒系元素	89 Ac 錒	90 Th 釷	91 Pa 鏷	92 U 鈾	93 Np 錼	94 Pu 鈽	95 Am 鋂	96 Cm 鋦	97 Bk 鉳	98 Cf 鉲	99 Es 鑀	100 Fm 鐨	101 Md 鍆	102 No 鍩	103 Lr 鐒

符號與單位

符號	描述/頁碼	SI 單位	符號	描述/頁碼	SI 單位
A	截面積 15	m^2	P	電功率 20	$W = VA = J/s$
α	兩點距離 7	m	Q	電能 19	$J = VAs$
B	磁通密度 29	$T = Wb/m^2$	q	電荷 6	$C = As$
C	電容 56	$F = C/V$	R	電阻 13	$\Omega = V/A$
F	作用力	N	$\mathcal{R}$	磁阻 33	$AT/Wb = IN/(Vs)$
$\mathcal{F}$	磁動勢 32	$AT = IN$	r	半徑 43	m
f	頻率 26	$Hz = s^{-1}$	T	週期 26	$s = Hz^{-1}$
G	電導 15	$\Omega^{-1}\ S$	t	兩點時間 13	s
H	輔助磁場強度 31	AT/m	V	電壓 9	$V = J/C = W/A$
I	電流強度 13	$A = C/s$	W	能量 19	$J = Ws$
L	電感 68	$H = Vs/A$	μ	磁導率 31	$Vs/(Am) = H/m$
ℓ	長度 15	m	ϕ	磁通量 28	$Wb = Vs$

國家圖書館出版品預行編目(CIP)資料

先進車輛電控概論 / 柯盛泰編著. -- 三版. --

新北市：永盛車電股份有限公司, 2023.10

面； 公分

ISBN 978-986-06361-4-7(平裝)

1.CST: 汽車工程 2.CST: 汽車電學 3.CST: 機
電整合

447.1   112015658

先進車輛電控概論

作者 / 柯盛泰

發行人 / 永盛車電股份有限公司

出版者 / 永盛車電股份有限公司

地址：22143 新北市汐止區新台五路一段 75 號 8 樓之 4

電話：(02) 2698-2599

Line：@756ofgid

勘誤更新網址 / www.autotronic.com.tw/avec3.html

經銷商 / 全華圖書股份有限公司

地址：23671 新北市土城區忠義路 21 號

電話：(02) 2262-5666

傳真：(02) 6637-3695、6637-3696

郵政帳號 / 0100836-1 號

三版一刷 / 2023 年 10 月

定價 / 新台幣 760 元

ISBN / 978-986-06361-4-7（平裝）

全華圖書 / www.chwa.com.tw

全華網路書店 / www.opentech.com.tw

若您對書籍內容、排版印刷有任何問題，歡迎來信指導 server@autotronic.com.tw